游戏设计与开发技术丛书

游戏引擎原理与实践
卷1：基础框架

程东哲 著

人民邮电出版社

北京

图书在版编目（CIP）数据

游戏引擎原理与实践. 卷1，基础框架 / 程东哲著
. -- 北京：人民邮电出版社，2020.2
（游戏设计与开发技术丛书）
ISBN 978-7-115-51807-1

Ⅰ．①游… Ⅱ．①程… Ⅲ．①游戏程序－程序设计
Ⅳ．①TP317.6

中国版本图书馆CIP数据核字(2019)第170240号

内 容 提 要

本书着重讲解游戏引擎的基础知识和工作原理，并结合配套的游戏引擎示例和详尽的代码，介绍游戏引擎开发的技术细节。

本书是第1卷，主要涉及游戏引擎基础架构。全书共13章，分别介绍游戏引擎原理、引擎和引擎编辑器、底层基础架构、数据结构、数学库、引擎初始化、应用程序架构、对象系统、资源管理、引擎设计的哲学理念、场景管理、静态模型导入和LOD技术。本书未涵盖的游戏引擎话题将在卷2中讲解。

本书适合有一定的游戏开发基础和经验并且想要系统学习游戏引擎原理和引擎开发技术的读者阅读。

◆ 著　　　程东哲
责任编辑　陈冀康
责任印制　焦志炜

◆ 人民邮电出版社出版发行　北京市丰台区成寿寺路11号
邮编　100164　电子邮件　315@ptpress.com.cn
网址　http://www.ptpress.com.cn
北京七彩京通数码快印有限公司印刷

◆ 开本：787×1092　1/16
印张：27.5　　　　　　2020年2月第1版
字数：674千字　　　　2025年1月北京第9次印刷

定价：109.00元

读者服务热线：(010)81055410　印装质量热线：(010)81055316
反盗版热线：(010)81055315
广告经营许可证：京东市监广登字20170147号

推 荐 序

在 IT 业界里，与一些程序员聊天时，可能聊到一些游戏的画面如何好看。对于不开发游戏的程序员来说，他们很可能会认为主要由美工在三维软件里创建资源，然后放进所谓"游戏引擎"的黑盒中，就能得到这些结果。但这个黑盒到底做了些什么才能把图形画出来？除了我们肉眼看到的图形之外，游戏引擎还做了什么工作，因而才被称为游戏引擎而不是图形引擎？不开发游戏的程序员可能很难想象出来。甚至由于近年闭源的 Unity 引擎在商业上的成功，即便是游戏程序员对于这个黑盒的了解程度也比较有限。

从软件开发的角度来说，抽象通常是好事。我们一般不需要了解每个 CPU 的半导体制作工序，不用知悉某操作系统的文件系统采用了哪种数据结构。那为什么市面上有这么成熟的游戏引擎，多数国际游戏开发商所制作的顶级游戏会采用自研游戏引擎？我认为，一般商用游戏引擎以通用性、易用性为目标，但游戏是多元化的，不同类型的游戏有不一样的需求，同时顶级游戏会尝试研发更前沿、更极致的体验，易用性对于专业团队来说反而是次要的。自主研发游戏引擎，不仅需要大量资金，还需要专业技术人员。你需要找到最好的游戏引擎开发人员，然后让他们长期投入这样的技术建设，而不是开发一些短期能赚钱的项目。我相信，这种长期投资对于国内游戏业的发展非常重要。

我在 8 年前加入腾讯时，便与阿哲共事，参与一个自研游戏引擎的研发工作。后来国内手游的井喷式爆发，导致每款游戏的开发周期从以年计算缩短至以月计算，自研引擎难以跟上这种研发节奏。Unity 的成功也促进了游戏公司在商业上的成功，但同时我感到业界的技术人才也出现了严重的断层，新入行的游戏程序员在面对黑盒时大部分情况下只能靠猜，对性能的敏感度也在降低。

我个人认为，即使使用通用的游戏引擎，了解游戏引擎的原理和实现对于技术成长也非常重要。知道黑盒的原理和实现，一方面能在使用时更得心应手，另一方面可以针对项目的特殊需求去扩展游戏引擎的功能。近年 Epic Games 对移动平台的投入，以至提供 Unreal Engine 的源代码，吸引了不少项目采用。了解游戏引擎的理论和实现已经成为游戏项目中的技术关键之一。

非常理想的情况下，在成长期间，游戏开发人员可以从零开发一些游戏演示例，当中仅使用操作系统和底层 API（如图形、音频等）；也可以学习一些新技术，对现有游戏引擎做一些扩展。关于游戏引擎，每个人有不同的学习方法。为了分享自己的知识和经验，多年来阿哲花了不少的业余时间，以一个完整的自研游戏引擎例子为主轴，完成了这本厚重的著作。本书还附有大量的示例，循序渐进地展示一些功能如何有机地加入一个庞大的系统中。建议读者在阅读每章前，也可先运行一下这些演示示例，知道该章要实现的目标，思考一下如何做，再看看阿哲给出的答案，也许能学得更深入，收获更多。

叶劲峰（Milo Yip）

腾讯魔方工作室群引擎中心技术总监

前　言

写作本书的缘由

　　游戏引擎技术在国外发展十分迅速，根本原因在于国外的从业者有很扎实的基础，每一代引擎都是根据游戏迭代而来的。国内游戏行业起步相对较晚，再加上从业者有时急于求成，引擎的人才积累远远不如国外，导致国内的自研引擎企业寥寥无几。学习游戏引擎开发的门槛很高，不具备一定知识是很难自学的，这就让很多想学习引擎的人觉得遥不可及。

　　本书主要讲解游戏引擎的制作与开发，通过详细的引擎代码示例来剖析引擎中的内部技术。书中内容有些是目前市面上比较成熟的解决方案，有些是作者优化并改进的新的架构，对学习和研发引擎开发有很大帮助。如果使用商业引擎，本书对理解引擎的内部架构并很好地使用引擎也会帮助很大。

　　通过本书，读者可以清晰地了解大企业制作引擎的基本流程和思路，从而以高效地制作游戏为最终目标。一个好的引擎应该做什么，不应该做什么，本书都会详细介绍。

本书内容

　　本书的很多概念都来自 Unreal Engine，但决不是照搬 Unreal Engine 来讲解。本书配套引擎的代码只有不到 10% 的地方参照了 Unreal Engine，大部分内容是通过另一种方式甚至采用其他的架构来实现的。本书首先帮助读者理解什么是游戏引擎以及游戏引擎的组成部分，让读者对游戏引擎有一个全面的认知。通过"盖楼"的方式，一步步帮助读者建立游戏引擎底层模块，这些底层模块是游戏引擎的基石，帮助游戏开发人员和游戏引擎进行有效的"沟通"，并为在游戏引擎中实现动画、渲染等高级效果提供很好的保障。本书配套的自研引擎叫作 VSEngine，作者在实际工作中的一些技术思路和尝试都以它为基础，随着作者自身能力的提升，这个引擎也先后重构过多次。

　　本书提供了 100 多个示例，尽可能透彻地说明问题，其中标题带*号的章节都没有给出具体的实现，而只是介绍了详细做法。读者如果想真正掌握本书的知识，就应该完全自己去实现它们。同时每章都有一些练习，有一些是作者准备实现但没时间去实现的；有一些练习很难，即便是经验丰富的引擎开发人员，如果没有这方面的实践，也需要认真思考一番。

本书计划分为两卷出版。卷 1 主要涉及游戏引擎的基础架构，一共 13 章，各章主要内容如下。

第 1 章并没有像其他传统技术图书那样介绍游戏引擎，而使用一个例子去解释什么是游戏引擎，并从一个引擎开发者的角度剖析一些引擎开发的问题。

第 2 章介绍引擎和引擎编辑器，以及学习引擎所需要的基础知识。

第 3 章介绍一些底层基础部分，包括文件系统、线程系统、内存管理等和底层跨平台相关的内容。

第 4 章介绍引擎中使用的基本数据结构，包括数组、队列、链表等类型，这些数据结构没有采用第三方库，都是重新实现的。

第 5 章介绍数学库，这里并没有介绍每一种数学算法，而只列出本书配套引擎的数学库中的相关代码和功能，并给出具体算法的出处。

第 6 章讲解引擎初始化方面的知识，引擎中存在很多单件实例管理器、默认值、默认资源，有效地初始化它们是很有必要的。

第 7 章介绍应用程序框架。不同平台对应的程序入口和执行流程不同，有效地跨平台和用统一的流程管理成为游戏设计中很重要的一个方面。该章还介绍如何关联不同的输入/输出设备到引擎中。

第 8 章介绍引擎中的对象系统，包括智能指针、RTTI、属性和函数的反射与复制、存储、加载、克隆（clone）、属性与 UI 的映射。该章最后还介绍了 Unreal Engine 4 的反射机制。强大的对象系统是一个好的引擎必不可少的。

第 9 章介绍引擎中资源的管理，包括外部资源和内部资源，并讲解如何有效组织这些资源。

第 10 章介绍引擎设计的一些哲学理念。深入了解引擎设计理念对于使用和制作引擎都有很大帮助。该章最后一节介绍的内容是引擎设计哲学的一个延伸，有助于读者全面了解垃圾回收机制。

第 11 章讲解场景管理，包括管理场景物体和相机之间的裁剪关系。该章最后简单介绍遮挡剔除。

第 12 章介绍如何把一个 FBX 静态模型导入为引擎格式的静态模型，并添加材质和渲染。

第 13 章讲解 LOD 技术，包括如何生成模型的 LOD 以及集成到引擎中进行渲染，同时介绍在引擎中如何加入和实现地形。

游戏引擎的其他一些相关内容，包括骨骼模型、动画、渲染技术、多线程以及其他额外话题，将纳入《游戏引擎原理与实践 卷 2：高级技术》中。

本书特色

不同游戏引擎的内部架构千差万别，而且游戏引擎涉及的知识点甚多，很少有人能全面把握每一个知识细节。同时，游戏引擎属于实践性的工程，必须有足够令人信服的演示示例以及代码支持，加上商用引擎的授权、作者个人时间有限等各方面的因素，导致市面上的游戏引擎图书要么泛泛而谈，要么距离真正开发游戏相去甚远。读者阅读完这类图书之后，并不知道一个商业引擎应该具备什么，应该如何写一个商业游戏引擎。本书旨在弥补目前市面上引擎图书的不足之处，尽量详细地解答上面所涉及的问题。

目前国内有自研引擎能力的公司和个人都很少，本书提供了一个良好的知识储备，帮助没有写过商业引擎的人揭开游戏引擎的神秘面纱。读者只要详细阅读本书并了解每个知识点，就能够极大地提升引擎开发能力。即使你使用商业引擎，通过阅读本书，也能够更好地理解引擎机制，在使用相应的游戏引擎的时候更加得心应手，同时你还将具备修改商业引擎的能力。

读者对象

本书要求读者熟练掌握 C++、数据结构、3D 编程、设计模式以及多线程的基础知识，否则对本书中的一些内容理解起来会比较困难。如果你有一定的 3D 游戏开发经验，或者你是想要尝试 3D 引擎开发的新手，本书会非常适合你阅读和学习。

本书对大部分比较难的知识点会详细讲解，而对于和游戏开发相关度较小的一些简单与基础的知识点，本书则会列出相关的图书和资源，推荐读者去阅读。

通过阅读和学习本书，读者能够：

- 了解游戏引擎的基本原理和作用；
- 了解大公司开发引擎的基本流程；
- 获得良好的游戏引擎方面的知识储备；
- 通过本书专门配套的引擎和示例，可以了解开发游戏引擎的具体细节。

资源支持

本书代码可以从异步社区（www.epubit.com）下载，其中包括本书配套引擎和为讲解引擎而准备的示例程序。

作者简介

程东哲，游戏引擎开发工程师，吉林大学计算机硕士，现就职于腾讯公司，曾先后参与了《逆战》《斗战神》《众神争霸》《无尽之剑——命运 XBOXONE》《云游戏》《Lucky Night VR》等游戏项目开发。主要负责游戏引擎开发工作，曾开发过腾讯内部自研 May 引擎和 AGE 引擎，修改和移植过 Unreal Engine。

致谢

感谢我的妻子对写作本书的支持。为了写作本书,我牺牲了很多陪伴家人的时间,没有他们的理解和支持,我不可能完成本书的写作。感谢人民邮电出版社的陈冀康编辑,本书是在他的一再推动和鼓励下完成的。

感谢叶劲峰先生为本书作序,同时感谢沙鹰、王杨军、王琛、付强等专业人士对本书的大力推荐。能够得到他们的肯定和支持,我感到万分荣幸。

感谢唐强、周秦、Houwb 在百忙中帮助校验本书并修改本书配套代码,没有他们的努力,本书是无法顺利出版的。感谢熊路遥对 13.5.2 节的技术支持。

感谢本书的所有读者。选择了这本书,意味着你对我的支持和信任,也令我如履薄冰。由于水平和能力有限,书中一定存在很多不足之处,还望你在阅读过程中不吝指出。可以通过 79134054@qq.com 联系我。

资源与支持

本书由异步社区出品，社区（https://www.epubit.com/）为您提供相关资源和后续服务。

配套资源

本书配套资源包括相关示例的源代码。

要获得以上配套资源，请在异步社区本书页面中单击 配套资源 ，跳转到下载界面，按提示进行操作即可。注意，为保证购书读者的权益，该操作会给出相关提示，要求输入提取码进行验证。

如果您是教师，希望获得教学配套资源，请在社区本书页面中直接联系本书的责任编辑。

提交勘误

作者和编辑尽最大努力来确保书中内容的准确性，但难免会存在疏漏。欢迎您将发现的问题反馈给我们，帮助我们提升图书的质量。

当您发现错误时，请登录异步社区，按书名搜索，进入本书页面，单击"提交勘误"，输入勘误信息，单击"提交"按钮即可（见下图）。本书的作者和编辑会对您提交的勘误进行审核，确认并接受后，您将获赠异步社区的 100 积分。积分可用于在异步社区兑换优惠券、样书或奖品。

扫码关注本书

扫描下方二维码，您将会在异步社区微信服务号中看到本书信息及相关的服务提示。

与我们联系

我们的联系邮箱是 contact@epubit.com.cn。

如果您对本书有任何疑问或建议，请您发邮件给我们，并请在邮件标题中注明本书书名，以便我们更高效地做出反馈。

如果您有兴趣出版图书、录制教学视频或者参与图书翻译、技术审校等工作，可以发邮件给我们；有意出版图书的作者也可以到异步社区在线提交投稿（直接访问 www.epubit.com/selfpublish/submission 即可）。

如果您所在学校、培训机构或企业想批量购买本书或异步社区出版的其他图书，也可以发邮件给我们。

如果您在网上发现有针对异步社区出品图书的各种形式的盗版行为，包括对图书全部或部分内容的非授权传播，请您将怀疑有侵权行为的链接发邮件给我们。您的这一举动是对作者权益的保护，也是我们持续为您提供有价值的内容的动力之源。

关于异步社区和异步图书

"异步社区"是人民邮电出版社旗下IT专业图书社区，致力于出版精品IT技术图书和相关学习产品，为作译者提供优质出版服务。异步社区创办于2015年8月，提供大量精品IT技术图书和电子书，以及高品质技术文章和视频课程。更多详情请访问异步社区官网 https://www.epubit.com。

"异步图书"是由异步社区编辑团队策划出版的精品IT专业图书的品牌，依托于人民邮电出版社近30年的计算机图书出版积累和专业编辑团队，相关图书在封面上印有异步图书的LOGO。异步图书的出版领域包括软件开发、大数据、AI、测试、前端、网络技术等。

异步社区

微信服务号

目　　录

第1章　引擎的纷争 ·············· 1	4.2　常用数据结构 ·············· 66
1.1　什么是游戏引擎 ·············· 1	4.3　其他数据结构 ·············· 71
1.2　那些年我们认识的引擎 ·············· 3	4.4　C++代理/委托 ·············· 72
1.3　引擎和游戏 ·············· 4	练习 ·············· 85
第2章　起航 ·············· 6	示例 ·············· 86
2.1　游戏编程 ·············· 6	**第5章　数学库** ·············· 88
2.2　游戏引擎的组成 ·············· 7	5.1　基本数学 ·············· 88
2.3　游戏引擎编辑器的组成 ·············· 8	5.2　基本数学单元 ·············· 91
2.4　数学 ·············· 10	5.3　基本图形单元 ·············· 98
2.5　空间变换 ·············· 12	**第6章　初始化与销毁** ·············· 103
2.5.1　坐标系 ·············· 12	6.1　传统初始化和销毁 ·············· 104
2.5.2　不同空间的转换 ·············· 12	6.2　全局内存管理器的初始化和销毁 ·············· 107
2.6　3D流水线 ·············· 15	6.3　非单件类的初始化和销毁 ·············· 108
2.7　OpenGL和DirectX ·············· 16	示例 ·············· 115
2.8　汇编指令 ·············· 17	**第7章　应用程序框架** ·············· 116
2.9　引擎工作流 ·············· 17	7.1　程序框架接口 ·············· 117
练习 ·············· 18	7.2　输入/输出映射 ·············· 124
第3章　基本系统 ·············· 19	练习 ·············· 128
3.1　熟悉开发环境 ·············· 19	示例 ·············· 129
3.2　VSSystem工程 ·············· 20	**第8章　对象系统** ·············· 130
3.3　内存管理 ·············· 25	8.1　智能指针 ·············· 130
3.3.1　处理内存泄露 ·············· 25	8.2　RTTI ·············· 136
3.3.2　Unreal Engine 3 的内存分配 ·············· 33	8.3　VSObject ·············· 140
3.3.3　栈内存管理 ·············· 51	8.4　属性反射 ·············· 146
3.3.4　整合 ·············· 57	8.5　序列化存储 ·············· 159
3.4　静态类型信息判断 ·············· 59	8.5.1　传统序列化方式 ·············· 159
练习 ·············· 62	8.5.2　使用属性表进行序列化存储 ·············· 162
示例 ·············· 62	8.6　克隆 ·············· 186
第4章　基本数据结构 ·············· 64	8.7　属性与UI绑定* ·············· 191
4.1　基类VSContainer ·············· 65	

8.7.1 基本控件 ………………………… 192
8.7.2 组合控件与属性 ………………… 196
8.7.3 属性绑定 ………………………… 208
8.8 函数反射 …………………………………… 214
8.9 复制属性与函数 …………………………… 222
8.9.1 对象复制 ………………………… 225
8.9.2 属性复制 ………………………… 225
8.9.3 函数复制 ………………………… 227
8.9.4 小结 ……………………………… 228
8.10 番外篇——Unreal Engine 4 中的反射* ………………………………… 231
练习 ……………………………………………… 238
示例 ……………………………………………… 239

第 9 章 资源管理 …………………………… 241
9.1 资源类型 …………………………………… 241
9.2 资源代理 …………………………………… 247
9.3 对象系统——资源 ………………………… 251
9.3.1 资源的组织形式 ………………… 251
9.3.2 外部资源管理 …………………… 256
9.3.3 字符串管理 ……………………… 258
9.3.4 内部资源管理 …………………… 260
练习 ……………………………………………… 264

第 10 章 引擎的设计哲学 ………………… 265
10.1 世界抽象 ………………………………… 265
10.2 万物的关系 ……………………………… 267
10.3 引擎层 …………………………………… 267
10.4 世界与引擎 ……………………………… 270
10.5 垃圾回收 ………………………………… 275
10.5.1 智能指针与垃圾回收 ………… 276
10.5.2 基于对象系统 ………………… 276
10.5.3 创建可回收的对象 …………… 277
10.5.4 根对象选择 …………………… 278
10.5.5 联系查找 ……………………… 279
10.5.6 垃圾回收的时机 ……………… 287
10.5.7 资源的垃圾回收 ……………… 290
练习 ……………………………………………… 295

第 11 章 场景管理 ………………………… 297
11.1 根节点与场景 …………………………… 298
11.2 空间位置的父子关系 …………………… 299
11.2.1 变换 …………………………… 301
11.2.2 包围盒 ………………………… 304
11.2.3 空间管理结构与更新 ………… 309
11.3 相机与相机裁剪 ………………………… 315
11.3.1 相机的定义 …………………… 316
11.3.2 根据相机裁剪物体 …………… 321
11.4 静态物体与动态物体 …………………… 328
11.4.1 采用四叉树管理静态物体 …… 329
11.4.2 入口算法简介和潜在的
可见集合* …………………… 334
11.5 光源 ……………………………………… 337
11.5.1 间接光 ………………………… 338
11.5.2 局部光 ………………………… 340
11.6 相机和光源的更新管理 ………………… 342
11.7 番外篇——浅谈 Prez、软硬件
遮挡剔除* ………………………………… 345
练习 ……………………………………………… 346
示例 ……………………………………………… 347

第 12 章 模型与贴图 ……………………… 349
12.1 法线与切线空间 ………………………… 349
12.2 引擎中的网格结构 ……………………… 354
12.2.1 数据缓冲区、顶点、网格 …… 354
12.2.2 VSGeometry、VSMeshNode、
VSMeshComponent …………… 359
12.2.3 一个完整网格的创建过程 …… 361
12.3 FBX 模型导入与压缩 …………………… 366
12.4 纹理 ……………………………………… 380
12.5 给模型添加材质 ………………………… 387
12.6 番外篇——3D 模型制作流程* ………… 388
示例 ……………………………………………… 391

第 13 章 LOD ……………………………… 393
13.1 模型的 DLOD …………………………… 393
13.2 模型的 CLOD …………………………… 401
13.3 地形的 DLOD …………………………… 409
13.4 地形的 CLOD …………………………… 414
13.5 番外篇——地形编辑* …………………… 417
13.5.1 基于 2D 网格的地形系统 …… 417
13.5.2 基于块和悬崖的地形系统 …… 421
13.5.3 基于体素的地形系统 ………… 423
练习 ……………………………………………… 425
示例 ……………………………………………… 425

第1章

引擎的纷争

游戏引擎究竟是什么？恐怕就算是资深行业人士也很难三言两语说清楚。让我们一起来敲开游戏引擎的大门，聊聊引擎的来龙去脉。

1.1 什么是游戏引擎

什么是游戏引擎？其实这很难给出明确的定义。在很多游戏的宣传中，我们会听到对游戏引擎的推崇。绚丽的特效，流畅的体验，似乎都是游戏引擎的功劳。在游戏玩家看来，游戏画面的表现力越好，游戏场面的震撼程度越大，游戏体验的真实感越强，底层的游戏引擎就可能越强大。

看看业界给出的一些定义。

游戏引擎是指一些已编写好的可编辑计算机游戏系统或者一些交互式实时图像应用程序的核心组件。这些系统为游戏设计者提供编写游戏所需的各种工具，其目的在于让游戏设计者能容易和快速地写出游戏程序而不用从零开始。大部分游戏引擎支持多种操作平台，如 Linux、Mac OS X、Windows。游戏引擎包含渲染引擎（即"渲染器"，含二维图像引擎和三维图像引擎）、物理引擎、碰撞检测系统、音效引擎、脚本引擎、电脑动画引擎、人工智能引擎、网络引擎以及场景管理引擎。

根据上述定义，在很多人看来，游戏引擎负责把很多已有的零部件组装起来，如同组装手机，CPU、屏幕、摄像头、主板等都是别人生产的，手机厂商按照自己喜欢样式组装一下就好了。

下面再看看 *Game Engine Architecture*（中文书名《游戏引擎架构》）是怎么说的：

通常，游戏和其引擎之间的分界线是很模糊的。一些引擎有相当清晰的划分，一些则没有尝试把二者分开。在一款游戏中，渲染代码可能特别"知悉"如何画一只妖兽（Orc）；在另一款游戏中，渲染引擎可能只提供多用途的材质及着色功能，"妖兽"可能完全是用数据去定义的。没有工作室可以完美地划分游戏和引擎。这不难理解，因为随着游戏设计的逐渐成形，这两个组件的定义会经常转移。

似乎游戏界引擎专家也无法真正给引擎下一个明确定义，虽然大家都知道什么是游戏引擎，却很难用三言两语把它表述出来。本节尝试用比喻的方式把它讲清楚。

假设我们穿越回 20 世纪 80 年代，我们的手中已经有整套的 FC 游戏《超级马里奥》[见图 1.1（a）]的代码，现在我们要开发另一款 FC 游戏《冒险岛》[见图 1.1（b）]。此时我们需要从零开始吗？显然，这两款游戏有着太多共性，都是一个游戏角色在横板卷动的地图上蹦来蹦去，都可以踩死怪物。当然，也有不同，画面不同，声音不同，关卡不同……但对于共同的功能，聪明的我们当然会重用一些现成的代码。而这种横板卷轴游戏模板的通用性非常好，目前游戏界对它的需求量也非常大，所以我们决定把这种特定类型游戏的核心功能提炼出来，供那些也要开发这种游戏的人使用。

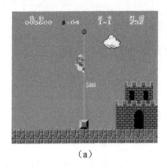 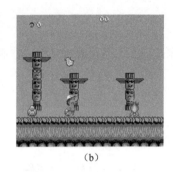

（a）　　　　　　　　　　　　　（b）

图 1.1 《超级马里奥》与《冒险岛》游戏画面

后来，蹦蹦跳跳的游戏逐渐没落，即时战略游戏开始兴起，有人要开发即时战略游戏《红色警界》（如图 1.2 所示）。

虽然游戏模板的代码能渲染 2D 动画、播放声音、处理鼠标键盘的按键响应，但无法用于即时战略游戏。因为玩家们想要的是多人联网，这就要求程序能够处理大量同屏 2D 动画，能够快速编辑适应即时游戏的关卡，能够运行无法与玩家和平相处的 AI，甚至能够让游戏运行在不同的地方，比如 PS1 和 PC。可是原有的游戏模板根本做不到这些。

直到有一天，卡马克设计了一款叫《DOOM》（中文名《毁灭战士》）的游戏（如图 1.3 所示），这简直就是 PC（DOS 系统）游戏史的一个里程碑。这款游戏漂亮的 3D 画面，让很多游戏爱好者在计算机前面"火拼"。

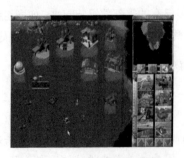 

图 1.2 《红色警界》游戏画面　　　　图 1.3 《DOOM》游戏画面

卡马克又写出了全 3D 的游戏《QUAKE》，而且支持当时最强大的 3D 加速卡，人们再次被震惊了。崇拜卡马克的人们用《QUAKE》的代码制作了新的射击游戏——《Counter-Strike》，也就是家喻户晓的 CS。《QUAKE》的动画、渲染的程序也被拿来继续开发其他游戏。

故事总归是故事，但对于《冒险岛》来说，被复用的那部分《超级马里奥》代码其实就是最早的游戏引擎。不过它的技术没那么先进，功能也不甚强大，还缺乏顺应潮流的更新，以致最终销声匿迹了。但卡马克的代码则不同，它超越了当时人们的想象力。他不但为射击游戏制定了完整方案，而且实现的代码功能强大。其高度的复杂性和健壮性，甚至让很多人乐于用其中的某些模块去开发非射击类的游戏，结果不但节省开发时间而且游戏健壮性也不错。这几乎是一部简短的游戏引擎发展史。

我们为什么要如此辛苦地探讨引擎的定义？每个人心中都有自己的哈姆雷特，对错已经没那么重要。开发属于我们自己的游戏，了解哪个引擎更强大以及什么引擎更适合，才是研究游戏引擎的真正意义所在。

1.2 那些年我们认识的引擎

关于引擎的第二个争论就是到底用哪个引擎。

从卡马克的时代开始，国外就有了关于游戏引擎的概念。根据游戏需求的不同，游戏厂商要么自己开发引擎，要么购买商业引擎。但真正的商业引擎不但必须有规范的开发流程，以便于定制化，而且要有后续的技术支持来帮助购买引擎的人解决遇到的各种问题，以保障购买者能够实现想要的功能。但能真正实现商业化的引擎也仅有少数几款。

商业引擎数量少，加之每款引擎的授权费用高昂，所以很多团队更愿意自己开发引擎。而几乎每一款知名游戏都有自己的引擎，比如育碧的《刺客信条》、EA 的《战地》、科乐美的《实况足球》。但自家的引擎同样需要不断迭代，以保证跟上时代的发展，否则落后的游戏引擎终究会被淘汰。

在国内曾经技术匮乏的那个年代，Gamebryo 和 Ogre 算是最早的两款引擎，Gamebryo 是用得最多的商业引擎，Ogre 是用得最多的非商业引擎。现如今，除了传统大厂商在自己迭代引擎之外，大部分厂商选择了商业引擎。国内厂商更是如此，在 3D 游戏引擎的选择上都很明确，手机端用 Unity，PC 端用 Unreal Engine。这些引擎不同于以往特定类型的游戏引擎，它们耦合性很低，通用性更好。那些年风光的引擎如图 1.4 所示。

图 1.4　那些年风光的引擎

游戏引擎曾经百花齐放，如今则大局已定。那么自研引擎是否已是明日黄花了呢？

其实这个问题没有明确的答案。如果你的团队有实力，时间相对充足，已经成功开发出游戏，那么迭代自研发当然可以；但如果项目时间紧，要开发的游戏类型与团队已有的引擎类型大相径庭，改动成本高于学习其他商业引擎的成本，那么不妨使用相对成熟的商业引擎。

1.3 引擎和游戏

这里并不是要讲游戏和引擎的关系，而是讨论开发引擎是否一定要依托于游戏。开发过游戏引擎的人，或多或少地想过这个问题。传统的游戏引擎都是依托游戏一代一代迭代发展起来的。对于游戏企业来讲，最终目的是做出游戏，所以游戏引擎的目标是为专属游戏服务。游戏需要什么特性，引擎就提供什么功能。商业引擎也是如此，如果一款游戏引擎没有支撑过任何成功游戏作品，大家是不敢去用的。毕竟使用游戏引擎的人一般不是专业引擎开发人员，出现问题后很难快速解决底层问题。就连 Unreal Engine 这样的引擎也要靠自己的《虚幻竞技场》来撑门面。目前，大部分引擎在内部使用，毕竟谁写的谁清楚，出了问题也能第一时间解决。

但是国外游戏引擎的开发氛围要好于国内，游戏引擎技术并没有完全被游戏牵着鼻子走，引擎技术也在反过来逐步推动游戏的发展。游戏引擎的开发者希望能持续地专注于引擎技术的开发，不会因过度依赖游戏而把引擎自身搞得一团糟。

不过到目前为止，还没有哪款引擎是能够满足以下几点要求的真正的万能架构：

- 适合所有类型的游戏、所有的游戏功能；
- 可以简单实现游戏设计者想到的各种离奇古怪的想法；
- 极高的效率——事实证明，优化最好的引擎都是针对游戏本身的。

引擎开发者心目中的理想引擎或者说许多游戏企业的自研引擎目标是：底层维护分离，具有统一的架构，可以通过底层为不同游戏提供不同的支持。为此，引擎技术人员尽最大可能把游戏需要的技术都完好地集成到引擎中，做到一款引擎可以服务多款不同类型的游戏。

然而，理想和现实往往有一定的距离，大部分引擎是为了一款游戏而生的，最根本的原因就是人的成本（这里成本是指技术人员能力、管理者能力、设计游戏能力、招聘、营销等与人的价值有关的东西）。国外 Unreal Engine 算是做得比较好的，Unreal Engine 3 是比较成功的游戏引擎，用它开发的各种类型的游戏有许多。Unreal Engine 算是人力成本相对较低的引擎，国外开发人员的经验积累使他们大多能把控 Unreal Engine 3，而国内由于开发人员的能力差异，很少人能把控 Unreal Engine 3（这里不谈市场因素）。

所以理想引擎的开发不得不依赖游戏。但事无绝对，Unity 传奇般地解决了人的问题，传奇般地实现了当时很多大企业不敢做的事情。

抛开 Unity 易用性不说，它真正实现了引擎架构的组件化。更重要的是，许多人在为它开发功能，使用终极方式解决人的成本问题。这其实不是一个技术问题，即使有人曾经想过让很多人一起开发引擎，但谁又会想过这会成为现实呢？Unity 自己没有耀眼的游戏。现在你几乎可以在网络上找到任何想要的内容，比如体素地形网格化、水流方向映射、反向动力学（Inverse Kinematics，IK）、材质树、技能编辑器，甚至大量的特效、模型、贴图、动画资源，铺天盖地的论坛、教程。Unity 只提供底层的基础功能，大部分强大的功能是世界各地的人帮助它完成的，在它自己获益的同时，开发者也在获益。

Unity 的出现几乎改变了整个商业引擎的格局，它的开放，它的易用性，它的开发流程，都完全超过当时人们的认知，导致一些设计观念陈旧的商业引擎加速地消亡。有能力转变的也只有 Unreal Engine，虽然其庞大的代码库让它不能一下子实现转变，但它以快速的迭代不断追赶。Unity 更强大的地方在于扩展，所有人都可以给它定制功能，这逼迫 Unreal Engine 不得不开源。开源的好处会让更多人关注它，为它定制更多的功能插件，许多问题可以轻松地在互联网上搜索到解决方案，这让它的社区也更加壮大。

第 2 章

起　　航

现今，想要从头写一个功能强大的 3D 引擎，个人的力量恐怕难以胜任，即使能力足够，时间恐怕也不允许。在这个美好的开源时代，你只需具备修改各种引擎的能力便足以满足开发游戏的各项需求。现代游戏引擎的复杂级别已不同于以往。引擎中有错综复杂的功能模块，以及同样重要且复杂的游戏编辑器，其中的任何一方面内容都足以独立成书。然而，本书篇幅有限，实在难以面面俱到。我们将在这里迈出第一步，在游戏开发的海洋中扬帆起航。

2.1　游戏编程

既然要开始游戏编程，首先要选择语言工具，C 和 C++是开发游戏引擎的首选。

游戏编程广义上讲可以分成游戏逻辑编程和游戏引擎编程。然而，它们两者之间的边界往往又没有那么泾渭分明。

游戏逻辑开发是指集中力量开发游戏中的剧情和玩法，要决定的是什么时候显示什么内容，什么时候播放什么声音，什么时候通过网络传输什么数据，什么时候这个物体或者人物做某个动作。至于图像如何显示，声音如何处理，数据如何传输，物体动作如何实现，游戏逻辑开发者其实并不用关心，这些归游戏引擎来处理。所以说游戏逻辑负责游戏核心玩法方面的内容，游戏引擎负责底层方面的处理。

有人可能会有疑问："既然你解释了做什么和怎么做，那么可不可以理解为，我想开发一个已经写好了剧本的游戏，既然内容确定了，游戏引擎就应该能给我马上做出来，至于怎么做，我可以不关心吗？"是的，没错，只要你选择的游戏引擎足够强大。

成功的游戏是以好的游戏逻辑为基础的，虽然引擎并不是一款游戏成败与否的决定性因素，但好的游戏内容通过好的游戏引擎来实现，会给人一种全新的视觉和听觉感受，会更加震撼人心，这就好比传统的 2D 电影与 3D 乃至 4D 电影的效果对比。

游戏逻辑就像电影的剧本，至于能否拍摄出预期的效果，不但取决于导演对剧本的理解和演员的演绎，还取决于拍摄的技术和后期的特效处理。

2.2 游戏引擎的组成

现在的游戏引擎比早些年的游戏引擎更加规范，通常包括图形引擎、声音引擎、网络引擎、脚本引擎、图形用户界面、人工智能引擎、物理引擎以及各种编辑器。

游戏画面能正常显示是最基本的要求，所以图形引擎是游戏的基石，其他模块则是为游戏添砖加瓦的。如果一个引擎同时具备下面 7 个模块，至少说明这个引擎的功能是比较强的。

现在很少有引擎全部自研所有模块，很多引擎通过第三方技术授权形式来实现相应模块的功能。

（1）图形引擎——作为游戏的"基石"模块，图形引擎还是以各自实现开发为主，毕竟图形引擎还没能够抽象得那么完美。为了达到更好的画面效果和满足游戏的功能需要，研发图形引擎是必不可少的。

（2）声音引擎——市面上用得最多的插件就是 FMOD。除了可以播放音乐音效之外，FMOD 还包括底层支持及各种声音资源的管理工作。

（3）网络引擎——目前的网络引擎并没有一套完全成熟的解决方案，能同时满足各种游戏服务器类型，并且便于接入和开发。单从开发便捷来说，还是以 Unreal Engine 作为网络引擎比较好，既可用于客户端开发，也可以支持网络端，不过它的架构只适合做"开房间"的游戏。

（4）脚本引擎——这里所说的脚本是面向游戏策划或用户的，可以是指令形式，也可以是简单语句。《魔兽争霸 3》（见图 2.1）就可以使用脚本写出很多有趣的游戏内容，还有当年的《红色警戒 2》（见图 2.2），甚至《国家的崛起》（见图 2.3），玩家可以自己用脚本实现 AI。如果希望更深入地了解这些高级的脚本语言，推荐阅读《游戏脚本高级编程》这本书。

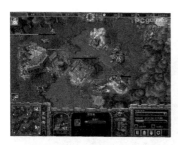  

图 2.1 《魔兽争霸 3》游戏画面　　图 2.2 《红色警戒 2》游戏画面　　图 2.3 《国家的崛起》游戏画面

（5）图形用户界面（GUI）——包括血条、分数等在屏幕位置固定不变的 2D 图案。UI 也可以做得很炫，不要小看 UI，它也算是游戏里最重要的组成部分。业界比较知名的 UI 引擎是 ScaleForm。

（6）人工智能引擎——Unreal Engine 内部有自己集成的 AI，并且是带编辑器的。Unity 也有专门的 AI 插件，可以到商店购买。这里推荐一些关于游戏 AI 的图书，如《游戏人工智能编程案例精粹》《游戏编程中的人工智能技术》《游戏开发中的人工智能》等。

（7）物理引擎——多数游戏开发使用的是刚体和刚体运动、碰撞、射线检测、布料检测等功能,而使用软体和真实流体、气体等功能的则相对较少。现在市面上有 Physx、Havok、Bullet 三大物理引擎(Physx 和 Bullet 开源了),如果读者想要零起步学习物理引擎,推荐学习《游戏物理引擎开发》《游戏开发物理学》《游戏中的数学与物理学》《实时碰撞检测算法技术》等图书。

2.3 游戏引擎编辑器的组成

常用的引擎编辑器包括场景编辑器、粒子特效编辑器、模型浏览器、动画编辑器和材质编辑器。除了常用的以外,还有物理编辑器、AI 行为树编辑器、脚本编辑器和技能编辑器。引擎编辑器不仅可以编辑各种资源,还负责管理和整理各种资源。按照现在引擎的设计理念,编辑器还包括性能分析、打包和部署以及版本发布等功能。

下面以 Unity 和 Unreal Engine 为例,列出一些功能编辑的界面,并介绍一些初步的概念。

(1)场景编辑器,负责摆放模型物体、光源、摄像机等(见图 2.4)。

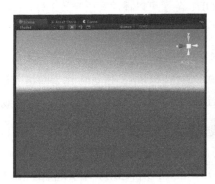

图 2.4　场景编辑器

(2)粒子特效编辑器,负责制作各种特效(见图 2.5)。

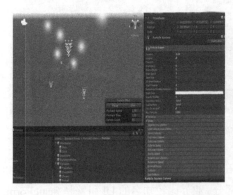

图 2.5　粒子特效编辑器

(3)模型浏览器,负责浏览和编辑模型(见图 2.6)。

(4)动画编辑器,负责编辑动画功能,可以触发游戏逻辑中的某些事件(见图 2.7)。

(5)材质编辑器,负责编辑模型效果(见图 2.8)。

2.3 游戏引擎编辑器的组成

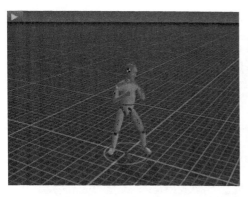 

图 2.6　模型浏览器

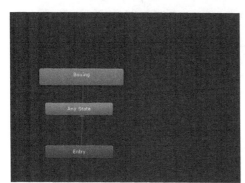 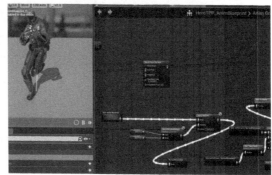

图 2.7　动画编辑器

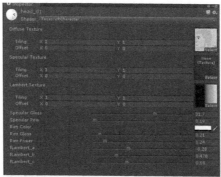

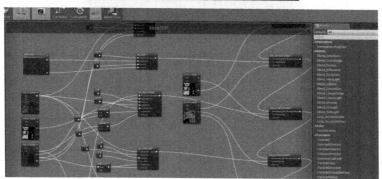

图 2.8　材质编辑器

（6）资源管理器，负责管理游戏中各种资源（见图2.9）。

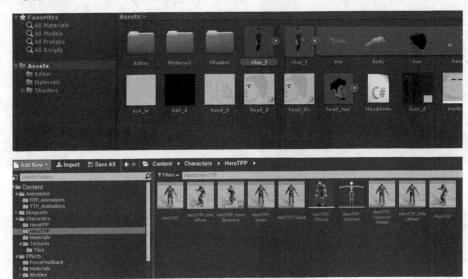

图 2.9　资源管理器

上面只是简单罗列了 Unity 和 Unreal Engine 的一些常用编辑器。对于新手而言，建议先看看 Unity 开发的相关图书，尝试开发简单游戏来熟悉各种编辑器。

提示

在接下来几节中，我们将回顾开发游戏引擎所需的基础知识。这里并不会详细地介绍每个部分。当然，书中会提及从哪里可以学习到这些知识，不过这并非本书重点。

2.4　数学

数学可以说是引擎的根基，它的作用是不言而喻的。不但开发引擎需要数学知识，而且开发游戏逻辑也需要，所需知识基本覆盖了大学里与数学相关的所有课程——《高等数学》《线性代数》《概率与数理统计》。很多人可以把这些课程学得很好，但能创造性地应用在游戏引擎中的人寥寥无几，能把论文中高深的技术在游戏中真正实现出来的人更是凤毛麟角。加入游戏引擎里的数学算法，大多是已经非常成熟的技术，并且已经被标准程序库化，会有效地使用它们其实已经足够。

另外，本书提及的大部分数学知识是一些基础的数学知识，也是引擎中最常用到的。那种复杂的多重微积分的应用，本书并不涉及。下面列出的都是我们需要掌握的基本内容。强烈推荐《3D 数学基础：图形与游戏开发》这本书。

1．向量

向量（也称矢量）是指具有大小（magnitude）和方向的量。这是图形学和物理学中经常用到的概念，希望读者能了解 2D、3D、4D 向量的含义，标量和点的含义。在游戏中，3D 向量既可以表示一个方向，也可以表示一个点。

读者还要了解向量之间的运算以及对应的含义，包括向量与标量的加减乘除、向量长度、向量点积、向量叉乘、向量单位化、向量加法、向量减法等。

2．矩阵

矩阵也是图形学中最常用的概念，它的一个作用就是空间变换。对于没有学过线性代数的人来说，矩阵可能有些难以理解，不过也没关系，引擎中最常用的就是3×3矩阵和4×4矩阵。本书后面会详细讲述它们的功能。

不过这里还要了解关于矩阵的一些特性，包括矩阵的维度、矩阵的逆、矩阵的转置、单位矩阵、方阵、标量和矩阵相乘、矩阵和矩阵相乘、矩阵和向量相乘、向量和矩阵相乘（不同顺序得到的结果也不一样）、正交矩阵、向量与基向量的关系等。

3．四元数

关于四元数，需要了解的包括四元数的定义以及四元数的模、单位四元数、四元数的逆、四元数的共轭、四元数的点乘和叉乘等，相关的内容在网上非常容易查到。

4．几何体

引擎中的几何体基本是用来做碰撞检测和相交检测以及求相互距离的。所有的几何体都以参数化方式表示。

我们需要弄清楚的是直线、射线、线段、圆、三角形、矩形、平面、球体、立方体、胶囊体等。我们需要用到的是它们之间的相交检测以及点到它们的距离。

5．欧拉角

欧拉角和坐标轴的指向没什么关系，它是按照方位来定义的，是以前向量（Roll）、右向量（Pitch）、上向量（Yaw）作为旋转轴得到的角度。按不同顺序旋转得到的结果是不一样的，一般有两种旋转顺序，分别为 Roll→Pitch→Yaw 和 Yaw→Pitch→Roll。本书配套的引擎中采用的是第一种旋转顺序。

读者要深刻了解欧拉角、矩阵、四元数之间的相互转换关系。本书配套引擎中的转换关系如下。

（1）分别绕 z 轴、x 轴、y 轴旋转 AngleZ、AngleX、AngleY 角度的矩阵和构建欧拉角的矩阵一样。

```
Matrix(z Axis, AngleZ) * Matrix(x Axis, AngleX) * Matrix(y Axis, AngleY) = Matrix(
Roll_AngleZ, Pitch_AngleX,Yaw_AngleY)
```

（2）分别绕 z 轴、x 轴、y 轴旋转 AngleZ、AngleX、AngleY 角度的四元数和构建欧拉角的四元数一样。

```
Quaternion(z Axis, AngleZ) * Quaternion (x Axis, AngleX) * Quaternion (y Axis,
AngleY) = Quaternion(Roll_AngleZ, Pitch_AngleX,Yaw_AngleY)
```

（3）欧拉角到四元数和矩阵的转换并不一定可逆，前提是 AngleZ、AngleY 的范围是

[−π,π]，AngleX 的范围是[−π/2，π/2]。至于为什么是这样，这里不做过多解释，读者可以根据公式自己推导。

2.5 空间变换

接下来介绍 3D 引擎中的重要部分——空间变换，这也是许多初学者经常搞不懂的地方。

2.5.1 坐标系

3D 坐标系是由一个点和 3 个正交的方向组成的。也就是说，这个坐标系下任何一个点 v 都可以由 3 条正交的轴向表示（向量与基向量）。

大部分引擎使用的是左手坐标系。当然，也有一些引擎使用右手坐标系（见图 2.10 和图 2.11），所以知道一个引擎是哪类坐标系后，接下来的运算才能正确地进行。不一定非要食指指向 y 轴，只要那个坐标系符合我们 3 个手指的方向就可以。

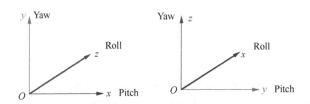

图 2.10 本引擎中的坐标系和 Unreal Engine 中的坐标系

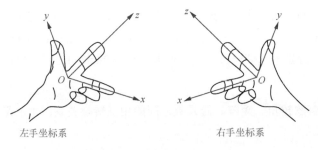

图 2.11 左手坐标系和右手坐标系

一般用大拇指指向 y 轴，大部分引擎也是 y 轴向上。当然，也有 z 轴向上的，但无论什么样，都希望你能区分开。

2.5.2 不同空间的转换

许多人看到空间的转换就会蒙头转向，根本原因是还没有掌握空间变换的基本原理。

线性变换满足以下关系式。

$F(a+b)=F(a)+F(b)$，并且 $F(ka)=kF(a)$，其中，a、b 是变量，k 是常量，F 是函数。

举个简单的例子，比如，函数 $F(x)=3x$，这个函数就可以表示线性变换。

因为它满足 $F(a+b)=3(a+b)=3a+3b=F(a)+F(b)$，同理 $F(2a)=3\times 2a=2F(a)$。

下面介绍 3D 中最常用的两个线性变换。

缩放变换满足以下关系式。

$F(x,y,z)=ax+by+cz$，简单地说，就是把一个点或者一个向量 $v(x,y,z)$ 的每个分量乘以一个比例系数。

一般情况下，无论什么样的线性变换，都是相对于当前坐标原点来说的，本书后面要提到的仿射变换也是这样。否则，应该表述为"相对于某个点 A 来进行缩放"。

图 2.12 说明了这一切：当相对于（2，0）放大 2 倍的时候，相当于以（2，0）为原点，原来的正方形（1，1）（1，-1）（-1，-1）（-1，1）首先平移到（-1，1）（-1，-1）（-3，-1）（-3，1），然后扩大两倍。

其实这里的第二个缩放已经不满足线性变换的条件了，而是后面要说的仿射变换。

旋转变换满足以下关系式。

$F(a) = aM$，a 是变量，F 是函数。在 3D 空间中，M 是一个 3×3 的旋转矩阵，也就是说，如果它满足单位正交化，就满足线性变换。

之所以写成矩阵的形式完全是为了方便，而且矩阵运算满足对空间缩放的变换。在旋转变换中，最常用的就是绕 x 轴、y 轴、z 轴旋转或者欧拉角旋转，还有一个是绕某个方向旋转，其实它们之间是可以互相转换的。也就是说，绕某个方向的旋转可以用绕 x 轴、y 轴、z 轴的旋转来完成。

在准备自己写引擎的时候，一定要规定好自己的欧拉角和 x 轴、y 轴、z 轴向的关系，本书中的引擎里面用欧拉角构造矩阵的顺序是 Roll→Pitch→Yaw（即 z 轴→x 轴→y 轴），不同的旋转顺序得到的结果会不同。在使用引擎的时候，要找到它们之间的关系。还有一个更重要的概念是旋转方向，不同引擎对方向的定义可能也不同。本书中规定，正角度的旋转表示顺着轴向看是逆时针的，也就是逆着轴向看是顺时针的（见图 2.13）。

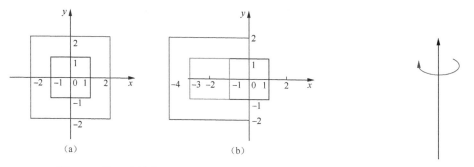

图 2.12 同一个单位正方形相对原点放大 2 倍和相对于（2,0）点放大 2 倍

图 2.13 正角度的旋转

仿射变换是指线性变换后接着平移，也就是说，$F(a)=Ma+T$，其中 T 表示平移。

在 3D 空间中的大部分变换是仿射变换，当然，也有非仿射变换，比如投影变换、法线的切空间变换。无论是先平移再缩放后旋转，还是先旋转再缩放后平移，最后都可以转化成先缩放再旋转后平移。

这种形式下有 $F(a) = aSM+T$，其中 S 表示缩放，M 表示旋转，T 表示平移。

比如，如果先平移再缩放后旋转，则有 $F(a)=(a+T)SM=aSM+TSM$，其中 S 表示缩放，M 表示旋转，TSM 表示新的平移。

所以定义一个标准的顺序进行 3D 空间的仿射变换很重要，基本上所有的引擎采用先缩放再旋转后平移的顺序。

前面说过，仿射变换不一定用矩阵表示，完全可以用 3D 向量 S 表示缩放，四元数表示旋转，3D 向量表示平移。但矩阵可以整合缩放、旋转和平移，这样进行空间变换要方便很多。

M = 缩放矩阵×旋转矩阵×平移矩阵

缩放矩阵 = $\begin{pmatrix} a & 0 & 0 & 0 \\ 0 & b & 0 & 0 \\ 0 & 0 & c & 0 \\ 0 & 0 & 0 & 1 \end{pmatrix}$

旋转矩阵 = $\begin{pmatrix} m_{01} & m_{02} & m_{03} & 0 \\ m_{11} & m_{12} & m_{13} & 0 \\ m_{21} & m_{22} & m_{23} & 0 \\ 0 & 0 & 0 & 1 \end{pmatrix}$，其中左上角的 3×3 矩阵是正交矩阵。

平移矩阵 = $\begin{pmatrix} 1 & 0 & 0 & 0 \\ 0 & 1 & 0 & 0 \\ 0 & 0 & 1 & 0 \\ Tx & Ty & Tz & 1 \end{pmatrix}$

一般情况下，骨架层级用矩阵表示，而动作数据用 3D 向量表示缩放和平移，用四元数表示旋转，在计算 GPU 蒙皮的时候再转换成矩阵。

另一个重要的概念是矩阵和向量左乘还是右乘的问题。每个引擎都有自己的规定。本书讲的都是左乘，也就是说，矩阵始终在向量右面，比如，对于一个顶点 v，使用矩阵变换 $v'= v M$。

这里面有很多细节没有涉及，比如四元数、矩阵、欧拉角之间的变换，还有正交投影、透视投影矩阵是如何求得的。这些内容在《3D 数字基础：图形与游戏开发》一书中介绍得很清楚。

一般使用引擎理解仿射变换就足够了，但如果写引擎还要理解很多复杂的变换，除了正交和透视变换之外，计算阴影也会用到这种复杂变换。

2.6　3D流水线

3D流水线通常是指一个模型或者说一个三角形，受到各种效果影响后，呈现在屏幕上的过程。3D流水线的定义确定后，慢慢又出现了软件渲染器、硬件渲染器等概念。但其处理流程是基本不变的。下面让我们简单了解这个过程。

（1）三角形（顶点位置、纹理坐标、每个点或者面的法线）组成模型，这个时候模型的所有数据都在物体的模型空间中，如图 2.14 所示。

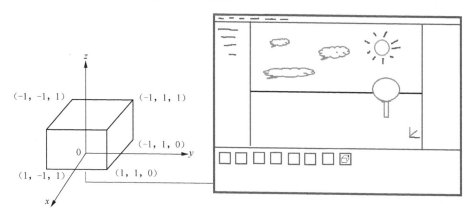

图 2.14　正方形在模型编辑软件中是按照物体模型
空间制作的，再导入引擎资源管理器中

（2）把这个模型导入引擎里面，放在引擎场景中，这个时候模型所有顶点就完成了从模型空间到世界空间的转换，如图 2.15 所示。

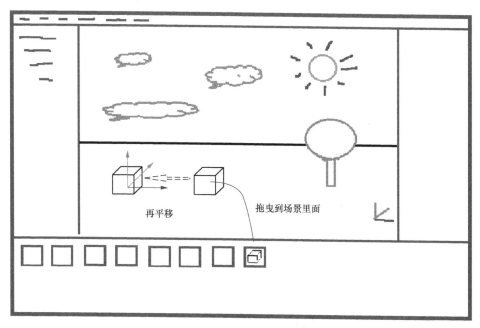

图 2.15　把正方形从资源管理器中拖曳到场景中，表示
变换到世界空间再平移，也就是在世界空间中移动

(3) 场景里面有一个相机,在这个相机的视区范围内,把模型从世界空间坐标系转换到相机空间坐标系,然后把不可见的面消除,如图 2.16 所示。

图 2.16 把模型从世界空间坐标系转换到相机空间坐标系,然后把不可见的面消除

(4) 因为我们看到的物体都是近大远小的,所以要经过投影变换,把这些三角形变换到相机投影空间坐标系,如图 2.17 所示。

(5) 把投影空间坐标系的三角形变换到 2D 的屏幕空间坐标系中,如图 2.18 所示。根据深度来判断遮挡关系,然后处理模板并判断哪些像素可以通过,最后进行光照、雾化、Alpha 混合或者 Alpha 测试。

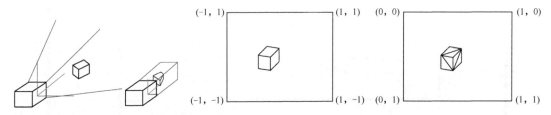

图 2.17 把模型从相机空间坐标系转换到相机投影空间坐标系

图 2.18 把模型从投影空间坐标系转换到 2D 的屏幕空间坐标系中

这是一个近似标准的 3D 流水线过程,不过自从着色器出现后,顶点变换和像素着色过程都可以用着色器来控制。我们可以根据需要实施,不一定要严格按照这个流程来,比如,光照可在顶点计算的时候就算出来。

2.7 OpenGL 和 DirectX

很多人听过 OpenGL 和 DirectX 这两个名词,其实它们是函数库,这两个函数库用于完成一些与底层打交道的基本工作。DirectX 还提供了一些常用的 3D 函数库。微软在 DirectX 中做了很多二次开发，用这些二次开发提供的功能来开发小游戏还是不错的，但用来直接支持大型游戏开发则还差得很远。

下面主要讨论与底层打交道那部分工作。DirectX 与 OpenGL 的最大功劳在于充分调动和发挥了显卡的性能，把显卡的特性用接口的形式提供，它们各自都有自己的管理层次、管理方法和管理管线。当使用与显卡资源相关的 API 时，要仔细看这个函数中各个参数的说明，它会根据我们的设定来管理显卡。它管理的只是一部分工作，还有很大一部分工作需要引擎自己处理。

如果我们不想自己写驱动或者调用驱动程序接口，但还想控制显卡，则要用到这些 API。D3D（DirectX 中主要处理 3D 的 API）和 OpenGL 在使用上还是有很大不同的，学习它们也要花费一些时间。如果不了解 3D 渲染流程，D3D 学起来特别困难。然而，如果先学习制作"软引擎"（用 CPU 来实现显卡提供的硬件功能），然后回来再学 D3D，就容易许多了。

2.8 汇编指令

在现在的编程环境下，汇编指令至少还有 3 个用处。

（1）用 CPU 提供的单指令多数据流指令来加速数字运算。

（2）当外网崩溃且没有调试信息时，查看崩溃时的那段汇编指令代码和寄存器里面的值，对找到崩溃根源有很大帮助。

（3）着色器反编译可用于还原实现效果。有些游戏有很酷的效果，如果你想知道它是怎么实现的，就要通过图形工具截取出一帧，找到这个效果的实现（其中包含汇编的着色器），再反汇编成真正的高级图形编程语言，就能知道其实现原理。

2.9 引擎工作流

所谓引擎工作流，就是引擎在制作游戏过程中的工作流程。不同的引擎有着不同的工作流程，如图 2.19 所示。

早期制作游戏的一种方式是，所有的模型、特效以及场景、灯光等都在建模软件中制作（建模软件的功能就能满足游戏的需要），然后把所有这些建模都导出成文件，由引擎读取文件，并把这些都还原回来。后来随着引擎的不断发展和制作流程的改进，游戏的复杂度增加，建模软件不能满足所有的需求，就开始有了场景编辑器（如地形或者植被等，在建模软件里面很难高效地做出来，不过目前已经有了专门编辑地形的软件）。再慢慢地，就分离出来特效编辑器、材质编辑器、技能编辑器、资源管理器等。

建模软件负责制作模型（就是一堆三角形顶点数据），常用的是 3D Max；贴图软件负责制作贴图，常用的是 Photoshop。

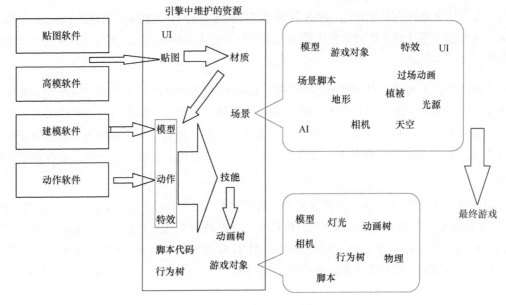

图 2.19　引擎的工作流程

高模软件负责制作法线贴图，常用的是 Zbrush。

动作软件负责给模型添加蒙皮和制作动作，常用的是 3D Max。

从外部导入引擎中的资源基本上只有这些。当然，有些特殊的贴图和模型要么通过专业软件制作，要么通过引擎的内置功能制作。任何东西都是在发展变化的，现在引擎的工作流逐渐趋于成熟化，这也极大地提升了制作游戏的效率。无论是 Unreal Engine 还是 Unity，差不多都是这样的一个架构。也许未来的引擎工作流会更加先进，可以更快地制作出游戏来。

没有接触过引擎的读者可能对图 2.19 里的术语比较陌生，甚至不知道它们是怎么回事。别担心，读完本书，你会有一个深刻的认识。

练习

1. 算出一个点到一个平面的距离。

2. 求两个向量的夹角。

3. 3D 流水线中，与相机近平面相交的三角形为什么要切割？如果三角形和远平面相交呢？如果三角形和相机上下左右的面相交呢？

4. 尝试用 Unity 3D 做一个小游戏，体验书中所说的引擎工作流。

第 3 章

基 本 系 统

本章介绍引擎底层的基础架构。在学习图形部分之前,我们必须先了解其"地基"是怎样构建的。引擎底层的基础架构是最基础的内容,一般包括了操作系统级别能够提供的资源。如果要实现跨平台,我们还要封装所有平台的基础功能,并提供统一的调用接口。

从不同的平台上,我们可以抽象出哪些相同的功能呢?

我们可以迅速举出声音、图像显示、输入/输出、网络、线程控制和内存管理等例子,但除了这些以外,还包括引擎常用的日志系统、时间系统、数据结构和相关数学模型等方面的内容。

3.1 熟悉开发环境

本书用到的开发环境是 Visual Studio 2017(如图 3.1 所示),该环境已将 DirectX 集成到其中。

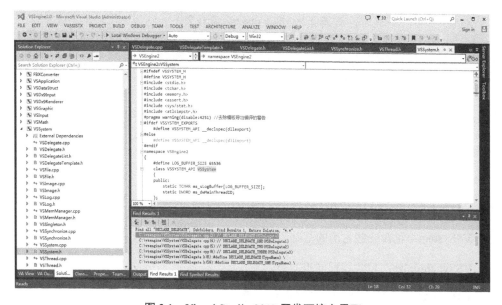

图 3.1　Visual Studio 2017 开发环境主界面

开发环境在此不多做介绍，相信读者可以自行学习并有能力去驾驭它。本书中实现的引擎只有 Debug 和 Release 两个版本。通常一个引擎会有很多个版本，比如 Unreal Engine 3 有 4 个版本，分别是 Debug 版、Test 版、Release 版和 Shipping 版。Release 版本包含了很多与调试相关的信息，如控制台和日志，而 Shipping 版则是一个完全纯净的版本，为最终发行版。如果在 Release 版本的基础上关闭优化，作为另外一个版本，这样就能在快速运行程序的同时调试程序。

在这个引擎中大部分是以动态库导入的，只有一个工程是静态库。动态库和静态库的使用方式并不是本书的重点，不了解的读者可以自行学习。所有编译好的文件都会在 bin 目录下生成，带 _d 的文件就是 Debug 版本。

建议安装一个 VassistX 插件，这有助于你快速地查找到你要找的文件（如图 3.2 所示）。另一个查询资源或文本的重要应用叫 Everything。

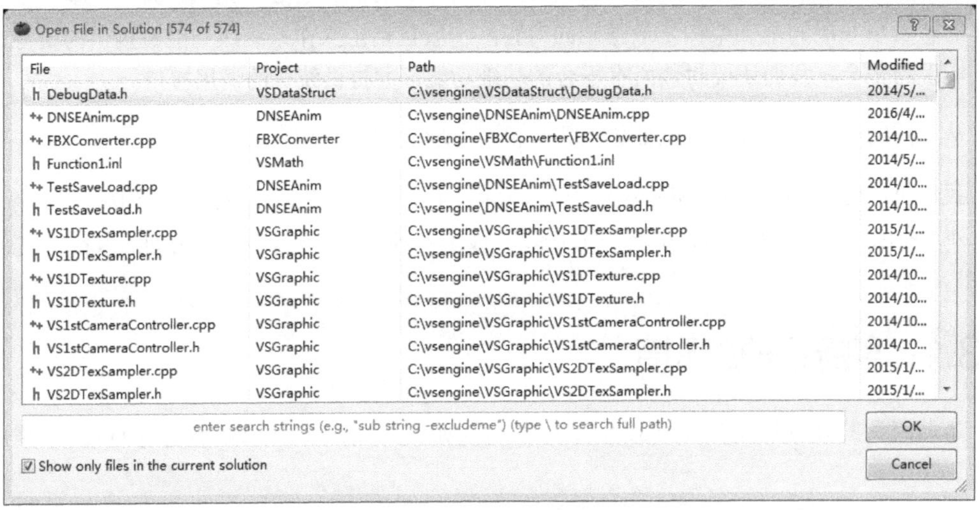

图 3.2　通过 VassistX 查找文件

3.2　VSSystem 工程

打开 VSSystem 工程，可以看见 VSSystem 下面的所有文件（如图 3.3 所示）。

各文件的作用如下。

- VSTimer：包含游戏中与时间相关的类。

- VSThread：包含与线程相关的类。

- VSSystem：包含一些常用的基础函数。

- VSSynchronize：包含线程同步的类。

- VSMemManager：包含用于管理内存的类。

- VSLog：包含打印 Log 的类。

- VSImage：包含读取各种图片的类。

- VSFile：包含操作文件的类。

图 3.3 所列的大部分是公用类以及和系统调用相关的函数。我们只需要给上层调用提供统一的接口，就可以解决跨平台的问题。

上面所列文件封装了 Windows 的基本函数，如果要在 Android 或者 iOS 上运行，就要通过宏的方式来隔开编译不同平台的版本。另外，感兴趣的读者还可以参考 Unreal Engine 4 的抽象接口封装方法，这种方法摆脱了大量宏的困扰，会使得封装变得"清爽"很多。

还需要注意的是，本引擎名字空间为 namespace VSEngine2。

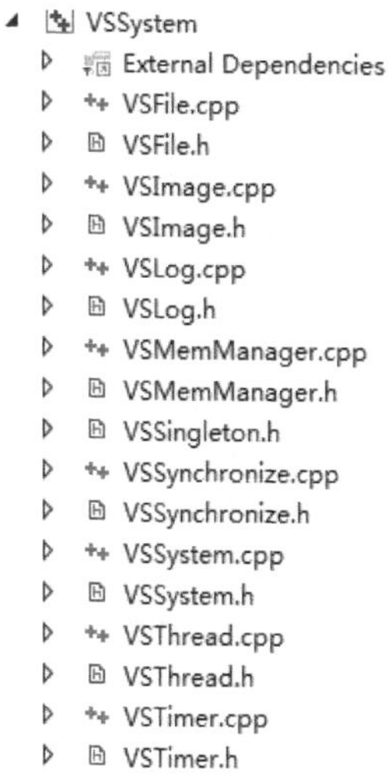

1．VSSystem 函数

图 3.3 VSSystem 下面的文件

VSSystem 函数包括一些常用的内存复制和字符串方面的函数，多数是全局函数。

```
inline bool VSMemcpy(void *pDest,const void *pSrc, unsigned int uiCountSize,
            unsigned int uiDestBufferSize = 0)
{
            if (!pDest || !pSrc || !uiCountSize)
    {
        return false;
    }
    if (!uiDestBufferSize)
    {
        uiDestBufferSize = uiCountSize;
    }
    return (memcpy_s(pDest,uiDestBufferSize,pSrc,uiCountSize) == 0);
}
```

以内存复制为例，上面封装了 memcpy_s 函数，因为不同系统中底层复制函数的实现可能不同，所以进行这样的封装是有必要的。

2．VSTimer 类

VSTimer 类是用来获取时间的，一般需要用到的时间为当前的毫秒级时间和 FPS。这个类里面用了两种方法计算时间，一种方法是利用精度很高的 QueryPerformanceFrequency 函数，另一种方法是利用常用的 timeGetTime()函数。

（1）游戏开始时要调用 void InitGameTime()启动时间。

（2）每帧调用 void UpdateFPS()来更新 FPS。

具体实现的细节，可以参考代码。Windows API 函数的使用方法在网上很容易找到。

```
class VSSYSTEM_API VSTimer
{
```

```cpp
    bool m_bUseLargeTime;                       //使用大时间标志
    __int64 m_int64OneSecondTicks;              //1 秒内的滴答次数
    __int64 m_int64TimeTickStartCounts;         //开始的滴答计数值
    unsigned long m_ulTimeStart;                //timeGetTime 开始时间
    int m_iFrameCount;
    double m_fFPS;
    double m_fTime,m_fLastTime,m_fTimeSlice;
    void InitGameTime();
    double GetGamePlayTime();
    void UpdateFPS();
    static VSTimer *ms_pTimer;
};
```

3. VSSingleton 类

VSSingleton 类是单例类,不过本书配套的引擎较少使用这个类。

```cpp
template <typename T>
class  VSSingleton
{
   static T *m_pSingleton;
 public:
  VSSingleton()
  {
      VSMAC_ASSERT( !m_pSingleton );
      m_pSingleton = static_cast<T*>(this);
  }
  ~VSSingleton()
  {
      VSMAC_ASSERT( m_pSingleton );
      m_pSingleton = NULL;
  }
  static T &GetSingleton()
  {
      VSMAC_ASSERT( m_pSingleton );
      return (*m_pSingleton);
  }
  static T *GetSingletonPtr()
  {
      return (m_pSingleton);
  }
};
template <typename T> T *VSSingleton<T>::m_pSingleton = NULL;
```

4. VSFile 类和 VSLog 类

VSFile 类用于封装文件读写的所有功能,包括读文件、写文件、移动文件指针,还可以指定打开方式等。

VSLog 类继承了 VSFile 类,用来在文件里面输出日志信息。

```cpp
class VSSYSTEM_API VSFile
```

```cpp
{
    enum
    {
        OM_RB,
        OM_WB,
        OM_RT,
        OM_WT,
        OM_MAX
    };
    enum
    {
        VSMAX_PATH = 256
    };
    enum
    {
        SF_CUR,
        SF_END,
        SF_SET,
        SF_MAX
    };
    //刷新缓存内容到文件中
    bool Flush();
    //移动文件指针
    bool Seek(unsigned int uiOffSet,unsigned int uiOrigin);
    //打开文件
    bool Open(const TCHAR *pFileName,unsigned int uiOpenMode);
    //读取文件内容
    bool Write(const void *pBuffer,unsigned int uiSize,unsigned int uiCount);
    //写入内容
    bool Read(void *pBuffer,unsigned int uiSize,unsigned int uiCount);
    //返回一行内容
    bool GetLine(void *pBuffer,unsigned int uiSize);
    //文件大小
    inline unsigned int GetFileSize()const
    {
        return m_uiFileSize;
    }
};
class VSSYSTEM_API VSLog : public VSFile
{
    //打开文件
    bool Open(const TCHAR *pFileName);
    //按照格式写内容
    bool WriteInfo(const TCHAR *pcString, ...)const;
};
```

5. VSImage 类

VSImage 类派生了两个类，一个是 VSBMPImage 类，另一个是 VSTGAImage 类。看名字就知道它们分别用于读取 bmp 文件和 tga 文件。

```cpp
class VSSYSTEM_API VSImage
{
    enum
    {
        IF_BMP,
        IF_TGA,
        IF_MAX
    };
    static TCHAR ms_ImageFormat[IF_MAX][10];
    //加载文件
    virtual bool Load(const TCHAR *pFileName) = 0;
    //从缓存中加载
    virtual bool LoadFromBuffer(unsigned char *pBuffer,
                 unsigned int uiSize) = 0;
    //得到像素值
    virtual const unsigned char *GetPixel(unsigned int x,
                 unsigned int y)const = 0;
};
class VSSYSTEM_API VSBMPImage : public VSImage
{
    virtual bool Load(const TCHAR *pFilename);
    virtual bool LoadFromBuffer(unsigned char *pBuffer,unsigned int uiSize);
    virtual const unsigned char *GetPixel(unsigned int x, unsigned int y)const;

};
class VSSYSTEM_API VSTGAImage : public VSImage
{
    virtual bool Load(const TCHAR *pFilename);
    virtual bool LoadFromBuffer(unsigned char *pBuffer,unsigned int uiSize);
    virtual const unsigned char *GetPixel(unsigned int x, unsigned int y)const;
};
```

6．VSSynchronize 类和 VSThread 类

这两个类里包含所有与线程相关的类。VSSynchronize 里面实现了关键区（VSCriticalSection）、信号量（VSSemaphore）、互斥量（VSMutex）、事件（VSEvent）4 种用于同步的类。代码基本上就是封装 Windows 同步的几种机制。如果对信号量不了解，建议翻一翻与操作系统相关的教材，很多书都会讲。如果不知道相关函数是怎么使用的，建议看看《Windows 核心编程》。

下面简单讲解 VSThread 类的内容，它是所有线程的基类。

```cpp
class VSSYSTEM_API VSThread
{
    enum Priority
    {
        Low,
        Normal,
        High,
    };
    enum ThreadState
    {
        TS_START,
        TS_SUSPEND,
        TS_STOP,
```

```
    };
    void Start();
    void Stop();
    virtual void Run() = 0;
    static DWORD THREAD_CALLBACK ThreadProc(void* t);
    Priority m_priority;
    ThreadState m_ThreadState;
    VSEvent m_StopEvent;
};
```

enum Priority 是线程的优先级，enum ThreadState 是线程的当前状态。在调用构造函数的时候，线程已经创建，但还处于 Suspend 状态，一旦调用 void Start()，这个线程的函数 virtual void Run()即开始执行，直到调用 void Stop()或者 virtual ~VSThread()才会停止执行。

VSEvent m_StopEvent 是用来判断这个线程是否结束的。

通过类全局静态函数 static DWORD THREAD_CALLBACK ThreadProc(void* t)来封装线程，然后调用线程的 void Run()来启动线程。

3.3 内存管理

内存管理是基本系统内部最重要的内容，不少书会讲内存管理的方法。在使用 Unreal Engine 3 之前作者大概使用过三四种内存管理方法，不过它们都或多或少地存在缺陷。

游戏引擎之所以要进行内存管理，一是要加快内存分配速度，有效地利用内存；二是处理内存泄露问题，并分析各个模块或者资源的内存占用情况。每种类型的内存管理器都有自己的功能。下面是内存管理器的基类。

```
class VSSYSTEM_API VSMemManager
{
    //分配内存
    virtual void *Allocate (unsigned int uiSize,unsigned int uiAlignment,
            bool bIsArray) = 0;
    //释放内存
    virtual void Deallocate (char *pcAddr, unsigned int uiAlignment,
            bool bIsArray) = 0;
};
```

3.3.1 处理内存泄露

内存泄露的处理包括找到没有释放的指针，找到野指针，找到导致内存不断增长的原因。

由于游戏代码一般是多人协作完成的，因此在使用 C++编程的时候，很可能有人在不经意间更改了其他人代码的逻辑，导致内存泄露，尤其是在特定场合下才出现的那种小的内存泄露，更是难以跟踪判断，再加上写代码的人能力参差不齐，导致出现内存泄露的概率更大。如何有效地防止这种问题的出现比如何解决问题显得更加重要。

很多时候，直接用系统提供的 new 来分配内存会为很多问题埋下隐患。有项目经验的人就会知道直接用 new 来开发游戏多么危险。如果在项目中直接使用系统 new 来分配内存，到项目中期就可能会时不时出现系统崩溃和内存占用量逐渐增加的问题。所以大部分游戏引擎会有一套内存管理机制来诊断问题的来源。

对于没有释放的指针，我们要具体到代码段和堆栈，确认哪个指针申请了内存最后却没有释放。

对于野指针，则要分析指针什么时候释放，或者指针指向的内容什么时候被破坏。

对于内存占用量不断增长，可能是内存泄露导致的，也可能是由于程序中的逻辑错误导致的。

一个好的内存管理应该具备查找并解决上述问题的能力，而且在解决过程中，还要方便使用，不会导致程序崩溃。

对于只有在特定场景出现的情况，首先要分析出这个场合出现的条件。根据项目，方法也不同，更多考验你对项目和代码的熟悉程度。

在现在大型的 C 或者 C++ 项目中，几乎没有一个应用程序的崩溃率为 0 的。有些可能因为非代码问题出现异常，有些可能因为执行环境突然出现异常。

在继续讲述之前，先介绍 new 操作符的重载。要不要重载全局的 new 是有争议的。如果重载全局的 new，那就意味着后续所有用到 new 的地方用的都是重载过的；如果不重载全局的 new，而在类内重载，这样只有继承这个类的才用重载的 new，而没继承的就不用。建议使用重载全局的 new，把申请内存的方法统一起来。本书后面使用的都是同一套内存管理方式。

为了统一使用全局内存分配，可以用宏封装，代码如下。

```
#define VS_NEW new
#define VS_DELETE delete
```

如何有效防止内存泄露，其实原理也没那么复杂，就是管理每次分配的内存，把关键信息都记录起来，并加以保护。这样一旦没有释放或者被越界写入，就会生成报错信息。

这里用链表管理所有分配的空间，每一个节点都存储了一些信息，具体实现看下面的类。

```
class Block
{
    Block()
    {
        for (unsigned int i = 0; i < CALLSTACK_NUM; i++)
        {
            pAddr[i] = NULL;
        }
        m_pPrev = NULL;
        m_pNext = NULL;
    }
```

```cpp
    void *pAddr[CALLSTACK_NUM];          //申请内存时候的调用堆栈信息
    unsigned int m_uiStackInfoNum;       //堆栈层数
    unsigned int m_uiSize;               //申请空间的大小
    bool m_bIsArray;                     //是否是数组
    bool m_bAlignment;                   //是否字节对齐
    Block *m_pPrev;                      //前一个节点
    Block *m_pNext;                      //后一个节点
};
```

如图 3.4 所示，每个 Block 结构（A 部分）管理已申请的一块内存（C 部分），而且前后有两个 Mask（B 部分和 D 部分）是保护这段内存的标志位，这些都被 Block 内部的 Pre 和 next 指针链接起来，形成了一个链表。

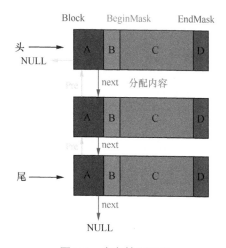

图 3.4　内存管理链表

内存管理器里面只需要维护链表头和尾的两个指针就能管理整个链表。

```cpp
class VSSYSTEM_API VSDebugMem : public VSMemManager
{
    virtual void *Allocate (unsigned int uiSize,unsigned int uiAlignment,
                bool bIsArray);
    virtual void Deallocate (char *pcAddr, unsigned int uiAlignment,
                bool bIsArray);
    enum
    {
        BEGIN_MASK = 0xDEADC0DE,
        END_MASK = 0xDEADC0DE,
        RECORD_NUM = 32,  //必须大于 2
        CALLSTACK_NUM = 32
    };
    Block *m_pHead;
    Block *m_pTail;
    unsigned int m_uiNumNewCalls;        //调用 new 的次数
    unsigned int m_uiNumDeleteCalls;     //调用 delete 的次数
    unsigned int m_uiNumBlocks;          //当前有多少内存块
    unsigned int m_uiNumBytes;           //当前有多少字节
    unsigned int m_uiMaxNumBytes;        //最多申请多少字节
    unsigned int m_uiMaxNumBlocks;       //最多申请多少内存块
    //记录在 2 的 n 次方范围内的内存申请次数
```

```cpp
        unsigned int m_uiSizeRecord[RECORD_NUM];
        void InsertBlock (Block *pBlock);
        void RemoveBlock (Block *pBlock);
};
```

VSDebugMem 为 Debug 模式下的内存管理器，除了重载 Allocate、Deallocate 之外，里面还做了很多统计，比如，记录了申请和释放的次数，当前申请了多少内存块，当前有多少字节，最多申请多少内存块，最多申请多少字节，这些统计数据对于一个项目来说是很有意义的，更重要的是 m_uiSizeRecord 记录的内存申请次数。如果你很难理解透彻上面的注释，请直接看下面申请内存时的代码调用过程。

```cpp
        unsigned int uiTwoPowerI = 1;
int i;
for (i = 0; i <= RECORD_NUM - 2 ; i++, uiTwoPowerI <<= 1)
{
        if (uiSize <= uiTwoPowerI)
        {
                m_uiSizeRecord[i]++;
                break;
        }
}
if (i == RECORD_NUM - 1)
{
        m_uiSizeRecord[i]++;
}
```

uiSize 是这次申请的字节数，上面这段代码会根据 uiSize 落到 2^n 的哪个范围内来做统计。如果申请 15 字节，i 等于 4 的时候，uiTwoPowerI 等于 16，15 小于 16，它落在 2^3 和 2^4 之间，这样就可以统计出以 2 为基数不同大小内存的分配情况，这里的 RECORD_NUM 在 32 位操作系统下大于 32 是没有意义的，2^{32} 字节也就是 4GB。其实大于 100MB 都没有意义，因为很少有一次申请 100MB 的内存空间，所以你可以看见当 i 大于 20 之后，就很少会分配内存。

除了上述这些内容之外，最重要的就是申请内存块的前后标志位（mask）。一旦有其他指针写越界，就会把标志位覆盖，即使没把标志位覆盖也会把 Block 信息覆盖，这样必然导致释放指针的时候出错。

```cpp
void* VSDebugMem::Allocate (unsigned int uiSize,unsigned int uiAlignment,bool bIsArray)
{
        //申请的总空间
        unsigned int uiExtendedSize = sizeof(Block)+ sizeof(unsigned int) + uiSize +
            sizeof(unsigned int);
        char *pcAddr = (char*)malloc(uiExtendedSize);
        if(!pcAddr)
                return NULL;
        //填写 Block 信息
        Block *pBlock = (Block*)pcAddr;
        pBlock->m_uiSize = uiSize;
        pBlock->m_bIsArray = bIsArray;

        bool bAlignment = (uiAlignment > 0) ? true : false;
        pBlock->m_bAlignment = bAlignment;
        //插入节点
```

```cpp
        InsertBlock(pBlock);
        pcAddr += sizeof(Block);
        //填写头标识
        unsigned int *pBeginMask = (unsigned int *)(pcAddr);
        *pBeginMask = BEGIN_MASK;
        pcAddr += sizeof(unsigned int);
        //填写尾标识
        unsigned int *pEndMask = (unsigned int *)(pcAddr + uiSize);
        *pEndMask = END_MASK;

        return (void*)pcAddr;
}
void VSDebugMem::Deallocate (char* pcAddr,unsigned int uiAlignment, bool bIsArray)
{
        if (!pcAddr)
        {
                return;
        }
        //判断头标识
        pcAddr -= sizeof(unsigned int);
        unsigned int *pBeginMask = (unsigned int *)(pcAddr);
        VSMAC_ASSERT(*pBeginMask == BEGIN_MASK);
        pcAddr -= sizeof(Block);
        Block *pBlock = (Block*)pcAddr;

        VSMAC_ASSERT(pBlock->m_bIsArray == bIsArray);
        bool bAlignment = (uiAlignment > 0) ? true : false;
        VSMAC_ASSERT(pBlock->m_bAlignment == bAlignment);
        //判断尾标识
        unsigned int *pEndMask = (unsigned int *)(pcAddr + sizeof(Block) + sizeof
        (unsigned int) + pBlock->m_uiSize);
        VSMAC_ASSERT( *pEndMask == END_MASK);
        //删除节点
        RemoveBlock(pBlock);
        free(pcAddr);
}
void VSDebugMem::InsertBlock (Block* pBlock)
{
        if (m_pTail)
        {
                pBlock->m_pPrev = m_pTail;
                pBlock->m_pNext = 0;
                m_pTail->m_pNext = pBlock;
                m_pTail = pBlock;
        }
        else
        {
                pBlock->m_pPrev = 0;
                pBlock->m_pNext = 0;
                m_pHead = pBlock;
                m_pTail = pBlock;
        }
}
void VSDebugMem::RemoveBlock (Block* pBlock)
{
        if (pBlock->m_pPrev)
        {
```

```
            pBlock->m_pPrev->m_pNext = pBlock->m_pNext;
        }
        else
        {
            m_pHead = pBlock->m_pNext;
        }
        if (pBlock->m_pNext)
        {
            pBlock->m_pNext->m_pPrev = pBlock->m_pPrev;
        }
        else
        {
            m_pTail = pBlock->m_pPrev;
        }
    }
```

插入和删除节点的代码是标准的链表操作代码。这里申请和释放内存的代码里面省略了一些内容，比如，统计数据的代码，以及多线程访问锁的代码。对完整功能感兴趣的读者，可以阅读本书提供的源代码。

至今为止，还有一些重要的内容没有涉及，比如，如何定位错误，怎么跟踪具体代码，怎么跟踪堆栈信息。

这就要依靠 dbhelp.dll 了。这个动态链接库（Dynamic Link Library，DLL）文件包含了可以根据当前指令所在代码段中的地址打印出这行代码所在行数和文件路径的函数（一行代码可能对应多条汇编指令），这里把这个 DLL 文件放在了 exe 目录下面。

```
VSStrcat(szDbgName,MAX_PATH,_T("\\dbghelp.dll"));
// 查找当前目录的 DLL
s_DbgHelpLib = LoadLibrary(szDbgName);
if(s_DbgHelpLib == NULL)
{
    // 使用系统的 DLL
    s_DbgHelpLib = LoadLibrary(_T("dbghelp.dll"));
    if(s_DbgHelpLib == NULL)
        return false;
}
fnMiniDumpWriteDump = (tFMiniDumpWriteDump)
        GetProcAddress(s_DbgHelpLib, "MiniDumpWriteDump");
fnSymInitialize = (tFSymInitialize)
        GetProcAddress(s_DbgHelpLib, "SymInitialize");
fnStackWalk64 = (tFStackWalk64)
        GetProcAddress(s_DbgHelpLib, "StackWalk64");
fnSymFromAddr = (tFSymFromAddr)
        GetProcAddress(s_DbgHelpLib, "SymFromAddr");
fnSymGetLineFromAddr64 = (tFSymGetLineFromAddr64)
        GetProcAddress(s_DbgHelpLib, "SymGetLineFromAddr64");
fnSymGetOptions = (tFSymGetOptions)
        GetProcAddress(s_DbgHelpLib, "SymGetOptions");
fnSymSetOptions = (tFSymSetOptions)
        GetProcAddress(s_DbgHelpLib, "SymSetOptions");
fnSymFunctionTableAccess64 = (tFSymFunctionTableAccess64)
```

```
            GetProcAddress(s_DbgHelpLib, "SymFunctionTableAccess64");
fnSymGetModuleBase64 = (tFSymGetModuleBase64)
            GetProcAddress(s_DbgHelpLib, "SymGetModuleBase64");
```

上面这些从 DLL 里面取出的函数都很有用,这里只用到了其中几个,更多内容可以参考 MSDN 文档或者其他网络资源。

接下来,编写以下代码。

```
//得到当前进程
static HANDLE s_Process = NULL;
DWORD ProcessID = GetCurrentProcessId();
s_Process = OpenProcess(PROCESS_ALL_ACCESS, FALSE, ProcessID);
fnSymInitialize(s_Process, ".", TRUE);
//通过 fnSymGetLineFromAddr64 得到 IMAGEHLP_LINE64 的 FileName,
//进而得到函数调用所在行数和文件名,pAddress 是函数地址
IMAGEHLP_LINE64 Line;
Line.SizeOfStruct = sizeof(Line);
VSMemset(&Line, 0, sizeof(Line));
DWORD Offset = 0;
if(fnSymGetLineFromAddr64(s_Process, (DWORD64)pAddress, &Offset, &Line))
{
#ifdef  _UNICODE
        VSMbsToWcs(szFile,MAX_PATH,Line.FileName,MAX_PATH);
#else
        VSStrCopy(szFile, MAX_PATH,Line.FileName);
#endif
        line = Line.LineNumber;
    }
```

为了跟踪代码调用过程,这里不得不展示汇编过程了,这样才会知道代码在汇编过程中是怎么调用的,才会了解上面的函数具体有什么用处。

看下面的函数。

```
void main()
 {
      int m=3,n=4,s=0;
      s=f(m,n);
   }
int f(int a,int b)
 {
      int c=2;
      return a+b+c;
 }
```

从 $s=f(m,n)$ 开始,它的汇编代码大致如下(这是作者自己手写的,与汇编、编译的代码不太一样,但基本原理是一样的,希望读者能了解汇编语言的基本原理)。

```
push n
push m
call f
push bp
mov bp sp
//保护寄存器,因为算 a+b+c 的时候要用到这些寄存器,
//并且不能把当前寄存器的值弄丢了,所以要先保存起来,等函数结束后,再把当前值还原回去
push bx,cx,dx
mov bx [bp+8]
```

```
mov cx [bp+12]
mov dx,2
add dx,bx
add dx,cx
//编译器约定俗成地以 ax 作为返回值。其实如果 dx 在函数外面没有用到，
//下面一句完全可以不写，然后直接取出 dx 的值
mov ax,dx
//弹出一系列寄存器值，还原寄存器中的值
pop dx,cx,bx
pop bp
ret 8
```

首先，把 m、n 压入栈中。这个压栈的顺序在 C 和 C++中是从右到左，而在 PASCAL 中则是从左到右。其实顺序无所谓，每一次压栈 sp 都会增加，sp 就是栈顶指针。

然后，执行 call f，让 ip 指针（ip 里面存的就是当前运行指令的地址）指到函数的入口地址。这个入口地址是在链接时设置的。

接下来，把 bp 压入栈中。一般 bp 用作栈基指针，计算机里的寄存器个数是有限的，在使用 bp 这个寄存器时，先把 bp 的值保存起来，以免丢失。在出栈时，把这个值再放回 bp 中。后面的 bx、cx、dx 等寄存器在入栈时都基于这个原理（如图 3.5 所示）。

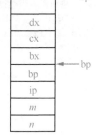

图 3.5　数据存储栈

在 mov bp sp 中，sp 是栈顶指针，这时 bp 指向了 bp 寄存器压入值的位置，用 bp 的值来访问栈里的数据变量，bp+4（之所以加 4，因为整型数据占 4 字节）就指向调用这个函数时指令的 ip 地址（函数返回时，ip 要接着函数结束的后一条指令执行），bp+8 就指向 m。

函数执行完后要出栈，按入栈的反方向弹出，然后 ip 等于调用 f 函数时候指令的地址，ret 8 是告诉系统要把 m、n 也弹出，8 是字节数。

现在要做的就是把每次调用函数的指令地址取出来，在上面的例子中就是 bp+4。

bp 指向的寄存器内容一般是栈基指针。在这个例了中，就是调用当前函数 f 的函数 main 的栈基地址，所以*bp+4 就是调用 main 的指令地址。图 3.6 为模拟函数调用的栈基地址存储情况。

```
  DWORD _ebp, _esp;
__asm mov _ebp, ebp;
__asm mov _esp, esp;
for(unsigned int index = 0; index < CALLSTACK_NUM; index++)
{
    void *pAddr = (void*)ULongToPtr(*(((DWORD*)ULongToPtr(_ebp))+1));
    if (!pAddr)
    {
        break;
    }
    pBlock->pAddr[index] = pAddr;
    pBlock->m_uiStackInfoNum++;
    _ebp = *(DWORD*)ULongToPtr(_ebp);
```

```
    if(_ebp == 0 || 0 != (_ebp & 0xFC000000) || _ebp < _esp)
        break;
}
```

这段代码唯一需要解释的是，程序中的 ebp 和 esp 其实表示 32 位寄存器，ULongToPtr(_ebp))+1 其实与上一个例子里面的+4 是一个道理，在 32 位系统里面就是加了 4 字节。

通过这种方法，就可以获得当前调用堆栈的代码地址，根据代码地址调用 fnSymGetLineFromAddr64 函数就可以获得堆栈代码所在文件的行数和所在文件的名称。

一旦出现内存泄露，就可以准确地找到泄漏的整个调用过程。用这种方法查找内存泄露时最好用 Debug 模式。

3.3.2 Unreal Engine 3 的内存分配

Debug 模式下的分配器可以定位和查找内存泄露，统计内存分配情况。Release 模式下的内存分配器可以加快内存的分配和释放。在一些开源的内存分配器中，一般管理内存分配有两种机制。其中一种是典型的空间换时间，就是一个内存块 A 被分成相等的小块，根据某种机制正好要在这个 A 里面分配，那么不管 A 分成的小块大于要申请的内存多少，都要拿出一个小块。比如，一个内存块是 40 字节，把它分成 4 块，每块大小是 10 字节。现在要申请 6 字节，那么取出一个大小是 10 字节的小块，剩余的 4 字节就要被浪费掉。这种机制下的分配、释放

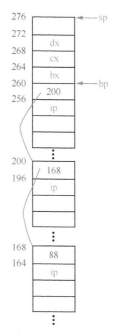

图 3.6　函数调用的栈基地址存储情况

都很快，因为内存块是等大的，但它浪费了一些空间。另一种机制就是申请多大的内存就分配多大的内存，然后用链表或者树结构管理。这种机制下，经过多次申请、释放，会造成很多碎片是不可用的，要花时间去合并碎片，并且为了申请和释放要去查找，比较浪费时间。Unreal Engine 3 的内存分配是一种相对完美的办法，值得仔细地讲一讲。这种分配方式会造成少量的内存浪费，但速度快，算法很巧妙，所以读懂它并不是那么容易。接下来结合图讲述这种分配方式，让读者都能理解它的工作原理。

提示

其实 Unreal Engine 3 的内存分配与 Windows 操作系统中管理虚拟内存的方式差不多。

1. 暴风雨来临的前奏

在 3.3.1 节中，以 2 的 n 次幂的形式统计一个游戏在运行过程中分配的内存大小（这里要强调的是游戏程序，不同的非游戏程序统计的结果不太一样）。在游戏中，小于 1KB 的动态数据是调用最频繁的，而且越小越频繁。相反越大的数据，例如模型的 VertexBuffer、模型的 IndexBuffer 和 Texture 数据等，申请和释放的频率比较低，大多数的动态分配时间浪费在小数据的申请和释放上。所以上面的数据统计的目的，是让你知道游戏程序中分配频率最高的集中在哪一个区域。

Unreal Engine 3 就根据 Windows 操作系统的特性，完美地运用了上面提到的两种机制。申请小于 MAXSIZE 的内存，就用这种机制管理；申请大于 MAXSIZE 的内存，就直接分配。因为大内存的申请、释放不频繁，小内存的申请、释放很频繁，这样管理起来才更有意义。

先来看看物理内存和虚拟内存的概念。

在 32 位 Windows 操作系统中指针是 32 位的，也就是说，虚拟内存的最大寻址空间是 4GB，不管真实的内存够不够 4GB，它都会虚拟映射成 4GB，不够的则用硬盘来回调度。

这里说的真实的内存就是物理内存，也就是使用的内存条的真实大小。32 位 Windows 系统每次分配的最小虚拟空间为 4KB（也叫页面）。在 32 位 Windows 系统下申请空间，分配结果都是基于 4KB 对齐的，即使申请的内存空间不足 4KB 也会分配 4KB，这样浪费了很多空间。32 位 Windows 系统下给进程分配资源的粒度是 64KB，即每次分配给进程的空间都以 64KB 为单位，这就保证了如果同一个进程的两个指针高 16 位相同，那么它们肯定在同一个分配粒度里。当进程启动第一次空间申请的时候，如果申请 3KB，32 位 Windows 系统也会给这个进程 64KB 空间，这 64KB 里面有 16 个 4KB，也就是 16 个页面，它给你一个页面来使用。当然，这个页面要有 1KB 被浪费掉，其余 15 个页面先留着，等到你再申请的时候，再给你用。如果你释放了这 3KB，也就是还给了 32 位 Windows 系统，下次还可以使用。这里面哪些被使用，哪些没被使用，怎么分配，都由 32 位 Windows 系统内置的一套机制在管理。

提示

关于 32 位 Windows 系统的系统知识，《Windows 核心编程》这本书讲解得很详细，包括什么是虚拟内存，哪些地址空间给系统用，哪些地址空间给用户用，进程之间的调度，Windows 是如何管理内存和磁盘的等。上面说到的页面大小是由 CPU 决定的，不同 CPU 的页面大小可以不同，分配粒度是由操作系统定的。

图 3.7 表示了页面和分配粒度的关系，黑色部分是已被占用的内存，其中 16 个 4KB 页面，里面有些被全部占用，有些被部分占用，有些没有被占用。对于被全占用的，可能在分配的时候正好是 4KB，也可能大于 4KB；对于部分占用的，申请的空间肯定不是 4KB 的倍数；对于没有被占用的，可能是释放的，也可能是剩下的几个页面不够申请，被分配到下一个粒度上。虚拟内存的分配方式根本不管碎片的处理，而堆管理则尽量减少碎片的产生。尽管如此，反复地分配和释放内存，也难免生成大量碎片，但是 32 位 Windows 系统也不进行合并操作。多个分配粒度在内存中很难连续，32 位 Windows 系统的管理办法就是申请大于 64KB 的空间肯定要连续，小于 64KB 的空间没必要连续，这样用户访问的时候不会出错；否则，32 位 Windows

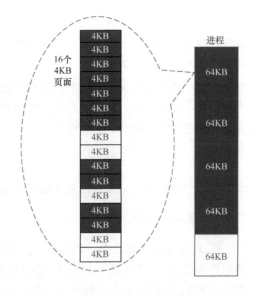

图 3.7　页面与分配粒度

系统还要维护一套机制，处理逻辑上连续但实际上不连续的情况，这无疑会增加系统实现的复杂度。

上面所说的分配空间所用的函数是 32 位 Windows 系统下提供的 API 函数 VirtualAlloc，是 Windows 用虚拟内存和物理内存建立联系的函数，这个函数是最底层调用的函数，而 malloc 和 new 是语言层面调用的函数。

在物理内存有限的情况下，并不是每个进程都会时刻占用物理内存，优先级高的或者活跃的进程会得到多的物理内存资源，而其他优先级低或者不活跃的则被挂起。在物理内存不够的情况下，内存的数据被暂时保存在硬盘里面，一旦唤醒进程，就把当时保存在硬盘里面的数据存放到内存中。即使一个进程申请的内存超过了真实的物理内存，32 位 Windows 系统也会用这种策略，把不常用的数据放到硬盘上来回地调度。至于 32 位 Windows 系统如何管理物理内存和虚拟内存的关系，恐怕要看到代码才能知道。

32 位 Windows 系统提供几个管理虚拟内存和真实物理内存的函数，比如，你可以申请虚拟内存空间，但不分配真实物理内存，当你真正要使用的时候再由系统分配，你还可以锁定物理内存，不被其他进程使用。

下面介绍堆。

C 和 C++中存在局部变量、常量、全局变量、静态变量、动态内存空间 5 种类型的数据。局部变量在栈空间；常量、全局变量、静态变量在程序的数据区域，在编译阶段就已经确定；动态内存空间在一个区域，也就是我们所说的堆。操作系统规定了栈的空间大小都是分配粒度的整数倍，同理，静态数据区域也是分配粒度的整数倍，所以剩下的动态分配空间也是分配粒度的整数倍。

动态分配的空间（后面都用"堆"代替）调用底层的 VirtualAlloc，但因为 VirtualAlloc 的分配规则都是以 4KB 对齐的，并且以分配粒度 64KB 为单位，如果没有一套好的内存算法，VirtualAlloc 这个函数则很难使用。于是 Windows 又提供了 HeapCreate、HeapAlloc 等函数。为了减少空间浪费，堆的管理算法为用户提供了方便的内存分配方式，而我们最常用的 new 和 malloc 用于调用 HeapCreate 与 HeapAlloc。至于调用 free 和 delete 释放内存，其实未必实时释放掉了物理内存。至于 32 位 Windows 系统是如何管理的，用什么数据结构，因为没开源，所以也无从考证。

如果要了解堆和虚拟内存相关的更多内容，可以访问 MSDN，查找相关的内容。

2．关键性的比喻

现在假设经过一系列的统计，每次申请的内存大小介于 1KB～2KB，如果每次都用默认的 32 位 Windows 系统来分配，它每次都会分配 4KB，这样每次至少都有 2KB 的内存就要被浪费掉，如果这样的申请达到 1 000 次，那么大约 2MB 的内存就被浪费。

为了不浪费内存，可以一次性地向 32 位 Windows 系统申请足够的内存 M，如果不够大，再申请 M，这个 M 究竟要多大呢？首先，M 至少是 4KB 的整数倍，例如，如果申请 10KB，32 位 Windows 系统要分配 12KB，浪费了 2KB。为了不浪费，M 至少为 12KB。其次，M 要是 2 的 n

次幂，如果有内存要释放，这样可以很快地定位到（具体后面会详细讲）。不能把 M 设得太小，否则要频繁申请；也不能设置太大，否则会产生浪费。M 是一个经验数字，假设取 32KB。下面是一种比较简单的内存分配算法。

首先定义两个数据结构。

```
//链表
struct PoolInfo
{
    PoolInfo *Pre;              //指向前一个节点
    PoolInfo *Next;             //指向后一个节点
    PoolTable *Owner;           //属于哪个链表管理者
    void *Mem;                  //指向分配空间的首地址
    unsigned int Taken;         //每分配一次就加 1，释放一次就减 1，如果释放后为 0，
                                //那么就把 Mem 指向的内存空间还给操作系统，Taken 占 4 字节
};
//链表管理者
struct PoolTable
{
    unsigned int TableSize;     //每次可以分配的内存大小
    PoolInfo *ExhaustedPool;    //分配完的 PoolInfo 链表头指针
    PoolInfo *FirstPool;        //没有分配完的 PoolInfo 链表头指针
};
```

详细的内存分配方式如图 3.8 所示，简单的内存分配方式如图 3.9 所示。

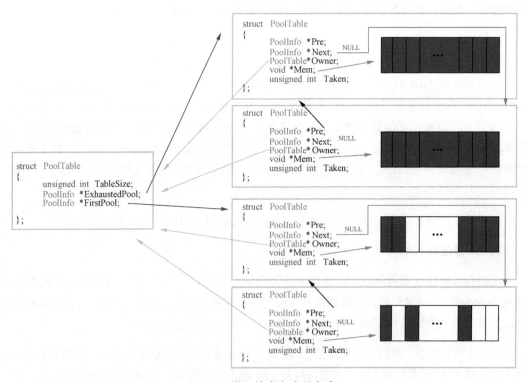

图 3.8 详细的内存分配方式

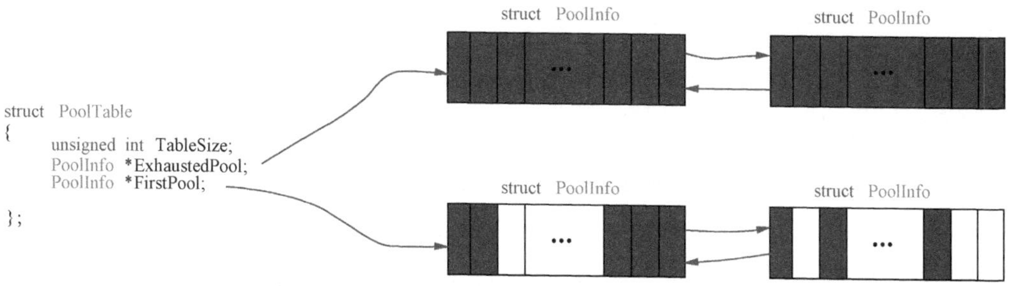

```
struct PoolTable
{
    unsigned int TableSize;
    PoolInfo *ExhaustedPool;
    PoolInfo *FirstPool;
};
```

图 3.9　简单的内存分配方式

PoolTable 管理两个 PoolInfo 链表，PoolInfo * FirstPool 指向没有分配完的链表，PoolInfo * ExhaustedPool 指向分配完的链表。PoolInfo 里面不但维护了链表的前后指针和 32 位 Windows 系统分配的内存空间地址 void * Mem，而且还有所属的管理者 PoolTable——PoolTable * Owner。每次分配的链表节点大小就是上面规定的 M，为 32KB，而每个 PoolInfo 里面又分配了很多小块，因为上面假设分配的内存大小都介于 1KB~2KB，所以每个小块的大小是 2KB。PoolTable 里面的 unsigned int TableSize 就是 2KB（2 048 字节）。

在极限情况下，32 位 Windows 系统可以申请到的内存是 4GB，但 32 位 Windows 系统一般会拿出 2GB 的寻址空间给应用程序，如果开启了 3GB 模式，会拿出 3GB 空间给应用程序。根据《Windows 核心编程》中的介绍，32 位 Windows 系统下用户可用的寻址空间是 0x00010000~0xBFFEFFFF，其实是 3 145 600KB，不到 3GB。上面给出的例子中，我们只知道用户申请的内存大小介于 1KB~2KB，但是总共要申请多大我们不知道，所以就要按照最大 3GB 空间来申请。一个 PoolInfo 管理 32KB，那么要管理 3GB（3 145 728KB）就要有 98 304 个 PoolInfo，而 PoolInfo 的数据结构大小为 24 字节（算上还没有揭示用途的那 4 字节），总共就要申请 2 359 296 字节（2 304KB），因为 32 位 Windows 系统要最少分配 4KB，实际分配空间也为 2 359 296 字节（2 304KB）。现在到了比较关键的地方，是直接分配 2 304KB 吗？M 的大小除了大于 4KB 外，一定要是 2^n。这里就是揭示答案的地方了：这个内存管理器是全局管理器，应用程序的所有内存分配都要通过它，在用户申请内存前，内存管理器要初始化完毕，而 98 304 个 PoolInfo 结构占用的空间就是第一次申请的内存，必须先完成。再申请的内存才是给用户使用的，而每次从 32 位 Windows 系统申请的空间大小为 M，被某个 PoolInfo 管理，用户的申请都在这个 PoolInfo 管理的大小为 M 的空间中进行，如果空间满了，再向 32 位 Windows 系统申请 M，它被另一个 PoolInfo 管理（如图 3.10 所示），以此类推。为了加快内存归还和释放，要很快知道释放的内存地址在哪个 PoolInfo 里面。通过释放地址可以完成这个任务，M 值表示 32 位中的低位，通过 32 位中的高位来定位所在的 PoolInfo 索引，这就是为什么 M 一定要是 2^n。本例中 M 为 32KB，正好为 2^{15} 字节，占用 32 位中的低 15 位，2^{32} 字节中正好有 2^{17} 个 M，也就是有 98 304 个 PoolInfo，通过高 17 位即可定位。为了达到这个目的，每次申请大小为 M 空间时，32 位 Windows 系统返回的地址必须以 32KB 对齐。首先 32 位 Windows 系统给进程分配的空间以 64KB 为粒度，必满足以 32KB 对齐，只要满足 98 304 个 PoolInfo 占用的内存大小以 32KB 对齐即可，2 304KB 和 32KB 的数据也以 2 304KB 对齐，所以对于要释放的指针，根据它的高 17 位就能定位到所在的 PoolInfo。

接下来所有分配都是围绕着 32KB 进行的，并且所有的分配都是连续的。

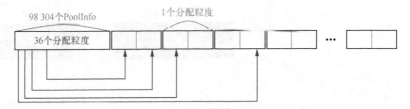

图 3.10　PoolInfo 管理自己的 32KB

到这里还有一个过程没有讲述，那就是 PoolInfo 内部的内存管理。每个 PoolInfo 管理 32KB，每次分配的内存大小是 1KB～2KB，以 2KB 为一个单元，这样 PoolInfo 里面管理 16 个单元。那要怎么管理呢？现在那个神秘的 4 字节就可以出现了，并且引出新的数据结构。

```cpp
struct FreeMem
{
    FreeMem *Next;              //在同一个 PoolInfo 中，下一个可用的单元
    DWORD    Blocks;            //还剩下多少可用单元
    PoolInfo *GetPool();
};
PoolInfo *FreeMem::GetPool()
{   //在 PoolInfo 中的任意一个地址取出高 17 位就能定位这个 PoolInfo
    return (PoolInfo*)((INT)this & 0xffff8000);
}
struct PoolInfo
{
    PoolInfo *Pre;              //指向自己前一个节点
    PoolInfo *Next;             //指向自己的后一个节点
    PoolTable *Owner;           //属于哪个链表管理者
    void *Mem;                  //指向 32 位 Windows 系统分配空间的首地址
    unsigned int Taken;         //每分配一次就加 1，释放一次就减 1，如果释放后为 0，
                                //那么就把 Mem 指向的内存空间还给 32 位 Windows 系统
    FreeMem *FreeMem;           //指向可用的数据单元（神秘的 4 字节）
    void Link( FPoolInfo*& Head )   //传入头指针，PoolTable 的 FirstPool
                                    //或者 ExhaustedPool
    {
        if(Head)                //头指针不为空
        {
            Before->Pre = this;
        }
        Next = Head;            //将这个节点插入，并让头指针指向它
        Head = this;
            Pre = NULL;
    }
    void Unlink(FPoolInfo*& Head)   //传入头指针，
                                    //PoolTable 的 FirstPool 或者 ExhaustedPool
    {
        if( Next )              //将这个节点从当前链表中移除
                                //如果 Pre 为空，则证明它是头指针指向的节点
        {
            Next->Prev = Prev;
        }
        if(Prev)
        {
            Prev->Next = Next;
            Pre = NULL;
        }
        else
        {
            Head = Next
        }
```

```
        Next = NULL;
    }
};
```

FreeMem 的用途是管理连续可用的数据单元。刚刚申请空间的时候管理 16 个可用单元，因为此时只有一个 FreeMem，所以它的成员变量 Blocks 是 16，由于不断地申请和释放，很可能最后出现只有 1 个单元是被占用的（如果释放后，发现 16 个单元都空闲，则把这个 PoolInfo 归还给 32 位 Windows 系统，所以极限可能是 1 个单元被占用，15 个空闲），其他 15 个可用空单元各被一个 FreeMem 管理。

可见这个 FreeMem 的大小是 8 字节，需要创建 FreeMem 链表吗？其实不需要，因为每个单元是 2KB，一个 FreeMem 最多管理 16 个单元，最少管理 1 个单元，2KB 足以与一个 FreeMem 共用。

其实也可以不使用 FreeMem 这个数据结构，而直接用指针管理。也就是说，每个单元的前 4 字节指向下一个可用的单元，PoolInfo 里面的 FreeMem 指针可以替换成普通指针（如图 3.11 所示）。

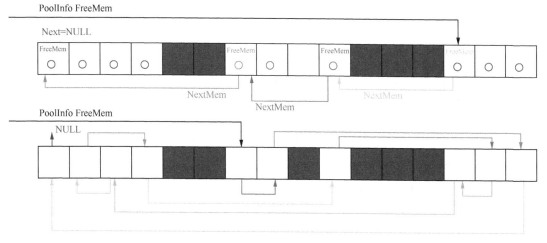

图 3.11　FreeMem 链表管理

下面简要描述一下算法。

初始化的伪代码如下。

```
PoolTable poolTable;
poolTable.ExhaustedPool = NULL;
poolTable.FirstPool = NULL;
poolTable.TableSize = 2KB;
PoolInfo pPoolInfo = 分配(98304 * sizeof(PoolInfo) ), 先以 4KB 对齐，再以 32KB 对齐
```

通过以下代码申请大小为 size(1KB～2KB)的内存。

```
PoolInfo *Pool = poolTable.FirstPool;
if (Pool == NULL)                    //判读 pool 是否为空
{
    FreeMem *p =分配(32KB);          //分配 32KB，当前只有一个 FreeMem 管理
    p->Blocks = 16;                  //初始化 FreeMem
    p->Next = NULL;
    //32 位 Windows 系统里面 0x00010000 之后才是用户可以申请的内存区域
    FreeMem *p1= p - 0x00010000;
```

```
            //取高 17 位得到 pool
            PoolInfo *Pool = pPoolInfo[p1 >> 15];
            Pool->Link(poolTable.FirstPool);            //初始化 Pool
            Pool->Mem = p;
            Pool->FirstMem = p;
    }
    Pool->Taken++;                                      //每分配一次就加 1
    //从后向前分配 2KB, MemInfo 的 Blocks 减 1
    void *Free = (FreeMem*)((BYTE*)Pool->FirstMem +
              --Pool->FirstMem->Blocks *poolTable.TableSize);
    //当前 Pool 的第一个 MemInfo 的 Block 为 0, 证明这个 MemInfo 满了
    if (Pool->FirstMem->Blocks == 0)
    {
            Pool->FirstMem = Pool->FirstMem->Next;  //那么就指向下一个 MemInfo
            if (!Pool->FirstMem)                    //如果下一个不存在，证明这个 Pool 已经满了
            {
                    Pool->Unlink(poolTable.FirstPool);//从 PoolTable 空闲列表中移除
                    //链接到 PoolTable 的非空闲列表
                    Pool->Link(poolTable->ExhaustedPool);
            }
    }
    return Free;
```

通过以下代码释放指针 p 指向的内存。

```
    p = p - 0x00010000;                              //减去非用户空间的偏移量
    PoolInfo *Pool = pPoolInfo[p >> 15];             //找到对应 pool
    if (!Pool->FirstMem)        //如果 PoolFirst 为空，证明它在 PoolTable 的非空闲列表中
    {
            Pool->Unlink(poolTable->ExhaustedPool);//从 PoolTable 的非空闲列表中移除
            Pool->Link(pPoolTable->FirstPool);       //添加到 PoolTable 的空闲列表中
    }
    FreeMem *Free = (FreeMem *)p;    //这个地址直接就是 poolInfo 的某个单元块地址
    Free->Blocks = 1;                //当前 FreeMem 只管理 1 个单元块
    Free->Next = Pool->FirstMem;     //链接到 PoolInfo 第一个可用的 FirstMem
    Pool->FirstMem = Free;
    if (--Pool->Taken == 0)          //如果当前 PoolInfo 的 16 个单元块都是空闲的,
                                     //则把它归还给操作系统
    {
            Pool->Unlink(pPoolTable->FirstPool);
            //从 PoolTable 空闲列表中移除 Pool->Mem, 并归还给操作系统
            Pool->Mem = NULL;
    }
```

以上逻辑是 Unreal Engine 3 在 32 位 Windows 系统下算法的核心（实现上稍有不同），希望读者能看明白。下面用一个简单的例子讲解上面的过程。

下面是操作步骤。

（1）申请 1.2KB，标记为 A。

（2）申请 1.5KB，标记为 B。

（3）申请 1.6KB，标记为 C。

（4）申请 1.7KB，标记为 D。

（5）申请 1.12KB，标记为 E。

（6）申请 1.03KB，标记为 F。

（7）申请 1.94KB，标记为 G。

（8）申请 1.83KB，标记为 H。

（9）申请 1.34KB，标记为 I。

（10）申请 1.55KB，标记为 J。

（11）申请 1.31KB，标记为 K。

（12）释放 E。

（13）申请 1.88KB，标记为 L。

（14）申请 1.93KB，标记为 M。

（15）申请 1.83KB，标记为 N。

（16）申请 1.67KB，标记为 O。

（17）释放 H。

（18）申请 1.17KB，标记为 P。

（19）申请 1.55KB，标记为 Q。

（20）申请 1.9KB，标记为 R。

（21）申请 1.47KB，标记为 S。

（22）释放 B。

（23）释放 P。

（24）释放 L。

（25）释放 C。

（26）释放 G。

（27）释放 A。

（28）释放 N。

（29）释放 M。

（30）释放 D。

（31）释放 I。

（32）释放 P。

（33）释放 G。

（34）释放 T。

(35)释放 R。

(36)释放 F。

(37)释放 J。

下面通过示意图展示内存管理。

(1) PoolTable.FirstPool 为空,申请 32KB,共 16 个单元,如图 3.12 所示。

图 3.12　内存管理示意图 1

(2) 找到对应的 PoolInfo,初始化 FreeMem M1,初始化 P1,把 P1 添加到空闲列表中,如图 3.13 所示。

M1->Blocks=16
M1->Next=NULL
P1->FirstFree=M1
PoolTable.FirstPool=P1
P1->Next=NULL
P1->Pre=NULL

图 3.13　内存管理示意图 2

(3) 分别申请 A、B、C、D、E、F、G、H、I、J、K,如图 3.14 所示。

行	状态	M1->Blocks	P1->Taken
1	A	15	1
2	B A	14	2
3	C B A	13	3
4	D C B A	12	4
5	E D C B A	11	5
6	F E D C B A	10	6
7	G F E D C B A	9	7
8	H G F E D C B A	8	8
9	I H G F E D C B A	7	9
10	J I H G F E D C B A	6	10
11	K J I H G F E D C B A	5	11

图 3.14　内存管理示意图 3

（4）释放 E，如图 3.15 所示。

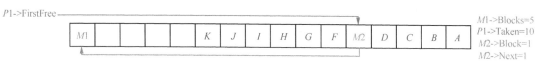

图 3.15　内存管理示意图 4

（5）申请 L，占用 M2，M2 消失，如图 3.16 所示。

图 3.16　内存管理示意图 5

（6）申请 M、N、O，如图 3.17 所示。

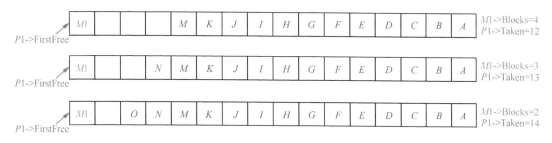

图 3.17　内存管理示意图 6

（7）释放 H，如图 3.18 所示。

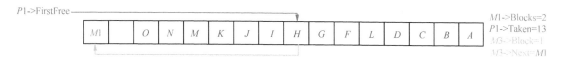

图 3.18　内存管理示意图 7

（8）申请 P、Q，如图 3.19 所示。

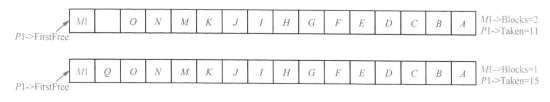

图 3.19　内存管理示意图 8

（9）P1 满了，进入 PoolTable 非空闲列表中，如图 3.20 所示。

| R: | Q | O | N | M | K | J | I | H | G | F | E | D | C | B | A |

P1->Taken=16
PoolTable.ExhaustedPool=P1
P1->Next=NULL
P1->Pre=NULL
PoolTable.FirstPool 为空

图 3.20　内存管理示意图 9

（10）申请 S，空间不够，再申请 32KB，找到对应的 PoolInfo，初始化 FreeMem M4，并初始化 P2，把 P2 添加到空闲列表中，如图 3.21 所示。

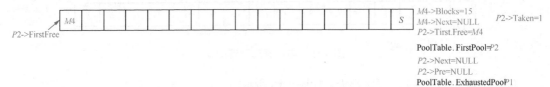

图 3.21　内存管理示意图 10

（11）释放 B，P1 从非空闲列表变成空闲列表，如图 3.22 所示。

图 3.22　内存管理示意图 11

（12）继续释放，一直到 16 个单元都释放完毕。最后每个单元都是 1 个 FreeMem 结构，如图 3.23 所示。

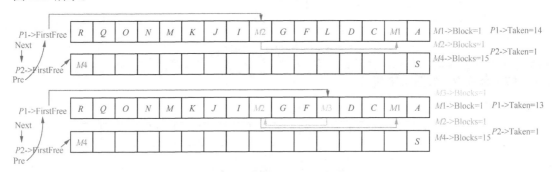

图 3.23　内存管理示意图 12

（13）P1 为 0，回收全部空闲空间，如图 3.24 所示。

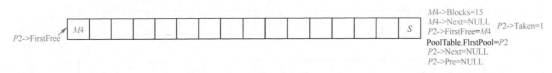

图 3.24　内存管理示意图 13

如果把上面的内容理解透彻，那理解下面的内容就会水到渠成。

3．原来如此

Unreal Engine 3 的实现与上面所讲内容还会有很多不同，但精髓都是一样的。下面就不同之处加以分析论述。

不同点 1：基于不同的内存分配额度创建不同的 PoolTable

上面的例子假设每次分配的内存都介于 1KB～2KB，但实际上游戏中的内存分配是不可能这样的，你不知道它到底分配多少，所以 Unreal Engine 就创建了很多不同的 PoolTable。

```
enum {POOL_COUNT = 42     };
FPoolTable  PoolTable[POOL_COUNT], OsTable;
```

上面创建了 43 个 FPoolTable，其中 OsTable 分配的数量大于 MAXSIZE 的内存，后面将详细介绍。每个 PoolTable 的管理空间大小都是不同的。

```
OsTable.FirstPool      = NULL;
OsTable.ExhaustedPool  = NULL;
OsTable.BlockSize      = 0;
PoolTable[0].FirstPool      = NULL;
PoolTable[0].ExhaustedPool  = NULL;
PoolTable[0].BlockSize      = 8;
for( DWORD i=1; i<5; i++ )
{
  PoolTable[i].FirstPool      = NULL;
  PoolTable[i].ExhaustedPool  = NULL;
  PoolTable[i].BlockSize      = (8<<((i+1)>>2)) + (2<<i);
}
for( DWORD i=5; i<POOL_COUNT; i++ )
{
  PoolTable[i].FirstPool      = NULL;
  PoolTable[i].ExhaustedPool  = NULL;
  PoolTable[i].BlockSize      = (4+((i+7)&3)) << (1+((i+7)>>2));
}
```

以上是创建 42 个 PoolTable 的代码，具体数值如图 3.25 所示，前面是索引 i 的值，后面是对应 PoolTable 的 BlockSize（也就是上面例子中 TableSize），i 为 0 的情况，图中没有给出，因为在代码中一目了然。至于为什么取这些数值来设置 TableSize，也许是 Unreal Engine 3 中的经验值，不过也可以根据实际项目来定义不同的递增值。

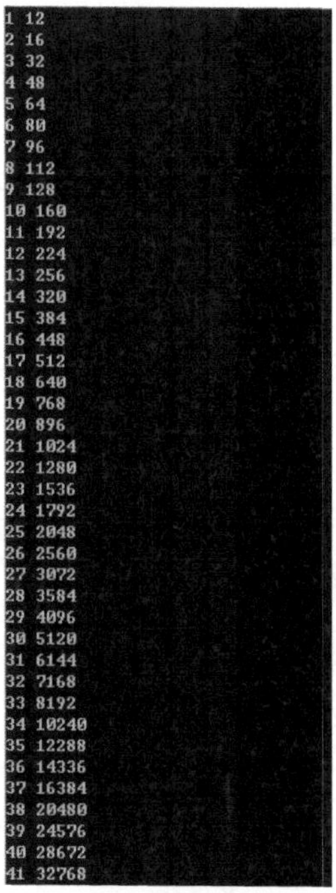

提示

这里给读者留一个练习,当 i 为 0 的时候,为什么 TableSize 要为 8 呢？不可以是其他数字，然后再递增吗？

为了快速查找到要分配的内存位于哪个 PoolTable 中，Unreal Engine 建立了一个索引用来快速查找。42 个 PoolTable 的 TableSize 基本上包含了 1～32 768 字节内存空间的管理,其中，PoolTable0 管理 1～8 字节，PoolTable1 管理 9～12 字节，以此类推，PoolTable41 管理（28672+1）～32 768 字节。这样索引就可以很容易建立出来。

```
for( DWORD i=0; i < POOL_MAX; i++ )
{
    DWORD Index;
    for( Index=0; PoolTable[Index].BlockSize<i; Index++ );
    VSMAC_ASSERT(Index < POOL_COUNT);
    MemSizeToPoolTable[i] = &PoolTable[Index];
}
```

```
1  12
2  16
3  32
4  48
5  64
6  80
7  96
8  112
9  128
10 160
11 192
12 224
13 256
14 320
15 384
16 448
17 512
18 640
19 768
20 896
21 1024
22 1280
23 1536
24 1792
25 2048
26 2560
27 3072
28 3584
29 4096
30 5120
31 6144
32 7168
33 8192
34 10240
35 12288
36 14336
37 16384
38 20480
39 24576
40 28672
41 32768
```

图 3.25　PoolTable 管理 PoolInfo 中每个单元块的大小

这段代码不用多解释了，是很简单的映射。

不同点 2：分别通过 MAXSIZE 和 PoolInfo 管理 Size

在上面可以看见 POOL_MAX 这个枚举的定义，也就是说，大于这个值的都被视为大内存，不参与管理。假设前面的例子中 PoolInfo 管理的内存大小是 32KB，而 Unreal Engine 3 所有的 PoolTable 下 PoolInfo 管理的是 65 536 字节，即(POOL_MAX-1)*2，正好是一个分配粒度，所以每个 PoolInfo 下面的小单元个数也不一样，PoolTable41 的一个 PoolInfo 下面只有两个小单元，如果不够就又要向 32 位 Windows 系统申请 65 536 字节。至于 POOL_MAX 为什么定义为 32 768+1，这个无从考证，但作者认为这个值够用了，很少一次性申请这么的大空间。

是否可以改变这个数值呢？当然可以，后面我们来慢慢分析，先看看 Unreal Engine 3 是怎么根据指针地址索引到想要的 PoolInfo 的。前面的例子假设管理 3GB（3 145 728KB）内存就要有 98 304 个 PoolInfo，而 PoolInfo 的数据结构大小为 24 字节，总共就要申请 2 359 296 字节（2 304KB）。因为 32 位 Windows 系统要最少分配 4KB，也就是以 4KB 对齐，实际分配的空间为 2 359 296 字节，每个 PoolInfo 管理的内存大小是 32KB，又要以 32KB 进行对齐，最后申请的内存就是 2 359 296 字节，也就是 98 304 × 24 字节。Unreal Engine 没有考虑得像上面讲的那么细致，直接用最大寻址空间 4GB 来管理，所以就没有必要减去 0x00010000，虽然不可能分配到 0x00000000～0x00010000，但也一起管理了。Unreal Engine 要有多少个 PoolInfo 就很好算了，首先我们知道 PoolInfo 管理的内存大小是 65 536 字节，也就是 2^{16} 字节，要管理 4GB 内存，显然需要 2^{16}（即 65 536）个 PoolInfo，这样高 16 位就可以直接找到 PoolInfo。

不同的是 Unreal Engine 3 实现了两级索引，高 16 位分为前 5 位和后 11 位，前 5 位作为一级索引，后 11 位作为二级索引。

```
FPoolInfo*      PoolIndirect[32]
```

每个 PoolIndirect[*i*]指针又申请了 2^{11} 字节的 PoolInfo，也就相当于

```
FPoolInfo    PoolIndirect[32][2048];
```

Unreal Engine 3 这么做也是为了减少内存占用量，不是每个 PoolIndirect[*i*]都有机会分配到 2 048 个 PoolInfo 的。

```
struct FPoolInfo
{
    DWORD      Bytes;
    DWORD      OsBytes;
    DWORD        Taken;
    BYTE*         Mem;
    FPoolTable*   Table;
    FFreeMem*    FirstMem;
    FPoolInfo*    Next ;
    FPoolInfo**   PrevLink;
}
```

因为 2 048 sizeof(FPoolInfo) = 2 048 × 32，正好与 65 536 字节是对齐的，准确地说，它们相等，这样 Unreal Engine 3 每次分配的粒度都是 64KB。这也解释了两级索引的高 16 位为什么分成前 5 位和后 11 位。根据前面的介绍可知，不是一个分配粒度其实也无所谓，反正 32 位 Windows

系统都分配好了。

至于 PreLink 为什么是指针的指针，其实和假设的例子差不多，都实现了链表。看看代码，只是实现方式不一样。这种方式从一个链表中删除，无须知道当前链表的头指针。

```
void Link( FPoolInfo*& Before )
{
    if( Before )
    {
        Before->PrevLink = &Next;
    }
    Next     = Before;
    PrevLink = &Before;
    Before   = this;
}
void Unlink()
{
    if( Next )
    {
        Next->PrevLink = PrevLink;
    }
    *PrevLink = Next;
}
```

剩下最后一个大于 MAXSIZE 的情况，Unreal Engine 3 里面 MAXSIZE 是 65 536 字节（即 64KB），正好是 32 位 Windows 系统的一个分配粒度，大于它的都不再管理，而是直接分配，那释放的时候怎么知道它是大于 64KB 的呢？这个就涉及前面提到但没有仔细介绍的 OsTable，所有大于 64KB 的 PoolInfo 的管理者 Table 都是 OsTable，每次通过高 16 位（两级索引）找到 PoolInfo，然后再找 PoolTable，如果管理者 Table 是 OsTable，那么就是大于 64KB 的，然后就直接释放。

4．代码剖析

接下来以具体代码剖析里面的具体过程。

先看构造函数初始化。

```
VSMemWin32::VSMemWin32()
{
    PageSize = 0 ;
    //得到 32 位 Windows 系统页面大小,《Windows 核心编程》里面提到,这个一般由 CPU 来决定,
    //但 Intel 和 AMD 的大部分 CPU 是 4KB
    SYSTEM_INFO SI;
    GetSystemInfo( &SI );
    PageSize = SI.dwPageSize;
    VSMAC_ASSERT(!(PageSize&(PageSize-1)));
    //初始化 PoolTable
    //这个是留给大于 maxsize 使用的
    OsTable.FirstPool     = NULL;
    OsTable.ExhaustedPool = NULL;
    OsTable.BlockSize     = 0;
    PoolTable[0].FirstPool     = NULL;
    PoolTable[0].ExhaustedPool = NULL;
    PoolTable[0].BlockSize     = 8;
```

```cpp
    for( DWORD i=1; i<5; i++ )
    {
        PoolTable[i].FirstPool     = NULL;
        PoolTable[i].ExhaustedPool = NULL;
        PoolTable[i].BlockSize     = (8<<((i+1)>>2)) + (2<<i);
    }
    for( DWORD i=5; i<POOL_COUNT; i++ )
    {
        PoolTable[i].FirstPool     = NULL;
        PoolTable[i].ExhaustedPool = NULL;
        PoolTable[i].BlockSize     = (4+((i+7)&3)) << (1+((i+7)>>2));
    }
    //建立从 0~32 768 字节映射到 PoolTable 的表
    for( DWORD i=0; i < POOL_MAX; i++ )
    {
        DWORD Index;
        for( Index=0; PoolTable[Index].BlockSize<i; Index++ );
        VSMAC_ASSERT(Index < POOL_COUNT);
        MemSizeToPoolTable[i] = &PoolTable[Index];
    }
    //清空 32 个一级索引
    for( DWORD i=0; i < 32 ; i++ )
    {
        PoolIndirect[i] = NULL;
    }
    VSMAC_ASSERT(POOL_MAX-1==PoolTable[POOL_COUNT-1].BlockSize);
}
```

再看分配过程。

```cpp
void *VSMemWin32::Allocate (unsigned int uiSize,unsigned int uiAlignment,bool
    bIsArray)
{
    //内存锁，防止两个线程同时申请内存，后面讲多线程时会详细讲
    ms_MemLock.Lock();
    FFreeMem *Free;
    //如果小于 maxsize
    if( uiSize<POOL_MAX )
    {
        //根据 0~32 768 字节的映射表找到对应的 PoolTable
        FPoolTable *Table = MemSizeToPoolTable[uiSize];
        VSMAC_ASSERT(uiSize<=Table->BlockSize);
        //查看 PoolTable 的 PoolInfo,确认是否有可用内存
        FPoolInfo *Pool = Table->FirstPool;
        //没有可用的 PoolInfo
        if( !Pool )
        {
            //创建 PoolInfo，每个 PoolInfo 管理 64KB 内存，
            //根据当前 PoolTable 管理每个单元大小，计算出总块数
            DWORD Blocks = 65536 / Table->BlockSize;
            //Bytes 其实小于 65 536，但 32 位 Windows 系统分配还是 64KB
            DWORD Bytes  = Blocks * Table->BlockSize;
            VSMAC_ASSERT(Blocks>=1);
            VSMAC_ASSERT(Blocks*Table->BlockSize<=Bytes);
            //分配内存，一共从 32 位 Windows 系统申请 3 类内存，
            //这个是第一类，申请 PoolInfo，即使 Bytes 小于 64KB,
            //32 位 Windows 系统也分配 64KB
```

```
            Free = (FFreeMem*)VirtualAlloc(
                    NULL, Bytes, MEM_COMMIT, PAGE_READWRITE );
            if( !Free )
            {
                    return NULL;
            }

            //通过一级索引查找二级索引
            FPoolInfo*& Indirect = PoolIndirect[((DWORD)Free>>27)];
            if( !Indirect )
            //二级索引为空,则创建二级索引,2048 个 PoolInfo 正好是 64KB
            {
                    //这是第二类,分配的内存正好是 32 位 Windows 系统的一个分配粒度
                    Indirect = CreateIndirect();
            }
            //根据二级索引找到对应的 PoolInfo
            Pool = &Indirect[((DWORD)Free>>16)&2047];
            //连接到对应 PoolTable
            Pool->Link( Table->FirstPool );
            Pool->Mem      = (BYTE*)Free;
            //下面两个变量其实多余,根本没用,用于凑数,让 2048 个 PoolInfo 正好是 64KB
            Pool->Byte     = Bytes;
            Pool->OsBytes= Align(Bytes,PageSize);
            //下面的初始化过程与上面的例子一样
            Pool->Table    = Table;
            Pool->Taken    = 0;
            Pool->FirstMem= Free;
            Free->Blocks        = Blocks;
            Free->Next          = NULL;
        }

        //下面的过程也与讲的例子一样
        Pool->Taken++;
        VSMAC_ASSERT(Pool->FirstMem);
        VSMAC_ASSERT(Pool->FirstMem->Blocks>0);
        Free = (FFreeMem*)((BYTE*)Pool->FirstMem +
                --Pool->FirstMem->Blocks * Table->BlockSize);
        if( Pool->FirstMem->Blocks==0 )
        {
            Pool->FirstMem = Pool->FirstMem->Next;
            if( !Pool->FirstMem )
            {
                Pool->Unlink();
                Pool->Link( Table->ExhaustedPool );
            }
        }
    }
    else
    {
        //这是第三类
        INT AlignedSize = Align(uiSize,PageSize);
        Free = (FFreeMem*)VirtualAlloc(
                NULL, AlignedSize, MEM_COMMIT, PAGE_READWRITE );
        if( !Free )
        {
```

```cpp
            return NULL;
        }
        VSMAC_ASSERT(!((SIZE_T)Free&65535));

        FPoolInfo*& Indirect = PoolIndirect[((DWORD)Free>>27)];
        if( !Indirect )
        {
            Indirect = CreateIndirect();
        }
        FPoolInfo *Pool = &Indirect[((DWORD)Free>>16)&2047];
        Pool->Mem       = (BYTE*)Free;
        Pool->Bytes     = uiSize;
        Pool->OsBytes   = AlignedSize;
        Pool->Table     = &OsTable;
    }
    ms_MemLock.Unlock();
    return Free;
}
FPoolInfo *CreateIndirect()
{
    FPoolInfo *Indirect = (FPoolInfo*)VirtualAlloc( NULL,
            2048*sizeof(FPoolInfo), MEM_COMMIT, PAGE_READWRITE );
    if( !Indirect )
    {
        return NULL;
    }
    return Indirect;
}
void VSMemWin32::Deallocate (char *pcAddr, unsigned int uiAlignment,bool bIsArray)
{
    ms_MemLock.Lock();
    if( !pcAddr )
    {
        return;
    }
    //通过两级索引找到对应的PoolInfo
    FPoolInfo *Pool =
        &PoolIndirect[(DWORD)pcAddr>>27][((DWORD)pcAddr>>16)&2047];
    VSMAC_ASSERT(Pool->Bytes!=0);
    //具体细节与前面例子中一样
    if( Pool->Table!=&OsTable )
    {
        if( !Pool->FirstMem )
        {
            Pool->Unlink();
            Pool->Link( Pool->Table->FirstPool );
        }
        FFreeMem *Free    = (FFreeMem *)pcAddr;
        Free->Blocks      = 1;
        Free->Next        = Pool->FirstMem;
        Pool->FirstMem    = Free;
        VSMAC_ASSERT(Pool->Taken>=1);
        if( --Pool->Taken == 0 )
        {
            Pool->Unlink();
            VirtualFree( Pool->Mem, 0, MEM_RELEASE );
```

```
            Pool->Mem = NULL;
        }
    }
    else
    {
        VirtualFree( pcAddr, 0, MEM_RELEASE );
        Pool->Mem = NULL;
    }
    ms_MemLock.Unlock();
}
```

VirtualAlloc 这个函数是 32 位 Windows 系统底层的内存分配函数，new 或者 malloc 在 32 位 Windows 系统上最后都会调用 VirtualAlloc。不同的是当进程第一次进行内存分配时，肯定是以 64KB 对齐的，也就是 0Xxxxx0000 这种形式。如果没有超过 64KB，还在原有空间继续分配；如果超出，就再选一个分配粒度，分配的地址也是 0Xxxxx0000。上面的内存分配共有 3 类。在第一类中，分配的内存小于 64KB，但不会小于一个页面 4KB，所以最后 32 位 Windows 系统仍分配 64KB。在第二类中，分配的二级索引 PoolInfo 就是 64KB。在第三类中，分配的内存是大于 64KB 的。这 3 类内存分配的地址都是 0Xxxxx0000，这样高 16 位索引的管理、查找、删除都很方便。如果用 new 或者 malloc，它里面实际用到了额外的数据结构，并且调用了 heap 分配函数，导致返回的地址是无规律的。

最后一个要说的是 TableSize，Unreal Engine 3 给出的 TableSize 并不是都能被 64KB 所整除，可以试试其他的，也不一定要有 42 个。

总结一下，这种方法其实也会产生大量碎片，唯一的好处就是速度快。new 和 malloc 申请与释放所产生的碎片不可预测，但这种方法产生的碎片可以预测。

3.3.3 栈内存管理

栈内存管理和函数栈管理差不多。当使用函数栈管理内存时，所有的参数和局部变量都入栈，函数结束时出栈。而使用栈内存管理时，申请的内存只在作用域中起作用，作为临时缓冲区使用，代码离开对应的作用域就会释放这段内存。引擎初始化的时候分配一定大小的空间，Windows 为每个进程分配 2MB 的栈，一般情况下先分配 5MB～6MB 空间（基本够用了），不够再动态增长。每进入第 i 层作用域，根据程序需要，可能就要分配 Size_i 大小的空间，栈顶指针也要增长 Size_i。当退出作用域时，就要出栈，栈顶指针也要减少 Size_i，如图 3.26 所示。

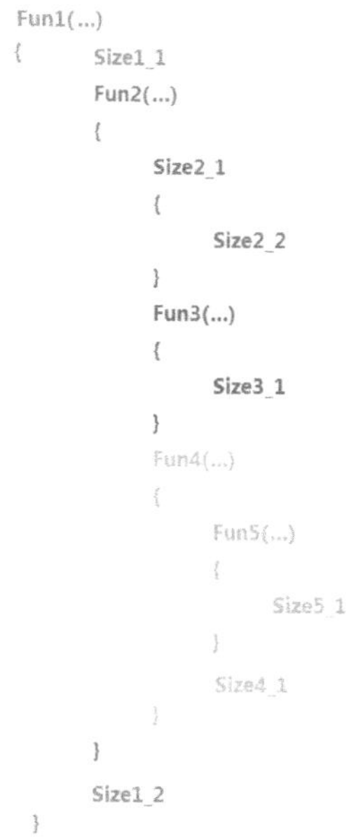

```
Fun1(...)
{
    Size1_1
    Fun2(...)
    {
        Size2_1
        {
            Size2_2
        }
    }
    Fun3(...)
    {
        Size3_1
    }
    Fun4(...)
    {
        Fun5(...)
        {
            Size5_1
        }
        Size4_1
    }
    Size1_2
}
```

图 3.26　栈内存管理函数示意图 1

首先要处理的第一个问题，就是如何知道已退出作用域了。对于 C++ 来说，在作用域里面初始化时会调用构造函数，当退出作用域时会调用析构函数。根据这个特性，把申请空间的操作放到构造函数里面，把释放空间的操作放到析构函数里面，就可以了。

如图 3.27 所示，当进入 Fun1 作用域的时候，栈内存里面没有任何申请记录（标号 1），然后开始申请 Size1_1 大小的内存，栈内存中 Top 指针上移（标号 2），进入 Fun2 申请 Size2_1，栈内存中 Top 指针上移（标号 3），接着是 Size2_2（标号 4），接下来 Size2_2 所在作用域结束，释放 Size2_2 占用的内存，栈内存中 Top 指针下移，……最后退出 Fun1 作用域，里面申请的内存也全部释放完毕。

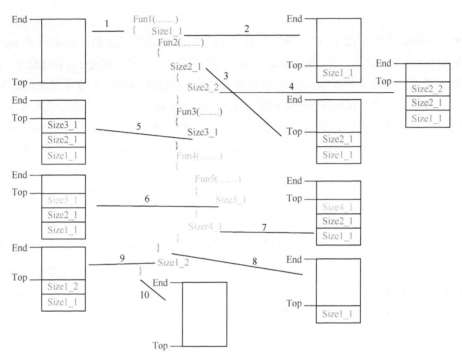

图 3.27　栈内存管理函数示意图 2

引擎里面的代码在上面的基础上做了修改，使用多个栈内存。常规做法是，一旦内存空间不足，就要重新申请更大的空间，然后把老的数据复制过去，但这样做速度太慢，不如直接用链表去管理。在整个函数递归的过程中用两个链表来管理，一个是当前非空闲的栈内存链表，另一个是空闲的栈内存链表。使用者很可能申请很多栈内存块，其中会有一部分被占用，另一部分没有被占用，没有被占用的部分也会在退出某个作用域时释放出来。但释放后，我们并不想归还给系统，因为很有可能下面的作用域又要申请空间，而这些没有被占用的内存就可以在此时被利用。如果在链表中找不到任何一个没有被占用的空间，我们再向系统申请。还基于上面的例子，只不过这次申请的内存空间很大（如图 3.28 所示）。两个链表分别是 TopChunk 和 UnusedChunk，开始时两个指针都为空，向系统申请固定大小为 N 的内存，分配给 Size1_1（标号 1），接着处理 Size2_1，剩下的不够分配，又向系统申请固定大小为 N 的内存，分配给 Size2_1。同理，Size2_2 也一样（标号 2），当 Size2_2 结束后，Size2_2 归还给栈内存管理器，UnusedChunk 指向了空闲的内存块（标号 3），然后又把这个空闲内存块分配给 Size3_1（标号 4），以此类推。不过这种极端情况一般不会出现，每个 Chunk 默认的 N 尽量大一些。

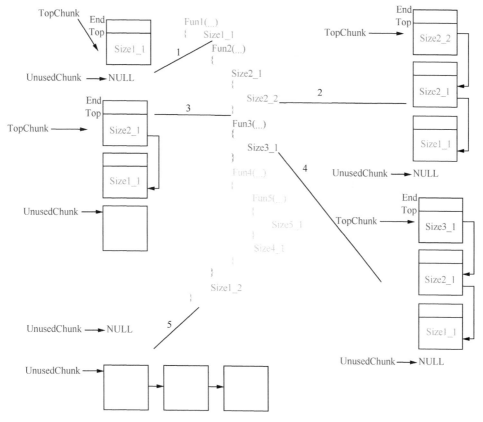

图 3.28 栈内存管理函数示意图 3

除了这些以外,还要有一个类。在构造函数里面要申请空间,在析构函数里面要释放空间,这一个类要有一个变量 SavedChunk(保存当前栈内存管理系统的 TopChunk),还要有一个变量 Top(保存 TopChunk 当前的 Top 指针,负责分配空间的工作)。如果当前 TopChunk 里面剩余的空间足够,那么类实例里面保存的 SavedChunk 等于 TopChunk;如果剩余空间不够,那么 TopChunk 就会指向一个空闲的 Chunk,SavedChunk 就不等于 TopChunk。所以释放的时候根据 SavedChunk 和 TopChunk 是否相等,就知道要释放的空间是否在同一个 Chunk 里面。如果在同一 Chunk 里,直接还原栈内存管理系统的 Top 指针即可;如果不在同一个 Chunk 里,就要把 SavedChunk 后面申请的 Chunk 都移到空闲列表里面(因为栈的特点,保证了后面申请的在此时肯定都已经无用了),直到 SavedChunk 等于 TopChunk,然后统一还原栈内存管理系统的 Top 指针。

下面就来看代码吧!首先看这个类:

```
template<class T>
class VSStackMemAlloc
{
public:
    //在构造函数中申请空间
    VSStackMemAlloc(unsigned int uiNum = 0,unsigned int uiAlignment = 0)
    {
        m_uiNum = uiNum;
        //保存现场
        Top = GetStackMemManager().Top;
        SavedChunk = GetStackMemManager().TopChunk;
```

```cpp
            if (m_uiNum > 0)
            {
                //从栈内存管理器中申请内存
                m_pPtr = (T *)GetStackMemManager().Allocate(
                                uiNum * sizeof(T),uiAlignment,0);
                //判断是否有构造函数
                if (ValueBase<T>::NeedsConstructor)
                {
                    for (unsigned int i = 0 ; i < uiNum ; i++)
                    {
                        //在当前申请的空间里面调用构造函数
                        VS_NEW(m_pPtr + i)T();
                    }
                }
            }
        }
        //在析构函数中释放空间
        ~VSStackMemAlloc()
        {
            if (m_uiNum > 0)
            {
                if (ValueBase<T>::NeedsDestructor)
                {
                    for (unsigned int i = 0 ; i < m_uiNum ; i++)
                    {
                        (m_pPtr + i)->~T();
                    }
                }
            }
            //释放 SavedChunk 前面的所有 Chunk 到空闲列表中
            if( SavedChunk != GetStackMemManager().TopChunk )
                GetStackMemManager().FreeChunks( SavedChunk );
            //还原现场
            GetStackMemManager().Top = Top;
            Top = NULL;
        }
        //取得分配空间的指针
        inline T * GetPtr()const
        {
            return m_pPtr;
        }
        inline unsigned int GetNum() const
        {
            return m_uiNum;
        }
private:
    BYTE *Top;
    VSStackMem::FTaggedMemory* SavedChunk;
    T * m_pPtr;
    unsigned int m_uiNum;
};
```

栈内存管理器的代码如下。

```cpp
class VSSYSTEM_API VSStackMem : public VSMemManager
{
    VSStackMem(unsigned int uiDefaultChunkSize = 65536);
    void *Allocate (unsigned int uiSize,unsigned int uiAlignment,bool bIsArray);
```

```cpp
        void Deallocate (char *pcAddr, unsigned int uiAlignment,bool bIsArray)
        {
            return;
        }
        template<class T>
        friend class VSStackMemAlloc;
        //每帧结束或者开始的时候调用,清空所有空间
        void Clear();
    private:
        //Chunk 指针结构
        struct FTaggedMemory
        {
            FTaggedMemory *Next;
            INT DataSize;
            BYTE Data[1];
        };
        BYTE *          Top;                //当前 Chunk 栈头
        BYTE *          End;                //当前 Chunk 栈尾
        unsigned int    DefaultChunkSize;   //默认每次分配最大 Size
        FTaggedMemory * TopChunk;           //当前已分配 Chunk 头指针
        FTaggedMemory * UnusedChunks;       //当前空闲 Chunk 头指针
        //当空间不够时分配新的 Chunk
        BYTE *AllocateNewChunk( INT MinSize );
        //释放 NewTopChunk 到 TopChunk 的所有 Chunk
        void FreeChunks( FTaggedMemory* NewTopChunk );
};
void *VSStackMem::Allocate (unsigned int uiSize,unsigned int uiAlignment,bool
    bIsArray)
{
    VSMAC_ASSERT(uiSize>=0);
    if (uiAlignment > 0)
    {
        VSMAC_ASSERT((uiAlignment&(uiAlignment-1))==0);
    }
    VSMAC_ASSERT(Top<=End);
    //从当前 Chunk 里分配空间
    BYTE *Result = Top;
    if (uiAlignment > 0)
    {
        //字节对齐
        Result = (BYTE *)(((unsigned int)Top + (uiAlignment - 1)) &
                    ~(uiAlignment - 1));
    }
    Top = Result + uiSize;
    //超出当前 Chunk 大小,分配新的 Chunk
    if( Top > End )
    {
        //分配足够字节对齐的空间
        AllocateNewChunk( uiSize + uiAlignment );
        Result = Top;
        if (uiAlignment > 0)
        {
            //字节对齐
            Result = (BYTE *)(((unsigned int)Top + (uiAlignment - 1))
                        & ~(uiAlignment - 1));
        }
        //增加 Top 指针
        Top     = Result + uiSize;
```

```cpp
    }
    return Result;
}
BYTE * VSStackMem::AllocateNewChunk( INT MinSize )
{
    FTaggedMemory * Chunk=NULL;
    //在空闲列表里面
    for( FTaggedMemory ** Link=&UnusedChunks; *Link; Link=&(*Link)->Next )
    {
        if( (*Link)->DataSize >= MinSize )
        {
            Chunk = *Link;
            *Link = (*Link)->Next;
            break;
        }
    }
    if( !Chunk )
    {
        //没有找到就申请新的
        INT DataSize    = Max( MinSize,
                    (INT)DefaultChunkSize-(INT)sizeof(FTaggedMemory) );
        Chunk           = (FTaggedMemory*)VSMemObject::GetMemManager().
                    Allocate( DataSize + sizeof(FTaggedMemory),0,true);
        Chunk->DataSize = DataSize;
    }
    Chunk->Next = TopChunk;
    TopChunk    = Chunk;
    Top         = Chunk->Data;
    End         = Top + Chunk->DataSize;
    return Top;
}
void VSStackMem::FreeChunks( FTaggedMemory* NewTopChunk )
{
    //释放 NewTopChunk 到 TopChunk 的所有 Chunk
    while( TopChunk!=NewTopChunk )
    {
        FTaggedMemory *RemoveChunk = TopChunk;
        TopChunk                   = TopChunk->Next;
        RemoveChunk->Next          = UnusedChunks;
        UnusedChunks               = RemoveChunk;
    }
    //重置 Top、End 和 TopChunck
    Top = NULL;
    End = NULL;
    if( TopChunk )
    {
        Top = TopChunk->Data;
        End = Top + TopChunk->DataSize;
    }
}
```

关键的代码都已经给出了，具体用法如下。

```cpp
void Fun()
{
    //M 可以是任何类型
    VSStackMemAlloc<M> Temp(2);
```

```
    M * p = Temp.GetPtr();
    ……
}
```

3.3.4 整合

讲到这里基本上就介绍完了主要的内存分配方式。当然，引擎还提供了一种直接调用 C 函数的内存分配方式。

```
class VSSYSTEM_API VSCMem : public VSMemManager
{
    void *Allocate (unsigned int uiSize,unsigned int uiAlignment,bool bIsArray);
    void Deallocate (char *pcAddr, unsigned int uiAlignment,bool bIsArray);
};
void* VSCMem::Allocate (unsigned int uiSize,unsigned int uiAlignment,
    bool bIsArray)
{
    if (!uiSize)
    {
        return NULL;
    }
    if (uiAlignment == 0)
    {
        return malloc(uiSize);
    }
    else
    {
        return _aligned_malloc(uiSize,uiAlignment);
    }
    return NULL;
}
void VSCMem::Deallocate (char *pcAddr, unsigned int uiAlignment,bool bIsArray)
{
    if (!pcAddr)
    {
        return;
    }
    if (uiAlignment == 0)
    {
        free(pcAddr);
    }
    else
    {
        _aligned_free(pcAddr);
    }
}
```

最后一个重点讨论的是要不要重载全局 new。对于引擎，建议如果有自己的内存管理机制，最好重载全局 new；而对于插件，最好不要有内存管理机制，把申请的内存接口暴露出来，让接入的插件使用引擎的内存管理，如 STL。除非管理涉及很独特的东西，否则一定要自己实现一套内存管理。重载全局 new 的好处是能使整个项目统一，查找内存分配情况和处理 bug 都相对容易。

下面的代码用于重载全局的 new。

```
#define USE_CUSTOM_NEW
#ifdef USE_CUSTOM_NEW
inline void *operator new(size_t uiSize)
{
    return VSEngine2::VSMemObject::GetMemManager().
            Allocate((unsigned int)uiSize,0,false);
}
inline void *operator new[] (size_t uiSize)
{
    return VSEngine2::VSMemObject::GetMemManager().
            Allocate((unsigned int)uiSize,0,true);
}
inline void operator delete (void *pvAddr)
{
    return VSEngine2::VSMemObject::GetMemManager().
            Deallocate((char *)pvAddr,0,false);
}
inline void operator delete[] (void* pvAddr)
{
    return VSEngine2::VSMemObject::GetMemManager().
            Deallocate((char *)pvAddr,0,true);
}
#endif
```

下面的代码用于释放内存占用的宏。

```
#define VSMAC_DELETE(p) if(p){VS_DELETE p; p = 0;}
#define VSMAC_DELETEA(p) if(p){VS_DELETE []p; p = 0;}
#define VSMAC_DELETEAB(p,num) if(p){ for(int i = 0 ; i < num ; i++) VSMAC_DELETEA(p[i]); VSMAC_DELETEA(p);}
```

下面所有的类都从 VSMemObject 继承，这样可以保证在构造函数里面调用内存初始化函数，使全局的内存管理器得到初始化。在以后的章节中你会发现，所有的单例模式都没有用标准的单例模式，而用静态函数定义静态成员的方式。

```
class VSSYSTEM_API VSMemObject
{
    static VSStackMem& GetStackMemManager ();
    static VSMemManager& GetMemManager();
};
typedef VSMemManager& (*VSMemManagerFun)();
VSMemObject::VSMemObject()
{
#ifdef USE_CUSTOM_NEW
    GetMemManager();
#endif
}
VSMemManager& VSMemObject::GetMemManager()
{
#ifdef _DEBUG
    static VSDebugMem g_MemManager;
#else
    static VSMemWin32 g_MemManager;
#endif
    return g_MemManager;
}
```

3.4 静态类型信息判断

运行时类型信息（Run-Time Type Information，RTTI）对于学过 C++的人并不陌生，一般编译器不建议开启这个选项，因为这要损耗性能。但有些时候我们确实要知道一个类对象的类型信息，这方面 C#做得更好。后面会讲如何创建类的 RTTI，但有一个问题就是只能为自己定义的类创建。对于那些非自己创建的常用类型，我们很难知道它的信息。举个简单的例子，对于一个模板函数，我们不想让所有类型的参数传递都是有效的，因此我们需要根据不同类型做出不同的处理。

```
template<typename T>
void Fun(T a)
{
    如果 T 是 int，处理 1
    如果 T 是 float，处理 2
    如果 T 是 char，处理 3
    ……
}
```

先不管处理 1、处理 2、处理 3 是什么。由于 C++语言的机制，对于这种内置类型根本没有办法动态判断，但在编译时可以判断吗？它的基本原理就是使用模板的特化。下面看一个例子，该例子旨在说明如何判断一个类型是不是浮点类型。

```
template<typename T> struct TIsFloatType { enum { Value = false }; };
template<> struct TIsFloatType<float> { enum { Value = true }; };
template<> struct TIsFloatType<double> { enum { Value = true }; };
template<> struct TIsFloatType<long double> { enum { Value = true }; };
```

第一行模板是表示默认情况下 T 的类型 TIsFloatType<T>::Value = false。这里面有 3 个特例，那就是 float、double、long double。可以看到 TIsFloatType<float>::Value = true、TIsFloatType< double >::Value = true、TIsFloatType< long double >::Value = true。

下面的方法用来判断函数传递进来的参数是不是浮点类型。

```
template<typename T>
void Fun(T a)
{
    If(TIsFloatType<T>::Value == true)
    {
        Do something 1
    }
    Else
    {
        Do something 2
    }
}
```

调用方式如下。

```
float f;
Fun (f);
```

实际上编译器早已经把这个函数模板展开。

```
void Fun(float a)
{
    If(true == true)
    {
            Do something 1
    }
    else
    {
            Do something 2
    }
}
```

接下来是整型。

```
template<typename T> struct TIsIntegralType { enum { Value = false }; };
template<> struct TIsIntegralType<unsigned char> { enum { Value = true }; };
template<> struct TIsIntegralType<unsigned short> { enum { Value = true }; };
template<> struct TIsIntegralType<unsigned int> { enum { Value = true }; };
template<> struct TIsIntegralType<unsigned long> { enum { Value = true }; };
template<> struct TIsIntegralType<signed char> { enum { Value = true }; };
template<> struct TIsIntegralType<signed short> { enum { Value = true }; };
template<> struct TIsIntegralType<signed int> { enum { Value = true }; };
template<> struct TIsIntegralType<signed long> { enum { Value = true }; };
template<> struct TIsIntegralType<bool> { enum { Value = true }; };
template<> struct TIsIntegralType<char> { enum { Value = true }; };
```

当然，也可以根据需要进行细分，比如，无符号整型、有符号整型。下面是算术类型。

```
template<typename T> struct TIsArithmeticType
{
    enum { Value = TIsIntegralType<T>::Value || TIsFloatType<T>::Value } ;
};
```

指针类型如下。

```
template<typename T> struct TIsPointerType{ enum { Value = false }; };
template<typename T> struct TIsPointerType<T*>       { enum { Value = true }; };
template<typename T> struct TIsPointerType<const T*>{ enum { Value = true }; };
template<typename T> struct TIsPointerType<const T* const>
          { enum { Value = true }; };
template<typename T> struct TIsPointerType<T* volatile>
          { enum { Value = true }; };
template<typename T> struct TIsPointerType<T* const volatile>
          { enum { Value = true }; };
```

void 类型如下。

```
template<typename T> struct TIsVoidType { enum { Value = false }; };
template<> struct TIsVoidType<void> { enum { Value = true }; };
template<> struct TIsVoidType<void const> { enum { Value = true }; };
template<> struct TIsVoidType<void volatile> { enum { Value = true }; };
template<> struct TIsVoidType<void const volatile> { enum { Value = true }; };
```

虽然能解决大部分问题，但还有些问题无法解决，如枚举类型。其实编译器内嵌了一些函数，帮助我们在编译时确定类型。（编译器在编译阶段可以确定很多东西，它比我们知道得更多，比如，这个类里面有多少个函数、多少个变量，但这些信息很难通过编译在程序运行时提供给我们。）

下面通过两个典型的接口来剖析 STL 自定义静态类型。

1. stl:: is_integral<T>::value

stl:: is_integral<T>::value 接口用于判断数据类型是否是整型。所有整型都通过这个接口来判断，它继承自 _Is_integral。

```cpp
template<class _Ty>
    struct is_integral
        : _Is_integral<typename remove_cv<_Ty>::type>
    {
    };
```

下面是这个类型及其模板的特化。至于 remove_cv<_Ty>、false_type、true_type 有什么作用，读者可以自己去查看。

```cpp
template<class _Ty>
    struct _Is_integral
        : false_type
    {
    };
template<>
    struct _Is_integral<bool>
        : true_type
    {
    };
template<>
    struct _Is_integral<char>
        : true_type
    {
    };
template<>
    struct _Is_integral<unsigned char>
        : true_type
    {
    };
template<>
    struct _Is_integral<_ULONGLONG>
        : true_type
    {
    };
 #endif /* _LONGLONG */
```

2. std::is_enum<T>::value

std::is_enum<T>::value 接口用于判断数据类型是否是枚举类型。要判断是否为枚举类型，必须通过编译器才可以确定。

```cpp
template<class _Ty>
    struct is_enum
```

```
        _IS_ENUM(_Ty)
    {
    };
#define _IS_ENUM(_Ty)       \
    : _Cat_base<__is_enum(_Ty)>
```

这里面_is_enum 是编译器内置的，所以不同的编译器接口不一样。要了解更多，读者可以看 Visual Studio 14.0 路径下的 type_traits 文件，里面包含了所有判断。

其次可以查看 VSMemManager.h 文件，该文件可以用于实现自定义类型判断和用 STL 来判断。

在自定义基本数据结构的时候，静态类型信息可以帮助判断传递的类型是否需要调用构造函数，以及进行序列化的时候是否需要根据类型来进行不同的序列化处理。

『 练习 』

1. 大部分操作系统管理虚拟内存和物理内存的方式都与 Windows 系统相近，即使没有虚拟内存，直接管理物理内存，估计也要用到页面和分配粒度的概念。如果操作系统提供了这样的结构，你应该能写出与上面类似的内存分配器。

假设 32 位系统下，页面大小是 P，分配粒度是 K，PoolInfo 管理的内存大小是 M，PoolInfo 的 Size 是 S（可以看到该例子与 Unreal Engine 中 PoolInfo 的大小并不一样），用户进程可用内存的最小起始地址是 L_{min}，最大结束地址是 L_{max}，它们是连续空间，当 M 已知（M 是要满足一定要求的）时，请尝试用本章提供的算法写一个内存管理器。

2. 在 Unreal Engine 3 的内存管理中，当分配的内存大于 MAXSIZE（64KB）时直接分配内存，没有参与管理，这会导致每分配一次大于 MAXSIZE 的内存，最多可以浪费 63KB［如果分配 $64n$KB + (1KB～4KB)，$n \geqslant 1$］，有没有什么办法可避免这种浪费呢？毕竟大于 64KB 的情况下内存释放次数很少。（这个练习还是蛮难的，仔细看看 VirtualAlloc 里面的几个参数，对于做这个练习会很有帮助。）

3. 本章介绍的栈内存管理用法有一些局限性，你能想到有哪些局限性吗？

『 示例[①] 』

示例 3.1

这个示例的主要目的是查找内存泄露。

```
#include <VSMemManager.h>
void Fun()
{
    char * k = new char[10];
}
```

[①] 每个示例的详细代码参见 GitHub 网站。——编者注

```
void main()
{
    int *a = new int;
    *a = 5;
    Fun();
}
```

输出的内存泄露信息如图 3.29 所示。

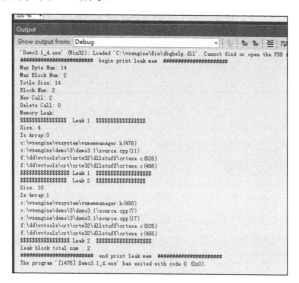

图 3.29 内存泄露信息

从输出内容可以看出，在两次内存申请中，一共申请了 14 字节，存在两处内存泄露，并给出了申请的位置。单击这个路径，会自动跳转到申请的位置。

示例 3.2

该示例演示了栈内存分配器的使用方式，一旦退出当前函数，申请的栈内存的空间才会释放。

```
void Fun5()
{
    VSStackMemAlloc<MyStruct> Temp(3);   //申请 3 个 Mystruct 空间
    MyStruct *p = Temp.GetPtr();         //获取空间指针,只向数组中下标为 2 的元素中写入数据
    p[2].a = 1;
    p[2].c = 'k';
    Fun3();
}

void main()
{
    VSStackMemAlloc<MyStruct> Temp(2);
    Fun4();
     Fun5();
   MyStruct *p = Temp.GetPtr();         //获取空间指针,只向数组中下标为 1 的元素中写入数据
    p[1].a = 1;
    p[1].c = 'k';
    getchar();
}
```

第 4 章

基本数据结构

本章介绍引擎中实现的一些常用数据结构。同时，C++ 的 STL 中也实现了一系列数据结构和各种泛型算法，如有需要，读者可自行参考。

在当今 STL 广泛使用的年代，为什么还要自己实现一套数据结构呢？简要回答就是效率。大多数 STL 实现的效率比想象的要低。从大量游戏项目中得出的结论是能不用 STL 就尽量不用 STL。当然，自己实现一套也不很麻烦，如果你嫌麻烦且需要考虑正确性和效率的问题，那么可以选择 EASTL。

提示

EASTL 指 Electronic Arts Standard Template Library，它是 EA 内部开发的一套扩展性强且健壮的高性能 STL 实现。目前其源码以 Modified BSD 协议的方式发布在 GitHub 上。

从图 4.1 可以发现，引擎实现的数据结构很少但基本够用，常用的包括动态数组、映射、图、队列、链表、栈和字符串。限于篇幅，本章会选取一些关键部分进行讲解，剩下的大部分代码简单易懂。即使读者对这部分非常熟悉，也建议不要跳过，仔细阅读肯定有所收获。

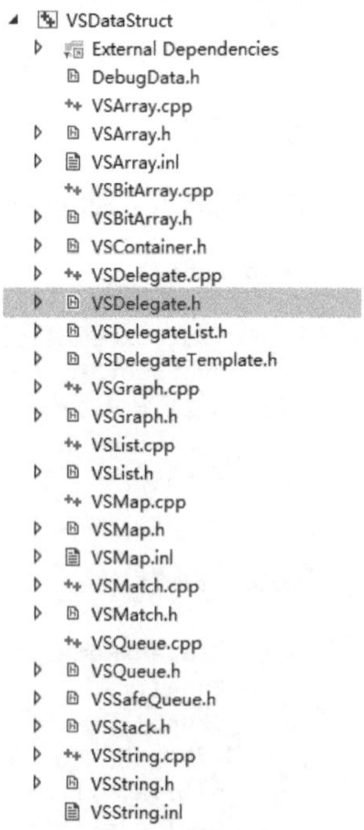

提示

项目中有一个文件名是 DebugData.h，它包含 Visual Studio 用于调试自定义数据结构的插件代码。有了这个文件之后，就可以像调试 STL 一样调试自定义的数据结构。Visual Studio 自带了调试 STL 数据结构的插件代码。因为引擎编写之初使用的是 Visual Studio 2008，且从 Visual Studio 2017 开始采用新的不兼容旧版本的插件代码格式，所以这里也没再重写它。本章末尾有一个练习，要求用新的格式实现插件代码，方便调试引擎代码。

图 4.1 基本数据结构

4.1 基类 VSContainer

VSContainer 是所有容器类的基类。设计这个基类需要满足调用元素的构造函数和析构函数、用户可以自定义内存管理这些条件。

为了提高分配效率，申请的空间通常大于实际需求的空间，以备后面空间不足时使用。只有实际需求的空间才会调用对应元素的构造函数，所以申请空间未必都需要调用构造函数，释放空间未必都需要调用析构函数。

```cpp
template <class T,VSMemManagerFun MMFun = VSMemObject::GetMemManager>
class VSContainer : public VSMemObject
    {
    protected:
        T * New(unsigned int uiNum)
        {
            if (!uiNum)
            {
                return NULL;
            }
#ifdef USE_CUSTOM_NEW
            T * pPtr = (T *)MMFun().Allocate(uiNum * sizeof(T),0,true);
            VSMAC_ASSERT(pPtr);
            if (!pPtr)
            {
                return NULL;
            }
#else
            T * pPtr = (T*)malloc(sizeof(T) * uiNum)
            VSMAC_ASSERT(pPtr);
            if (!pPtr)
            {
                return NULL;
            }
#endif
            return pPtr;
        }
        void Delete(T * & pPtr,unsigned int uiNum)
        {
            if (!pPtr)
            {
                return ;
            }
            if (uiNum > 0)
            {
                if (ValueBase<T>::NeedsDestructor)
                {
                    for (unsigned int i = 0 ; i < uiNum ; i++)
                    {
                        (pPtr + i)->~T();
```

```
                    }
                }
            }
#ifdef USE_CUSTOM_NEW
            MMFun().Deallocate((char *)pPtr,0,true);
            pPtr = NULL;
#else
            free(pPtr);
            pPtr = NULL;
#endif
        }
    };
```

这个类有两个模板参数：第一个是容器的元素类型，第二个是自定义的内存分配器接口。默认情况下使用引擎提供的内存分配器。

```
typedef VSMemManager& (*VSMemManagerFun)();
```

该函数的声明位于 VSMemManager.h 文件中。用户只需要重载 VSMemManager 这个类，并提供一个 VSMemManagerFun 函数即可实现自定义内存管理。

VSContainer 提供了两个函数：一个是 New，用于申请空间（注意，并没有调用构造函数；另一个是 Delete，除了释放空间外，Delete 还负责调用相应的析构函数。

关于 ValueBase<T>::NeedsDestructor 的代码在第 3 章中讲解过，读者可以再回顾一下。

4.2 常用数据结构

数组、映射、列表、栈和队列这类常用数据结构都继承自 VSContainer。本节不打算一一剖析这些数据结构内部实现的全部代码，这些数据结构的接口与 STL 略有差异但足够使用。由于个人习惯，作者很少使用迭代器，因此引擎实现的大部分数据结构里面没有迭代器，但并不意味着效率会变低。

1. VSArray

VSArray 类的代码如下。

```
template <class T,VSMemManagerFun MMFun = VSMemObject::GetMemManager>
class VSArray : public VSContainer<T,MMFun>
    {
    public:
        enum
        {
            DEFAULT_GROWBY = 10//当空间不足时，申请时空间的增长幅度
        };
        VSArray(unsigned int uiGrowBy = DEFAULT_GROWBY);
        ~VSArray();
        VSArray(const VSArray& Array);
        //设置元素个数，并初始化
        void SetBufferNum(unsigned int uiBufferNum);
```

```
    //添加 uiBufferNum 个元素,没有初始化
    void AddBufferNum(unsigned int uiBufferNum);
    void operator= (const VSArray<T,MMFun>& Array);
    inline unsigned int GetNum()const;                  //返回当前元素个数
    inline unsigned int GetBufferNum()const;            //返回当前总空间个数
    inline T * GetBuffer()const;                        //空间地址头指针
    inline void SetGrowBy(unsigned int uiGrowBy);       //设置增长幅度
    void AddElement(const T & Element);                 //添加元素
    template <class N,VSMemManagerFun MMFunN>
    void AddElement(const VSArray<N,MMFunN> & Array,
           unsigned int uiBegin,unsigned int uiEnd); //添加指定范围的数组元素
    T& operator[] (unsigned int i)const;
    void Clear();//释放当前元素,但不释放空间
    inline unsigned int GetSize()const;                 //返回总共占用空间的字节数
    void Erase(unsigned int i);                         //删掉某个元素
    void Erase(unsigned int uiBegin,unsigned int uiEnd); //删掉范围中的元素
    template <class N>
    void Sort(unsigned int uiBegin,unsigned int uiEnd,N Compare); //排序
    void Sort(unsigned int uiBegin,unsigned int uiEnd);           //排序
    void Destroy();
    //用这个函数要注意:如果 T 是智能指针,参数 Element 从指针到智能指针的隐式转换
    //导致智能指针对象的创建和销毁过程中,reference 加 1 减 1,如果原来对象的 reference 为 0
    //则会销毁对象,导致出错
    unsigned int FindElement(const T & Element);
protected:
    T * m_pBuffer;                                      //空间地址指针
    unsigned int m_uiGrowBy;                            //增长幅度
    unsigned int m_uiCurUse;                            //当前元素个数
    unsigned int m_uiBufferNum;                         //当前总空间个数
    unsigned int m_uiAllocNum;                          //记录分配次数
};
```

有几点需要解释一下。

1) VSArray 与 VSContainer

VSArray 继承自 VSContainer,在 VSArray 中申请和释放空间时调用了 VSContainer 的 New 和 Delete。

```
template <class T,VSMemManagerFun MMFun = VSMemObject::GetMemManager>
class VSArray : public VSContainer<T,MMFun>
```

2) 总空间和元素空间

所谓总空间是指数组占用的实际存储空间,而元素空间是指从实际的存储空间里面分配的用于持有元素的空间。当创建一个数组时,默认情况下里面一个元素也没有。如果这时添加一个元素,实际分配的空间并不是一个,而是 m_uiGrowBy 个。此时,剩余的空间是(m_uiGrowBy – 1)个。默认情况下 m_uiGrowBy = DEFAULT_GROWBY,用于在多次分配空间的情况下减少分配次数,且申请的空间大小是逐渐增长的。

```
void VSArray<T,MMFun>::AddElement(const T & Element)
{
```

```cpp
        if(m_uiCurUse == m_uiBufferNum)         //如果空间不够，空间和元素个数相等，再分配
        {
            if(!m_uiGrowBy)
                return ;
            AddBufferNum(m_uiGrowBy);
        }
        VS_NEW (m_pBuffer + m_uiCurUse) T(Element);
        m_uiCurUse++;
}
template <class T,VSMemManagerFun MMFun>
void VSArray<T,MMFun>::AddBufferNum(unsigned int uiBufferNum)
{
    if(uiBufferNum)
    {
        //如果经常需要分配内存，就逐渐增长 m_uiGrowBy
        m_uiAllocNum++;
        m_uiGrowBy = m_uiAllocNum * m_uiGrowBy;
        T * pBuffer = NULL;
        pBuffer = New(m_uiBufferNum + uiBufferNum);
        if(!pBuffer)
            return ;
        if(m_pBuffer && m_uiCurUse)
        {   //调用复制构造函数去初始化新分配的空间
            for (unsigned int i = 0 ; i  < m_uiCurUse ; i++)
            {
                VS_NEW (pBuffer + i) T(m_pBuffer[i]);
            }
        }
        Delete(m_pBuffer,m_uiCurUse); //删除以前的空间
        m_uiBufferNum = m_uiBufferNum + uiBufferNum;
        m_pBuffer = pBuffer;
    }
}
```

申请到需要的空间后，并不需要每个元素都调用构造函数去初始化，只初始化需要的元素即可。这里用复制构造函数而不是赋值操作符，这样就不必要求数组的元素重载赋值操作符。

3）FindElement 和 Erase 函数

对于添加和排序，读者看接口就能理解，这里重点讲解查找和删除操作。查找接口传入的是元素的常量引用，返回的是元素所在的下标，而删除则以元素下标作为参数。因为没有设计迭代器，所以如果读者要删除一个元素，必须先调用 FindElement 函数得到元素下标，再调用 Erase 函数。

- void Erase(unsigned int *i*)函数用于删除某个元素。

- void Erase(unsigned int uiBegin,unsigned int uiEnd)函数用于删除指定范围中的元素。

- unsigned int FindElement(const T & Element)函数用于查找元素在数组中的下标。

如果数组的元素类型是智能指针，那么使用 FindElement 函数需要特别注意智能指针的隐式转换问题（第 8 章将讲到智能指针）。如果传递的参数是普通指针且在查找操作中隐式转换成智能指针，那么智能指针的 reference=1，而当函数退出时，如果 reference=0，就会导致把这个元素非法销毁。当然，不仅是这个函数，当传递的普通指针隐式转换成智能指针时，所有的函数

参数都可能存在这种问题。唯一的解决办法是不提供这种隐式转换，但这样就需要手动转换，非常麻烦。后面会给出解决方法。

4）Clear 和 Destroy 函数

这两个函数的不同之处在于，Clear 没有销毁真正的空间，只是清空了元素，而 Destroy 则真正把空间给销毁了。所以在使用时根据需求选择适合的接口会提高效率。

2. VSArrayOrder

VSArrayOrder 是一个有序数组，它的元素按照二分法始终保持升序排列。这个数组的优点在于查找起来相当快，虽然构建的时候会慢一些。代码就不列出了，感兴趣的读者可自行研究。

3. VSMap 和 VSMapOrder

VSMap 和 VSMapOrder 这两个类基本类似于 VSArray、VSArrayOrder。除了支持通过键（key）和值（value）两个元素进行查找外，没有特别之处，同样返回的也是下标。代码也不列出了。

4. VSList

VSList 这个类与 STL 的列表类大同小异。在这个类的实现上使用了迭代器，因为不用迭代器遍历链表非常麻烦。使用方法基本上与 STL 的列表类类似。下面通过代码和注释的方式简单讲解需要注意的地方。

```
template <class T,VSMemManagerFun MMFun>
    void VSList<T,MMFun>::AddElement(const T & Element)
    {
        //这个列表可以设置是否为元素唯一列表,用户需要自己重载==操作符
        if (m_bUnique)
        {
            if (Has(Element))
            {
                return;
            }
        }
        ListElement<T> * pElem = New(1);  //申请一个元素空间
        VS_NEW (pElem) ListElement<T>();//调用构造函数
        pElem->Element = Element;            //用户还要重载赋值操作符
        pElem->m_pFront = m_pTail;
        pElem->m_pNext = NULL;
        if (!m_pHead)
        {
            m_pHead = pElem;
        }
        
        if (!m_pTail)
        {
            m_pTail = pElem;
        }
        else
        {
            m_pTail->m_pNext = pElem;
```

```
            m_pTail = pElem;
        }
        m_uiNum++;
}
```

5. VSStack、VSQueue 和 VSSafeQueue

VSStack 是栈类，使用方式与 STL 的栈类似，引擎中使用了数组来实现。

VSQueue 是队列类，同样与 STL 的队列类似。VSSafeQueue 则是加了锁的队列，后面讲多线程的时候会详细介绍。

6. VSString

读者看接口就能大致了解 VSString 类的用法，但有几个关于字符串的操作函数需要解释，因为这几个函数可能并不通用。

```
//取得指定下标的前段字符串或者后段字符串，比如 abcdefg，下标 uiFind 为 5（0 为最小）
//如果 bisFront=true, bisHaveFind=true 得到 abcdef
//如果 bisHaveFind=false, 得到 abcde;
//如果 bisFront=false, bisHaveFind=true,得到 fg
//如果 bisHaveFind=false, 得到 g
bool GetString(const VSString & String,unsigned int uiFind,bool bIsFront = true,
bool bIsHaveFind = false);
//查找第 iFindNum 次出现的指定字符，然后取前段字符串或者后段字符串
//iFIndNum = -1 表示最后一次出现的
//比如 abcefceafagb cFind=a, iFindNum=2, bIsFront=true, bIsHaveFind=false
//得到 abcefce, bIsHaveFind=true, 得到 abedfcea
//如果 bisFront=false, bIsHaveFind=false, 得到 fagb, bIsHaveFind=ture, 得到 afagb
bool GetString(const VSString & String,TCHAR cFind,int iFIndNum,bool bIsFront =
    true, bool bIsHaveFind = false);
//查找当前字符串中第 iFindNum 次出现的 String 的下标，返回-1 表示查找失败
//比如 defkmefk, String=ef, iFindNum=2, 返回结果为 5, 也就是第二次出现 ef 时 e 的下标
int GetSubStringIndex(const VSString &String,int iFindNum);
//去掉指定的字符，pStripChars 可以是一个字符数组，里面的字符都去掉
bool StripChars(const VSString &String,TCHAR * pStripChars);
//替换指定的字符，pReplaceChar 可以是字符数组，里面的字符都用 UseChar 代替
bool ReplaceChars(const VSString &String ,TCHAR * pReplaceChars,TCHAR UseChar);
//去掉字符串左边的所有空格
void StringLtrim(const VSString &String);
//去掉字符串右边的所有空格
void StringRtrim(const VSString &String);
//与 printf 函数一样，以某种格式输出字符串
void Format(const TCHAR * pcString, ...);
```

上面都是字符串比较常用的查找和删除函数，其他的函数较简单，这里不再一一列出，读者可自行阅读代码。另一些常用的函数如下。

```
VSDATESTRUCT_API int StringToInt(const VSString & String);
VSDATESTRUCT_API VSString IntToString(int i);
VSDATESTRUCT_API bool StringToBool(const VSString & String);
VSDATESTRUCT_API VSString BoolToString(bool i);
VSDATESTRUCT_API VSString BoolToString(unsigned int i);
VSDATESTRUCT_API VSREAL StringToReal(const VSString & String);
VSDATESTRUCT_API VSString RealToString(VSREAL Value);
```

这些函数的名字浅显易懂，就不再详细解释了。在实现编辑器时它们主要用于类成员变量的反射。比如，输入一个 12.95 的字符串类型，要反射成对应类的 float 成员变量，就需要把字符串类型的 12.95 转换成 float 类型的 12.95。

4.3 其他数据结构

此外，还有一些数据结构需要了解。下面这些类都是常用的数据结构类型。

1．VSFileName

VSFileName 继承自 VSString，所以它拥有 VSString 的所有功能。然而，作为一个文件名，这类特殊的字符串还要有其他函数，比如，获得文件扩展名的函数，获得文件的路径名的函数，获得文件名的函数等。

2．VSBitArray

通过类名读者应该大致就知道 VSBitArray 类的作用。它使用一位来存储一个元素，因为元素只能有 0 和 1 两个值。这种数组一般用作变长标志位，而且设置哪一位为 0 或 1 也很方便。不过对于两个长度相等的 VSBitArray，本书中没有实现它们的"与"操作和"或"操作以及其他指定长度的字符的"与或"操作，读者可以根据需要自行实现。在不超过 8 位、16 位或 32 位的情况下，使用无符号整数来实现的方式比较常见，所以引擎里面使用到这个类的地方很少。

3．VSMatch

VSMatch 是一个模式匹配类，最初来源于《3D 游戏编程大师技巧》一书。作者在写软件 3D 引擎的时候曾经参考了这本书，且使用了此书附带的资源。它的资源是文本格式而且很有特点，很适合用作可编辑的资源格式（当然，XML 也挺好用）。于是作者就将它的算法封装到 VSMatch 中，非常适合用于引擎读取外部的配置文件。

该类匹配的组合字符串包括['name']（和 name 一样的字符串），$[s>x][s=x][s<x]$（x 为整数，大于 x 个字符、等于 x 个字符、小于 x 个字符的字符串），[f]（浮点数），[i]（整数），每种类别用空格分隔（可以是多个空格）。《3D 游戏编程大师技巧》一书中实现该算法时使用了大量的字符串匹配，导致逻辑复杂且难懂，所以这里使用了自动机理论来实现（如图 4.2 所示，其实所有与匹配有关的问题用自动机基本可以轻松解决）。以下给出一些匹配例子以便于理解。

要匹配串 vertex　num　13，模式串为['vertex']['num'][i]。

要匹配串 TexturePath　Assert/Resource/Texture/，模式串为[' TexturePath'][$s>0$]。

要匹配串 Position　12.34　56.73　22.875，模式串为[' Position '][f][f][f]。

自动机（又叫状态机）应用十分广泛，无论是 AI 还是模式匹配中都可见它的身影。应用最成熟的领域当属编译原理这门学科。具体实现起来很简单，大致分为状态检测函数和条件判断。

每个状态（state）就是一个函数，跳转就是条件判断。也可以将每个状态实现成一个类，进入这个状态的时候调用这个类的 begin 函数，离开这个状态时候调用这个类的 end 函数。当前活跃状态只能有一个，这个时候执行这个类的 run 函数。Unreal Engine 3 中的脚本状态类大致按这个原理运行。

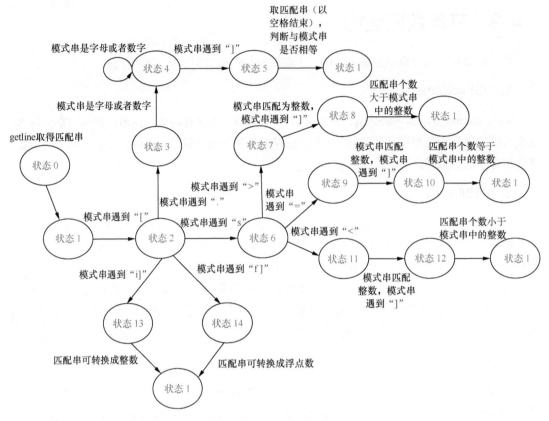

图 4.2　Match 类的自动机

具体实现代码这里就不再给出来。掌握自动机的原理非常重要，自动机可以把复杂的问题变得相当简单。

4. VSGraph

VSGraph 类是作者实现 AI 时写的图的数据结构，目前 AI 模块还没有完全搭建起来，并且它不是本书的重点，所以读者可以自行查看这个类的代码。这个类主要包括图的几种搜索算法，这里不详细介绍。

4.4　C++代理/委托

单独以一节来讲代理是为了说明它的重要性。有了代理，使用函数调用就相当方便。下面给出 C#代理的例子。

```
delegate double ProcessDelegate(double param1, double param2);
static double Multiply(double param1, double param2)
```

```
{
    return param1 * param2;
}
static double Divide(double param1, double param2)
{
    return param1 / param2;
}
static void Main(string[] args)
{
        //定义委托变量
        ProcessDelegate pd;
        double param1 = 20;
        double param2 = 10;
        Console.WriteLine("Enter M to multiply or D to divide");
        string input = Console.ReadLine();
        if (input == "M")
        {
            //初始化委托变量,要把一个函数引用赋给委托变量,
            //参数是要使用的函数名,且不带括号
             pd = new ProcessDelegate(Multiply);
        }
        else
        {
            pd = new ProcessDelegate(Divide);
        }
        //使用该委托调用所选函数
        Console.WriteLine("Result: {0}",pd(param1,param2));
        Console.ReadKey();
}
```

这段代码定义一个代理：如果输入 M，则执行乘法；否则，执行除法。

另一个常用的例子就是多播。

```
public delegate void myDelegate();
public partial class Form1 : Form
{
    public Form1()
    {
      InitializeComponent();
    }
    public void aa()
    {
      Console.WriteLine("aa");
    }
    public void bb()
    {
      Console.WriteLine("bb");
    }
    public void cc()
    {
      Console.WriteLine("cc");
    }
    myDelegate md;
    private void button1_Click(object sender, EventArgs e)
    {
      md = new myDelegate(aa);
      md += new myDelegate(bb);
      myDelegate m = new myDelegate(cc);
```

```
        md += m ;
        md();
    }
}
```

这段代码是把同类型的函数放在一起,然后一起执行。用 C++ 也可以实现这个功能,这个功能非常好用。

一般情况下,可以定义一个函数指针,该指针指向同样类型(返回值和参数都相同)的函数,并直接使用这个函数指针来调用该函数。如果该函数是类成员函数,就需要声明相应的类成员函数指针。因为 C++ 中函数指针和类成员函数指针不能相互转换,所以如果要采用一个统一的方式来处理相同参数和相同返回值的所有函数就比较棘手。

查看以下代码。

```
class A
{
public:
    A()
    {
    }
    ~A()
    {
    }
    int Add(int a, int b)
    {
        return a + b;
    }
};
int Add(int a, int b)
{
    return a + b;
}
```

这两个 Add 函数虽然参数相同,返回值也相同,但不能用同一个类型的函数指针指向它们。因为这两个函数指针调用的方法不同。普通函数指针可以直接调用,而类成员函数指针需要通过类的对象调用。

查看以下代码。

```
typedef int(*F)(int, int);
F f = &Add;
f(1, 2);
```

用普通函数指针代替 Add 函数。

```
typedef int (A::*CF)(int, int);
A a;
A * b = &a;
CF cf = &(A::Add);
(a.*cf)(1, 2);
(b->*cf)(1, 2);
```

用类成员函数指针代替 A 类的 Add 函数。

因为两种指针类型不一致,所以要使用特殊的手法把它们转换成同一种指针类型。通过观察可以发现，都转换成普通函数指针会方便一些。

通过以下代码就把普通函数指针封装到一个静态函数 FunStub 里面。

```
template<F f>
static int FunStub(int a1, int a2)
{
    return f(a1, a2);
}
FunStub<&Add>(1, 2);
```

通过以下代码就把类成员函数指针封装到一个静态函数 MethodStub 里面。

```
template<CF cf>
static int MethodStub(void * p, int a1, int a2)
{
    A * Ap = (A *)p;
    return (Ap->*cf)(a1, a2);
}
MethodStub<&(A::Add)>(b, 1, 2);
```

这两个静态函数唯一不同是：FunStub 的参数是两个，而 MethodStub 参数是 3 个，多一个调用对象的指针。接下来，修改 FunStub 的参数使得两者的参数个数一致。

```
template<F f>
static int FunStub(void * p, iint a1, int a2)
{
    return f(a1, a2);
}
FunStub<&Add>( NULL, 1, 2);
```

现在这两个函数的类型一致了。

处理这种问题的最简单方法是：无论是普通函数指针还是类成员函数指针，都用一个 static 模板函数封装。封装后该函数具有普通函数的特性，因此就可以定义指向该函数的函数指针。无论是封装普通函数还是类成员函数，只要它们的参数和返回值相同就可行。

还有一个小问题，就是代理用起来不那么方便。不过这里先展示一下目前的成果。

```
class Delegate
{
public:
    Delegate()
    {
    }
    ~Delegate()
    {
    }
    typedef int(*F)(int, int);
    typedef int (A::*CF)(int, int);
    template<CF cf>
    static int MethodStub(void * p, int a1, int a2)
    {
```

```
        A * Ap = (A *)p;
        return (Ap->*cf)(a1, a2);
    }
    template<F f>
    static int FunStub(void * p, int a1, int a2)
    {
        return (f)(a1, a2);
    }
}
```

用法如下。

```
A a;
Delegate::MethodStub<&(A::Add)>(&a,1,2);
Delegate::FunStub<&Add>(NULL, 1, 2);

typedef int(*FNew)(void * p, int, int);
FNew fnew;
fnew = &Delegate::MethodStub<&(A::Add)>;
(fnew)(&a, 1, 2);
fnew = &Delegate::FunStub<&Add>;
(fnew)( NULL, 1, 2);
```

这里新定义了一个函数指针，它可以指向两种类型的静态函数。在 Delegate 类里添加了两个参数，一个是新的函数指针，另一个是指向类对象 a 的指针。

```
typedef int(*FNew)(void * p, int, int);
void * m_p;
FNew m_F;
```

于是 Delegate 类有了 m_p 和 m_F 两个参数。下面构建这个类的实例。

```
static Delegate Create(void * p, FNew f)
{
    Delegate Temp;
    Temp.m_F = f;
    Temp.m_p = p;
    return Tcmp;
}
template<CF cf>
static Delegate FromMethod(A * p)
{
    return Create(p, &MethodStub<cf>);
}
template<F f>
static Delegate FromFun()
{
    return Create(NULL, &FunStub<f>);
}
```

通过 FromFun 和 FromMethod，可以创建 Delegate 类的实例。

```
int Execute(int a1, int a2)
{
    return (*m_F)(m_p, a1, a2);
}
```

这样就可以通过实例的 Execute 方法来执行对应的普通函数或类成员函数。

```
A a;
Delegate k = Delegate::FromMethod<&A::Add>(&a);
k.Execute(1, 2);
```

这样就基本上完成了代理的实现。但是，细心的读者可能发现上述实现存在一个问题：代理的 FromMethod 通过以下代码限定了只有类 A 才有效。

```
typedef int (A::*CF)(int, int);
```

原因在于这个函数指针的定义方式导致了对类 A 存在依赖，而且还存在对函数参数和返回值类型的依赖。可以利用模板参数让代理不再依赖任何具体的类，也不再依赖具体的参数和返回值类型。

```
template<typename R, typename A1, typename A2,class C>
class Delegate
{
public:
    Delegate()
    {
        m_p = NULL;
        m_F = NULL;
    }
    ~Delegate()
    {
    }
public:
    typedef R(*F)(A1, A2);
    typedef R (C::*CF)(A1, A2);
    typedef R(*FNew)(void * p, A1, A2);
    void * m_p;
    FNew m_F;
    template<CF cf>
    static int MethodStub(void * p, A1 a1, A2 a2)
    {
        C * Ap = (C *)p;
        return (Ap->*cf)(a1, a2);
    }
    template<F f>
    static int FunStub(void * p, A1 a1, A2 a2)
    {
        return (f)(a1, a2);
    }
    static Delegate Create(void* p, FNew f)
    {
        Delegate Temp;
        Temp.m_F = f;
        Temp.m_p = p;
        return Temp;
    }
public:
    template<CF cf>
    static Delegate FromMethod(C * p)
    {
        return Create(p, &MethodStub<cf>);
    }
```

```cpp
        template<F f>
        static Delegate FromFun()
        {
            return Create(NULL, &FunStub<f>);
        }
        int Execute(int a1, int a2)
        {
            return (*m_F)(m_p, a1, a2);
        }
};
A a;
Delegate<int, int, int, A> k = Delegate<int, int, int, A>::FromMethod<&A::Add>(&a);
k.Execute(1, 2);
Delegate<int, int, int, A> s = Delegate<int, int, int, A>::FromFun<&Add>();
s.Execute(1, 2);
```

有一点别扭的是，普通函数还要加上一个类参数，用于作为模板参数。下面修改一下类模板参数 C 的位置。

```cpp
template<typename R, typename A1, typename A2>
class Delegate
{
public:
    Delegate()
    {
        m_p = NULL;
        m_F = NULL;
    }
    ~Delegate()
    {
    }
public:
    typedef R(*FNew)(void * p, A1, A2);
    void * m_p;
    FNew m_F;

    template<class C,R(C::*CF)(A1, A2)>
    static int MethodStub(void * p, A1 a1, A2 a2)
    {
        C * Ap = (C *)p;
        return (Ap->*CF)(a1, a2);
    }
    template<R(*F)(A1, A2)>
    static int FunStub(void * p, A1 a1, A2 a2)
    {
        return (F)(a1, a2);
    }
    static Delegate Create(void * p, FNew f)
    {
        Delegate Temp;
        Temp.m_F = f;
        Temp.m_p = p;
        return Temp;
    }
public:
    template<class C,R(C::*CF)(A1, A2)>
```

```
        static Delegate FromMethod(C * p)
        {
            return Create(p, &MethodStub<C,CF>);
        }
        template<R(*F)(A1, A2)>
        static Delegate FromFun()
        {
            return Create(NULL, &FunStub<F>);
        }
        int Execute(int a1, int a2)
        {
            return (*m_F)(m_p, a1, a2);
        }
};
A a;
Delegate<int, int, int> k = Delegate<int, int, int>::FromMethod<A,&A::Add>(&a);
k.Execute(1, 2);
Delegate<int, int, int> s = Delegate<int, int, int>::FromFun<&Add>();
s.Execute(1, 2);
```

上述代码在 VSDelegate.h 中也有，这里需要说明一下另外两个文件 VSDelegateList.h 和 VSDelegateTemplate.h。VSDelegateTemplate.h 和 VSDelegate.h 在内容上大同小异，后者是为了让读者看起来方便，所以少用了很多模板参数。

VSDelegate.h 文件分别声明了无参数和1～3个参数的模板，这里类名称可以自己定义。下面分别定义了无参数以及包含1个参数和两个参数的类。

```
DECLARE_DELEGATE(VSDelegate)
DECLARE_DELEGATE_ONE(VSDelegate1)
DECLARE_DELEGATE_TWO(VSDelegate2)

VSDelegate<int> a;
VSDelegate1<int,int>b;
VSDelegate2<int,int,int> c;
```

VSDelegateList.h 和 VSDelegateTemplate.h 这两个文件通过宏的方式就把无参数和1～3个参数的模板都声明了。这里类名称已经确定了，不能自定义。要使用这种方法，就不要在 VSDelegate.cpp 中包含 VSDelegate.h，而要包含 VSDelegateList.h。下面分别定义了包含1～3个参数的模板。

```
VSDelegate0<int> a;
VSDelegate1<int,int> b;
VSDelegate2<int,int,int> c;
```

另外需要注意的是，在 VSDelegateList.h 中，默认打开#ifdef DELEGATE_PREFERRED_SYNTAX 的宏。打开之后，声明的形式和上面有所区别，比如，一个函数参数为 int、返回值为 int 的声明为 VSDelegate<int(int)>b。

上面的声明用这种方式就变成：

```
VSDelegate<int(void)> a;
VSDelegate<int(int)> b;
VSDelegate<int(int,int)> c;
```

提示

在定义模板类之前要使用这种方式，一定要加上"template <typename TSignature> class VSDelegate;"声明，否则无法通过编译。

相对来讲，这种方式写起来比较简单，但并不是所有编译器都支持这种方式。经测试，微软的 Visual Studio 没有问题。

```
#define DELEGATE_PREFERRED_SYNTAX
//注：根据参数个数不同，对应每种都要编译出一个类，打开这个宏编译出来的
//所有类名可以相同
//例如，对于一个参数类型为 int 和返回类型是 int 的函数来说，若打开这个宏，
//用 VSDelegate<int(int)> k;方式定义代理（这种方法存在编译器兼容性问题）；
//若不打开这个宏，
//则用 VSDelegate1<int,int> K 定义代理。后面的数字表示函数中的参数个数
#ifdef DELEGATE_PREFERRED_SYNTAX
    template <typename TSignature> class VSDelegate;
    template <typename TSignature> class VSDelegateEvent;
#endif
//无参数
#define DELEGATE_PARAM_COUNT      0
#define DELEGATE_TEMPLATE_TYPE
#define DELEGATE_TYPE
#define DELEGATE_TYPE_VALUE
#define DELEGATE_VALUE
#include "VSDelegateTemplate.h"
#undef DELEGATE_PARAM_COUNT
#undef DELEGATE_TEMPLATE_TYPE
#undef DELEGATE_TYPE
#undef DELEGATE_TYPE_VALUE
#undef DELEGATE_VALUE
//一个参数
#define DELEGATE_PARAM_COUNT      1
#define DELEGATE_TEMPLATE_TYPE    typename A1
#define DELEGATE_TYPE             A1
#define DELEGATE_TYPE_VALUE       A1 a1
#define DELEGATE_VALUE            a1
#include "VSDelegateTemplate.h"
#undef DELEGATE_PARAM_COUNT
#undef DELEGATE_TEMPLATE_TYPE
#undef DELEGATE_TYPE
#undef DELEGATE_TYPE_VALUE
#undef DELEGATE_VALUE
//两个参数
...
//3 个参数
#define DELEGATE_PARAM_COUNT      3
#define DELEGATE_TEMPLATE_TYPE    typename A1,typename A2,
        typename A3
    #define DELEGATE_TYPE             A1,A2,A3
    #define DELEGATE_TYPE_VALUE       A1 a1,A2 a2,A3 a3
    #define DELEGATE_VALUE            a1,a2,a3
    #include "VSDelegateTemplate.h"
    #undef DELEGATE_PARAM_COUNT
    #undef DELEGATE_TEMPLATE_TYPE
    #undef DELEGATE_TYPE
    #undef DELEGATE_TYPE_VALUE
    #undef DELEGATE_VALUE
```

如果发现 3 个参数不够用,则可以按照这种方式随意添加。

在了解实现代理的基本原理后,下面把代理的最终实现和使用都呈现出来。前面介绍的代码只是实现代理的第一步,把函数封装了起来。要实现广播,还需要再封装一下。简单来讲,就是把前面实现的代理类用数组保存起来,以实现代理的集合。

用模板实现代理的代码如下。

```
#if DELEGATE_PARAM_COUNT > 0
        #define DELEGATE_SEPARATOR ,
#else
        #define DELEGATE_SEPARATOR
#endif
#define DELEGATE_DO_JOIN(X,Y) X##Y
#defineDELEGATE_JOIN_MACRO(X,Y) DELEGATE_DO_JOIN(X,Y)

#ifdef DELEGATE_PREFERRED_SYNTAX
    #define DELEGATE_CLASS_NAME VSDelegate
    #define EVENT_CLASS_NAME    VSDelegateEvent
#else
    #define DELEGATE_CLASS_NAME DELEGATE_JOIN_MACRO(VSDelegate,DELEGATE_PARAM_COUNT)
    #define EVENT_CLASS_NAME DELEGATE_JOIN_MACRO(VSDelegateEvent,DELEGATE_PARAM_COUNT)
#endif

template<class RETUREN_TYPE DELEGATE_SEPARATOR DELEGATE_TEMPLATE_TYPE>
#ifdef DELEGATE_PREFERRED_SYNTAX
class DELEGATE_CLASS_NAME<RETUREN_TYPE(DELEGATE_TYPE)>
#else
class DELEGATE_CLASS_NAME
#endif
{
public:
    DELEGATE_CLASS_NAME()
    {
        m_p = NULL;
        m_F = NULL;
    }
    ~DELEGATE_CLASS_NAME()
    {
    }
protected:
    typedef RETUREN_TYPE(* F)(void * p DELEGATE_SEPARATOR DELEGATE_TYPE);
    void * m_p;
    F m_F;
    template<class T,RETUREN_TYPE (T::*FunName)(DELEGATE_TYPE)>
    static RETUREN_TYPE MethodStub(void * p DELEGATE_SEPARATOR DELEGATE_TYPE_VALUE)
    {
        T * Ap = (T *)p;
        return (Ap->*FunName)(DELEGATE_VALUE);
    }
    template<class T, RETUREN_TYPE(T::*FunName)(DELEGATE_TYPE)const>
    static RETUREN_TYPE ConstMethodStub(void * p DELEGATE_SEPARATOR DELEGATE_TYPE_VALUE)
    {
```

```cpp
            T * Ap = (T *)p;
            return (Ap->*FunName)(DELEGATE_VALUE);
        }
        template<RETUREN_TYPE(*FunName)(DELEGATE_TYPE)>
        static RETUREN_TYPE FunStub(void * p DELEGATE_SEPARATOR DELEGATE_TYPE_VALUE)
        {
            return (FunName)(DELEGATE_VALUE);
        }
        static DELEGATE_CLASS_NAME Create(void * p , F f)
        {
            DELEGATE_CLASS_NAME Temp;
            Temp.m_F = f;
            Temp.m_p = p;
            return Temp;
        }
    public:
        template<class T, RETUREN_TYPE(T::*FunName)(DELEGATE_TYPE)const>
        static DELEGATE_CLASS_NAME FromMethod(T * p)
        {
            return Create((void*)p, &ConstMethodStub<T, FunName>);
        }
        template<class T,RETUREN_TYPE (T::*FunName)(DELEGATE_TYPE)>
        static DELEGATE_CLASS_NAME FromMethod( T * p)
        {
            return Create((void*)p, &MethodStub<T,FunName>);
        }
        template<RETUREN_TYPE(*FunName)(DELEGATE_TYPE)>
        static DELEGATE_CLASS_NAME FromFun()
        {
            return Create(NULL, &FunStub<FunName>);
        }

        RETUREN_TYPE Excute(DELEGATE_TYPE_VALUE)
        {
           return (*m_F)(m_p DELEGATE_SEPARATOR DELEGATE_VALUE);
        }
        RETUREN_TYPE operator()(DELEGATE_TYPE_VALUE) const
        {
           return (*m_F)(m_p DELEGATE_SEPARATOR DELEGATE_VALUE);
        }
        operator bool() const
        {
            return m_F != NULL;
        }
        bool operator!() const
        {
            return !(operator bool());
        }
        bool operator==(const DELEGATE_CLASS_NAME& rhs) const
        {
            return (m_p == rhs.m_p && m_F == rhs.m_F);
        }
    };
```

仔细阅读代码直到理解为止。理解了上述代码之后，剩下的代码就很容易了。

```cpp
template <class RETUREN_TYPE
        DELEGATE_SEPARATOR DELEGATE_TEMPLATE_TYPE>
#ifdef DELEGATE_PREFERRED_SYNTAX
class EVENT_CLASS_NAME<RETUREN_TYPE(DELEGATE_TYPE)>
#else
class EVENT_CLASS_NAME
#endif
{
public:
#ifdef DELEGATE_PREFERRED_SYNTAX
    typedef DELEGATE_CLASS_NAME
            <RETUREN_TYPE(DELEGATE_TEMPLATE_TYPE)> Handler;
#else
    typedef DELEGATE_CLASS_NAME<RETUREN_TYPE
        DELEGATE_SEPARATOR DELEGATE_TEMPLATE_TYPE> Handler;
#endif
public:
    EVENT_CLASS_NAME() {}
    void operator+=(const Handler& handler)
    {
        this->Add(handler);
    }
    void Add(const Handler& handler)
    {
        assert(!this->Has(handler));
        m_handlers.AddElement(handler);
    }

    void operator-=(const Handler& handler)
    {
        this->Remove(handler);
    }
    void Remove(const Handler& handler)
    {
        unsigned int i = m_handlers.FindElement(Handler);
        if (i < m_handlers.GetNum())
        {
            m_handlers.Erase(i);
        }
    }
    bool Has(const Handler& handler)
    {
        unsigned int i = m_handlers.FindElement(handler);
        return i != m_handlers.GetNum();
    }
    //判断是否有效
    bool IsValid() const
    {
        return m_handlers.GetNum() > 0;
    }

    void Reset()
    {
        m_handlers.Clear();
```

```cpp
    }
    void operator()(DELEGATE_TYPE_VALUE) const
    {
        this->Invoke(DELEGATE_VALUE);
    }
    void Invoke(DELEGATE_TYPE_VALUE) const
    {
        for (unsigned int i = 0; i < m_handlers.GetNum(); ++i)
        {
            m_handlers[i](DELEGATE_VALUE);
        }
    }
    void InvokeWithEmitter(DELEGATE_TYPE_VALUE
#if DELEGATE_PARAM_COUNT > 0
        ,
#endif
        const Handler& emitter) const
    {
        for (unsigned i = 0; i < m_handlers.GetNum(); ++i)
        {
            if (m_handlers[i] != emitter)
            {
                m_handlers[i](DELEGATE_VALUE);
            }
        }
    }

private:
    typedef VSArray<Handler> DelegateList;
    DelegateList m_handlers;
};
```

这里面引入了一个新的类型名 Handler, 其实它是代理类的重定义, 目的是使得书写简单和方便。

```cpp
#ifdef DELEGATE_PREFERRED_SYNTAX
    typedef DELEGATE_CLASS_NAME
            <RETUREN_TYPE(DELEGATE_TEMPLATE_TYPE)> Handler;
#else
    typedef DELEGATE_CLASS_NAME<RETUREN_TYPE
            DELEGATE_SEPARATOR DELEGATE_TEMPLATE_TYPE> Handler;
#endif
```

EVENT_CLASS_NAME 这个类的本质是使用动态数组封装同样类型的代理类并重载一些操作符, 这样就可以按照使用代理的方式使用它。下面是一个示例。

```cpp
typedef VSDelegateEvent<int(int, int)> MouseMoveEvent;
int sss(int k, int m)
{
    return 1;
}
class A
{
```

```
public:
    int LL(int a, int b)const
    {
        return 1;
    }
};
void m()
{
    A a;
    MouseMoveEvent MouseMove;
    MouseMove += MouseMoveEvent::Handler::FromFun<&sss>();
    MouseMove += MouseMoveEvent::Handler::FromMethod<A,&A::LL>(&a);
    MouseMove(1, 2);
}
```

C++代理的实现看起来很烦琐但用法极其简单。如果读者仍有疑惑，建议把模板去掉，一步一步地实现，逐渐就能理解了。初次就能读懂的读者基本上是熟练掌握 C++的程序员了。Unreal Engine 4 里面类似这种代理的实现方式很常见。如果读者感兴趣，可以尝试阅读一下它的实现。需要提醒的是，它使用可变参数的模板，这是 C++11 的新特性。

『 练习 』

1. 写一个复杂的测试用例，对比 STL Vector 和 VSArray 这两个类相应函数的执行速度。

2. 对于 4.4 节讲的代理，其实还可以简化其用法，比如：

```
typedef VSDelegateEvent<int(int, int)> MouseMoveEvent;
MouseMoveEvent MouseMove;
```

如果没有定义 DELEGATE_PREFERRED_SYNTAX 这个宏，则定义下面的宏。

```
typedef VSDelegateEvent2<int,int, int> MouseMoveEvent;
MouseMoveEvent MouseMove;
```

写代码的人需要判断这个宏，然后给出不同的定义。请尝试定义接收不同参数个数的宏，宏的参数包括函数的返回值、函数的参数和代理名称，让使用者不再需要判断 DELEGATE_PREFERRED_SYNTAX 这个宏。

对于有两个参数的函数，宏定义如下。

```
DECLARE_DELEGATE_TOW_PARAMETER(ReturnType,Parameter1,Parameter2, Delegate Name)
```

使用 DECLARE_DELEGATE_TOW_PARAMETER 宏就可以不用区分这两种情况了。

参数个数不同的函数需要定义不同的宏。

3. 代理 VSDelegateEvent 在添加函数的时候，传递的大量参数是模板参数，是否能减少模板参数呢？

例如，把 MouseMove += MouseMoveEvent::Handler::FromFun<&sss>()修改为以下形式。

```
MouseMove += MouseMoveEvent::Handler::FromFun(&sss);
```

再比如，把 MouseMove += MouseMoveEvent::Handler::FromMethod<A, &A::LL>(&a)修改为以下形式。

```
MouseMove += MouseMoveEvent::Handler::FromMethod(&a, &A::LL);
```

提示

可以参考 Unreal Engine 4 中代理的代码。

『 示例[①] 』

示例 4.1

这个示例的主要目的是演示在容器里面如何使用 SetBufferNum，它调用每个元素的构造函数进行初始化，而 AddBufferNum 则不会。读者可以在构造函数里面设置一个断点。

```
class MyClass
{
public:
    MyClass();
    ~MyClass();
    int i;
};

MyClass::MyClass()
{
   i = 0;
}

MyClass::~MyClass()
{
   i = 2;
}
void main()
{
    VSArray<MyClass> k1;
    k1.SetBufferNum(3);
    k1[0].i = 3;
    k1.AddBufferNum(5);
}
```

示例 4.2

这个示例演示了 VSArrayOrder 的用法。

示例 4.3

这个示例演示了 VSMap 的用法。

[①] 每个示例的详细代码参见 GitHub 网站。——编者注

示例 4.4

这个示例演示了 VSList 的用法。

示例 4.5

这个示例演示了 VSStack 的用法。

示例 4.6

这个示例演示了 VSQueue 的用法。

示例 4.7

这个示例演示了 VSMatch 的用法。

示例 4.8

这个示例演示了 C++代理的用法。

读者可以打开和关闭 VSDelegateList.h 里面的#define DELEGATE_PREFERRED_SYNTAX 宏，看看两种模式下的不同之处。这个示例提供了添加函数的接口，读者不用自己写冗余的 Handler。

```
MouseMove += MouseMoveEvent::Handler::FromMethod<A, &A::LL>(&a);
E1.AddMethod<A, &A::LLL>(&a);
```

很明显，第二个方法要比第一个简单很多，如果读者能独立完成上面留的练习，其实还会简化好多。

细心的读者可能会发现，有些示例在调试模式下强行关闭 DOS 窗口会有内存泄露提示，这是因为强行关闭程序而没有按正常顺序退出导致，不必在意这个问题。

第 5 章

数 学 库

常用的数学算法仅有几个,其他的只有在特殊场景才能使用到。本章介绍数学库,让缺少经验的初学者知道一个基本的数学库应该具备哪些功能,以及如何具体实现。

首先推荐两本关于数学库的参考书,这两本书里面包含了很多高级数学算法。第一本书是 *3D Game Engine Architecture*,这本书对应的是 WildMagic 引擎。第二本书是《计算机图形学几何工具算法详解》(*Geometric Tools for Computer Graphics*),推荐中文版,初学者可以尝试实现书中的伪代码。

本书配套引擎中的数学库包括向量、矩阵、四元数、曲线、线、面、体、曲面。关于曲线的细节不详细介绍,可参考上面推荐的图书。VSDiffEquation 和 VSFunction 都与微积分相关,主要的应用场景为物理引擎或者模拟物理运动,本书也不详细介绍,同样可参考上面推荐的图书。

第 2 章已经初步介绍了游戏中需要的基本数学知识,本章将对本书配套引擎中的数学库进行解释说明。

5.1 基本数学

本节从 VSMath 这个文件说起。该文件里封装了 C 语言常用的数学函数,以及大量的宏定义。

以下几个宏定义是用来判断精度的,尤其是判断两个浮点数是否相等,因为绝对的相等是没有的,误差必须考虑进去。

```
#define EPSILON_E3 (VSREAL)(1E-3)
#define EPSILON_E4 (VSREAL)(1E-4)
#define EPSILON_E5 (VSREAL)(1E-5)
#define EPSILON_E6 (VSREAL)(1E-6)
```

以下的宏都是用来判断两个物体的位置关系的,通过其英文名称都可以判断出它们的具体含义。后面在判断物体间的包含和相交时,这些宏都会派上用场。

```
#define VSFRONT         0
#define VSBACK          1
#define VSON            2
```

```
#define VSCLIPPED       3
#define VSCULLED        4
#define VSVISIBLE       5
#define VSINTERSECT     3
#define VSOUT           4
#define VSIN            5
#define VSNOINTERSECT   6
```

以下代码中的压缩函数本章不讨论，第 12 章将详细说明。

```
//弧度和角度转换函数
inline VSREAL RadianToAngle(VSREAL Radian)
{
    return ( Radian * 180.0f ) / VSPI ;
}
inline VSREAL AngleToRadian(VSREAL Angle)
{
    return ( Angle * VSPI ) /  180.0f;
}
```
//判断是否为 2^N
```
inline bool IsTwoPower(unsigned int uiN)
{
    return !(uiN & (uiN - 1));
}
inline unsigned short FloatToHalf(VSREAL Value)
inline VSREAL HalfToFloat(unsigned short Value)
inline unsigned int CompressUnitFloat(VSREAL f, unsigned int Bit = 16)
inline unsigned int CompressFloat(VSREAL f, VSREAL Max , VSREAL Min ,
        unsigned int Bit = 16)
inline VSREAL DecompressUnitFloat(unsigned int quantized,unsigned int Bit = 16)
inline VSREAL DecompressFloat(unsigned int quantized,VSREAL Max ,
        VSREAL Min ,unsigned int Bit = 16)
//计算正弦和余弦查找表，加快正弦和余弦计算速度
for (unsigned int i = 0 ; i <= 360 ; i++)
{
    VSREAL iRadian = AngleToRadian(VSREAL(i));
    FastSin[i] = SIN(iRadian);
    FastCos[i] = COS(iRadian);
}
inline VSREAL VSMATH_API GetFastSin(unsigned int i);
inline VSREAL VSMATH_API GetFastCos(unsigned int i);
VSREAL GetFastSin(unsigned int i)
{
   return FastSin[i];
}
VSREAL GetFastCos(unsigned int i)
{
   return FastCos[i];
}
```

下面两个函数通过给定长度的数据来计算出一个哈希索引，返回值为 32 位的哈希。如果提供的数据量很大，可能会存在冲突，即两个不同的数据返回同一个值。对于引擎而言，相关的数据都不多，所以冲突为 0，第 9 章将详细讲解相关内容。

```
void VSInitCRCTable()
unsigned int CRC32Compute( const void *pData, unsigned int uiDataSize )
```

最后介绍 SSE（Streaming SIMD Extensions，其中 SIMD 是 Single Instruction Multiple Data 缩写，表示单指令多数据）指令加速数学库。本书用到该库的两个版本，一个是汇编版，另一个是"高级语言"版，高级语言版比汇编版用起来方便。VSFastFunction 文件里面用到的是汇编 SSE 库，在 VSVector3、VSMatrix3X3、VSMatrix4X4 文件中用到的高级语言版 SSE 库，较容易理解。常规的加法指令一次只能完成一次加法运算，而 SSE 库中的加法指令一次最多可以完成 4 次加法运算。

下面分别给出 SSE 库的汇编版和高级语言版。

```
//汇编版 SSE 库
void VSFastAdd(const VSMatrix3X3W & InM1,const VSMatrix3X3W & InM2,
    VSMatrix3X3W & OutM)
{
    //VS 支持内嵌汇编
    __asm
    {
        mov eax, [InM2];
        mov ecx, [InM1];

        movups xmm4, [eax];
        movups xmm5, [eax+16];
        movups xmm6, [eax+32];
        movups xmm7, [eax+48];
        mov eax, [OutM];
        movups xmm0, [ecx];
        movups xmm1, [ecx+16];
        movups xmm2, [ecx+32];
        movups xmm3, [ecx+48];
        addps xmm0, xmm4;
        movups [eax], xmm0;
        addps xmm1, xmm5;
        movups [eax+16], xmm1;
        addps xmm2, xmm6;
        movups [eax+32], xmm2;
        addps xmm3, xmm7;
        movups [eax+48], xmm3;
    }
}
//高级语言版 SSE 库
void VSMatrix3X3W::operator -=(VSREAL f)
{
    __m128 _v1 = _mm_set_ps(m[0],m[1],m[2],m[3]);
    __m128 _v2 = _mm_set_ps(m[4],m[5],m[6],m[7]);
    __m128 _v3 = _mm_set_ps(m[8],m[9],m[10],m[11]);
    __m128 _v4 = _mm_set_ps(m[12],m[13],m[14],m[15]);
    __m128 _f = _mm_set_ps(f,f,f,f);
    __m128 _r1 = _mm_sub_ps(_v1,_f);
    __m128 _r2 = _mm_sub_ps(_v2,_f);
    __m128 _r3 = _mm_sub_ps(_v3,_f);
    __m128 _r4 = _mm_sub_ps(_v4,_f);
    M[0][0] = _r1.m128_f32[3]; M[0][1] = _r1.m128_f32[2];
       M[0][2] = _r1.m128_f32[1]; M[0][3] = _r1.m128_f32[0];
    M[1][0] = _r2.m128_f32[3]; M[1][1] = _r2.m128_f32[2];
```

```
        M[1][2] = _r2.m128_f32[1]; M[1][3] = _r2.m128_f32[0];
    M[2][0] = _r3.m128_f32[3]; M[2][1] = _r3.m128_f32[2];
        M[2][2] = _r3.m128_f32[1]; M[2][3] = _r3.m128_f32[0];
    M[3][0] = _r4.m128_f32[3]; M[3][1] = _r4.m128_f32[2];
        M[3][2] = _r4.m128_f32[1]; M[3][3] = _r4.m128_f32[0];
}
```

5.2 基本数学单元

1. 三维向量

VSVector3 表示三维向量，这个类既可表示一个 3D 向量，也可以表示一个点。所以这个类提供了 3D 向量应该具有的函数和作为一个空间点应该具有的函数。本书第 2 章已经介绍了一个向量或者点应该具备哪些功能，读者可复习那部分内容来理解这些功能的具体实现方式。

VSVector3 类的代码如下。

```
class  VSMATH_API VSVector3
{
public:
    union
    {
        VSREAL m[3];
        struct
        {
            VSREAL x, y, z;
        };
    };
}
```

提示

矩阵类与向量类一样，都定义了 union 类型，通过数组方式或下标方式均可以访问这个向量的类属性。

VSVector3 类中的相关函数如下。

```
//长度
inline VSREAL GetLength(void)const;
//长度的平方
inline VSREAL GetSqrLength(void) const;
//乘以-1
inline void  Negate(void);
//单位化
inline void  Normalize(void);
//叉积
inline void Cross(const VSVector3 &v1,const VSVector3 &v2);
//点积
VSREAL      operator * (const VSVector3 &v)const;
//两个向量的夹角(弧度)
VSREAL AngleWith( VSVector3 &v);
//用四元数旋转向量
VSQuat    operator * (const VSQuat    &q)const;
```

```cpp
//3×3 矩阵变换向量
VSVector3 operator * (const VSMatrix3X3 &m)const;
//4×4 矩阵变换向量
VSVector3 operator * (const VSMatrix3X3W &m)const;
//向量加减
void operator += (const VSVector3 &v);
void operator -= (const VSVector3 &v);
VSVector3 operator + (const VSVector3 &v)const;
VSVector3 operator - (const VSVector3 &v)const;
//向量和常量加减
void operator *= (VSREAL f);
void operator /= (VSREAL f);
void operator += (VSREAL f);
void operator -= (VSREAL f);
bool operator ==(const VSVector3 &v)const;
VSVector3 operator * (VSREAL f)const;
VSVector3 operator / (VSREAL f)const;
VSVector3 operator + (VSREAL f)const;
VSVector3 operator - (VSREAL f)const;
```

读者应充分理解上述函数的实现和意义，尤其点积和叉积以及与矩阵的变换。

2．四维向量

VSVector3W 表示四维向量，该类是在 VSVector3 上加了 w 分量，主要是为了方便与 4×4 矩阵进行运算。这对于 w 分量非 1 情况下的空间变换起了很大作用。

另一个应用场景是用作颜色。

```cpp
class  VSMATH_API VSVector3W
typedef class VSVector3W VSColorRGBA;
```

以下是颜色操作的相关函数，都用于实现 32 位 DWORD 类型与 4 个 float 类型的相互转换。

```cpp
DWORD GetDWARGB()const;
DWORD GetDWRGBA()const;
DWORD GetDWDGRA()const;
DWORD GetDWABGR()const;
void GetUCColor(unsigned char &R,unsigned char &G,unsigned char &B,
   unsigned char &A)const;
void CreateFromARGB(DWORD ARGB);
void CreateFromBGRA(DWORD BGRA);
void CreateFromRGBA(DWORD RGBA);
void CreateFormABGR(DWORD ABGR);
```

下面几个关于颜色的组合函数都用于实现 VSColorRGBA 类型和 DWORD 类型的相互转换。

```cpp
inline  DWORD VSDWCOLORARGB(unsigned char a, unsigned char r,
   unsigned char g,unsigned char b)
{
     return (DWORD)
  ((((a)&0xff)<<24)|(((r)&0xff)<<16)|(((g)&0xff)<<8)|((b)&0xff)));
}
inline  DWORD VSDWCOLORBGRA(unsigned char a, unsigned char r,
   unsigned char g,unsigned char b)
{
     return (DWORD)
```

```cpp
    ((((b)&0xff)<<24)|(((g)&0xff)<<16)|(((r)&0xff)<<8)|((a)&0xff)));
}
inline  DWORD VSDWCOLORRGBA(unsigned char a, unsigned char r,
    unsigned char g,unsigned char b)
{
        return (DWORD)
    ((((r)&0xff)<<24)|(((g)&0xff)<<16)|(((b)&0xff)<<8)|((a)&0xff)));
}
inline  DWORD VSDWCOLORABGR(unsigned char a, unsigned char r,
       unsigned char g,unsigned char b)
{
        return (DWORD)
    ((((a)&0xff)<<24)|(((b)&0xff)<<16)|(((g)&0xff)<<8)|((r)&0xff)));
}
inline   void VSDWCOLORGetARGB(DWORD ARGB,unsigned char &a,
   unsigned char &r, unsigned char &g,unsigned char &b)
{
        a = (ARGB>>24) & 0xff;
        r = (ARGB>>16) & 0xff;
        g = (ARGB>>8) & 0xff;
        b = (ARGB) & 0xff;
}
inline   void VSDWCOLORGetBGRA(DWORD BGRA,unsigned char &a,
   unsigned char &r, unsigned char &g,unsigned char &b)
{
        b = (BGRA>>24) & 0xff;
        g = (BGRA>>16) & 0xff;
        r = (BGRA>>8) & 0xff;
        a = (BGRA) & 0xff;
}
inline   void VSDWCOLORGetRGBA(DWORD RGBA,unsigned char &a,
     unsigned char &r, unsigned char &g,unsigned char &b)
{
        r = (RGBA>>24) & 0xff;
        g = (RGBA>>16) & 0xff;
        b = (RGBA>>8) & 0xff;
        a = (RGBA) & 0xff;
}
inline   void VSDWCOLORGetABGR(DWORD ABGR,unsigned char &a,
   unsigned char &r, unsigned char &g,unsigned char &b)
{
        a = (ABGR>>24) & 0xff;
        b = (ABGR>>16) & 0xff;
        g = (ABGR>>8) & 0xff;
        r = (ABGR) & 0xff;
}
```

在图形渲染时，颜色需要在 unsigned char、DWORD 和 float 之间转换，不同格式表示的颜色范围不同。

3. 3×3 矩阵

VSMatrix3X3 表示 3×3 矩阵，3×3 矩阵在变换中主要用于实现矩阵的旋转、缩放或者两者的组合。至于欧拉角、矩阵和四元数三者之间的关系此处不赘述，第 2 章已经给出了要掌握的要点。

需要提醒的是：一定要分清是左手还是右手坐标系，矩阵和向量是左乘还是右乘，矩阵是以行矩阵为主还是以列矩阵为主,并明白旋转的正方向是如何定义的。

下面是几个创建旋转矩阵的函数。

```
//通过一个朝向创建旋转矩阵
void CreateFromDirection(VSVector3 & Direction ,
const VSVector3 &Up = VSVector3(0,1,0));
void CreateRotX(VSREAL a);                    // 绕 x 轴旋转
void CreateRotY(VSREAL a);                    // 绕 y 轴旋转
void CreateRotZ(VSREAL a);                    // 绕 z 轴旋转
//绕 z 轴、x 轴和 y 轴构建欧拉角
void CreateEluer(VSREAL Roll,VSREAL Pitch, VSREAL Yaw);
void CreateAxisAngle(const VSVector3 &vAxis, VSREAL a);//绕 vAxis 旋转 a 弧度

//通过 3 个基向量创建旋转矩阵
void CreateRot(const VSVector3 &U,const VSVector3 &V,const VSVector3 & N);
```

以下几个函数也要了解一下。

```
//得到欧拉角
void void GetEluer(VSREAL &Yaw,VSREAL &Pitch,VSREAL &Roll)const
//得到旋转轴和旋转角
void GetAxisAngle(VSVector3 & Axis,VSREAL & fAngle)const;
//得到四元数
VSQuat GetQuat()const;
```

有时在引擎里也要获取矩阵的行向量和列向量,尤其是从一个物体的旋转矩阵中得到它的前方向、上方向和右方向(3 个基向量 *U*、*V*、*N*)。

```
//按行获得向量
void GetRowVector(VSVector3 Row[3])const;
//按行、按列获得向量
void GetColumnVector(VSVector3 Column[3])const;
void GetRowVector(VSVector3 &Row0,VSVector3 &Row1,VSVector3 &Row2)const;
void GetColumnVector(VSVector3 &Column0,VSVector3 &Column1,
   VSVector3 &Column2)const;
//获得基向量
void GetUVN(VSVector3 UVN[3])const;
void GetUVN(VSVector3 & U,VSVector3 &V,VSVector3 &N)const;
```

有时也需要创建缩放矩阵,大部分引擎的缩放根据原点进行。

```
//创建缩放矩阵,根据原点缩放
void CreateScale(VSREAL fX,VSREAL fY,VSREAL fZ);
//根据轴缩放
void CreateScale(const VSVector3 & Axis,VSREAL fScale);
```

从一个矩阵中获取旋转量和缩放量也较常用到。

```
void GetScale(VSVector3 & Scale)const;
void GetScaleAndRotater(VSVector3 & Scale);
```

下面的两个函数很少使用,本引擎用这两个函数来求点集的 OBB 包围盒。至于特征值和特征向量,此处不多解释,大学里的"线性代数"课程专门介绍了这部分内容。

```
//构造一个行向量、一个列向量
inline void CreateFromTwoVector(const VSVector3 & v1,const VSVector3 & v2);
```

```
//求特征值、特征向量
void GetEigenSystem(VSREAL EigenValue[3],VSVector3 Eigen[3])const;
```

以下几个函数也是经常用的。

```
inline void Identity(void);                              //单位矩阵
inline void TransposeOf(const VSMatrix3X3 &Matrix);      //转置
inline void InverseOf(const VSMatrix3X3 &Matrix);        //求逆
inline VSREAL Det()const;                                //求判别式
```

矩阵的乘法以及矩阵和向量的乘法采用以下函数实现。

```
inline VSMatrix3X3 operator * (const VSMatrix3X3 &Matrix)const;   // 矩阵相乘
inline VSVector3 operator * (const VSVector3 &vc)const;           // 矩阵和向量相乘
```

矩阵只有相乘才有实际意义，矩阵相乘可以视为矩阵的"加法"。听到这里很多读者可能很迷惑，相乘怎么是加法？学过"离散数学"的人都学过群论，其中经常提到的加法只是特定范围的加法，不同的群有各自的加法。举个例子：

整数 1 的加法就是传统的加法 $1+1=2$，减法 $1-1=0$，也就是 $1+(-1)$。

而矩阵的加法就是 M_1 和 M_2 相乘等于 M，矩阵的减法就是 M_1 和 M_2 的逆矩阵相乘，只不过这个加法不满足交换律。矩阵中的"0"就是单位矩阵，也称为 E。

在理解了这个的基础上，引出矩阵的插值概念。

查看以下代码。

```
void VSMatrix3X3::LineInterpolation(VSREAL t,const VSMatrix3X3 & M1,
    const VSMatrix3X3 &M2)
{
        *this = M1 * (1.0f - t) + M2 * t;
}
void VSMatrix3X3::Slerp(VSREAL t,const VSMatrix3X3 & M1,
    const VSMatrix3X3 &M2)
{
        VSMatrix3X3   M1Transpose,Temp;
        M1Transpose.TransposeOf(M1);
        Temp    = M1Transpose * M2;
        VSREAL fAnagle;
        VSVector3 Axis;
        Temp.GetAxisAngle(Axis,fAngle);
        Temp.CreateAxisAngle(Axis,fAngle * t);
        *this = M1 * Temp;
}
```

从本质上讲，对于旋转矩阵的插值，第一个函数的插值算法是不正确的，虽然插值公式是 $M_1(1.0f-t)+M_2 t$，但"+"表示矩阵相乘，所以第二个函数的插值算法才是正确的。

在第二个函数中，插值公式是 $M_1(M_1 t)^{-1} M_2 t$，这里的 t 也不是与矩阵简单的相乘，必须把矩阵变成轴向和角度，然后把 t 和角度相乘。

4．4×4 矩阵

VSMatrix3X3W 表示 4×4 矩阵，该函数用得最多的还是在空间变换上。名字上类似于 VSVector3W，在 VSMatrix3X3 的基础上加了个 W，希望读者不要在意名字。

下面是创建 4×4 矩阵，缩放和旋转都是通过 VSMatrix3X3 实现的。

```
//用 3*3 矩阵创建
void CreateFrom3X3(const VSMatrix3X3 & Mat);
//平移矩阵
void CreateTranslate(VSREAL dx, VSREAL dy, VSREAL dz);
void CreateTranslate(const VSVector3 & V);
```

下面的函数为物体创建局部变换矩阵。如果两个物体 A、B 都在同一个空间 M 下，B 若要变换到 A 的空间下，则为 A 物体创建变换矩阵。其中，U、V、N 为物体 A 在空间 M 下的基向量，Point 为 A 在 M 空间下的位置。举个简单的例子：若 M 为世界空间，所有世界空间下的物体都要变换到相机空间，那么 U、V、N 就是相机在世界空间下的 3 个基向量（或者轴向），Point 为相机在世界空间下的位置。

```
void CreateInWorldObject(const VSVector3 &U,const VSVector3 &V,const VSVector3 &
    N,const VSVector3 &Point);
```

公告板（billboard）是一种特殊的面片，此处不过多介绍。一般公告板有两种：一种是完全面向相机的，一般多为粒子；另一种是只能沿 y 轴旋转的，尽量面向相机方向。

```
//建立公告牌变换矩阵
void CreateFormBillboard(const VSVector3 &vcPos,      //公告牌位置
    const VSMatrix3X3 &CameraRotMatrix,               //相机或其他矩阵
    bool bAxisY);                                     //是否只选择沿 y 轴旋转
```

以下几个是创建相机矩阵、透视投影矩阵、正交投影矩阵、视口矩阵的函数。

```
//构建相机矩阵(根据观察方向)
bool CreateFromLookDir(const VSVector3 &vcPos,        //相机位置
    const VSVector3 &vcDir,                           //观察方向
    const VSVector3 &vcWorldUp = VSVector3(0,1,0));
//构建相机矩阵(根据目标位置)
bool CreateFromLookAt(const VSVector3 &vcPos,         //相机位置
    const VSVector3 &vcLookAt,                        //观察位置
    const VSVector3 &vcWorldUp = VSVector3(0,1,0));   //上方向
//建立透视投影矩阵
bool CreatePerspective(VSREAL fFov ,                  //x 方向的张角
    VSREAL fAspect,                                   //宽高比
    VSREAL fZN ,                                      //近剪裁面
    VSREAL fZF);                                      //远剪裁面
//建立正交投影矩阵
bool CreateOrthogonal(VSREAL fW ,                     //宽
    VSREAL fH,                                        //高
    VSREAL fZN ,                                      //近剪裁面
    VSREAL fZF) ;                                     //远剪裁面
//建立视口矩阵
bool CreateViewPort(VSREAL fX,VSREAL fY,VSREAL fWidth,VSREAL fHeight,VSREAL fMinz,
VSREAL fMaxz);
```

下面几个也是常用的函数，因为在 3×3 矩阵里都有得到旋转和缩放分量的函数，所以未在 4×4 矩阵里直接提供。

```cpp
inline void Identity(void);                              //单位矩阵
inline void TransposeOf(const VSMatrix3X3W &Matrix);     //转置
inline void InverseOf(const VSMatrix3X3W & Mat);         //求逆
inline VSMatrix3X3W GetTranspose()const;                 //转置
inline VSMatrix3X3W GetInverse()const;                   //求逆
inline VSVector3 GetTranslation(void)const;              //得到平移量
inline void Get3X3(VSMatrix3X3 & Mat)const;              //得到3*3部分
```

下面几个也是比较常用的,但 VSVector3 和 4×4 矩阵相乘是点与 4×4 矩阵相乘,表示对点的空间变换。如果要对向量进行空间变换,应使用 Apply3X3。

```cpp
inline VSMatrix3X3W operator * (const VSMatrix3X3W &Matirx)const; // 矩阵相乘
inline VSVector3 operator * (const VSVector3 &vc)const;           // 矩阵和向量乘
inline VSVector3W operator * (const VSVector3W &vc)const;         // 矩阵和向量乘
//应用3*3的部分
inline VSVector3 Apply3X3(const VSVector3 &v)const;
//应用平移
inline VSVector3 ApplyTranlate(const VSVector3 &Point)const;
```

5. 四元数

VSQuat 表示四元数类。下面的函数创建四元数。

```cpp
//通过旋转轴和旋转角构造四元数
void CreateAxisAngle(const VSVector3& Axis,VSREAL fAngle);
//由欧拉角构造四元数
void CreateEule(VSREAL fRoll, VSREAL fPitch, VSREAL fYaw);
```

通过旋转矩阵得到四元数的函数写在了 VSMatrix3X3 里面。

```cpp
//得到欧拉角
void GetEulers(VSREAL &fRoll, VSREAL &fPitch, VSREAL &fYaw)const;
//从四元数得到变换矩阵
void GetMatrix(VSMatrix3X3 &Matrix)const;
//取得旋转轴和旋转角
void GetAxisAngle(VSVector3 & Axis , VSREAL & fAngle)const;
```

四元数的一些常用函数如下。

```cpp
//单位化
void Normalize();
//求共轭
VSQuat GetConjugate()const;
//得到长度
VSREAL GetLength(void)const;
//求逆
VSQuat GetInverse()const;
//求点积
VSREAL Dot(const VSQuat& q)const;
//求共轭
VSQuat operator ~(void) const;
//求幂
VSQuat Pow(VSREAL exp)const;
//求以e为底的对数
VSQuat Ln()const;
//求以e为底的指数
```

```
VSQuat Exp()const;
void    operator /= (VSREAL f);
VSQuat operator /  (VSREAL f)const;
void    operator *= (VSREAL f);
VSQuat operator *  (VSREAL f)const;
VSQuat operator *  (const VSVector3 &v) const;
VSQuat operator *  (const VSQuat &q) const;
void    operator *= (const VSQuat &q);
void    operator += (const VSQuat &q);
VSQuat operator +  (const VSQuat &q) const;
void    operator -= (const VSQuat &q);
VSQuat operator -  (const VSQuat &q) const;
bool operator ==(const VSQuat &q)const;
```

四元数旋转的示例代码如下。

```
//求 q2 绕 q1 旋转后的四元数
void Rotate(const VSQuat &q1, const VSQuat &q2);
//旋转一个向量
VSVector3 Rotate(const VSVector3 &v)const;
```

四元数插值的相关实现可参考《3D 数学基础：图形与游戏开发》一书。

```
//插值
void Slerp(VSREAL t,const VSQuat & q1,const VSQuat & q2);
//三角形二维球型插值
void TriangleSlerp(VSREAL t1,VSREAL t2, const VSQuat & q1,const VSQuat & q2,
    const VSQuat & q3);
//四元数样条插值
void Slerp(VSREAL t,const VSQuat & q1,const VSQuat & q2,const VSQuat & s1,
    const VSQuat & s2);
void SlerpSValueOf(const VSQuat & q1,const VSQuat & q2,const VSQuat & q3);
```

5.3 基本图形单元

这一节主要介绍引擎中常用的基本图元，相机裁剪、射线检测、物体碰撞等都与它们密切相关，每一个图元是一个类，类的属性是根据空间几何定义来封装的，类的方法也很容易分类，主要是与其他图元的位置关系，或者与其他图元的距离判定（《计算机图形学几何工具算法详解》一书中有详细的算法描述）。图 5.1 展示了图元类的继承关系。

1. 点

点用 VSVector3 类表示。

2. 直线、射线、线段

VSLine3 表示直线，直线定义为一个点和一个方向，与射线的区别为直线的方向可以为负方向，这个方向一定是单位化的。

图 5.1 基本图元继承关系

$$P = P_0 + t\mathrm{Dir}$$

上面的等式是直线的参数化方程，t 为参数。给定 t，就可以算出 P；给定 P，则可以算出 t。

```
//给定点 P，求 t
bool GetParameter(const VSVector3 &Point,VSREAL &fLineParameter )const;
//构建直线
inline void Set(const VSVector3 & Orig,const VSVector3 &Dir);
//得到 P0 和 dir
inline const VSVector3 & GetOrig()const;
inline const VSVector3 & GetDir()const;
//给定 t，求 P
inline VSVector3 GetParameterPoint(VSREAL fLineParameter)const;
```

下面的函数用于判断直线与其他图元的位置关系。

```
//判断直线与三角形的位置关系。bCull 为是否为背面剪裁,是否考虑朝向,t 返回相交长度
//VSNOINTERSECT VSNTERSECT
int RelationWith(const VSTriangle3 & Triangle, bool bCull,VSREAL &fLineParameter,
    VSREAL fTriangleParameter[3])const;
//判断直线与平面的位置关系
//VSNOINTERSECT VSNTERSECT VSON VSBACK VSFRONT
int RelationWith(const VSPlane3 &Plane, bool bCull,VSREAL &fLineParameter)const;
//判断直线与矩形的位置关系
//VSNOINTERSECT VSNTERSECT
int RelationWith(const VSRectangle3 &Rectangle,bool bCull,VSREAL &fLineParameter,
    VSREAL fRectangleParameter[2])const;
//判断直线与球的位置关系
//VSNOINTERSECT VSNTERSECT
int RelationWith(const VSSphere3 &sphere, unsigned int &Quantity,VSREAL &tNear,
    VSREAL &tFar)const;
//判断直线与 OBB 的位置关系
//VSNOINTERSECT VSNTERSECT
int RelationWith(const VSOBB3 &OBB, unsigned int &Quantity,VSREAL &tNear,VSREAL
    &tFar)const;
//判断直线与 AABB 的位置关系
//VSNOINTERSECT VSNTERSECT
int RelationWith(const VSAABB3 &AABB, unsigned int &Quantity,VSREAL &tNear,VSREAL &
    tFar)const;
//判断直线与多边形的位置关系
//VSNOINTERSECT VSNTERSECT
int RelationWith(const VSPolygon3 &Polygon,VSREAL &fLineParameter, bool bCull,int &
    iIndexTriangle,VSREAL fTriangleParameter[3])const;
```

下面的函数用于计算直线与其他图元的距离。

```
//计算点到直线的距离
VSREAL SquaredDistance(const VSVector3 &Point,VSREAL &fLineParameter)const;
//计算直线和直线的距离
VSREAL SquaredDistance(const VSLine3 &Line,VSREAL &fLine1Parameter,VSREAL &fLine2
    Parameter)const;
//计算直线和射线的距离
VSREAL SquaredDistance(const VSRay3 &Ray,VSREAL &fLineParameter,VSREAL &
    fRayParameter)const;
//计算直线和线段的距离
VSREAL SquaredDistance(const VSSegment3 & Segment,VSREAL &fLineParameter,VSREAL &
    fSegmentParameter)const;
```

```cpp
//计算直线和三角形的距离
VSREAL SquaredDistance(const VSTriangle3& Triangle,VSREAL &fLineParameter,VSREAL
    fTriangleParameter[3])const;
//计算直线和矩形的距离
VSREAL SquaredDistance(const VSRectangle3& Rectangle,VSREAL &fLineParameter,VSREAL
    fRectangleParameter[2])const;
//计算直线和OBB的距离
VSREAL SquaredDistance(const VSOBB3 & OBB,VSREAL &fLineParameter,VSREAL
    fOBBParameter[3])const;
//计算直线和球的距离
VSREAL Distance(const VSSphere3 &Sphere,VSREAL &fLineParameter,VSVector3 &
    SpherePoint)const;
//计算直线和平面的距离
VSREAL Distance(const VSPlane3 &Plane,VSVector3 &LinePoint,VSVector3 &PlanePoint)
    const;
//计算直线和AABB的距离
VSREAL SquaredDistance(const VSAABB3 &AABB,VSREAL &fLineParameter, VSREAL
    fAABBParameter[3])const;
//计算直线和多边形的距离
VSREAL SquaredDistance(const VSPolygon3 & Polygon,VSREAL &fLineParameter,int&
    IndexTriangle,VSREAL fTriangleParameter[3])const;
```

VSRay3 表示射线,射线和直线的唯一区别在于 t 可以为负。射线与图元的位置关系和距离此处不赘述,读者可以查看代码,基本上与直线相似。

VSSegment3 表示线段,线段不同于直线,它有端点属性。对于 $P = P_0 + t\text{Dir}$ 来说, t 是有范围的,所以它的定义方式有两种:第一种基于两个点,第二种基于方向和长度。

```cpp
inline void Set(const VSVector3 &Orig,const VSVector3 &End);
inline void Set(const VSVector3 &Orig,const VSVector3 &Dir,VSREAL fLen);
```

3. 平面、三角形、矩形、多边形

VSPlane 表示平面,平面的参数化方程为 $N(P_0 - P_1) = 0$。平面的法线垂直于平面上所有的线,简化为 $NP_0 + D = 0$, $D = -NP_1$ 为常数;所有平面上的点 P 都满足 $NP + D = 0$。下面几个函数都可以创建一个平面。

```cpp
//通过平面法向量和平面上一点确定一个平面
inline void  Set(const VSVector3 &N, const VSVector3 &P);
//通过平面法向量和D确定一个平面
inline void  Set(const VSVector3 &N , VSREAL fD);
//通过3个点确定一个平面
inline void  Set(const VSVector3 &P0,  const VSVector3 &P1, const VSVector3 &P2);
inline void  Set(const VSVector3 Point[3]);
```

下面的函数用于计算平面与其他图元的距离。

```cpp
//计算点到平面的距离
VSREAL Distance(const VSVector3 &Point,VSVector3 &PlanePoint)const;
//计算平面和球的距离
VSREAL Distance(const VSSphere3 &Sphere,VSVector3 & SpherePoint)const;
//计算直线和平面的距离
VSREAL Distance(const VSLine3 &Line,VSVector3 &PlanePoint, VSVector3 &LinePoint)const;
```

```
//计算射线和平面的距离
VSREAL Distance(const VSRay3 & Ray,VSVector3 &PlanePoint,VSVector3 &RayPoint)const;
//计算线段和平面的距离
VSREAL Distance(const VSSegment3 & Segment,VSVector3 &PlanePoint, VSVector3 &
Segment Point)const;
//计算平面和平面的距离
VSREAL Distance(const VSPlane3 &Plane,VSVector3 &Plane1Point,VSVector3 & Plane2Point)
const;
//计算平面和三角形的距离
VSREAL Distance(const VSTriangle3 &Triangle,VSVector3 &PlanePoint, VSVector3 &
Triangle Point)const;
//计算矩形和平面的距离
VSREAL Distance(const VSRectangle3 &Rectangle,VSVector3 &PlanePoint,VSVector3 &
Rectangle Point)const;
//计算OBB和平面的距离
VSREAL Distance(const VSOBB3& OBB,VSVector3 &PlanePoint,VSVector3 & OBBPoint)const;
//计算AABB和平面的距离
VSREAL Distance(const VSAABB3 &AABB,VSVector3 &PlanePoint,VSVector3 & AABBPoint)const;
//计算平面和多边形的距离
VSREAL Distance(const VSPolygon3 &Polygon,VSVector3 &PlanePoint,int& IndexTriangle,
VSVector3 &TrianglePoint)const;
```

下面的函数用于判断平面与其他图元的位置关系。

```
//判断点和平面的位置关系
//VSFRONT VSBACK VSPLANAR
int RelationWith(const VSVector3 &Point)const;
//判断直线和平面的位置关系
/VSNOINTERSECT VSNTERSECT VSON VSBACK VSFRONT
int RelationWith(const VSLine3 &Line, bool bCull,VSREAL &fLineParameter)const;
//判断射线和平面的位置关系
//VSNOINTERSECT VSNTERSECT VSON VSBACK VSFRONT
int RelationWith(const VSRay3 &Ray, bool bCull,VSREAL &fRayParameter)const;
//判断线段和平面的位置关系
//VSNOINTERSECT VSNTERSECT VSON VSBACK VSFRONT
int RelationWith(const VSSegment3 &Segment, bool bCull,VSREAL &fSegmentParameter)
const;
//判断平面和OBB的位置关系
//VSFRONT VSBACK VSINTERSECT
int RelationWith(const VSOBB3 &OBB)const;
//判断平面和AABB的位置关系
//VSFRONT VSBACK VSINTERSECT
int RelationWith(const VSAABB3 &AABB)const;
//判断平面和球的位置关系
//VSFRONT VSBACK VSINTERSECT
int RelationWith(const VSSphere3 &Sphere)const;
//判断平面和三角形的位置关系
//VSON VSFRONT VSBACK VSINTERSECT
int RelationWith(const VSTriangle3 &Triangle)const;
int RelationWith(const VSTriangle3 &Triangle ,VSSegment3 & Segment)const;
//判断参数平面和平面的位置关系
//VSNOINTERSECT VSINTERSECT
int RelationWith(const VSPlane3 &Plane)const;
int RelationWith(const VSPlane3 &Plane,VSLine3 &Line)const;
//判断平面和矩形的位置关系
```

```
//VSON VSFRONT VSBACK VSINTERSEC
Tint RelationWith(const VSRectangle3 & Rectangle)const;
int RelationWith(const VSRectangle3 &Rectangle,VSSegment3 &Segment)const;
//判断平面和多边形的位置关系
//VSON VSFRONT VSBACK VSINTERSECTint RelationWith(const VSPolygon3 &Polygon)const;
int RelationWith(const VSPolygon3 &Polygon,VSSegment3 & Segment)const;
//判断平面和圆柱的位置关系
int RelationWith(const VSCylinder3 &Cylinder3)const;
```

VSTriangle3 表示三角形类,三角形类从平面类派生而来,它的构造方式很简单,就是 3 个点。$P=P_1U+P_2V+P_3(1-U-V)$ 是三角形的参数化方程。给定一个点 P,参数 U、V 可以通过公式推导出来;给定参数 U、V,P 也可以推导出来。

```
bool GetParameter(const VSVector3 &Point,VSREAL fTriangleParameter[3])const;
inline VSVector3 GetParameterPoint(VSREAL fTriangleParameter[3])const;
```

平面与图元的位置关系和距离此处省略。

VSRectangle3 表示矩形类,矩形也是从平面类派生而来的,它由两个垂直向量和一个点定义。此处矩形与图元的位置关系和距离省略。

4.球体、有向包围盒、立方体

VSSphere3 表示球体,**VSOBB3** 表示有向包围盒,**VSAABB3** 表示立方体。因为没有实现物理引擎,所以圆柱体、胶囊体和椭球体等都没单独实现。在引擎里面球体和立方体用得最多,都用在场景管理里。除了这些之外,还有一些合并算法,球体与球体合并,立方体与立方体合并,第 11 章将详细介绍相关内容。球体、有向包围盒和立方体与其他图元的位置关系和距离也不赘述。

第 6 章

初始化与销毁

引擎里面总会有大量的类声明，而其中的某些类包含需要初始化的全局变量。对于 bool、int、float 等基础变量类型的，可以直接定义并赋默认值。但某些全局变量，其赋值需要其他函数先进行辅助计算出结果，更复杂的是这些全局变量的初始化，可能会依赖其他全局变量的初始化。另一种是类似引擎中的特定模块管理器，它在引擎中全局唯一，一般需要用单例模式实现。

无论是哪种类的初始化，因为是全局的静态变量，一旦初始化时涉及依赖关系，就会成为棘手的问题。如果要简单处理，则一般在静态变量定义时临时赋值，在引擎初始化函数启动时再依次赋值。同理，若是销毁，则反序处理。

一个引擎的初始化过程如下。

引擎初始化；
↓
内存管理器初始化（MemoryManager initialize）；
↓
渲染器初始化（Renderer initialize）；
↓
输入设备管理器初始化（InputManager initialize）；
↓
场景管理器初始化（SceneManager initialize）；
↓
世界管理器初始化（WorldManager initialize）；

……

这里渲染器、输入设备管理器、场景管理器、世界管理器都依赖于内存管理器，所以内存管理器必须第一个初始化，而场景管理器依赖于渲染器，世界管理器依赖于场景管理器，所有初始化都需要严格按照依赖关系来进行，所以我们只有了解了所有初始化的关联，才能初始化成功。

对于自己写的引擎，我们很容易理顺类之间的初始化顺序。但事实上，通常引擎的工程量十分庞大，一般由多人协作完成，单人很难完全维护。如果我们能通过架构设计来实现封闭式初始化，那么每个人就只需要维护自己的那部分内容，从而大大降低维护工作的复杂性。

这里还有一个棘手的问题，就是内存管理器相关的初始化工作。若在引擎的初始化中初始化内存管理器，则意味着在引擎初始化之前，自定义的内存管理器是不可用的。如果内存管理器只作用在非全局控制上，那么只要重载类的 new 即可，但如果需要全局控制，这种实现很难解决全部问题。

提示

这是首个需要从架构设计角度来考虑的问题，后面章节会涉及更多架构方面的内容。

下面探讨如何解决上面提到的一系列问题。

6.1 传统初始化和销毁

本书配套引擎里保留了传统的初始化方法，对于模块单一、耦合性低的，这种初始化过程还是比较有优势的。具体如下。

初始化过程如下。

```
//初始化命令行参数
m_pCommand = VS_NEW VSCommand(lpCmdLine);
m_hInst = hInst;
m_bIsRunning = true;
m_bIsActive = false;
//初始化计时器
if (!CreateTimer())
{
    return false;
}
//应用程序初始化回调，后面会讲到
if (!PreInitial())
{
    return false;
}
//应用程序初始化窗口
if (!CreateAppWindow())
{
    return false;
}
//创建文件监听器，用来动态监测添加、删除和更新哪些资源
if (!CreateMonitor())
{
    return false;
}
//创建异步加载模块
if (!CreateASYNLoader())
{
    return false;
}
//创建多线程渲染模块
```

```cpp
if(!CreateRenderThread())
{
    return false;
}
//创建多线程更新模块
if (!CreateUpdateThread())
{
     return false;
}
//创建渲染模块
if (!CreateRenderer())
{
    return false;
}
//创建输入/输出模块
if (!CreateInput())
{
    return false;
}
//创建场景管理器
if (!CreateSceneManager())
{
    return false;
}
//创建世界管理器
if (!CreateWorld())
{
    return false;
}
//应用程序初始化回调
if (!OnInitial())
{
    return false;
}
```

这里仅以 VSTimer 初始化过程为例,其他可参考本书示例代码。

```cpp
bool VSApplication::CreateTimer()
{
    if (!VSTimer::ms_pTimer)
    {
        VSTimer * pTimer = VS_NEW VSTimer();
        if (!pTimer)
        {
            return false;
        }
    }
    return true;
}
```

VSTimer.h 中声明了 ms_pTimer。

```cpp
class VSSYSTEM_API VSTimer
{
    static VSTimer * ms_pTimer;
};
```

VSTimer.cpp 中定义了 ms_pTimer。

```
VSTimer * VSTimer::ms_pTimer = NULL;
VSTimer::VSTimer()
{
    InitGameTime();
    ms_pTimer = this;
}
```

销毁过程和初始化过程是相反的。

```
if (!OnTerminal())
{
    bError = true;
}
if (!ReleaseWorld())
{
    return false;
}
if (!ReleaseSceneManager())
{
    return false;
}
if(!ReleaseInput())
    return false;
if(!ReleaseRenderer())
{
    return false;
}
if (!ReleaseUpdateThread())
{
    return false;
}
if (!ReleaseRenderThread())
{
    return false;
}
if (!ReleaseASYNLoader())
{
    return false;
}
if (!ReleaseMonitor())
{
    return false;
}
if (!ReleaseTimer())
{
    return false;
}
VSMAC_DELETE(m_pCommand);
```

VSTimer 的销毁过程如下。

```
bool VSApplication::ReleaseTimer()
{
    VSMAC_DELETE(VSTimer::ms_pTimer);
    return true;
}
```

提示

可以看到,这些对象都是单件实例(即单件类的实例,这里单件类指只能有一个实例的类),按照依赖关系完成初始化。另外,作者更喜欢在类中定义 ms_p+类名的全局变量来作为单件实例。

6.2 全局内存管理器的初始化和销毁

类似于前面提到的内存管理器问题,棘手的地方在于内存管理器任何时候都可能被调用,尤其是在定义那些类的静态成员的时候,因为我们很难控制这种静态成员的定义顺序,这些顺序都是由编译器最终决定的。

```
class A
{
public:
    static int *ms_iTestA;
}
Int *A::ms_iTestA = new int();
class B
{
public:
    static int *ms_iTestB;
}
Int *B::ms_iTestB = new int();
```

如果出现这种通过 new 操作符实现的内存管理,则在使用 new 之前,内存管理器就要初始化成功,但我们不知道 int* A::ms_iTestA = new int()这行代码什么时候调用。同理,我们也不知道 int* B::ms_iTestB = new int()什么时候调用。

一旦遇到这种情况,不能直接就让用户去访问单件实例,而是通过静态函数调用来返回单件实例。

例如,在 6.1 节中可以直接访问 VSTimer::ms_pTimer,但在这里不能这样,而必须用以下方式访问。

```
VSTimer & GetTimer()
{
    static VSTimer g_Timer;
    if(g_Timer 没有初始化)
    {
        初始化 g_Timer;
    }
    return  g_Timer;
}
```

或者使用以下方式。

```
VSTimer & GetTimer()
{
    if(g_Timer == NULL)
    {
        g_Timer = new VSTimer ();
        初始化 g_Timer;
```

```
            }
        return *g_Timer;
}
```

然后使用 GetTimer()函数来使用 VSTimer。

所以在这里实现内存管理器的时候使用了如下方法。

```
inline void *operator new (size_t uiSize)
{
    return VSEngine2::VSMemObject::GetMemManager().Allocate(
           (unsigned int)uiSize,0,false);
}
```

只要调用了 new，就必然会调用 GetMemManager()，从而初始化内存管理器。

大部分变量的初始化是可以控制的，唯有类似 int* A::ms_iTestA = new int()这种是无法控制的，初始化的顺序是编译器定义好的。如果初始化的变量要使用到单件的管理器，那么单件管理器最好设计成 VSTimer GetTimer()的形式。

6.3 非单件类的初始化和销毁

上面讲的基本上是单件类的初始化和销毁，接下来讲一讲非单件类的初始化和销毁。举一个简单的例子。

引擎一般会提供一套默认的材质，当用户没有给模型材质的时候，都会用默认材质（DefaultMaterial），它可能声明在材质（material）类里面，作为静态成员变量。材质要依赖于贴图，默认材质常常由简单的着色器和贴图组成，多数引擎为了醒目会用格子类的贴图（如图 6.1 所示），因此就要有一个叫作 DefaultTexture 的实例，它可能声明在一个叫作 Texture 的类里面，作为静态成员变量。

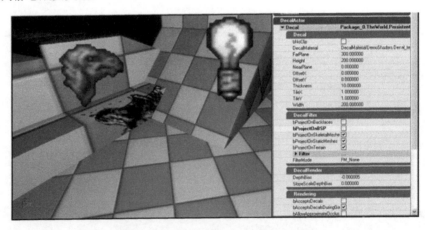

图 6.1　Unreal Engine 3 中的默认材质

这种情况下，许多引擎也采用 6.1 节中讲到的方法，定义静态成员的时候设置其值为 NULL，在引擎初始化的时候再按照顺序初始化。如果用户了解引擎，则初始化很容易，因为用户知道初始化中的依赖关系。然而，在用户不了解的情况下，因为引擎里面的这种依赖关系很隐蔽，如果不仔细调试代码，陷阱会很多。如图 6.2 所示，这些类的初始化依赖关系十分复杂。

一般可能没有这么复杂的依赖关系，但无论怎样，还是有相对好的方案来解决这类问题。

基本方法如下。

（1）在定义这种静态成员的时候给一个简单的默认值，并不初始化，比如，整型变量的值设置为 0，指针变量的值设置为 NULL 等。

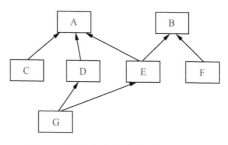

图 6.2　稍微复杂的依赖关系（箭头指向表示"依赖于"）

（2）每个类实现一个初始化函数和销毁函数，负责初始化和销毁这个类的静态成员变量。

（3）根据依赖的优先级，将类的初始化函数和销毁函数注册到初始化管理器中。

（4）在引擎初始化的时候，初始化管理器根据优先级给初始化函数和销毁函数排序，然后运行所有排序后的初始化函数。

（5）在引擎销毁的时候，运行所有排序后的销毁函数。

为了给读者一个直观的认识，下面以本书配套引擎中的一个材质和贴图类为例进行简单说明。

贴图类的部分代码如下。（代码没有全部给出）。

```cpp
class VSGRAPHIC_API VSTexAllState : public VSObject , public VSResource
{
        DECLARE_INITIAL
        static bool InitialDefaultState();
        static bool TerminalDefaultState();
protected:
        static VSPointer<VSTexAllState> Default;
public:
        static const VSTexAllState *GetDefault()
        {
        return Default;
        }
}
```

实现部分如下。

```cpp
VSPointer<VSTexAllState> VSTexAllState::Default;
IMPLEMENT_INITIAL_BEGIN(VSTexAllState)
ADD_INITIAL_FUNCTION_WITH_PRIORITY(InitialDefaultState)
ADD_TERMINAL_FUNCTION(TerminalDefaultState)
IMPLEMENT_INITIAL_END
bool VSTexAllState::InitialDefaultState()
{
    Default = LoadDefaultTexture();
    if(!Default)
    return 0;
}
bool VSTexAllState::TerminalDefaultState()
{
```

```
        Default = NULL;
        return 1;
}
```

这个类构建了默认的 2D 贴图 Default,而 static bool InitialDefaultState()与 static bool TerminalDefaultState()则分别为初始化 Default 和销毁 Default 的两个函数。

在实现部分先定义 VSPointer<VSTexAllState>VSTexAllState::Default,并没有初始化。然后通过以下宏来注册初始化和销毁函数。

```
IMPLEMENT_INITIAL_BEGIN(VSTexAllState)
ADD_INITIAL_FUNCTION_WITH_PRIORITY(InitialDefaultState)
ADD_TERMINAL_FUNCTION(TerminalDefaultState)
IMPLEMENT_INITIAL_END
```

材质类的部分代码如下(代码没有全部给出)。

```
class VSGRAPHIC_API VSMaterial : public VSMaterialBase
{
        DECLARE_INITIAL
        static bool InitialDefaultState();
        static bool TerminalDefaultState();
protected:
        static VSPointer< VSMaterial > Default;
public:
        static const VSMaterial *GetDefault()
        {
        return Default;
        }
}
```

实现部分如下。

```
VSPointer< VSMaterial > VSMaterial::Default;
IMPLEMENT_INITIAL_BEGIN(VSMaterial)
ADD_PRIORITY(VSTexAllState)
ADD_INITIAL_FUNCTION_WITH_PRIORITY(InitialDefaultState)
ADD_TERMINAL_FUNCTION(TerminalDefaultState)
IMPLEMENT_INITIAL_END
bool VSMaterial::InitialDefaultState()
{
    Default =VS_NEW VSMaterial();
    Default->SetTexture(VSTexAllState:: GetDefault());
    if(!Default)
        return 0;
}
bool VSMaterial::TerminalDefaultState()
{
    Default = NULL;
        return 1;
}
```

这段代码和贴图类的不同在于加入了依赖于 VSTexAllState 的优先级 ADD_PRIORITY (VSTexAllState),这样保证在运行到 Default->SetTexture(VSTexAllState::GetDefault())时,VSTexAllState:: GetDefault()取出来的值不是空的。

一旦注册完毕，初始化引擎时就会调用初始化管理器的 VSMain::Initialize()，销毁引擎时就会调用 VSMain::Terminate()。

大致流程如上。下面介绍具体实现（只列出与本节有关的代码）。

提示

后面读者会接触到许多宏，其实作者以前也很讨厌宏，因为宏难懂、难调试。不过随着个人能力提升，发现宏在使用时真的非常方便，但要注意的是，一定要预先调试好，再封装成宏。

```
#define DECLARE_INITIAL \
public: \
        static bool RegisterMainFactory(); \
        static bool ms_bRegisterMainFactory; \
        static VSPriority ms_Priority;\

#define IMPLEMENT_INITIAL_BEGIN(classname) \
        static bool gs_bStreamRegistered_##classname= \
            classname::RegisterMainFactory ();\
        bool classname::ms_bRegisterMainFactory = false; \
        VSPriority classname::ms_Priority; \
        bool classname::RegisterMainFactory() \
        { \
                if (!ms_bRegisterMainFactory) \
                {
#define IMPLEMENT_INITIAL _END \
                    ms_bRegisterMainFactory = true; \
                } \
                return ms_bRegisterMainFactory; \
        }
#define ADD_INITIAL_FUNCTION_WITH_PRIORITY(function_name) \
    VSMain::AddInitialFunction(function_name,&ms_Priority);
#define ADD_TERMINAL_FUNCTION_WITH_PRIORITY(function_name) \
    VSMain::AddTerminalFunction(function_name,&ms_Priority);
#define ADD_PRIORITY(classname) \
    if(!ms_Priority.AddPriorityThan(&classname::ms_Priority))\
        return 0;
```

以 VSMaterial 为例，对这些宏进行展开，展开后代码一目了然。

```
class VSGRAPHIC_API VSMaterial : public VSMaterialBase
{
public:
        static bool RegisterMainFactory();
        static bool ms_bRegisterMainFactory;
        static VSPriority ms_Priority;

        static bool InitialDefaultState();
        static bool TerminalDefaultState();
protected:
        static VSPointer< VSMaterial > Default;
public:
        static const VSMaterial *GetDefault()
```

```
            {
                return Default;
            }
}
```

实现部分如下。

```
VSPointer< VSMaterial > VSMaterial::Default;
//IMPLEMENT_INITIAL_BEGIN(VSMaterial)
static bool gs_bStreamRegistered_VSMaterial =
    VSMaterial::RegisterMainFactory ();
bool VSMaterial::ms_bRegisterMainFactory = false;
VSPriority VSMaterial::ms_Priority;
bool VSMaterial::RegisterMainFactory()
{
        if (!ms_bRegisterMainFactory)
        {
              //ADD_PRIORITY(VSTexAllState)
              if(!ms_Priority.AddPriorityThan(&VSTexAllState::ms_Priority))\
                  return 0;
              //ADD_INITIAL_FUNCTION_WITH_PRIORITY(InitialDefaultState)
              VSMain::AddInitialFunction(InitialDefaultState,&ms_Priority);
              //ADD_TERMINAL_FUNCTION(TerminalDefaultState)
              VSMain::AddTerminalFunction(TerminalDefaultState,&ms_Priority);
              //IMPLEMENT_INITIAL_END
              ms_bRegisterMainFactory = true;
        }
        return ms_bRegisterMainFactory;
}
```

这里唯一需要说明的是使用静态成员初始化来调用函数初始化。gs_bStreamRegistered_VSMaterial 的初始化导致了 bool VSMaterial::RegisterMainFactory()的初始化。为了避免重复初始化，用 ms_bRegisterMainFactory 这个变量加以限制，在程序入口函数 WinMain 运行前，可以完成所有初始化函数的收集。

还剩下 VSPriority 和 VSMain 两个类。

VSPriority 类表示优先级，它维护一个表示优先级的值 m_uiPriorityNum。初始的时候这个值为 0，值越大表示层次越多；非 0 值就表示优先级已经算出，不需要再算了；无任何依赖的时候值也是 0。VSPriority 中的 m_pPriorityThanList 变量包含了与这个类实例有直接依赖关系的优先级列表，在图 6.2 中，G 的初始化直接依赖于 D 和 E，所以 G 中 ms_Priority 的 m_pPriorityThanList 就包含 D 和 E 的 ms_Priority。

找出依赖类的最大优先级，再加 1 就等于此类的优先级，这是一个递归的计算过程。

```
unsigned int VSPriority::CheckPriorityNum()
{
    if(m_uiPriorityNum || !m_pPriorityThanList.GetNum())
        return m_uiPriorityNum;
    else
    {
        unsigned int uiMax = 0;
        for(unsigned int i = 0; i < m_pPriorityThanList.GetNum() ; i++)
        {
            if(uiMax < m_pPriorityThanList[i]->CheckPriorityNum())
```

```
                    uiMax = m_pPriorityThanList[i]->m_uiPriorityNum;
        }
        m_uiPriorityNum = uiMax + 1;
        return m_uiPriorityNum;
    }
}
```

如图 6.2 所示，G 的优先级为 D 和 E 优先级中的较大值加 1，D 的优先级为 A 的优先级加 1，E 的优先级为 B 的优先级加 1。A 和 B 无依赖，所以它们的优先级为 0，而 D 和 E 的优先级为 1，G 的优先级为 2。

有了优先级，排序也就轻而易举。

需要注意的是，用户在添加类之间的依赖的时候，必须保证不能出现环形依赖，即类 A 依赖类 B，类 B 依赖类 A。一旦出现环形依赖，就必须给出错误说明，让用户知道并重新添加类之间的依赖关系。

```
bool VSPriority::AddPriorityThan(VSPriority * pPriority)
{
    if(!pPriority)
        return 0;
    if(pPriority->CheckIsCircle(this))
        return 0;
    m_uiPriorityNum = 0;
    m_pPriorityThanList.AddElement(pPriority);
    return 1;
}
```

VSMain 根据优先级对所有函数排序，然后执行。

```
typedef bool (*Function)();
class VSGRAPHIC_API VSMain
{
public:
    //AddInitialFunction 有两个版本，一个是可以添加优先级的，一个是没有关联优先级的
    static void AddInitialFunction(Function Func);
    static void AddInitialFunction(Function Func,VSPriority *pPriority);
    static bool Initialize();
    //AddTerminalFunction 的优先级顺序与初始化顺序相反
    static void AddTerminalFunction(Function Func);
    static void AddTerminalFunction(Function Func,VSPriority *pPriority);
    static bool Terminate();
private:
    //函数和优先级的组合
    struct Element
    {
    public:
        Element()
        {
            Func = NULL;
            pPriority = NULL;
        }
        ~Element()
        {
            Func = NULL;
```

```cpp
                pPriority = NULL;
            }
            Function         Func;
            VSPriority *pPriority;
            //重载大于操作符
            bool operator > (const Element& e)const
            {
                static VSPriority Pr1;
                static VSPriority Pr2;

                VSPriority *p1 = NULL;
                VSPriority *p2 = NULL;
                if(pPriority)
                    p1 = pPriority;
                else
                    p1 = &Pr1;
                if(e.pPriority)
                    p2 = e.pPriority;
                else
                    p2 = &Pr2;
                return (*p1) > (*p2);
            }
            //小于和等于运算符的重载方法省略
        };
        //排序
        class PriorityCompare
        {
        public:
            inline bool operator()(Element & e1,Element& e2)
            {
                static VSPriority Pr1;
                static VSPriority Pr2;

                VSPriority *p1 = NULL;
                VSPriority *p2 = NULL;
                if(e1.pPriority)
                    p1 = e1.pPriority;
                else
                    p1 = &Pr1;
                if(e2.pPriority)
                    p2 = e2.pPriority;
                else
                    p2 = &Pr2;
                return (*p1) <= (*p2);
            }

        };
};
//添加优先级和函数
void VSMain::AddInitialFunction(Function Func,VSPriority *pPriority)
{
    if(!Func)
        return;
    if(!ms_pInitialArray)
```

```
    {
            ms_pInitialArray = VS_NEW VSArray<Element>;
    }
    Element e;
    e.Func = Func;
    e.pPriority = pPriority;
    ms_pInitialArray->AddElement(e);
}
//此函数在引擎初始化的时候调用
bool VSMain::Initialize()
{
    //非单件类初始化函数排序和调用
    ms_pInitialArray->Sort(0,
                    ms_pInitialArray->GetNum() - 1,PriorityCompare());
    for(unsigned int i = 0 ; i < ms_pInitialArray->GetNum(); i++)
    {
        if( !(*( (*ms_pInitialArray)[i].Func ))() )
        {
            VSMAC_ASSERT(0);
            return 0;
        }
    }
    ms_pInitialArray->Clear();
    VSMAC_DELETE(ms_pInitialArray);
    return 1;
}
```

这里没有贴出所有代码，毕竟这里只说明原理。要看全部代码，可查看 VSMain 文件和 VSPriority 文件。

示例[①]

示例 6.1

这个示例的主要目的是演示自定义类的初始化顺序，代码里面定义了两个类 A 和 B，分别在 A 和 B 中添加了带优先级的初始化函数与销毁函数，销毁的顺序和初始化的顺序是正好相反的。在 A.CPP 里面读者可以看见添加了 ADD_PRIORITY(B)宏，意思就是 B 的优先级在 A 的前面，也就是说，要先初始化 B，A 才能初始化。读者可以试试把这行代码去掉，观察 DOS 窗口输出的信息，或者在 B.CPP 里面加入 ADD_PRIORITY(A)，再观察 DOS 窗口输出的信息。

[①] 示例的详细代码参见 GitHub 网站。

第 7 章

应用程序框架

每个平台的应用程序都有自己的一套逻辑。下面是绘制 Windows 窗口应用程序的示例。

```
//窗口回调函数，处理鼠标、键盘等消息
LRESULT WINAPI MsgProc(HWND hWnd, UINT msg, WPARAM wParam, LPARAM lParam)
{
    return DefWindowProc(hWnd, msg, wParam, lParam);
}
int WINAPI WinMain(HINSTANCE hInst, HINSTANCE hPrevInstance, LPSTR lpCmdLine,
    int nCmdShow)
{
    //注册窗口类
    WNDCLASSEX      wndclass;
    HWND            hWnd = NULL;
    wndclass.cbSize         = sizeof(wndclass);
    wndclass.style          =
            CS_HREDRAW | CS_VREDRAW | CS_OWNDC | CS_DBLCLKS;
    …
    wndclass.hIconSm        = LoadIcon(NULL, IDI_APPLICATION);
    if(RegisterClassEx(&wndclass) == 0)
        return 0;
    //创建窗口
    if (!(hWnd = CreateWindowEx(NULL, m_WindowClassName.GetBuffer(),
            m_Tile.GetBuffer(), m_dwWindowedStyle, 0, 0, m_uiScreenWidth,
            m_uiScreenHeight, NULL, NULL, m_hInst, NULL)))
        return 0;
    //消息循环
    MSG     msg;
    while (m_bIsRunning)
    {
            while(PeekMessage(&msg, NULL, 0, 0, PM_REMOVE))
            {
                TranslateMessage(&msg);
                DispatchMessage(&msg);
            }
    }
}
```

```
    //注销窗口类
    UnregisterClass(m_WindowClassName.GetBuffer(), m_hInst);
}
```

引擎的所有代码是在消息循环里实现的。各种平台下的应用程序，在进行初始化和获取消息时都有自己的一套规则，而要求引擎用户了解这些规则，确实有点要求过高。在现在的开发理念中，引擎的用户并不需关心这些东西如何实现，而引擎的制作者通常也不希望引擎的使用者去触碰这些内容，引擎的制作者会让引擎提供统一的功能调用接口，让引擎的用户通过这些接口来实现自己希望的功能。

本书提供的应用程序架构相对简单，只进行略微封装，把各个平台抽象出来，提供统一的接口调用。

7.1 程序框架接口

除对引擎内容进行初始化以外，框架还提供基本的鼠标和键盘操作响应（如果在移动平台上，则会提供触摸等功能）。本书后面的所有示例也会遵循如下的基本架构。

```cpp
class VSApplication : public VSMemObject
{
    static VSApplication * ms_pApplication;
    VSCommand * m_pCommand;                     //命令行参数
    unsigned int m_uiRenderAPIType;             //渲染的API
    unsigned int m_uiScreenWidth;               //屏幕宽度
    unsigned int m_uiScreenHeight;              //屏幕高度
    unsigned int m_uiAnisotropy;                //异向过滤
    unsigned int m_uiMultisample;               //多重采样
    unsigned int m_iUpdateThreadNum;            //多线程更新CPU个数
    virtual bool Run();                         //运行引擎
    virtual  bool CreateEngine();               //创建引擎组建
    virtual  bool ReleaseEngine();              //释放引擎组件
    //Application运行主入口
    virtual bool Main(HINSTANCE hInst,LPSTR lpCmdLine, int nCmdShow);
    //下面是进入主入口引擎的回调函数
    //初始化之前调用
    virtual bool PreInitial();
    //初始化时调用
    virtual bool OnInitial();
    //终止程序时调用
    virtual bool OnTerminal();
    //更新之后调用
    virtual bool PostUpdate();
    //更新之前调用
    virtual bool PreUpdate();
    //渲染时调用
    virtual bool OnDraw();
    //下面都是鼠标、键盘操作
    virtual void OnMove(int xPos,int yPos);
```

```cpp
    virtual void OnReSize(int iWidth,int iHeight);
    virtual void OnKeyDown(unsigned int uiKey);
    virtual void OnKeyUp(unsigned int uiKey);
    virtual void OnLButtonDown(int xPos,int yPos);
    virtual void OnLButtonUp(int xPos,int yPos);
    virtual void OnRButtonDown(int xPos,int yPos);
    virtual void OnRButtonUp(int xPos,int yPos);
    virtual void OnMButtonDown(int xPos,int yPos);
    virtual void OnMButtonUp(int xPos,int yPos);
    virtual void OnMouseMove(int xPos,int yPos);
    virtual void OnMouseWheel(int xPos,int yPos,int zDet);
    //更改屏幕分辨率
    virtual void ChangeScreenSize(unsigned int uiWidth,unsigned int uiHeight,
        bool bWindow,bool IsMaxScreen = false);
    //窗口是否获得焦点
    bool m_bIsActive;
    //引擎是否在运行
    bool m_bIsRunning;
};
```

上面是程序架构的基类，不同平台要继承这个基类来实现其平台独有的特性。下面是作者基于 Windows 平台的实现。

```cpp
#ifdef WINDOWS
    class VSWindowApplication : public VSApplication
    {
        //创建渲染器
        virtual bool CreateRenderer();
        //创建输入/输出管理器
        virtual bool CreateInput();
        //创建文件监听器
        virtual bool CreateMonitor();
        virtual bool CreateDx9();
        virtual bool CreateDx10();
        virtual bool CreateDirectX11();
        virtual bool CreateOPGL();
        virtual bool CreateAppWindow();
        static LRESULT WINAPI MsgProc(HWND hWnd, UINT msg, WPARAM wParam,
            LPARAM lParam);
        static void InputMsgProc(unsigned int uiInputType, unsigned int uiEvent,
            unsigned int uiKey, int x, int y, int z);
        VSString m_Tile;
        VSString m_WindowClassName;
        unsigned int m_uiInputAPIType;
        static DWORD ms_WinodwKeyToVS[];
        DWORD m_dwWindowedStyle;
        DWORD m_dwFullscreenStyle;
        bool       m_bIsWindowed;
        HWND       m_MainHwnd;
        VSArray<VSRenderer::ChildWindowInfo>    m_ArrayChildHwnd;
        HINSTANCE m_hInst;
        virtual bool Main(HINSTANCE hInst, LPSTR lpCmdLine, int nCmdShow);
        virtual bool PreInitial();
```

```cpp
        virtual void ChangeScreenSize(unsigned int uiWidth,
            unsigned int uiHeight, bool bWindow, bool IsMaxScreen = false);
        unsigned int CheckVirtualKeyDown(unsigned int VK);
        unsigned int CheckVirtualKeyUp(unsigned int VK);
    };
#endif
```

Windows 平台上提供 OpenGL 和 DirectX 接口，不过目前只实现了 DirectX 9 和 DirectX 11 这两个版本的接口，鼠标键盘操作通过 DirectXInput 和 Windows 窗口回调来实现。其余操作都是与 Windows 窗口相关的内容，要了解具体细节，可以查看代码。

```cpp
bool VSWindowApplication::Main(HINSTANCE hInst, LPSTR lpCmdLine, int nCmdShow)
{
    m_pCommand = VS_NEW VSCommand(lpCmdLine);
    m_hInst = hInst;
    m_bIsRunning = true;
    m_bIsActive = false;
    if (!CreateTimer())
    {
        return false;
    }
    if (!PreInitial())
    {
        return false;
    }
    if (!CreateAppWindow())
    {
        return false;
    }
    if (!CreateEngine())
    {
        return false;
    }
    if (!OnInitial())
    {
        return false;
    }
    MSG             msg;
    bool bError = false;
    while (m_bIsRunning)
    {
        while (PeekMessage(&msg, NULL, 0, 0, PM_REMOVE))
        {
            TranslateMessage(&msg);
            DispatchMessage(&msg);
        }
        if (m_bIsActive)
        {
            if (!Run())
            {
                m_bIsRunning = false;
                bError = true;
```

```
            }
        }
        else
        {
            if (VSRenderThreadSys::ms_pRenderThreadSys)
            {
                VSRenderThreadSys::ms_pRenderThreadSys->Clear();
            }
        }
    }
    if (!OnTerminal())
    {
        bError = true;
    }
    if (!ReleaseEngine())
    {
        bError = true;
    }
    if (!ReleaseTimer())
    {
        bError = true;
    }
    VSMAC_DELETE(m_pCommand);
    UnregisterClass(m_WindowClassName.GetBuffer(), m_hInst);
    return !bError;
}
```

不同平台下的实现对应不同的 Main 函数，这里不同的只是 Windows 的消息循环响应。其他平台下的实现大同小异，比如，在 DOS 下，就要去掉 Windows 的消息循环。

```
while (m_bIsRunning)
{
    if (m_bIsActive)
    {
        if (!Run())
        {
            m_bIsRunning = false;
            bError = true;
        }
    }
}
```

对于 Run 函数，基本功能在基类中实现。

```
bool VSApplication::Run()
{
    double fTime = 0.0f;
    double fFPS = 0.0f;
    //清空栈内存分配器
    GetStackMemManager().Clear();
    //更新时间
    if (VSTimer::ms_pTimer)
    {
        VSTimer::ms_pTimer->UpdateFPS();
        fTime = VSTimer::ms_pTimer->GetGamePlayTime();
```

```cpp
            fFPS = VSTimer::ms_pTimer->GetFPS();
    }
    if (VSRenderer::ms_pRenderer)
    {
        //Direct X9 版本的函数会判断设备是否丢失，OpenGL 没有设备丢失的概念，对应的函数一直返回 true
        if(VSRenderer::ms_pRenderer->CooperativeLevel())
        {
            //开启渲染线程
            if (VSRenderThreadSys::ms_pRenderThreadSys
                        && VSResourceManager::ms_bRenderThread)
            {
                VSRenderThreadSys::ms_pRenderThreadSys->Begin();
            }
            //更新 input
            if (VSEngineInput::ms_pInput)
            {
                VSEngineInput::ms_pInput->Update();
            }
            //更新文件监听器
#ifdef WINDOWS
            if (VSResourceMonitor::ms_pResourceMonitor)
            {
            VSResourceMonitor::ms_pResourceMonitor->Update(fTime);
            }
#endif
            //更新异步加载
            if (VSASYNLoadManager::ms_pASYNLoadManager)
            {
            VSASYNLoadManager::ms_pASYNLoadManager->Update(fTime);
            }
            //更新世界
            if (VSWorld::ms_pWorld)
            {
                VSWorld::ms_pWorld->Update(fTime);
            }
            //回调
            PreUpdate();
            //更新场景管理器
            if (VSSceneManager::ms_pSceneManager)
            {
                VSSceneManager::ms_pSceneManager->Update(fTime);
            }
            //回调
            PostUpdate();
            //开始渲染
            VSRenderer::ms_pRenderer->BeginRendering();
            //渲染
            if (VSSceneManager::ms_pSceneManager)
            {
                VSSceneManager::ms_pSceneManager->Draw(fTime);
            }
            //回调
            if (!OnDraw())
            {
```

```
                return false;
        }
        //结束渲染
        VSRenderer::ms_pRenderer->EndRendering();
        //多线程渲染提交
        if (VSRenderThreadSys::ms_pRenderThreadSys
                    && VSResourceManager::ms_bRenderThread)
        {
            VSRenderThreadSys::ms_pRenderThreadSys->ExChange();
        }
        //清空动态缓冲区
        VSResourceManager::ClearDynamicBufferGeometry();
    }
    else
    {
        //在设备丢失情况下的渲染命令
        if (VSRenderThreadSys::ms_pRenderThreadSys)
        {
            VSRenderThreadSys::ms_pRenderThreadSys->Clear();
        }
    }
    //处理 GC
    VSResourceManager::GC();
    }
    return true;
}
```

上述程序主要用于处理更新和渲染，这里只是让读者先熟悉架构。关于异步加载、文件监听、场景管理、多线程渲染、垃圾回收等功能，后面还会详细介绍。

Windows 平台下的入口函数是 WinMain，这里也对它做了进一步的封装。

```
#ifdef WINDOWS
int WINAPI WinMain(HINSTANCE hInst, HINSTANCE hPrevInstance,
                LPSTR lpCmdLine, int nCmdShow)
{
    VSInitSystem();
    VSInitMath();
    VSMain::Initialize();
    if (VSApplication::ms_pApplication)
    {
        if (!VSApplication::ms_pApplication->Main(hInst,lpCmdLine,nCmdShow))
        {
            VSMAC_ASSERT(0);
        }
    }

    VSMain::Terminate();
    return 1;
}
#endif
```

VSApplication::ms_pApplication 的创建形式与第 6 章中讲的方式一样，通过宏声明初始化函数来创建 VSApplication::ms_pApplication，然后在 VSMain::Initialize()中执行。

下面这段代码通过宏来进行声明。

```
#define DLCARE_APPLICATION(classname)\
    public:\
        static bool RegisterMainFactory();\
    private:\
        static bool InitialApplation();\
        static bool TerminalApplation();\
        static bool ms_bRegisterMainFactory;
```

下面这段代码通过宏来定义。

```
#define IMPLEMENT_APPLICATION(classname)\
    static bool gs_bStreamRegistered_classname= classname::RegisterMainFactory ();\
     bool classname::ms_bRegisterMainFactory = false;\
    bool classname::RegisterMainFactory()\
    {\
        if (!ms_bRegisterMainFactory)\
        {\
            VSMain::AddInitialFunction(classname::InitialApplication);\
            VSMain::AddTerminalFunction(classname::TerminalApplication);\
            ms_bRegisterMainFactory = true;\
        }\
        return ms_bRegisterMainFactory;\
    }\
    bool classname::InitialApplication()\
    {\
        classname::ms_pApplication = VS_NEW classname();\
        if(!classname::ms_pApplication)\
            return false;\
        return true;\
    }\
    bool classname::TerminalApplication()\
    {\
        if (classname::ms_pApplication)\
        {\
            VS_DELETE(classname::ms_pApplication);\
        }\
        return true;\
    }
```

这段代码通过宏来定义，具体原理可以参见第 6 章中的内容。

假如用户要实现自己的 WindowApplication，可以直接继承 WindowApplication。

```
class VSMyWindowApplication: public VSWindowApplication
{
    DLCARE_APPLICATION(VSMyWindowApplication);
    virtual bool PreInitial();
    virtual bool OnInitial();
    virtual bool OnTerminal();
    virtual bool PostUpdate();
    virtual bool OnDraw();
    virtual void OnMove(int xPos,int yPos);
    virtual void OnReSize(int iWidth,int iHeight);
```

```
        virtual void OnKeyDown(unsigned int uiKey);
        ...
        virtual void OnMouseWheel(int xPos,int yPos,int zDet);
        virtual bool Main(HINSTANCE hInst,LPSTR lpCmdLine, int nCmdShow);
};
IMPLEMENT_APPLICATION(VSMyWindowApplication);
```

7.2 输入/输出映射

在这里，只把底层的接口统一。实际上，引擎的设计不太可能让使用者有机会直接调用 OnKeyDown 之类的函数，而通过 InputManager 来实现一套绑定机制。

Unreal Engine 4 在编辑器中可以自定义虚拟的按键绑定。也就是说，键盘上的一个键位或者手柄上的一个按钮可以绑定多个消息，如图 7.1 所示。

图 7.1　编辑器中的表现

Config 文本中的表现如下。

```
+ActionMappings=(ActionName="PushToTalk",Key=T,bShift=False,bCtrl=False,bAlt=False)
```

不难看出，键盘上的按键 T 可以自定义绑定事件的名称 PushToTalk，+ActionMappings 存放在 Config 文件里面。用户可以在编辑器里面编辑所有的配置，然后存放在 Config 文件里面。

C++代码里面的表现如下。

```
InputComponent->BindAction("PushToTalk", IE_Pressed,this,
    &APlayerController::StartTalking);
```

在 C++代码中事件 PushToTalk 又绑定了 APlayerController::StartTalking 函数，当按下 T 键时，就会查找绑定在 PushToTalk 上的所有函数并执行。

可以根据上面讲过的代理方法来实现这样的绑定机制。在 Application 的消息回调里进行判断，如果匹配到对应的按键，就调用代理函数。后面准备了相应的练习。

接下来，再详细讲讲如何统一底层的接口。无论什么平台的外设消息，都可以通过 Application 的消息回调。引擎里面实现了 DirectXInput 和 Windows 的输入/输出操作。对于其他设备，大同小异，无外乎就是在有消息的时候调用下面的函数。

```
virtual void OnKeyDown(unsigned int uiKey);
virtual void OnKeyUp(unsigned int uiKey);
...
virtual void OnMouseWheel(int xPos,int yPos,int zDet);
```

1．按键映射

每个平台都有自己的按键命名规则，我们需要根据这些规则把按键进行统一。

在 VSEngineInput 类里面，定义了这些设备类型和不同设备中按键的宏。

```
enum //设备类型
{
    IT_KEYBOARD,
    IT_MOUSE,
    IT_JOYSTICK,
    IT_MAX
};
enum    //键盘码
{
    //键盘键扫描码
    BK_ESCAPE         ,    //0
    BK_TAB            ,    //1
    BK_SPACE          ,    //2
    BK_RETURN         ,    //3
    BK_BACK           ,    //4
    BK_CAPITAL        ,    //5
    BK_MINUS          ,    //6
    BK_EQUALS         ,    //7
    BK_LBRACKET       ,    //8
    BK_RBRACKET       ,    //9
    ...
    BK_END            ,    //98
    BK_PGDOWN         ,    //99
    BK_PGUP           ,    //100
    BK_PAUSE          ,    //101 /* Pause */
    BK_SCROLL         ,    //102 /* Scroll Lock */
    BK_MAX
};
enum //鼠标按键码
{
    MK_RIGHT,
    MK_LEFT,
    MK_MIDDLE,
    MK_MAX
};
```

VSEngineInput 是所有外设的基类。这里把 DirectXInput 进行了封装，默认的 Windows 输入/输出直接集成到了 WindowsApplication 里面。

在 WindowsApplication 里面有一个全局变量 ms_WindowKeyToVS[]，它负责 VSEngineInput 的虚拟码和 Windows 按键码的映射。

```
DWORD VSWindowApplication::ms_WindowKeyToVS[] =
{
    VSEngineInput::BK_0,         //VK_0              0x30
    VSEngineInput::BK_1,         //VK_1              0x31
    VSEngineInput::BK_2,         //VK_2              0x32
    VSEngineInput::BK_3,         //VK_3              0x33
    VSEngineInput::BK_4,         //VK_4              0x34
    VSEngineInput::BK_5,         //VK_5              0x35
    VSEngineInput::BK_6,         //VK_6              0x36
    VSEngineInput::BK_7,         //VK_7              0x37
    VSEngineInput::BK_8,         //VK_8              0x38
```

```
        VSEngineInput::BK_9,        //VK_9                    0x39
        ...
}
```

2. 输入/输出回调

VSApplication 里面提供一套回调接口，它的作用是对不同的平台通过这个统一的调用接口来响应所有鼠标、键盘消息。

```
static void InputMsgProc(unsigned int uiInputType, unsigned int uiEvent, unsigned
    int uiKey, int x, int y, int z);
```

VSEngineInput 目前只定义了鼠标和键盘的消息处理，也可自行添加支持手柄等的处理，必要时修改 InputMsgProc 的函数参数即可。

下面先介绍 Windows 默认的消息处理。Windows 的消息处理是通过窗口回调函数实现的，在 VSWindowsApplication 里面创建窗口时，在注册窗口类里面要指定这个回调函数。

```
wndclass.lpfnWndProc = VSWindowApplication::MsgProc;
```

再看实现部分。这里并没有单独为 Windows 的消息处理提供一个继承于 VSEngineInput 的类，而通过一套简单的实现来调用 InputMsgProc。DirectXInput 的创建比较麻烦，直接继承 VSEngineInput，在 CreateInput 函数里面根据不同平台创建不同的 VSEngineInput::ms_pInput。

```
LRESULT WINAPI VSWindowApplication::MsgProc(HWND hWnd, UINT msg, WPARAM wParam,
    LPARAM lParam)
{
    if (!VSWindowApplication::ms_pApplication)
    {
        return DefWindowProc(hWnd, msg, wParam, lParam);
    }
    switch (msg)
    {
        case WM_KEYDOWN:
        {
            if (!VSEngineInput::ms_pInput)
            {
                unsigned int virtKey = (unsigned int)wParam;
                if (virtKey < sizeof(ms_WinodwKeyToVS) / sizeof(DWORD))
                {
                    VSApplication::ms_pApplication->InputMsgProc(
                                    VSEngineInput::IT_KEYBOARD,
                        VSEngineInput::IE_DOWN,
                                    ms_WinodwKeyToVS[virtKey],0,0,0);
                }
            }
            break;
        }
        ...
        case WM_LBUTTONUP:
        {
            if (!VSEngineInput::ms_pInput)
            {
```

```cpp
                    int xPos = (int)(LOWORD(lParam));
                    int yPos = (int)(HIWORD(lParam));
                    VSApplication::ms_pApplication->InputMsgProc(
                                    VSEngineInput::IT_MOUSE,
                                    VSEngineInput::IE_UP,
                                    VSEngineInput::MK_LEFT, xPos, yPos, 0);
                }
                break;
            }
            ...
            default: break;
        }
        return DefWindowProc(hWnd, msg, wParam, lParam);
}
```

这个函数通过调用 InputMsgProc 来实现 VSApplication 的回调，相似的处理方法也可以在其他有类似消息处理机制的平台上实现，没有必要像 DirectXInput 一样继承 VSEngineInput。

接下来看看 DirectXInput 的实现，这种实现与上面的不同，需要通过更新每帧来从缓冲区里面获取消息。这种类的全局实例只能存在一种，然后每帧更新。在更新的时候，通过缓冲区中的消息来调用 InputMsgProc。

```cpp
typedef void (* InputMsgProc)(unsigned int uiInputType,unsigned int uiEvent,
        unsigned int uiKey,int x, int y, int z);
class VSINPUT_API VSEngineInput
{
    static    VSEngineInput * ms_pInput;
    void SetMsgProc(InputMsgProc pMsgProc);
protected:
    InputMsgProc    m_pMsgProc;
}
void VSEngineInput::SetMsgProc(InputMsgProc pMsgProc)
{
     m_pMsgProc = pMsgProc;
}
VSEngineInput * pInput = VS_NEW VSEngineDXInput(m_hInst, m_MainHwnd, NULL);
pInput->SetMsgProc(VSApplication::InputMsgProc);
```

这样就把 Application 的消息回调设置在了 Input 里面。

```cpp
void VSEngineInput::Update()
{
    KeyBoardUpdate();
    MouseUpdate();
    if (m_pMsgProc)
    {
        for(unsigned int i = 0 ;i < BK_MAX ; i++)
        {
            if(IsKeyBoardPressed(i))
            {
                (* m_pMsgProc)(IT_KEYBOARD,IE_DOWN,
                                i,m_lX,m_lY,m_lZ);
            }
            if(IsKeyBoardReleased(i))
```

```
                {
                    (* m_pMsgProc)(IT_KEYBOARD,IE_UP,i,m_lX,m_lY,m_lZ);
                }
        }
        for (unsigned int i = 0 ; i < MK_MAX ;i++)
        {
            if(IsMousePressed(i))
            {
                (* m_pMsgProc)(IT_MOUSE,IE_DOWN,i,m_lX,m_lY,m_lZ);
            }
            if(IsMouseReleased(i))
            {
                (* m_pMsgProc)(IT_MOUSE,IE_UP,i,m_lX,m_lY,m_lZ);
            }
        }
        if(m_Delta.x != 0 || m_Delta.y != 0)
        {
            (* m_pMsgProc)(IT_MOUSE,IE_UP,IE_MOUSE_MOVE,
                        m_lX,m_lY,m_lZ);
        }
        if(m_Delta.z != 0)
        {
            (* m_pMsgProc)(IT_MOUSE,IE_UP,IE_WHEEL_MOVE,
                        m_lX,m_lY,m_lZ);
        }
    }
}
```

所有 DirectXInput 只需要实现下列虚函数即可。

```
virtual bool IsKeyBoardPressed(unsigned int  uiBoardKey) = 0;
virtual bool IsKeyBoardReleased(unsigned int  uiBoardKey) = 0;
virtual void KeyBoardUpdate() = 0;
virtual bool IsMousePressed(UINT nBtn) = 0;
virtual bool IsMouseReleased(UINT nBtn) = 0;
virtual void MouseUpdate() = 0;
```

实现的代码这里不再给出，读者可以参考 VSDx9Input 工程。

练习

1. 仿照 VSWindowApplication，通过继承 VSApplication 实现一个 VSDOSApplication，创建 DOS 窗口的 Application 类，消息响应可以用 VSDx9Input 类，不过可以自己继承 VSEngineInput，实现类似于 VSDx9Input 的另外一套消息响应，并集成到引擎里面。记住，主函数要写在 VSApplication 工程里面。

2. 这一章展示的输入/输出映射机制还不很完美，要做到让用户可以把自定义函数绑定到任意按键消息上才是最好的，这样一来，一旦这个按键消息响应了，就会调用这个函数。书中提到了 Unreal Engine 的绑定方式，首先为按键和字符串建立映射，然后为字符串和函数建立映射，为了简化，直接在按键和函数之间建立映射就可以了，用第 4 章介绍的函数代理方法实现。

示例[①]

示例 7.1

这个示例主要演示 WindowApplication 的创建方式,包括各种消息回调函数的使用方式。可以选择创建不同输入/输出的设备平台,本例中默认通过 Windows 窗口回调函数接收输入/输出消息。当然,也可以选用 DirectX。

```
bool VSDemoWindowsApplication::PreInitial()
{
    VSWindowApplication::PreInitial();
    m_uiInputAPIType = VSEngineInput::IAT_WINDOWS;
    //m_uiInputAPIType = VSEngineInput::IAT_DX;
    return true;
}
```

其他的回调函数都会把日志输出到 Visual Studio 的 Output 窗口里面。

```
void VSDemoWindowsApplication::OnKeyDown(unsigned int uiKey)
{
    VSOutputDebugString("On Key Down\n");
}
void VSDemoWindowsApplication::OnKeyUp(unsigned int uiKey)
{
    VSOutputDebugString("On Key Up\n");
}
...
void VSDemoWindowsApplication::OnMouseWheel(int xPos, int yPos, int zDet)
{
    VSOutputDebugString("On Mouse Wheel\n");
}
```

[①] 示例的详细代码参见 GitHub 网站。——编者注

第 8 章

对 象 系 统

　　一个强大的对象系统对于引擎而言至关重要，是引擎的坚实后盾，它能帮助解决众多琐碎的问题，极大提升开发者的开发效率和用户的使用效率。这里我们将利用 C++拥有的特性完成一个游戏引擎所需的对象系统。本章内容都在 VSGraphics 工程下面，如图 8.1 所示。

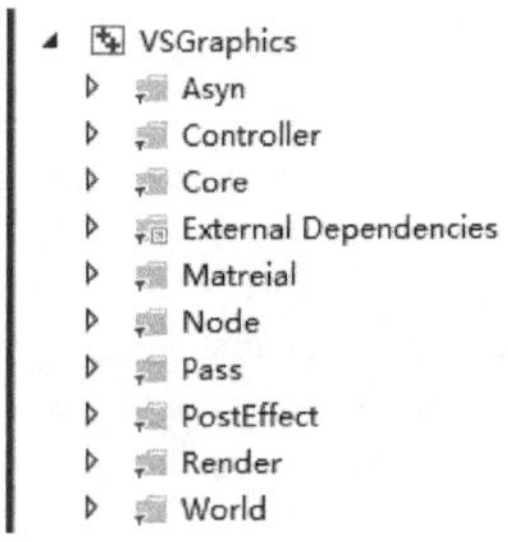

```
▲ 🔳 VSGraphics
    ▷ 🔳 Asyn
    ▷ 🔳 Controller
    ▷ 🔳 Core
    ▷ 🔳 External Dependencies
    ▷ 🔳 Matreial
    ▷ 🔳 Node
    ▷ 🔳 Pass
    ▷ 🔳 PostEffect
    ▷ 🔳 Render
    ▷ 🔳 World
```

图 8.1　VSGraphics 工程中的内容

8.1　智能指针

　　C++标准库里实现了智能指针。简单来说，原理就是：如果对于一个动态申请的对象，没有任何智能指针指向它，就会自动释放这个对象。

　　下面我们将在引擎中自己实现一套智能指针，因为需要处理的情况简单，所以实现起来会更加高效。本质上，智能指针指向的对象可以是任何东西，不过在引擎里面，智能指针不能单独使用，它是基于对象系统的。或者说，所有要使用这种智能指针的类，都必须有一个共同的基类。而这个基类负责与智能指针交互，在引擎里的对象就是指从这个基类继承的类实例。

　　智能指针不仅属于对象系统，还属于引擎中的内存管理系统。智能指针的管理属于高层面的管理，而 3.3 节讲到的内存管理属于低层面的管理，还有一个高层面的管理就是垃圾回收（Garbage Collection，GC）机制，GC 也与对象系统息息相关。讲到这里，你是否联想到 C#的对象系统呢？它既能序列化，又能实现 GC，这就是对象系统的强大功能。

　　为了能被智能指针管理，对象要维护一个值。当有智能指针指向它时候，这个值就加 1；

当不再有指针指向它的时候，这个值就减 1；当这个值为 0 的时候，这个对象就会被销毁。

```
class VSGRAPHIC_API VSReference
{

    int GetRef()const { return m_iReference;}
    void IncreRef()
    {
        VSLockedIncrement((long *)&m_iReference);
        //m_iReference++;
    }
    void DecreRef()
    {
        //m_iReference--;
        VSLockedDecrement((long *)&m_iReference);
        if(!m_iReference)
            VS_DELETE this;
    }
    int m_iReference;
};
```

VSReference 就是之前所说的基类，所有从它继承的子类都会支持智能指针。这里维护了 m_iReference 变量，两个函数 void IncreRef() 与 void DecreRef() 负责对此变量加 1 和减 1。可以看到这里注释掉了两行代码"//m_iReference++;"和"//m_iReference--;"，取而代之的是"VSLockedIncrement((long *)&m_iReference);"和 "VSLockedDecrement((long *)&m_iReference);"，这两个线程安全的函数可以保证在多线程场景下变量的加 1 和减 1 是原子操作。如果不考虑多线程问题，那么直接用注释掉的那两行代码就可以了。当 m_iReference 为 0 时，就会在 void DecreRef()中释放这个对象。

接下来就是智能指针类。每当有一个智能指针对象 P 指向 VSReference 对象 A 时，A 就会调用 void IncreRef()，而当 P 指向其他对象或者销毁时，A 就会调用 void DecreRef()。

```
template <class T>
class VSPointer
{
public:
    VSPointer (T * pObject = 0);
    VSPointer (const VSPointer& rPointer);
    ~VSPointer ();
    T& operator* () const;
    T * operator-> () const;
    VSPointer& operator= (T * pObject);
    VSPointer& operator= (const VSPointer& rReference);
    bool operator== (T * pObject) const;
    bool operator!= (T * pObject) const;
    bool operator== (const VSPointer& rReference) const;
    bool operator!= (const VSPointer& rReference) const;
    operator T *()const;
    friend class VSStream;
private:
    T * m_pObject;
    inline void SetObject(T *  pObject)
    {
```

```
            m_pObject = pObject;
        }
        inline T * GetObject()const
        {
            return m_pObject;
        }
};
```

显然，这是一个模板类，模板参数就是从 VSReference 继承的任何类。这个类只维护一个属性参数 T* m_pObject，也就是指向对象的指针。下面逐一说明这些函数的作用。

```
bool operator == (T * pObject) const;
bool operator != (T * pObject) const;
bool operator == (const VSPointer& rReference) const;
bool operator != (const VSPointer& rReference) const;
```

这 4 个函数用来判断智能指针是否指向同一个对象，本质上就是判断内部指向的指针对象地址是否一致，实现如下。

```
template <class T>
bool VSPointer<T>::operator== (T * pObject) const
{
    return (m_pObject == pObject);
}
template <class T>
bool VSPointer<T>::operator!= (T * pObject) const
{
    return (m_pObject != pObject);
}
template <class T>
bool VSPointer<T>::operator== (const VSPointer& rPointer) const
{
    return (m_pObject == rPointer.m_pObject);
}
template <class T>
bool VSPointer<T>::operator!= (const VSPointer& rPointer) const
{
    return (m_pObject != rPointer.m_pObject);
}
```

为了让智能指针和正常指针使用没有什么不同，就要重载指针的*、->和*()这 3 个操作符。

```
T& operator* () const;
T * operator-> () const;
operator T *()const;
```

第一个操作符用来取指针指向的对象，第二个操作符访问真实指针，第三个操作符是隐式转换操作符。如果函数的参数是普通指针，那么传递的智能指针会隐式地转换成普通指针，这属于 C++的特性。

```
template <class T>
T& VSPointer<T>::operator* () const
{
    return *m_pObject;
}
template <class T>
```

```cpp
T * VSPointer<T>::operator-> () const
{
    return m_pObject;
}
template <class T>
VSPointer<T>::operator T *()const
{
    return m_pObject;
}
```

在下面几个函数中智能指针发挥了重要作用。如果指向一个对象的时候，对象 m_iReference 加 1，构造函数和重载等号操作符的时候都会指向一个对象；如果放弃指向一个对象的时候，对象 m_iReference 减 1，析构函数和重载等号操作符的时候就会放弃指向一个对象。

```cpp
VSPointer<T>::VSPointer (T * pObject)
{
    m_pObject = pObject;
    if (m_pObject)
    {
        m_pObject->IncreRef();//表示指向这个对象，这个对象的 Reference 加 1
    }
}
template <class T>
VSPointer<T>::VSPointer (const VSPointer& rPointer)
{
    m_pObject = rPointer.m_pObject;
    if (m_pObject)
    {
        m_pObject->IncreRef();//表示指向这个对象，这个对象的 Reference 加 1
    }
}
template <class T>
VSPointer<T>::~VSPointer ()
{
    if (m_pObject)
    {
        m_pObject->DecreRef();//表示放弃指向这个对象，这个对象的 Reference 减 1
        m_pObject = NULL;
    }
}
template <class T>
VSPointer<T>& VSPointer<T>::operator= (T * pObject)
{
    if (m_pObject != pObject)
    {
        if (pObject)
        {
                    //表示指向这个对象，这个对象的 Reference 加 1
            pObject->IncreRef();
        }
        if (m_pObject)
        {
            //表示放弃指向这个对象，这个对象的 Reference 减 1
            m_pObject->DecreRef();
```

```
            }
            m_pObject = pObject;
        }
        return *this;
}
template <class T>
VSPointer<T>& VSPointer<T>::operator= (const VSPointer& rPointer)
{
    if (m_pObject != rPointer.m_pObject)
    {
        if (rPointer.m_pObject)
        {
            //表示指向这个对象,这个对象的 Reference 加 1
            rPointer.m_pObject->IncreRef();
        }
        if (m_pObject)
        {
            //表示放弃指向这个对象,这个对象的 Reference 减 1
            m_pObject->DecreRef();
        }
        m_pObject = rPointer.m_pObject;
    }
    return *this;
}
```

剩下的两个私有函数只供引擎内部使用,所以用户无访问权限。

```
inline void SetObject(T * pObject)
{
    m_pObject = pObject;
}
inline T * GetObject()const
{
    return m_pObject;
}
```

下面再用一个小例子来讲解一下。

```
1   class A : public VSReference
2   {
3   };
4   void main()
5   {
6       VSPointer<A> SmartP1 = NULL;
7       A * p = VS_NEW A();
8       SmartP1 = p;
9       VSPointer<A> SmartP2(VS_NEW A());
10      SmartP1 = SmartP2;
11  }
```

关于 main()函数中的 5 行代码(第 6～10 行),请读者独立思考如下问题。

(1) 运行到每一行代码的时候,存活的智能指针是否指向某个对象?如果指向,这个对象的 reference 是多少?

（2）这段代码到底有没有内存泄露？

（3）在这个过程中，什么时候出现了对象销毁？

先好好思考，然后再看下面的分析，看看你的答案与下面的分析是否一样。

当执行到第 6 行时，只存在一个智能指针对象，它指向 NULL，没有任何指向的对象。

当执行到第 7 行时，申请了一个对象，姑且叫它 m，指针 p 指向它，m 的 reference 为 0。

当执行到第 8 行时，指向了 m，m 的 reference 为 1。

当执行到第 9 行时，又申请了一个对象，暂且叫它 n，SmartP2 指向它，n 的 reference 为 1。

当执行到第 10 行时，由于 SmartP1 和 SmartP2 指向了同一个对象，因此 m 的 reference 减 1，变成了 0，强迫销毁了 m，而有两个智能指针指向 n，所以 n 的 reference 为 2。

最后函数结束，SmartP1 和 SmartP2 分别调用自己的析构函数，n 的 reference 连续两次减 1，当 reference 变成 0 的时候，n 也被销毁了。

本章末尾的示例 8.1 给出了相关的代码，没弄明白的读者可以设置断点，逐步查看结果。

本书前面在讲基本数据结构的时候提到过，当智能指针作为函数参数的时候，如果传递的是普通指针，并且没有其他智能指针指向这个指针（也就是 reference 为 0），那么在这个函数执行完后，很可能这个对象被销毁。

同样对于上面的类 A，在下面这个例子中，如果 p 作为参数时传递到函数 Test 中，当 Test 结束后，p 所指向的这个对象已经被释放了，这是为什么呢？

```
void Test(VSPointer<A> Smartp)
{
}
void main()
{
    A * p = VS_NEW A();
    Test(p);
}
```

为了避免这个问题的发生，这里给出两个建议。

（1）智能指针和普通指针不要混用，最好全都用智能指针。

（2）对于所有函数的参数，都不要用智能指针，尽量用普通指针。

一般情况下，为了避免冗长的智能指针定义，会使用宏定义智能指针。

```
#define DECLARE_Ptr(ClassName)\
class ClassName;\
    typedef VSPointer<ClassName> ##ClassName##Ptr;
```

VSPointer<A>就可以用 APtr 来代替。

使用智能指针实现环形指向是一个危险的操作。以下代码就实现了智能指针的环形指向。

```cpp
DECLARE_Ptr(B);
class A : public VSReference
{
public:
    BPtr m_b;
};
DECLARE_Ptr(A);
class B : public VSReference
{
public:
    APtr m_a;
};
DECLARE_Ptr(B);
void main()
{
    APtr SmartP1 = VS_NEW A();
    BPtr SmartP2 = VS_NEW B();
    SmartP1->m_b = SmartP2;
    SmartP2->m_a = SmartP1;
}
```

在以上代码中，最后两个对象都没有被释放，为什么呢？如果读者能回答上面的问题，就说明智能指针的精髓已经学到了。

8.2 RTTI

在 C++中，运行时类型识别（Run-Time Type Identification，RTTI）用来动态判断类型关系，VS 编译器支持这个功能，但默认是关闭该功能的，官方给出的说法是这个功能太耗费资源。既然耗费资源，我们就有必要在引擎里面实现一套自己的 RTTI。

C++中判断一个指针到底是父类还是子类的指针，或者判断一个指针具体是哪种类型的指针的原理很简单，即为每类创建一个静态 RTTI 变量，记住是静态的全局变量。如果类 B 继承自类 A，那么就要为 A 创建一个静态变量 RTTI_a，为 B 创建一个静态变量 RTTI_b，初始化 RTTI_b 的时候，RTTI_a 是它的父类。

```cpp
typedef VSObject *(*CreateObjectFun)();
class VSGRAPHIC_API VSRtti : public VSMemObject
{
    VSRtti(const TCHAR * pcRttiName,VSRtti *pBase,CreateObjectFun COF);
    inline const VSString &GetName()const;
    inline bool IsSameType(const VSRtti &Type) const;
    inline bool IsDerived(const VSRtti &Type) const;
    inline VSRtti * GetBase()const
    {
        return m_pBase;
    }
    VSString        m_cRttiName;
    VSRtti *    m_pBase;
};
```

提示

其实这个 RTTI 称呼不太准确，应该叫 ClassInfo 之类的名称，因为它不仅有 RTTI 的功能，还能根据 RTTI 或者 RTTI 名字创建类对象，同时还可以收集类里面的变量属性和函数信息。

先看这个类的两个属性变量。m_cRttiName 是这个 RTTI 的名字，因为它的实例代表一个类的静态对象，所以这个名字一般就指定为类名。m_pBase 是这个对象的父对象。

在构造函数中要传入名字和父对象，传入的最后一个参数是创建对应的 VSObject 的函数指针，这些稍后再讲，我们暂时只了解前两个参数即可。

```
inline bool VSRtti::IsSameType(const VSRtti &Type) const
{
    return  (&Type == this);
}
inline bool VSRtti::IsDerived(const VSRtti &Type) const
{
    const VSRtti * pTemp = this;
    while(!pTemp->IsSameTpye(Type))
    {
        if(pTemp->m_pBase)
        {
            pTemp = pTemp->m_pBase;

        }
        else
        {
            return 0;
        }
    }
    return 1;
}
```

第一个函数判断两个对象是否是同样的类型，第二个函数判断是否从某个类型继承，并根据自己的基类对象向上查找，如果找到与 Type 同类型的，则返回 true。

下面给出 RTTI 的真正用法。

```
class A
{
    virtual VSRtti & GetType()const{ return ms_Type; }
    static VSRtti ms_Type;
    bool IsSameType(const A *pObject)const;
    bool IsDerived(const A *pObject)const;
    bool IsSameType(const VSRtti &Type)const;
    bool IsDerived(const VSRtti &Type)const;
};
//定义类 A 的 RTTI
VSRtti A::ms_Type(_T("A"), NULL, NULL);
bool A::IsSameType(const A *pObject)const
{
    return pObject && GetType().IsSameType(pObject->GetType());
}
bool A::IsDerived(const A *pObject)const
{
    return pObject && GetType().IsDerived(pObject->GetType());
}
```

```cpp
bool A::IsSameType(const VSRtti &Type)const
{
    return GetType().IsSameType(Type);
}
bool A::IsDerived(const VSRtti &Type)const
{
    return GetType().IsDerived(Type);
}
class B : public A
{
    virtual VSRtti & GetType()const{ return ms_Type; }
    static VSRtti ms_Type;
};
//定义类 B 的 RTTI
VSRtti B::ms_Type(_T("A"), A::ms_Type, NULL);
class C : public A
{
    virtual VSRtti & GetType()const{ return ms_Type; }
    static VSRtti ms_Type;
};
//定义类 C 的 RTTI
VSRtti C::ms_Type(_T("C"), A::ms_Type, NULL);
```

下面定义了 3 个指针变量，并判断继承关系。

```cpp
A * p1 = VS_NEW A();
A * p2 = VS_NEW B();
A * p3 = VS_NEW C();
p2->IsDerived(p1);
p3->IsDerived(p2);
```

当然，上面只列出了理论上的用法，实际上通常用来进行类型转换。

```cpp
template <class T>
T * StaticCast(A* pkObj)
{
    return (T *)pkObj;
}
template <class T>
const T * StaticCast(const A * pkObj)
{
    return (const T *)pkObj;
}
template<class T>
T * DynamicCast(A * pObj)
{
    return pObj && pObj->IsDerived(T::ms_Type) ? (T *)pObj : 0;
}
template<class T>
const T * DynamicCast(const A * pObj)
{
    return pObj && pObj->IsDerived(T::ms_Type) ? (const T *)pObj : 0;
}
```

前两个属于强制转换，后面则为动态类型转换，是要判断继承关系的。如果没有继承关系，则返回空。继续看下面的代码。

```cpp
B* b1 = DynamicCast<B>(p2);
if (b1 != NULL)
{
    //执行某些操作
}
C* b2 = DynamicCast<C>(p2);
if (b2 != NULL)
{
    //执行某些操作
}
```

可以看出，p2 虽然是 A*的指针，但它可以转换成 B*指针，不能转换成 C*指针。

我们将这种 RTTI 的大部分声明和定义封装成宏的形式以方便调用。

```cpp
#define DECLARE_RTTI \
public:\
    virtual VSRtti & GetType()const{return ms_Type;}\
    static VSRtti ms_Type;\

#define IMPLEMENT_RTTI_NoCreateFun(classname,baseclassname)\
    VSRtti classname::ms_Type(_T(#classname),&baseclassname::ms_Type,NULL); \
    VSPriority classname::ms_Priority;

#define IMPLEMENT_RTTI_NoParent_NoCreateFun(classname)\
    VSRtti classname::ms_Type(_T(#classname),NULL,NULL); \
    VSPriority classname::ms_Priority;


class A
{
    //声明类 A 的 RTTI
    DECLARE_RTTI;
};
    //定义类 A 的 RTTI
IMPLEMENT_RTTI_NoParent_NoCreateFun(A)
class B : public A
{
    //声明类 B 的 RTTI
    DECLARE_RTTI;
};
    //定义类 B 的 RTTI
IMPLEMENT_RTTI_NoCreateFun(B,A)
class C : public A
{
    //声明类 C 的 RTTI
    DECLARE_RTTI
};
    //定义类 C 的 RTTI
IMPLEMENT_RTTI_NoCreateFun(C,A)
```

其实还有一种比 RTTI 更好用的方法，那就是虚函数。

```cpp
class A
{
public:
    enum ObjectType
```

```cpp
    {
        OT_A,
        OT_B,
        OT_C,
        OT_MAX
    };
    virtual ObjectType GetObjectType()
    {
        return OT_A;
    }
};
class B : public A
{
public:
    virtual ObjectType GetObjectType()
    {
        return OT_B;
    }
};
class C : public A
{
public:
    virtual ObjectType GetObjectType()
    {
        return OT_C;
    }
};
if (p2->GetObjectType() == A::OT_B)
{
    //执行某些操作
}
if (p3->GetObjectType() == A::OT_C)
{
    //执行某些操作
}
```

这种方法相对简单，判断类型的时候速度也很快。

8.3 VSObject

VSObject 是引擎中所有类的基类，对象系统的功能基本是围绕它来实现的，只要所有类型有了统一的基类，很多难处理的问题就可以统一解决。下面我们来整合上面所有讲过的内容。

为了方便学习，上面所讲内容中很多宏没有经过整合，也有些宏之前并没有提及，接下来要一一展示。

```cpp
#define DECLARE_RTTI \
public:\
    virtual VSRtti & GetType()const{return ms_Type;}\
    static VSRtti ms_Type;\
public:\
    static  VSPriority ms_Priority;
```

8.2 节中实现了两个 RTTI 的宏定义，都是没有创建对应类实例函数的。下面给出 4 个宏完整的定义，其中加入了可以创建实例的函数。

```
#define IMPLEMENT_RTTI(classname,baseclassname)\
VSRtti classname::ms_Type\
        (_T(#classname),&baseclassname::ms_Type,classname::FactoryFunc); \
VSPriority classname::ms_Priority;

#define IMPLEMENT_RTTI_NoCreateFun(classname,baseclassname)\
VSRtti classname::ms_Type(_T(#classname),&baseclassname::ms_Type,NULL); \
VSPriority classname::ms_Priority;

#define IMPLEMENT_RTTI_NoParent(classname)\
VSRtti classname::ms_Type(_T(#classname),NULL,classname::FactoryFunc); \
VSPriority classname::ms_Priority;

#define IMPLEMENT_RTTI_NoParent_NoCreateFun(classname)\
VSRtti classname::ms_Type(_T(#classname),NULL,NULL); \
VSPriority classname::ms_Priority;
```

这 4 个宏的定义要怎么使用呢？第一个供有父类且不是虚基类的类使用；第二个供有父类且是虚基类的类使用；第三个供没有父类且不是虚基类的类使用；第四个供没有父类且是虚基类的类使用。其实使用引擎的人基本上只会用到第一个和第二个，而第四个只供一个类——所有类的基类 VSObject 类使用，至于第三个，其实用处不大，因为所有的类（除了 VSObject 以外）都有基类。

下面给出 VSObject 类的代码以供读者参考。

```
typedef VSObject *(*FactoryFunction)();
class VSGRAPHIC_API VSObject:public VSReference , public VSMemObject
{
public:
    virtual ~VSObject() = 0;
protected:
    VSObject();
    DECLARE_RTTI;
public:
    bool IsSameType(const VSObject *pObject)const;
    bool IsDerived(const VSObject *pObject)const;
    bool IsSameType(const VSRtti &Type)const;
    bool IsDerived(const VSRtti &Type)const;
    DECLARE_INITIAL_NO_CLASS_FACTORY;
protected:
    static VSMapOrder<VSUsedName,FactoryFunction> ms_ClassFactory;
}
DECLARE_Ptr(VSObject);;
template <class T>
T* StaticCast (VSObject* pkObj)
{
    return (T*)pkObj;
}
template <class T>
```

```cpp
const T * StaticCast (const VSObject * pkObj)
{
    return (const T *)pkObj;
}
template<class T>
T * DynamicCast(VSObject * pObj)
{
    return pObj && pObj->IsDerived(T::ms_Type)?(T *)pObj:0;
}
template<class T>
const T * DynamicCast(const VSObject * pObj)
{
    return pObj && pObj->IsDerived(T::ms_Type)?(const T *)pObj:0;
}
```

static VSMapOrder<VSUsedName,FactoryFunction>ms_ClassFactory 这个数组根据 VSUsedName 构建 VSObject 对象，把 VSUsedName 看成字符串类型即可，后面会讲到具体的使用方法；而 FactoryFunction 是一个函数指针。

第 6 章讲到初始化和销毁的时候，给出的宏其实还并非最终版，里面还实现了把构造 VSObject 对象函数指针添加到 ms_ClassFactory 中的功能。不过 VSObject 是一个虚基类，它构造不了 VSObject 对象的实例，所以初始化过程中的宏声明和定义要有两个版本。

```cpp
#define DECLARE_INITIAL_NO_CLASS_FACTORY \
public: \
        static bool RegisterMainFactory(); \
public: \
        static bool ms_bRegisterMainFactory; \
        static bool InitialProperty(VSRtti *);

#define DECLARE_INITIAL \
public: \
        static bool RegisterMainFactory(); \
public: \
        static bool InitialClassFactory(); \
        static VSObject * FactoryFunc(); \
        static bool ms_bRegisterMainFactory;
```

它们两个的差别就在于初始化函数 static VSObject * FactoryFunc()。下面分别是宏的定义。

```cpp
#define IMPLEMENT_INITIAL_NO_CLASS_FACTORY_BEGIN(classname) \
    static bool gs_bStreamRegistered_##classname= classname::RegisterMainFactory (); \
    bool classname::ms_bRegisterMainFactory = false; \
    bool classname::RegisterMainFactory() \
    { \
        if (!ms_bRegisterMainFactory) \
        {

#define IMPLEMENT_INITIAL_NO_CLASS_FACTORY_END \
            ms_bRegisterMainFactory = true; \
        } \
        return ms_bRegisterMainFactory; \
```

8.3 VSObject

```
}

#define IMPLEMENT_INITIAL_BEGIN(classname) \
    static bool gs_bStreamRegistered_##classname= classname::RegisterMainFactory (); \
    bool classname::ms_bRegisterMainFactory = false; \
    bool classname::InitialClassFactory() \
    { \
        ms_ClassFactory.AddElement(ms_Type.GetName(),FactoryFunc); \
        return 1; \
    } \
    VSObject * classname::FactoryFunc() \
    { \
        return VS_NEW classname;\
    } \
    bool classname::RegisterMainFactory() \
    { \
        if (!ms_bRegisterMainFactory) \
        {

#define IMPLEMENT_INITIAL_END \
            VSMain::AddInitialFunction(InitialClassFactory); \
            ms_bRegisterMainFactory = true; \
        } \
        return ms_bRegisterMainFactory; \
    }
```

两个版本的宏定义的不同在于VSMain::AddInitialFunction(InitialClassFactory)函数，它调用InitialClassFactory 函数，并把对应 RTTI 的名字和构造 VSObject 对象的函数指针 FactoryFunc 添加到 ms_ClassFactory 列表里面。

VSObject 里面使用 DECLARE_INITIAL_NO_CLASS_FACTORY 声明，用下面的 3 个宏进行定义。

```
IMPLEMENT_RTTI_NoParent_NoCreateFun(VSObject)
IMPLEMENT_INITIAL_NO_CLASS_FACTORY_BEGIN(VSObject)
IMPLEMENT_INITIAL_NO_CLASS_FACTORY_END
```

把构造 VSObject 对象的函数添加到映射表里面就可以根据名字来创建任意类的实例，实际上 RTTI 里面也保存了这个函数，用 RTTI 也可以创建类的实例。

下面罗列一些其他宏的用法。

```
class VSGRAPHIC_API VSCLObject : public VSObject
{
    //RTTI
    DECLARE_RTTI;
    DECLARE_INITIAL_NO_CLASS_FACTORY;;
};
DECLARE_Ptr(VSCLObject);
IMPLEMENT_RTTI_NoCreateFun(VSCLObject,VSObject)
IMPLEMENT_INITIAL_NO_CLASS_FACTORY_BEGIN(VSCLObject)
IMPLEMENT_INITIAL_NO_CLASS_FACTORY_END
```

读者暂时只需要知道上面的 VSCLObject 类继承自 VSObject，并且也是虚基类。

```cpp
class VSGRAPHIC_API VSCamera : public VSCLObject
{
   //RTTI
   DECLARE_RTTI;
   DECLARE_INITIAL
   VSCamera();
   virtual ~VSCamera();
   static bool InitialDefaultState();
   static bool TerminalDefaultState();
   static VSPointer<VSCamera> Default;
};
   DECLARE_Ptr(VSCamera);
```

同理，读者也只需要知道 VSCamera 不是虚基类。它需要有默认的构造函数和析构函数，以及一个初始化函数和一个销毁函数，我们在这个初始化函数里构造了一个默认的相机。

```cpp
IMPLEMENT_RTTI(VSCamera, VSCLObject)
IMPLEMENT_INITIAL_BEGIN(VSCamera)
ADD_INITIAL_FUNCTION(InitialDefaultState)
ADD_TERMINAL_FUNCTION(TerminalDefaultState)
IMPLEMENT_INITIAL_END
VSPointer<VSCamera> VSCamera::Default;
bool VSCamera::InitialDefaultState()
{
    VSCamera * p = NULL;
    p = VS_NEW VSCamera();
    if(p)
    {
        Default = p;
    }
    else
        return 0;
    return 1;
}
bool VSCamera::TerminalDefaultState()
{
    Default = NULL;
    return 1;
}
VSCamera::VSCamera()
{
}
VSCamera::~VSCamera()
{
}
```

为了方便快速地管理所有对象，添加一个新的类，并创建实例作为 VSObject 的静态成员。

```cpp
class VSGRAPHIC_API VSObject:public VSReference , public VSMemObject
{
    unsigned int m_uiObjectID;
```

```
        friend class VSFastObjectManager;
        static VSFastObjectManager & GetObjectManager()
        {
            static VSFastObjectManager ms_ObjectManager;
            return  ms_ObjectManager;
        }
}
```

m_uiObjectID 是动态生成的,可以表示当前对象的唯一性,用来表示在 VSFastObjectManager 对象列表中的位置。

```
class VSFastObjectManager
{
    enum
    {
        MAX_OBJECT_FLAG = 100000,
        MAX_OBJECT_NUM = MAX_OBJECT_FLAG - 1
    };
    unsigned int AddObject(VSObject * p);
    void DeleteObject(VSObject * p);
    bool IsClear();
    void PrepareForGC();
    unsigned int GetObjectNum();
    VSObject * m_ObjectArray[MAX_OBJECT_FLAG];
    VSArray<unsigned int> m_FreeTable;
};
```

VSFastObjectManager 最多管理 MAX_OBJECT_NUM 个对象,这里设置为 99 999,不够的话也可以修改。它的本质思想很简单,就是把所有未被占用的 ID 记录到 m_FreeTable 里面,在申请的时候(调用 VSObject 构造函数)从 m_FreeTable 链表末端取出一个,在 m_ObjectArray 数组中记录对应的 VSObject 对象,在释放的时候(调用 VSObject 析构函数)归还给 m_FreeTable 链表,从 m_ObjectArray 数组中删除对应的 VSObject 对象。

```
unsigned int VSFastObjectManager::AddObject(VSObject * p)
{
    unsigned int ID = m_FreeTable[m_FreeTable.GetNum() - 1];
    m_ObjectArray[ID] = p;
    m_FreeTable.Erase(m_FreeTable.GetNum() - 1);
    return ID;
}
void VSFastObjectManager::DeleteObject(VSObject * p)
{
    if (m_ObjectArray[p->m_uiObjectID] != NULL)
    {
        m_FreeTable.AddElement(p->m_uiObjectID);
        m_ObjectArray[p->m_uiObjectID] = NULL;
        p->m_uiObjectID = MAX_OBJECT_FLAG;
    }
}
VSObject::VSObject()
{
```

```
        m_uiObjectID = GetObjectManager().AddObject(this);
}
VSObject::~VSObject()
{
        GetObjectManager().DeleteObject(this);
}
```

用这个方法可以快速地添加和删除 VSObject，并在全局范围内管理所有 VSObject，还可以监测内存泄露，发现是否有 VSObject 对象没有被释放。在引擎早期的代码中，为了防止在多线程中创建和释放对象，加了线程安全锁，后来完善了整个引擎的多线程架构，所以引擎使用者尽量不要打破现有的多线程架构，要尽量避免在其他线程里面创建 VSObject 对象。

8.4 属性反射

我们来看看 C#中关于反射（reflection）的定义。

反射是指审查元数据并收集关于它的类型信息的能力。元数据（编译以后的最基本数据单元）就是一大堆的表，当编译程序集或者模块时，编译器会创建一个类定义表、一个字段定义表和一个方法定义表等。

简单理解就是编译器编译代码的时候，生成了几个表，其中有的表管理类的属性（也就是类的变量），有的表管理类的方法（也就是类的函数）。而在运行时，用户可以在代码里面使用这些东西。

所以，把 reflection 翻译成反射其实很不恰当，这似乎与我们理解的"反射"毫无关系。不过话说回来，这些东西能做什么？很多人可能会说，我写的代码，我定义的类，我当然知道类里面有什么变量，有什么函数。虽然你知道，但只有内存中记录了这些变量和函数信息时，才意味着计算机也知道。另外，如果你没有这个类的源码，但又想了解这个类中有什么，要怎么办呢？

属性反射（property reflection）就是要把类里面的属性信息收集起来，以供开发者使用，C++没有这个功能，我们只能自己实现。收集的信息可以在引擎中做什么呢？我们会在后面几节中逐一道来。

收集起来的信息放到哪里？因为属性属于类，那么就要与 RTTI 一样是类所有的，在本引擎里面把它们与 RTTI 放一起，都放在 VSRtti 类里面了。如果要自己重写，可以指定 Class Info 之类的名字，然后在里面包括 RTTI 功能和属性收集功能，甚至包含下面的函数收集功能。

要以什么样的形式收集信息？当然，还要以 C++类的形式，要有个属性类。

这个属性类里面要有什么内容？我们希望知道类的属性信息，比如，要知道这个属性的名字和它的类型，这是最基本的信息。

当然，收集信息并不是最终目的，我们是为了使用这些信息，比如，通过属性名字和类对象来访问这个属性值。其他功能根据具体情况来定。

8.4 属性反射

一般，我们访问一个类对象（ClassA * a）的属性（m_iTime）的时候，首先使用"a->m_iTime"，然后通过&a->m_iTime 访问对应的地址。如果我们知道 m_iTime 相对于 a 的地址偏移量，那么(unsigned char*)a +Offset 就是 a->m_iTime 的地址。

下面先看看 VSProperty 这个表示属性的类的代码，这里的 Flag 表示这个属性有什么作用。

```cpp
class VSProperty
{
    enum      //标记
    {
        F_SAVE_LOAD = 0X01,
        F_CLONE = 0X02,
        F_COPY = 0X04,
        F_SAVE_LOAD_CLONE = 0X03,
        F_SAVE_LOAD_COPY = 0X05,
        F_REFLECT_NAME = 0X08,
        F_MAX
    };
    VSProperty(VSRtti & Owner,const VSUsedName & Name,
               unsigned int uiElementOffset,unsigned int uiFlag)
        :m_pOwner(&Owner)
    {
        m_Name = Name;
        m_uiElementOffset = uiElementOffset;
        m_uiFlag = uiFlag;
    }
    virtual void * GetValueAddress(void * pObj)const
    {
        return (void *)(((unsigned char *)pObj) + m_uiElementOffset);
    }
    VSRtti * m_pOwner;
    VSUsedName m_Name;
    unsigned int m_uiFlag;
    unsigned int m_uiElementOffset;
};
```

目前可以把 VSUsedName 当成字符串类型，第 9 章会详细讲解它，它就是用来存放属性名字的。m_uiFlag 是这个属性的作用，可以参见如下代码。

```cpp
enum      //标记
  {
    F_SAVE_LOAD = 0X01,
    F_CLONE = 0X02,
    F_COPY = 0X04,
    F_SAVE_LOAD_CLONE = 0X03,
    F_SAVE_LOAD_COPY = 0X05,
    F_REFLECT_NAME = 0X08,
    F_MAX
  };
```

读者根据名字大概就能知道这些标记的意义，有存储和加载的，有克隆的，有复制的，有进行 UI 映射的。如果没有冲突，多个属性可以叠加（克隆和复制有冲突，所以不能叠加）。

```
class A
{
    B * p;
}
A a1;
a1.p = new B();
A a2;
```

例如，如果 a2 希望复制 a1 的内容，这时候可能会出现两种情况：a2 的 p 希望完全创建一个与 a1 的 p 一样的实例，或者 a2 的 p 只希望值相等（a2 的 p 与 a1 的 p 指向同一个对象），第一种情况就是克隆，第二种情况就是复制。

m_uiElementOffset 就是相对对象的首地址偏移量，m_pOwner 是这个属性的所有者，在 VSRtti 类中有一个数组，用于存放所有属性。前面介绍 RTTI 的时候没有给出 VSRtti 类里面的全部代码，现在列出剩余的部分。

```
class VSGRAPHIC_API VSRtti : public VSMemObject
{
    VSProperty * GetProperty(unsigned int uiIndex)const;
    unsigned int GetPropertyNum()const;
    void AddProperty(VSProperty * pProperty);
    void AddProperty(VSRtti & Rtti);
    void ClearProperty();
    VSArray<VSProperty *> m_PropertyArray;
};
```

变量类型有很多，有语言自己的常用类型，还有自定义类型。常用类型包括 int、long、char、short、unsigned int、unsigned long、enum、指针等，自定义类型无外乎是类和结构体。如果每定义一个类和结构体就算一个新类型，那么要处理的类型可能不计其数。模板特化和静态类型信息可以帮助我们处理类型识别的问题。

我们之所以在 C++里面设计反射机制，并不是真的要让使用者可以像 C#那种反射机制一样使用，真正的目的是实现序列化存储、UI 绑定，甚至是引擎里面还没有实现的序列化传输和类似 Unreal Engine 中蓝图那样的图形语言等功能，但目前设计的引擎架构可以实现上面的所有功能。当然，这个架构未必是最好的，有能力的读者可以尝试做进一步的优化。

随着引擎编辑器的诞生，开发人员对反射 UI 绑定这个机制不再陌生，当然，Unity 3D 出现后，开发人员对其印象尤为深刻。定义一个 public int Power，面板上就会对应出现一个叫 Power 的文本框，变量和文本框内容自动关联、同步。早期引擎为了实现这一套机制大费周章，那时没有属性表，依靠直接映射，后来出现了属性表，但在属性序列化存储和函数反射等相关功能上并没有实质性进展。Unreal Engine 3 为了完善这些功能也实现了一套脚本语言，而 Unity 则巧妙地利用 Mono 和 C#自带的反射机制实现了这些功能。

我们继续讨论属性类的实现。在 VSProperty 里面，一共实现了 5 种类别。

```
enum        //属性类型
{
    PT_VALUE,
    PT_ENUM,
    PT_DATA,
    PT_ARRAY,
    PT_MAP,
    PT_MAX
};
```

PT_ENUM 表示枚举类型，单列出来是因为它在 UI 绑定的时候有所不同，要把枚举里面的选项列出来。

PT_DATA 指的是存放数据的指针，也就是说，这个指针指向一块内存数据，用于序列化存储，并不涉及 UI 绑定。

将 PT_ARRAY、PT_MAP 单列出来是因为它们是容器，访问内部数据的接口并不相同。

PT_VALUE 则表示除上述 4 种之外的所有数据类型。

```cpp
template<typename T>
class VSEnumProperty : public VSProperty
{
    VSEnumProperty(VSRtti & Owner,const VSUsedName & Name,const VSUsedName & EnumName,
        unsigned int uiElementOffset,unsigned int uiFlag)
        :VSProperty(Owner,Name,uiElementOffset,uiFlag)
    {
        m_EnumName = EnumName;
    }
    virtual void Clone(VSProperty * p)
    {
        VSEnumProperty * Temp = (VSEnumProperty *)p;
        VSProperty::Clone(Temp);
        m_EnumName = Temp->m_EnumName;
    }
    virtual bool SetValue(void * pObj, T& pDataSrc) const
    {
        *(T*)(((unsigned char *)pObj) + m_uiElementOffset) = pDataSrc;
        return true;
    }
    virtual bool GetValue(void * pObj, T& pDataDest) const
    {
        pDataDest = *(T*)(((unsigned char*)pObj) + m_uiElementOffset);
        return true;
    }
    virtual bool GetValue(const void * pObj, T& pDataDest) const
    {
        pDataDest = *(T*)(((const char*)pObj) + m_uiElementOffset);
        return true;
    }
    virtual T& Value(void * pObj)const
    {
        return *(T*)(((const char*)pObj) + m_uiElementOffset);
    }
    virtual VSProperty * GetInstance()
    {
```

```
            return VS_NEW VSEnumProperty();
        }
        VSUsedName m_EnumName;
};
```

VSEnumProperty 表示枚举属性类,枚举已经是自定义类型,所以设置成模板。m_EnumName 是枚举类型的名字,其实这个名字根据模板参数可以解析出来,但是因为担心枚举定义的时候没名字,所以在这里需要给这个类型一个名字。

```
template<typename T,typename NumType>
class VSDataProperty : public VSProperty
{
    VSDataProperty(VSRtti & Owner,const VSUsedName & Name,
                unsigned int uiElementOffset,unsigned int uiDataNum,
                bool bDynamicCreate)
    :VSProperty(Owner,Name,uiElementOffset,F_SAVE_LOAD_CLONE)
    {
        m_uiDataNum = uiDataNum;
        m_bDynamicCreate = bDynamicCreate;
    }
    VSDataProperty(VSRtti & Owner,const VSUsedName & Name,
                unsigned int uiElementOffset,unsigned int uiNumElementOffset)
    :VSProperty(Owner,Name,uiElementOffset,F_SAVE_LOAD_CLONE)
    {
        m_uiDataNum = 0;
        m_bDynamicCreate = true;
        m_uiNumElementOffset = uiNumElementOffset;
    }
    virtual VSProperty * GetInstance()
    {
        return VS_NEW VSDataProperty<T,NumType>();
    }
    virtual void Clone(VSProperty * p)
    {
        VSDataProperty<T,NumType> * Temp =
            (VSDataProperty<T,NumType> *)p;
        VSProperty::Clone(Temp);
        m_bDynamicCreate = Temp->m_bDynamicCreate;
        m_uiDataNum = Temp->m_uiDataNum;
        m_uiNumElementOffset = Temp->m_uiNumElementOffset;
    }
    bool m_bDynamicCreate;
    unsigned int m_uiDataNum;
    unsigned int m_uiNumElementOffset;
};
```

这个类是用来存储数据的,可以存储固定长度的和不定长度的数据。原本我们可以用 **VSArray** 来实现存储数据,但 **VSArray** 只能逐个解析数据,速度很慢。一般情况下,用户往往用一个指针来表示数据的首地址,用另一个变量来表示数据的数量,这种不定长度的数据缓存是动态创建出来的。另一种情况下,用固定长度的数据表示,如固定长度的数组,在编译的时候数据缓存就可以确定。第 3 种情况下,也用固定长度的数据,但是用指针来表示首地址。很显然,这种情况下缓存也是动态生成的。我们用 3 个变量来表示这 3 种情况。

如果 m_uiDataNum 不是 0,那么就使用固定长度的数据,m_bDynamicCreate 用来表示数据缓存是否动态创建。如果 m_uiDataNum 是 0,那么就使用不定长度的数据,用户就要在类里面加入表示这个长度的属性,m_uiNumElementOffset 则表示这个属性的偏移量。

接下来是 PT_ARRAY、PT_MAP 以及 PT_VALUE 这 3 种类型。首先,在属性与 UI 绑定时,这些属性会反射到 UI 面板,而为了防止过度操作得到不可预知的值,为这些属性设置了范围。例如,在 Unity 中可以加上[Range]来限制变量范围。

VSRangeProperty 类的代码如下。

```
template<typename T>
class VSRangeProperty : public VSProperty
{
    VSRangeProperty(VSRtti & Owner, const VSUsedName & Name,
                unsigned int uiElementOffset, unsigned int uiFlag,
                bool Range = false, T HighValue = T(), T LowValue = T(),
                T fStep = T())
    :VSProperty(Owner,Name,uiElementOffset,uiFlag)
    {
        m_LowValue = LowValue;
        m_HightValue = HighValue;
        m_fStep = fStep;
        m_bRange = Range;
    }
    virtual void Clone(VSProperty * p)
    {
        VSRangeProperty<T> * Temp = (VSRangeProperty<T> *)p;
        VSProperty::Clone(Temp);
        m_LowValue = Temp->m_LowValue;
        m_HightValue = Temp->m_HightValue;
        m_fStep = Temp->m_fStep;
        m_bRange = Temp->m_bRange;
    }
protected:
    T m_LowValue;
    T m_HightValue;
    T m_fStep;
    bool m_bRange;
};
```

VSRangeProperty 是所有表示范围的类的基类,从它继承下来的属性类都包含范围限制,VSArrayProperty、VSMapProperty、VSValueProperty 是由此类继承而来的。不过有些类型是没有范围概念的,所以 m_bRange 设置成 false 即可。

VSValueProperty 类的代码如下。

```
template<typename T>
class VSValueProperty : public VSRangeProperty<T>
{
    VSValueProperty(VSRtti & Owner, const VSUsedName & Name,
                unsigned int uiElementOffset, unsigned int uiFlag,
                bool Range = false ,T HighValue = T(), T LowValue = T(),
                T fStep = T())
    :VSRangeProperty(Owner, Name, uiElementOffset, uiFlag,
       Range,HighValue, LowValue, fStep)
    {
    }
```

```cpp
        virtual bool SetValue(void * pObj, T& pDataSrc) const
        {
            if (pDataSrc > m_HightValue || pDataSrc < m_LowValue)
            {
                return false;
            }
            *(T*)(((unsigned char*)pObj) + m_uiElementOffset) =  pDataSrc;
            return true;
        }
        virtual bool GetValue(void* pObj, T& pDataDest) const
        {
            pDataDest = *(T*)(((unsigned char*)pObj) + m_uiElementOffset);
            return true;
        }
        virtual bool GetValue(const void* pObj, T& pDataDest) const
        {
            pDataDest = *(const T*)(((const char*)pObj) + m_uiElementOffset);
            return true;
        }
        virtual T& Value(void* pObj)const
        {
            return *(T*)(((const char*)pObj) + m_uiElementOffset);
        }
        virtual VSProperty * GetInstance()
        {
            return VS_NEW VSValueProperty<T>();
        }
    };

    template<typename ArrayType,typename T>
    class VSArrayProperty : public VSRangeProperty<T>
    {
        VSArrayProperty(VSRtti & Owner, const VSUsedName & Name,
                    unsigned int uiElementOffset, unsigned int uiFlag,
                    bool Range = false, T HighValue = T(), T LowValue = T(),
                    T fStep = T())
        :VSRangeProperty(Owner, Name, uiElementOffset, uiFlag, Range,
            HighValue, LowValue, fStep)
        {
        }
        inline ArrayType & GetContainer(void* pObj)const
        {
            return (*(ArrayType*)(((unsigned char*)pObj) + m_uiElementOffset));
        }
        inline bool AddElement(void * pObj,unsigned int uiIndex,T& pDataSrc)
        {
            GetContainer(pObj).AddElement(pDataSrc);
            return true;
        }
        inline bool Erase(void * pObj,unsigned int i)
        {
            GetContainer(pObj).Erase(i);
        }
        virtual bool SetValue(void * pObj,unsigned int uiIndex,T& pDataSrc) const
        {
            if (pDataSrc > m_HightValue || pDataSrc < m_LowValue)
```

```
        {
            return false;
        }
        (GetContainer(pObj)[uiIndex]) =  pDataSrc;
        return true;
    }
    virtual VSProperty * GetInstance()
    {
        return VS_NEW VSArrayProperty<ArrayType,T>();
    }
};
```

VSMapProperty 的代码这里就不列出来了，与 VSArrayProperty 的代码差不多。唯一要注意的就是这个 VSArrayProperty 要指定 ArrayType 和元素类型。

现在所有类型的属性类都有了，那么我们要怎么生成属性表呢？有 3 种方法：一种是自己写工具来识别；另一种是由写程序的人自己来添加；最后一种就是在编译过程中会收集。因为这里用的是 C++，所以排除最后一种。不过第一种方法也要有标识，这样工具才能识别哪些属性需要添加到表中以及有什么作用，这些识别需要手动添加，比如在 Unreal Engine 4 中：

```
UPROPERTY(Category = VR, Transient, BlueprintReadOnly, Replicated)
    bool bRightHandTracked;
```

如果要加入属性表中，必须在属性变量 bRightHandTracked 上加入 UPROPERTY 宏，宏里的参数与 VSProperty 里面的 Flag 差不多，都是表示属性含义的。然后在 Unreal Engine 中使用一个工具去解析，最后生成属性表。

在这里，我们只选择了手动添加，手动添加并没那么麻烦，通过一个宏就可以实现。

为了更方便在宏中使用，根据上面的分类创建 5 个 PropertyCreator 类。这 5 个类可以归结成创建 PT_ENUM、PT_DATA、PT_VALUE 这 3 种类型的属性。其中 PT_VALUE 是用模板来实现的，PT_MAP 和 PT_ARRAY 是 PT_DATA 模板的特化。

其实 VSEnumProperty 和 VSDataProperty 没有必要一定要一个创造器（creator），它们传进来的参数没办法和模板融合在一起，不过这里还是为 VSDataProperty 创建了一个创造器，对于 VSEnumProperty 没有创建创造器。

以下是 VSDataProperty 的创造器。

```
template<class T,class NumType>
struct DataPropertyCreator
{
    VSProperty* CreateProperty(const VSUsedName & Name, VSRtti & Owner,
        unsigned int Offset,unsigned int NumOffset)
    {
      return VS_NEW VSDataProperty<T,NumType>(Owner, Name,Offset,NumOffset);
    }
    VSProperty* CreateProperty(const VSUsedName & Name, VSRtti & Owner,
        unsigned int Offset,unsigned int uiDataNum,bool bDynamicCreate)
    {
      return VS_NEW VSDataProperty<T,NumType>(Owner, Name,Offset,
        uiDataNum,bDynamicCreate);
    }
};
```

下面把 VSValueProperty、VSMapProperty、VSArrayProperty 都列出来。

```
template<class T>
struct AutoPropertyCreator
{
    VSProperty * CreateProperty(const VSUsedName & Name, VSRtti & Owner,
        unsigned int Offset,unsigned int uiFlag)
    {
        return VS_NEW VSValueProperty<T>(Owner, Name,Offset,uiFlag);
    }
    VSProperty * CreateProperty(const VSUsedName & Name, VSRtti & Owner,
        unsigned int Offset,T HighValue ,T LowValue,VSREAL fStep,unsigned int
            uiFlag)
    {
        return VS_NEW VSValueProperty<T>(Owner, Name, Offset, uiFlag,true,
            HighValue, LowValue, fStep);
    }
};

template<class T,VSMemManagerFun MMFun>
struct AutoPropertyCreator<VSArray<T,MMFun>>
{
    VSProperty * CreateProperty(const VSUsedName & Name, VSRtti & Owner,
        unsigned int Offset,unsigned int uiFlag)
    {
        return VS_NEW VSArrayProperty<VSArray<T,MMFun>,T>(Owner, Name,Offset,uiFlag);
    }
    VSProperty * CreateProperty(const VSUsedName & Name, VSRtti & Owner,
        unsigned int Offset,T HighValue ,T LowValue,T fStep,unsigned int uiFlag)
    {
        return VS_NEW VSArrayProperty<VSArray<T, MMFun>, T>(Owner, Name, Offset,
            uiFlag, HighValue, LowValue, fStep);
    }
};

template<class KEY,class VALUE,VSMemManagerFun MMFun>
struct AutoPropertyCreator<VSMap<KEY,VALUE,MMFun>>
{
    VSProperty * CreateProperty(const VSUsedName & Name, VSRtti & Owner,
        unsigned int Offset,unsigned int uiFlag)
    {
        return VS_NEW VSMapProperty<VSMap<KEY,VALUE,MMFun>,KEY,VALUE>(Owner, Name,
            Offset,uiFlag);
    }
    VSProperty * CreateProperty(const VSUsedName & Name, VSRtti & Owner,
        unsigned int Offset,VALUE HighValue ,VALUE LowValue,VSREAL fStep,unsigned
            int uiFlag)
    {
        return VS_NEW VSMapProperty<VSMap<KEY, VALUE, MMFun>, KEY, VALUE>(Owner,
            Name, Offset, uiFlag, HighValue, LowValue, fStep);
    }
};
```

可以看出，VSArrayProperty 和 VSMapProperty 都是模板的特化，里面的函数参数都是完全一样的，所以很容易解决问题。

当然，有了创造器类，就要有创造器实例对象。

```cpp
class PropertyCreator
{
public:
    template<class ValueType>
    static AutoPropertyCreator<ValueType>& GetAutoPropertyCreator(
        ValueType& valueTypeDummyRef)
{
            static AutoPropertyCreator<ValueType> apc;
            return apc;
    }
    template<class ValueType,class NumType>
    static DataPropertyCreator<ValueType,NumType>& GetAutoPropertyCreator
        (ValueType *& valueTypeDummyRef,NumType& valueNumTypeDummyRef)
        {
            static DataPropertyCreator<ValueType,NumType> apc;
            return apc;
        }
    template<class ValueType>
    static VSProperty * CreateEnumProperty(
        ValueType& valueTypeDummyRef,const VSUsedName & Name,
        const VSUsedName & EnumName,VSRtti & Owner,
        unsigned int Offset,unsigned int uiFlag)
{
            return VS_NEW VSEnumProperty<ValueType>(Owner, Name,EnumName,Offset,
                uiFlag);
        }
};
```

通过 PropertyCreator 的静态函数得到静态创造器实例对象，只有枚举类型没有创建创造器直接获得的属性对象，因为创建它的接口只有这一种，所以没有必要再设置成创造器，不过数据类型也可以不用创造器。把 DataPropertyCreator 里面的两个静态函数写到 PropertyCreator 里面即可。

最后要用宏的形式把它们封装起来。先看封装枚举类型的宏代码。

```cpp
#define REGISTER_ENUM_PROPERTY(varName,enumName,reflectName,flag) \
    { \
        activeProperty = PropertyCreator::CreateEnumProperty( \
            dummyPtr->varName, _T(#reflectName), _T(#enumName),ms_Type, \
            (size_t)((char*)&(dummyPtr->varName) - (char*)dummyPtr),flag ); \
        VSMAC_ASSERT(activeProperty); \
        pRtti->AddProperty(activeProperty); \
    }
```

再看封装数据类型的宏代码，它有两种形式，上面已经介绍过了，这里不再重复。

```cpp
#define REGISTER_PROPERTY_DATA(varName,varNumName,reflectName) \
    { \
        activeProperty = PropertyCreator::GetAutoPropertyCreator( \
            dummyPtr->varName,dummyPtr->varNumName).CreateProperty( \
            _T(#reflectName), ms_Type,
            (size_t)((char*)&(dummyPtr->varName) - (char*)dummyPtr), ); \
            (size_t)((char*)&(dummyPtr->varNumName) - (char*)dummyPtr) \
```

```
        VSMAC_ASSERT(activeProperty); \
        pRtti->AddProperty(activeProperty); \
    }
#define REGISTER_PROPERTY_FIXED_DATA(varName,Num,reflectName,isDynamicCreate) \
    { \
        unsigned int NumType = 0; \
        activeProperty = PropertyCreator::GetAutoPropertyCreator( \
            dummyPtr->varName,NumType).CreateProperty( \
            _T(#reflectName), ms_Type, \
            (size_t)((char*)&(dummyPtr->varName) - (char*)dummyPtr), \
            Num,isDynamicCreate ); \
        VSMAC_ASSERT(activeProperty); \
        pRtti->AddProperty(activeProperty); \
    }
```

最后是其他类型。

```
#define REGISTER_PROPERTY(varName,reflectName,flag) \
    { \
        activeProperty = PropertyCreator::GetAutoPropertyCreator( \
            dummyPtr->varName).CreateProperty( \
            _T(#reflectName), ms_Type, \
            (size_t)((char*)&(dummyPtr->varName) - (char*)dummyPtr),flag ); \
        VSMAC_ASSERT(activeProperty); \
        pRtti->AddProperty(activeProperty); \
    }
#define REGISTER_PROPERTY_RANGE(varName,reflectName,High,Low,Step,flag) \
    { \
        activeProperty = PropertyCreator::GetAutoPropertyCreator( \
            dummyPtr->varName).CreateProperty( \
            _T(#reflectName), ms_Type,
            (size_t)((char*)&(dummyPtr->varName) - (char*)dummyPtr),High,Low, \
                Step,flag ); \
        VSMAC_ASSERT(activeProperty); \
        pRtti->AddProperty(activeProperty); \
    }
```

逐个介绍这里面的内容。

- dummyPtr：表示类 A 的一个指针变量。

- varName：表示在类 A 中的属性变量名。

- reflectName：表示要保存的名字或者绑定 UI 编辑器上显示的名字。

- varNumName：表示数据元素的个数，是类 A 的成员变量。

- Num：非变量，是固定数组的元素个数。

- #：在宏里面表示后面的连续字母都是字符串。

- (size_t)((char*)&(dummyPtr->varName) - (char*)dummyPtr)：表示变量 varName 在类 A 中距离首地址的偏移量。

```
class A: public VSObject
{
    //RTTI
```

```
        DECLARE_RTTI;
public:
    A();
    ~A();
    DECLARE_INITIAL
public:
    static bool InitialDefaultState();
    static bool TerminalDefaultState();
    VSREAL m_TestFloat;
};
```

如果要添加变量 m_TestFloat 变量到属性表里，只需要像下面这样写。

```
REGISTER_PROPERTY(m_TestFloat,TestFloat, VSProperty::F_SAVE_LOAD_CLONE)
```

这表示把 m_TestFloat 变量注册到属性表，名字叫作 TestFloat，功能是加载和保存。

为了把父类的属性也添加到属性表里面，不仅要进行递归，还需要宏。

```
#define END_ADD_PROPERTY \
        return true; \
    }
#define BEGIN_ADD_PROPERTY_ROOT(classname) \
    bool classname::TerminalProperty() \
    { \
        ms_Type.ClearProperty(); \
        return true; \
    } \
    bool classname::InitialProperty(VSRtti * pRtti) \
    { \
        classname * dummyPtr = NULL; \
        VSProperty * activeProperty = NULL; \
        if(!pRtti) \
        { \
            pRtti = &ms_Type; \
        }
```

Begin 和 End 必须成对出现，要注册的属性要写在 Begin 和 End 之间，dummyPtr 是 NULL 指针，因为访问的不是它里面变量的值，而是地址，所以 (size_t)((char*)&(dummyPtr->varName) - (char*)dummyPtr) 这种写法也是没问题的。BEGIN_ADD_PROPERTY_ROOT 是给基类用的，它没有父类，不需要递归。

```
#define BEGIN_ADD_PROPERTY(classname,baseclassname) \
    bool classname::TerminalProperty() \
    { \
        ms_Type.ClearProperty(); \
        return true; \
    } \
    bool classname::InitialProperty(VSRtti * pRtti) \
    { \
        classname * dummyPtr = NULL; \
        VSProperty * activeProperty = NULL; \
        VSRtti * pRttiTemp = pRtti; \
        if(!pRtti) \
```

```
        { \
            pRtti = &ms_Type; \
        } \
        baseclassname::InitialProperty(pRtti);
```

这个是给非基类用的,它会递归地调用,都加入自己的 VSRtti 里面。

继续完善上面例子中的类 A。

```
BEGIN_ADD_PROPERTY(VSTestObject,VSObject);
REGISTER_PROPERTY(m_TestFloat,TestFloat,VSProperty::F_SAVE_LOAD_CLONE)
END_ADD_PROPERTY
```

当然,这个宏还没有结束,pRtti->AddProperty(activeProperty)函数并没有执行。通过前面讲的初始化方式可以让它执行,因此首先要补全前面介绍初始化时提到的宏。

```
#define DECLARE_INITIAL \
public: \
        static bool RegisterMainFactory(); \
public: \
        static bool InitialClassFactory(); \
        static VSObject * FactoryFunc(); \
        static bool ms_bRegisterMainFactory; \
        static bool InitialProperty(VSRtti *); \
        static bool TerminalProperty();

#define IMPLEMENT_INITIAL_BEGIN(classname) \
    static bool gs_bStreamRegistered_##classname= classname::RegisterMainFactory (); \
    bool classname::ms_bRegisterMainFactory = false; \
    bool classname::InitialClassFactory() \
    { \
        ms_ClassFactory.AddElement(ms_Type.GetName(),FactoryFunc); \
        return 1; \
    } \
    VSObject * classname::FactoryFunc() \
    { \
        return VS_NEW classname;\
    } \
    bool classname::RegisterMainFactory() \
    { \
        if (!ms_bRegisterMainFactory) \
        {

#define IMPLEMENT_INITIAL_END \
            VSMain::AddInitialFunction(InitialClassFactory); \
            VSMain::AddInitialPropertyFunction(InitialProperty); \
            VSMain::AddTerminalPropertyFunction(TerminalProperty); \
            ms_bRegisterMainFactory = true; \
        } \
        return ms_bRegisterMainFactory; \
    }
```

这个宏与上面讲的唯一不同就是加了初始化和终止属性表的两个函数 InitialProperty 和

TerminalProperty。继续完善上面例子中的类 A。

```
IMPLEMENT_RTTI(VSTestObject,VSObject)
BEGIN_ADD_PROPERTY(VSTestObject,VSObject);
REGISTER_PROPERTY(m_TestInt,TestInt,VSProperty::F_SAVE_LOAD_CLONE)
END_ADD_PROPERTY
IMPLEMENT_INITIAL_BEGIN(VSTestObject)
ADD_INITIAL_FUNCTION_WITH_PRIORITY(InitialDefaultState)
ADD_TERMINAL_FUNCTION(TerminalDefaultState)
IMPLEMENT_INITIAL_END
bool VSTestObject::InitialDefaultState()
{
    return 1;
}
bool VSTestObject::TerminalDefaultState()
{
    return 1;
}
VSTestObject::VSTestObject()
{
}
VSTestObject::~VSTestObject()
{
}
```

到这里，我们已经拥有了类里面的属性表，有了属性表，后续就可以处理很多事情。

8.5 序列化存储

序列化（serialization）是指将对象的状态信息转换为可以存储或传输形式的过程。在序列化期间，对象将其当前状态写入临时或持久性存储区。以后，可以通过从存储区中读取或反序列化对象的状态，重新创建该对象。

简单理解，序列化是把对象转化后进行存储或者传输，反序列化就是根据存储的数据来反向解析，重新在内存中生成这个对象。这一节只讲存储，后面会讨论网络传输。

存储和加载是游戏里面很重要的部分，如何快速兼容不同版本的存储已经成为很关键的问题。下面先介绍早期的几种存储和加载方式。

8.5.1 传统序列化方式

方法 1 的代码如下。

```
class A: public VSObject
{
    VSREAL m_TestFloat;
};

A a;
```

通过以下代码进行保存。

```
VSFile *pFile = VS_NEW VSFile();
pFile->Open(pcFileName,VSFile:: OM_WB);
pFile->Write(a.m_TestFloat,sizeof(VSREAL),1);
```

通过以下代码进行加载。

```
VSFile *pFile = VS_NEW VSFile();
pFile->Open(pcFileName,VSFile::OM_RB);
pFile->Read(a.m_TestFloat,sizeof(VSREAL),1);
```

这是相当笨拙的方式。

方法 2 的代码如下。

```
class A: public VSObject
{
    VSREAL m_TestFloat;
    void Save(VSFile *pFile)
    {
        pFile->Write(m_TestFloat, sizeof(VSREAL), 1);
    }
    void Load(VSFile *pFile)
    {
        pFile->Read(m_TestFloat, sizeof(VSREAL), 1);
    }
};
```

通过以下代码进行保存。

```
VSFile *pFile = VS_NEW VSFile();
a.Save(pFile);
```

通过以下代码进行加载。

```
VSFile *pFile = VS_NEW VSFile();
a.Load(pFilc);
```

这种做法其实好了很多，每个类管理自己要加载和存储的东西。但是这种加载和存储方式很单一，只能依赖 VSFile 类，只能保存成文本和二进制格式，如果要保存成 XML 格式，那就很难了。

方法 3 的代码如下。

```
class VSStream
{
    virtual bool Read(void *pvBuffer,unsigned int uiSize);
    virtual bool Write(const void *pvBuffer,unsigned int uiSize);
}
class BitStream public : VSStream
{
    virtual bool Read(void *pvBuffer,unsigned int uiSize);
    virtual bool Write(const void *pvBuffer,unsigned int uiSize);
    VSFile *pFile;
}
class XMLStream public : VSStream
```

```cpp
    {
     virtual bool Read(void *pvBuffer,unsigned int uiSize);
     virtual bool Write(const void *pvBuffer,unsigned int uiSize);
     XMLFile *pFile;
}

class A: public VSObject
{
    VSREAL m_TestFloat;
    void Save(VSStream *pStream)
    {
        pStream ->Write(m_TestFloat, sizeof(VSREAL));
    }
    void Load(VSStream *pFile)
    {
        pStream ->Read(m_TestFloat, sizeof(VSREAL));
    }
};
```

通过以下代码进行保存。

```cpp
VSStream *pFile = VS_NEW BitStream ();
a.Save(pFile);
```

通过以下代码进行加载。

```cpp
VSStream *pFile = VS_NEW BitStream ();
a.Load(pFile);
```

这种方式解决了不同文件的格式问题,不过由于每次都直接调用文件读写,导致速度相当慢。

方法 4 的代码如下。

```cpp
class VSStream
{
    virtual bool Read(void *pvBuffer,unsigned int uiSize);
    virtual bool Write(const void *pvBuffer,unsigned int uiSize);
    virtual bool SaveAll();
    void AddSaveObject(VSObject *Object)
    {
          m_ObjectArray.AddElement(Object);
    }
    VSArray<VSObject> m_ObjectArray;
}
class BitStream public : VSStream
{
    virtual bool Read(void *pvBuffer,unsigned int uiSize);
    virtual bool Write(const void *pvBuffer,unsigned int uiSize);
    virtual bool SaveAll()
    {
        VSFile *pFile = VS_NEW VSFile();
        unsigned uiSaveSize = 0;
        for (int i = 0; i < m_ObjectArray.GetNum(); i++)
        {
            uiSaveSize += m_ObjectArray[i].GetSaveLoadSize();
        }
        m_pcBuffer = VS_NEW unsigned char[uiSaveSize];
```

```cpp
            if (!pFile->Open(pcFileName, VSFile::OM_WB))
            {
                return 0;
            }
            for (int i = 0; i < m_ObjectArray.GetNum(); i++)
            {
                //方便加载时知道是哪个类,创建类实例,保存 m_ObjectArray[i]标识
                if (!m_ObjectArray.Save(this))
                {
                    return 0;
                }
            }
            if(!pFile->Write(m_pcBuffer,m_uiBufferSize,1))
            {
                return 0;
            }
            return 1;
        }
        unsigned char   m_pcBuffer;
    }

    class XMLStream public : VSStream
    {
        virtual bool Read(void *pvBuffer,unsigned int uiSize);
        virtual bool Write(const void *pvBuffer,unsigned int uiSize);
    }
    class A: public VSObject
    {
        VSREAL m_TestFloat;
        void Save(VSStream *pStream)
        {
            pStream ->Write(m_TestFloat, sizeof(VSREAL));
        }
        void Load(VSStream *pFile)
        {
            pStream ->Read(m_TestFloat, sizeof(VSREAL));
        }
        void GetSaveLoadSize()
        {
            return sizeof(VSREAL);
        }
    };
```

这种方法首先把所有 VSObject 对象添加到 m_ObjectArray 里面,每个 VSObject 对象还要定义 GetSaveLoadSize,然后统一把 m_pcBuffer 里面的数据保存在文件里面。这种方法可以将多个 VSObject 对象存放到一个文件中,而且加快了读写速度。

8.5.2 使用属性表进行序列化存储

上面那些方法还有几个致命问题,比如版本兼容问题,做过早期引擎研发的人都知道,最后序列化里面存在版本号判断问题。再比如,如果类成员里面有指针对象,要如何处理呢?上面方法中都没有提到;不过至少我们知道了怎么实现不同格式类型文件的存储,还有用临时缓冲缩短加载和保存时间。

让我们再来回顾游戏中常见的存储文件类型,如纹理、材质、动画、模型、场景等。当然,不

同的引擎存储文件类型也不太一样，比如 Unreal Engine 4 有蓝图，而 Unity 就没有，其实这些都没那么重要。我们只要牢记，任何类对象的集合都可以存储成文件，文件类型可自己定义。比如，Unity 里面的包文件可以导入也可以导出，它里面可以有任何类型的文件，包括材质、纹理等内容，任何内容都可以添加到这个包文件中。Unreal Engine 3 的 upk 文件也差不多。这些都以类对象为单位。如果集合中包含多个元素，就形成了包文件；如果集合里面有一个元素，就是单一的文件。例如，如果集合里面只有一个贴图，那它就是贴图文件；如果集合里面只有一个模型，那它就是模型文件。

不同引擎的资源管理方式也不太相同，比如 Unity 模型文件用 fbx 类型的文件，Unity 没有自己定义的模型文件，材质文件用 3D Max 类型的文件，贴图用 bmp、tga 等类型的文件，Unity 把外部文件格式作为自己的原生文件格式，而动画状态机类型文件和包类型的文件用的是自定义格式的文件。Unreal Engine 则不支持原生文件格式，必须先把原生的文件格式变成 Unreal Engine 的文件格式才可以在引擎里面使用，所以它并不支持在引擎中直接使用由 3D Max 和 Photoshop 等软件导出的文件，而必须先导入引擎中并生成新的格式才能使用。本书中的引擎也不以其他软件原生格式作为引擎文件的默认格式，必须导入并转化成引擎文件的格式才可以使用，至于导入方法，后面会讲到。

现在以一个模型为例，如果这个模型已经加入引擎，给它设定好了材质，材质里面选好了着色器和贴图，这个模型就可以重新存储成引擎的模型文件格式。

模型结构通常是这样的：模型中包含材质，材质中包含着色器和贴图。也就是说，模型索引了另一个叫作材质的资源，材质又索引了两个资源，分别叫着色器和贴图。模型里除了索引材质外，还有其他对象，比如 VertexBufferObject 和 IndexBufferObject，如果这个模型是带骨架的模型，就还会有一个骨架对象。至少现在在模型中有两类对象，一类是资源形式的对象，另一类是非资源形式的对象。而不同对象在模型结构里面可以是指针形式，也可以是非指针形式，还可以是智能指针形式。对象关系可参见图 8.2，其中的箭头表示索引关系。

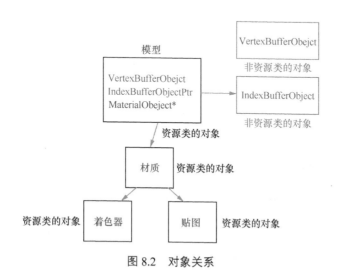

图 8.2　对象关系

可以看到，模型依赖材质资源，是以指针的方式来指向的，材质依赖着色器和贴图资源，VertexBufferObject 直接是模型里的一个对象，而 IndexBufferObjectPtr 以智能指针的方式依赖非资源对象。

当然，材质类、着色器类、贴图类里面都可能出现其他对象，或者以指针、智能指针或内置对象等形式表示。

如果要存储文件类型的对象，则必须有找出这些关系的方法。先不考虑它们是否为资源，是否为指针或者内置对象，若都以指针作为连接关系，就会实现这样的目的。

图 8.3 所示是一个树形关系，模型对象为根节点，这样用树的方法去遍历，无论是深度递归还是广度递归遍历，都可以遍历到所有的对象。我们把要与模型对象保存在一起的对象收集起来，最后另存成文件，这就是模型文件。

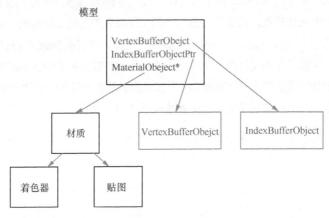

图 8.3　树形关系

我们先从左到右进行深度遍历。首先是根节点的模型对象，它需要保存到文件中，继续收集，然后是材质对象，我们发现它是一个资源对象，所以不需要存放在模型文件中，因为它已经是另外一个资源文件，所以跳过，而其后的叶节点也没有必要再遍历，之后的 VertexBufferObject 和 IndexBufferObject 都要收集。

到此，我们有了 3 个对象，分别为模型对象、VertexBufferObject 和 IndexBufferObject 需要保存这 3 个对象，并组成模型文件。此时属性表就派上用场了，属性表可以用于保存这 3 个对象，也就是保存每个对象里的所有属性值。

对于模型类中的属性表，我们只关心由 VSObject 继承的对象，包括普通指针、类对象和智能指针。为了在遍历的过程中区分这 3 类对象，我们需要做一些处理。还记得静态类型判断吗？

1. 引擎中静态类型判断

下面 3 个结构体的含义分别为是否是 VSObject 类型、是否是 VSObject 指针类型、是否是 VSObject 智能指针类型，默认情况下其 Value 值为 false。

```
template<typename T> struct TIsVSType
{ enum { Value = false }; };
template<typename T> struct TIsVSPointerType
{ enum { Value = false }; };
template<typename T> struct TIsVSSmartPointerType
{ enum { Value = false }; };
```

现在需要特化模板。

```
#define VSTYPE_MARCO(ClassName) \
    template<>    struct TIsVSType<ClassName> { enum { Value = true }; }; \
    template<>    struct TIsVSPointerType<ClassName *> { enum { Value = true }; }; \
    template<> struct TIsVSSmartPointerType<VSPointer<ClassName>> 
    { enum { Value = true }; }; \
    template<> struct TIsVSSmartPointerType<const VSPointer<ClassName>>\
    { enum { Value = true }; };
```

在定义从 VSObject 继承而来的类时，需要添加上面的宏，这样就可以区分所有继承自 VSObject 的类对象，并实现序列化。

为了让使用者能够自定义序列化操作，并收集自定义类里面的对象，这里还提供了一个自定义类型的判断功能。

```
template<typename T> struct TIsCustomType
    { enum { Value = false }; };
template<typename T> struct TisCustomPointerType
    { enum { Value = false }; };
#define CUSTOMTYPE_MARCO(ClassName) \
    template<>    struct TIsCustomType<ClassName>    { enum { Value = true }; }; \
    template<>    struct TIsCustomPointerType<ClassName *>\
                { enum { Value = true }; };
class VSGRAPHIC_API VSCustomArchiveObject:public VSMemObject
{
public:
    VSCustomArchiveObject();
    virtual ~VSCustomArchiveObject();
    virtual void Archive(VSStream & Stream) = 0;
};
CUSTOMTYPE_MARCO(VSCustomArchiveObject)
```

使用者如果要让自定义类使用引擎内部自带的序列化功能，就需要继承 VSCustomArchiveObject 类，然后实现 Archive 函数，并在类定义后加上 CUSTOMTYPE_MARCO(ClassName)这个宏。这表示所有的序列化都要使用者自己写出来。

注意

VSCustomArchiveObject 的序列化不支持指针类型。

2. 递归注册所有 VSObject 对象

下面是收集并注册 VSObject 对象的代码。

```
class VSGRAPHIC_API VSStream
{
    enum //序列化类型
    {
        AT_SAVE,       //保存
        AT_LOAD,       //加载
        AT_LINK,       //链接
        AT_REGISTER,   //注册
        AT_SIZE,       //数据大小
        AT_POSTLOAD    //后处理
    };
```

```cpp
    bool ArchiveAll(VSObject *pObject);
    bool RegisterObject(VSObject *pObject);
    unsigned int m_uiStreamFlag;
    VSArray<VSObject *> m_pVObjectArray;
}
bool VSStream::ArchiveAll(VSObject *pObject)
{
    if (!pObject)
    {
        return false;
    }
    if (m_uiStreamFlag == AT_REGISTER)
    {
        if(RegisterObject(pObject))
        {
            VSRtti &Rtti = pObject->GetType();
            for (unsigned int j = 0 ; j < Rtti.GetPropertyNum() ; j++)
            {
                VSProperty *pProperty = Rtti.GetProperty(j);
                if (pProperty->GetFlag() & VSProperty::F_SAVE_LOAD)
                {
                    pProperty->Archive(*this,pObject);
                }
            }
        }
    }
    return true;
}
bool VSStream::RegisterObject(VSObject *pObject)
{
    VSMAC_ASSERT(pObject);
    if(!pObject)
        return 0;
    for(unsigned int i = 0 ; i < (unsigned int)m_pVObjectArray.GetNum(); i++)
    {
        if(m_pVObjectArray[i] == pObject)
        {
            return 0;
        }
    }
    m_pVObjectArray.AddElement((VSObject *)pObject);
    return 1;
}
```

下面一个一个地介绍。

```cpp
enum            //序列化类型
{
    AT_SAVE,    //保存
    AT_LOAD,    //加载
    AT_LINK,    //链接
    AT_REGISTER,    //注册
    AT_SIZE,        //数据大小
    AT_POSTLOAD     //后处理
};
```

其实 Archive 可以完成很多事情，这里面有 6 个选项，分别是保存、加载、链接、注册、求数据大小、后处理。处理 VSObject 对象的过程就是一个递归遍历的过程，可以访问到所有属性，所以根据不同需求，我们可以收集很多有用的信息。在本节中收集所有有关系的 VSObject 对象，这里派上用途的是 AT_REGISTER。需要把 m_uiStreamFlag 设置成 AT_REGISTER。

还是上面模型的例子，为了收集模型对象以及与它关联的所有信息，要把它作为根节点传入 bool VSStream::ArchiveAll(VSObject * pObject)中。观察这个函数的处理流程，首先是要判断这个 VSObject 对象有没有注册过。如果没有注册，则加入 m_pVObjectArray 中；否则，这个递归处理就结束。接下来，遍历所有的属性。属性类中也要有一个叫作 Archive 的函数。下面把 VSProperty 的函数补齐，其他前面讲过的内容不再重复。

```
class VSProperty
{
    virtual bool Archive(VSStream &Stream,void *pObj) = 0;
};
class VSEnumProperty : public VSProperty
{
    virtual bool Archive(VSStream &Stream,void *pObj)
    {
        Stream.Archive(Value(pObj));
        return true;
    }
};
```

如果已经忘记 Value 函数，可以回顾 8.4 节，这个函数用于获取 pObj 这个枚举的属性值，并返回其引用。

```
template<typename T,typename NumType>
class VSDataProperty : public VSProperty
{
    virtual bool Archive(VSStream &Stream,void *pObj)
    {
        return true;
    }
};
template<typename T>
class VSValueProperty : public VSValueBaseProperty<T>
{
    virtual bool Archive(VSStream &Stream,void *pObj)
    {
        Stream.Archive(Value(pObj));
        return true;
    }
};
template<typename ArrayType,typename T>
class VSArrayProperty : public VSValueBaseProperty<T>
{
    virtual bool Archive(VSStream &Stream,void *pObj)
    {
        Stream.Archive(GetContainer(pObj));
        return true;
    }
};
template<typename MapType,typename KEY,typename VALUE>
```

```cpp
class VSMapProperty : public VSValueBaseProperty<VALUE>
{
    virtual bool Archive(VSStream &Stream,void *pObj)
    {
        Stream.Archive(GetContainer(pObj));
        return true;
    }
};
```

上面的代码一目了然，当 m_uiStreamFlag ═ AT_REGISTER 时，只有 PT_VALUE、PT_MAP、PT_ARRAY 类型需要处理。它们 3 个可以包含其他对象，并分别调用 VSStream 中的 3 个 Archive 函数进行递归处理。

```cpp
class VSGRAPHIC_API VSStream
{
    template<class T>
    void Archive(T & Io)
    {
        if (m_uiStreamFlag == AT_REGISTER)
        {
            if(TIsVSPointerType<T>::Value)
            {
                VSObject* & Temp = *(VSObject**)(void *)&Io;
                ArchiveAll(Temp);
            }
            else if(TIsVSSmartPointerType<T>::Value)
            {
                VSObjectPtr & Temp = *(VSObjectPtr*)(void *)&Io;
                ArchiveAll(Temp);
            }
            else if (TIsCustomType<T>::Value)
            {
                VSCustomArchiveObject * Temp =
                            (VSCustomArchiveObject*)(void *)&Io;
                Temp->Archive(*this);
            }
            else if (TIsVSType<T>::Value)
            {
                VSObject*  Temp = (VSObject *)&Io;
                ArchiveAll(Temp);
            }
        }
    }
    template<class T,VSMemManagerFun MMFun>
    void Archive(VSArray<T,MMFun> & Io)
    {
        if (m_uiStreamFlag == AT_REGISTER)
        {
            unsigned int uiNum = Io.GetNum();
            for (unsigned int i = 0 ; i < uiNum ; i++)
            {
                Archive(Io[i]);
            }
        }
    }
    template<class Key,class Value,VSMemManagerFun MMFun>
    void Archive(VSMap<Key,Value,MMFun> & Io)
```

```
            {
                if (m_uiStreamFlag == AT_REGISTER)
                {
                    unsigned int uiNum = Io.GetNum();
                    for (unsigned int i = 0 ; i < uiNum ; i++)
                    {
                        MapElement<Key,Value> &Element = Io[i];
                        Archive(Element.Key);
                        Archive(Element.Value);
                    }
                }
            }
        }
```

就这样，在 m_pVObjectArray 里面收集了所有要保存的 VSObject。

3．保存

现在我们可以按顺序存储这些 VSObject。不过需要注意的是，有些 VSObject 中的属性是指针或者非指针 VSObject 对象。为了在加载时可以恢复指针的指向，我们需要做一些额外的处理——为每个 VSObject 生成唯一索引。当然，生成的方法有很多，只要保证它的唯一性就可以。存储 VSObject 前，要先保存这个索引。存储指向这个 VSObject 指针的时候，同样存储的是这个索引，这样就能保证进行加载时可以根据索引找到指针对应的对象，恢复原来的指向关系。

提示

本引擎中用 VSObject 指针的地址作为唯一索引。虽然唯一，但在 32 位程序中保存的文件在 64 位程序里是无法加载的；反之，也是如此。因此，读者可以自己尝试改成 32 位 ID 或者 64 位 ID，或者用 4 个 8 位的 GUID 来表示，让引擎可以通用。

为了在加载的时候知道是什么 VSObject 类型，我们还要保存 VSObject Rtti 的名字，这样在加载的时候就可以方便地创建这个对象。

现在简单介绍一下保存算法。首先为每个 VSObject 生成一个表，再为 VSObject 中的每个属性生成一个表。表结构如下。

```
struct ObjectTable       1//VSObject 对象
{
    //以 VSObject 的地址作为唯一标识，恢复加载时指针的指向
    VSObject * m_pAddr;
    //VSObject Rtti 的名字，加载的时候才知道创建的是什么对象
    VSString m_RttiName;
    unsigned int m_uiObjectPropertySize; //VSObject 所有属性占用的空间大小
    unsigned int m_uiObjectPropertyNum;  //VSObject 属性的个数
    //VSObject 属性表数组
    VSArray<ObjectPropertyTable> m_ObjectPropertyTable;
    unsigned int m_uiOffSet; //ObjectPropertyTable 距离首地址偏移
    //ObjectPropertyTable 占用空间大小
    unsigned int m_uiObjectPropertyTableSize;
};

struct ObjectPropertyTable//VSObject 属性表
{
```

```
    unsigned int m_uiOffSet;            //当前 VSObject 属性距离首地址的偏移量
    unsigned int m_uiNameID;            //当前 VSObject 属性名字的 ID
    VSString m_PropertyName;            //当前 VSObject 属性名字
    unsigned int m_uiSize;              //当前 VSObject 属性大小
};
```

m_uiNameID 目前可以视为字符串，下一章将进行解释。

文件存储格式如图 8.4 所示，从图中可以看出，文件存放得十分有规律，先存所有 VSObject 的 ObjectTable，然后存放每个 VSObject 的 ObjectPropertyTable，再存放每个 VSObject 的属性数据。每个 ObjectPropertyTable 的偏移量直接指向属性数据区域。

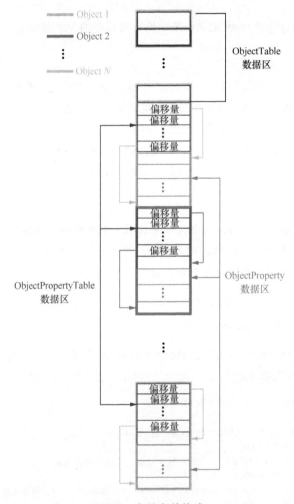

图 8.4 文件存储格式

具体代码如下。

```
unsigned int iObjectNum = m_pVObjectArray.GetNum();
m_uiBufferSize = 0; //记录存储空间大小
//版本号
m_uiBufferSize += sizeof(unsigned int );
//VSObject 个数
m_uiBufferSize += sizeof(unsigned int);
```

```
VSArray<ObjectTable> ObjectTable;
ObjectTable.SetBufferNum(iObjectNum);
//创建 ObjectTable
for(unsigned int i = 0 ; i < m_pVObjectArray.GetNum();i++)
{
    //addr
    m_uiBufferSize += sizeof(VSObject*);
    ObjectTable[i].m_pAddr = m_pVObjectArray[i];
    //rtti name
    m_uiBufferSize +=
                GetStrDistUse(m_pVObjectArray[i]->GetType().GetName());
    ObjectTable[i].m_RttiName = m_pVObjectArray[i]->GetType().GetName();
    //VSObject 对象属性大小
    m_uiBufferSize += sizeof(unsigned int);
    //VSObject 对象属性个数
    m_uiBufferSize += sizeof(unsigned int);
}
```

上面的代码创建了 ObjectTable，并记录了存放当前内容所需的空间，包括版本号、对象个数以及所有 ObjectTable 占用的空间大小。

```
unsigned int uiObjectContentAddr = m_uiBufferSize;
//创建 ObjectPropertyTable，并计算所需要的存储空间
m_uiStreamFlag = AT_SIZE;
for(unsigned int i = 0 ; i < m_pVObjectArray.GetNum();i++)
{
    //ObjectPropertyTable 的偏移量
    ObjectTable[i].m_uiOffSet = m_uiBufferSize;
    VSRtti &Rtti = m_pVObjectArray[i]->GetType();
    ObjectTable[i].m_ObjectPropertyTable.SetBufferNum(
                Rtti.GetPropertyNum());
    ObjectTable[i].m_uiObjectPropertyNum = 0;
    for (unsigned int j = 0 ; j < Rtti.GetPropertyNum() ; j++)
    {
        VSProperty * pProperty = Rtti.GetProperty(j);
        if (pProperty->GetFlag() & VSProperty::F_SAVE_LOAD)
        {
            //存放名字 ID 空间大小
            m_uiBufferSize += sizeof(unsigned int);
            //取得属性名字
            ObjectTable[i].m_ObjectPropertyTable[j].m_PropertyName =
                        pProperty->GetName().GetString();
            ObjectTable[i].m_ObjectPropertyTable[j].m_uiNameID =
                        pProperty->GetName().GetNameCode();
            //存放偏移量大小
            m_uiBufferSize += sizeof(unsigned int);
            //计算属性个数
            ObjectTable[i].m_uiObjectPropertyNum++;
        }
    }
    //计算 ObjectPropertyTable 占用的空间大小
    ObjectTable[i].m_uiObjectPropertyTableSize =
                m_uiBufferSize - ObjectTable[i].m_uiOffSet;
    for (unsigned int j = 0 ; j < Rtti.GetPropertyNum() ; j++)
    {
        VSProperty * pProperty = Rtti.GetProperty(j);
        if (pProperty->GetFlag() & VSProperty::F_SAVE_LOAD)
```

```
            {
                //计算属性数据的偏移量
                ObjectTable[i].m_ObjectPropertyTable[j].m_uiOffSet =
                    m_uiBufferSize;
                //计算属性占用的数据大小
                m_uiArchivePropertySize = 0;
                pProperty->Archive(*this,m_pVObjectArray[i]);
                ObjectTable[i].m_ObjectPropertyTable[j].m_uiSize =
                    m_uiArchivePropertySize;
                //累加
                m_uiBufferSize += m_uiArchivePropertySize;
            }
        }
        //计算属性总共占用的数据大小
        ObjectTable[i].m_uiObjectPropertySize = m_uiBufferSize -
                    ObjectTable[i].m_uiObjectPropertyTableSize -
                    ObjectTable[i].m_uiOffSet;
}
```

这段代码负责初始化 ObjectPropertyTable，并记录 PropertyTable 所占用空间大小和属性数据大小。当 m_uiStreamFlag = AT_SIZE 时，pProperty->Archive(*this, m_pVObjectArray[*i*])表示获取每个属性占用的空间大小。

```
for(unsigned int i = 0 ; i < m_pVObjectArray.GetNum();i++)
{
    m_pVObjectArray[i]->BeforeSave();
}
```

在存储之前还可以做一些事情。

```
//申请空间
VSMAC_DELETEA(m_pcBuffer);
m_pcBuffer = VS_NEW unsigned char[m_uiBufferSize];
if(!m_pcBuffer)
{
    return 0;
}
m_pcCurBufPtr = m_pcBuffer;
```

根据前面计算的空间大小算出所需空间，分配缓存，m_pcBuffer 是缓存的首地址，m_pcCurBufPtr 是当前空闲空间的地址，与文件中的游标是同一用途，每次调用 Write 函数都会在 m_pcCurBufPtr 位置处存放数据，m_pcCurBufPtr 会自动加上当前保存的数据大小并保持递增。

```
m_uiVersion = ms_uiCurVersion;
//存储版本号
Write(&m_uiVersion,sizeof(unsigned int));
//存储对象个数
Write(&iObjectNum,sizeof(unsigned int));
```

前面不是说不用存储版本号、不用管理不同版本的兼容性吗？这是因为文件格式后续可能发生变化，所以这里需要用版本号来标记。而 VSObject 属性的保存和加载是不用管理版本号的，它与文件存储格式的关系没那么密切。我们继续往下看。

```
// ObjectTable
for(unsigned int i = 0 ; i < m_pVObjectArray.GetNum();i++)
{
```

```
        //写入 VSObject，作为唯一索引
        if(!Write(&ObjectTable[i].m_pAddr,sizeof(VSObject *)))
        {
            VSMAC_DELETEA(m_pcBuffer);
            return 0;
        }
        if(!WriteString(ObjectTable[i].m_RttiName))
        {
            VSMAC_DELETEA(m_pcBuffer);
            return 0;
        }
        Write(&ObjectTable[i].m_uiObjectPropertySize,sizeof(unsigned int));
        Write(&ObjectTable[i].m_uiObjectPropertyNum,sizeof(unsigned int));
}
```

将 ObjectTable 存储到缓存中。

```
//VSObject 属性
m_uiStreamFlag = AT_SAVE;
for(unsigned int i = 0 ; i < m_pVObjectArray.GetNum();i++)
{
    VSRtti &Rtti = m_pVObjectArray[i]->GetType();
    for (unsigned int j = 0 ; j < Rtti.GetPropertyNum() ; j++)
    {
        VSProperty * pProperty = Rtti.GetProperty(j);
        if (pProperty->GetFlag() & VSProperty::F_SAVE_LOAD)
        {
            //存放名字 ID
            Write(&ObjectTable[i].m_ObjectPropertyTable[j]
                            .m_uiNameID, sizeof(unsigned int));
            Write(&ObjectTable[i].m_ObjectPropertyTable[j].m_uiOffSet,
                            sizeof(unsigned int));
        }
    }
    for (unsigned int j = 0 ; j < Rtti.GetPropertyNum() ; j++)
    {
        VSProperty * pProperty = Rtti.GetProperty(j);
        if (pProperty->GetFlag() & VSProperty::F_SAVE_LOAD)
        {
            pProperty->Archive(*this,m_pVObjectArray[i]);
        }
    }
}
```

除了保存 ObjectPropertyTable 外，这段代码还通过 m_uiStreamFlag = AT_SAVE 把序列化动作标记为保存，这样 pProperty->Archive(*this,m_pVObjectArray[*i*])在进行序列化的时候处理的就是属性保存功能。这里保存了 NameID（暂时理解为字符串，也就是属性名），再次加载的时候根据名称匹配，如果匹配不上就不加载，这样就达到了兼容不同版本的目的。

```
for(unsigned int i = 0 ; i < m_pVObjectArray.GetNum();i++)
{
    m_pVObjectArray[i]->PostSave();
}
```

VSObject 对象序列化保存后，也可以做一些额外的事情。

```
VSFile *pFile = VS_NEW VSFile();
if (!pFile)
{
    VSMAC_DELETEA(m_pcBuffer);
    return 0;
}
//打开文件
if(!pFile->Open(pcFileName,VSFile::OM_WB))
{
    VSMAC_DELETE(pFile);
    VSMAC_DELETEA(m_pcBuffer);
    return 0;
}
if(!pFile->Write(m_pcBuffer,m_uiBufferSize,1))
{
    VSMAC_DELETE(pFile);
    VSMAC_DELETEA(m_pcBuffer);
    return 0;
}
VSMAC_DELETE(pFile);
VSMAC_DELETEA(m_pcBuffer);
```

最后把缓存里面的内容保存到指定文件中。

在上面的代码中，BeforeSave()和 PostSave()都是 VSObject 虚函数，继承自 VSObject 的类都可以重载这个函数。

下面重点介绍 m_uiStreamFlag = AT_SIZE、m_uiStreamFlag = AT_SAVE。与 8.4 节中注册 VSObject 对象类似，AT_SIZE 与 AT_SAVE 分别用于计算属性占用的存储空间大小和保存。

```
void Archive(T & Io)
{
    if (m_uiStreamFlag == AT_SAVE)
    {
        if (TIsVSResourceProxyPointType<T>::Value)
        {
            VSResourceProxyBasePtr & Temp =
                        *(VSResourceProxyBasePtr*)(void *)&Io;
            WriteResource(Temp);
        }
        else if(TIsVSPointerType<T>::Value)
        {
            VSObject* & Temp = *(VSObject**)(void *)&Io;
            WriteObjectPtr(Temp);
        }
        else if(TIsVSSmartPointerType<T>::Value)
        {
            VSObjectPtr & Temp = *(VSObjectPtr*)(void *)&Io;
            WriteObjectPtr(Temp);
        }
        else if (TIsVSStringType<T>::Value)
        {
            VSString & Temp = *(VSString*)(void *)&Io;
            WriteString(Temp);
```

```cpp
        }
        else if (TIsCustomType<T>::Value)
        {
            VSCustomArchiveObject * Temp = 
                        (VSCustomArchiveObject*)(void *)&Io;
            Temp->Archive(*this);
        }
        else if (TIsVSType<T>::Value)
        {
            VSObject *  Temp = (VSObject *)&Io;
            WriteObjectPtr(Temp);
        }
        else
        {
            Write((void *)&Io,sizeof(T));
        }
    }
    else if (m_uiStreamFlag == AT_SIZE)
    {
        if (TIsVSResourceProxyPointType<T>::Value)
        {
            VSResourceProxyBasePtr & Temp =
               *(VSResourceProxyBasePtr *)(void *)&Io;
            m_uiArchivePropertySize += 
                            GetResourceDistUse(Temp) + sizeof(bool);
        }
        else if(TIsVSPointerType<T>::Value ||
            TIsVSSmartPointerType<T>::Value ||
            TIsVSType<T>::Value)
        {
            m_uiArchivePropertySize += 4;
        }
        else if (TIsVSStringType<T>::Value)
        {
            VSString & Temp = *(VSString *)(void *)&Io;
            m_uiArchivePropertySize += GetStrDistUse(Temp);
        }
        else if (TIsCustomType<T>::Value)
        {
            VSCustomArchiveObject * Temp = 
                        (VSCustomArchiveObject *)(void *)&Io;
            Temp->Archive( * this);
        }
        else
        {
            m_uiArchivePropertySize += sizeof(T);
        }
    }
}
template<class T,VSMemManagerFun MMFun>
void Archive(VSArray<T,MMFun> & Io)
{
        if(m_uiStreamFlag == AT_SAVE)
    {
        unsigned int uiNum = Io.GetNum();
        Archive(uiNum);
        for (unsigned int i = 0 ; i < uiNum ; i++)
```

```cpp
            {
                Archive(Io[i]);
            }
        }
        else if (m_uiStreamFlag == AT_SIZE)
        {
            unsigned int uiNum = Io.GetNum();
            Archive(uiNum);
            for (unsigned int i = 0 ; i < uiNum ; i++)
            {
                Archive(Io[i]);
            }
        }
    }
    template<class Key,class Value,VSMemManagerFun MMFun>
    void Archive(VSMap<Key,Value,MMFun> & Io)
    {
            if(m_uiStreamFlag == AT_SAVE)
        {
            unsigned int uiNum = Io.GetNum();
            Archive(uiNum);
            for (unsigned int i = 0 ; i < uiNum ; i++)
            {
                MapElement<Key,Value> &Element = Io[i];
                Archive(Element.Key);
                Archive(Element.Value);
            }
        }
        else if (m_uiStreamFlag == AT_SIZE)
        {
            unsigned int uiNum = Io.GetNum();
            Archive(uiNum);
            for (unsigned int i = 0 ; i < uiNum ; i++)
            {
                MapElement<Key,Value> &Element = Io[i];
                Archive(Element.Key);
                Archive(Element.Value);
            }
        }
    }
```

此时需要说明的只有 TIsVSResourceProxyPointType<T>::Value。这个静态类型表示的是资源，需要单独保存成文件。一旦有 VSObject 需要索引这个资源，则存放时保存的是资源路径，第 9 章会详细讲解。

最后，如果要把一个 VSObject 保存到名称为"test_stream"的文件中，可以使用如下代码。

```cpp
TestStream.SetStreamFlag(VSStream::AT_REGISTER);
TestStream.ArchiveAll(pObject);
TestStream.NewSave("test_stream");
```

4．加载

有了保存的过程，加载就相对简单了。

```
m_uiBufferSize = uiSize;
m_pcBuffer = pBuffer;
m_pcCurBufPtr = m_pcBuffer;
```

这两个指针的含义和保存时的含义一样。

```
VSArray<ObjectTable> ObjectTable;
//加载版本号
Read(&m_uiVersion,sizeof(unsigned int));
//加载对象个数
unsigned int iObjectNum = 0;
Read(&iObjectNum,sizeof(unsigned int));
```

加载版本号和 VSObject 个数。

```
ObjectTable.SetBufferNum(iObjectNum);
//ObjectTable
for(unsigned int i = 0 ;i < iObjectNum ; i++)
{
    VSObject * pObject = 0;
    //读取指针，作为唯一 ID
    if(!Read(&ObjectTable[i].m_pAddr,sizeof(VSObject *)))
    {
        return 0;
    }
    //读取 RTTI
    if(!ReadString(ObjectTable[i].m_RttiName))
    {
        return 0;
    }
    if(!Read(&ObjectTable[i].m_uiObjectPropertySize,sizeof(unsigned int)))
    {
        return 0;
    }
    if(!Read(&ObjectTable[i].m_uiObjectPropertyNum,sizeof(unsigned int)))
    {
        return 0;
    }
}
```

读取并创建 ObjectTable。

```
for(unsigned int i = 0 ;i < iObjectNum ; i++)
{
    VSObject * pObject = 0;
    //创建空 VSObject 对象
    pObject = VSObject::GetInstance(ObjectTable[i].m_RttiName);
    if(!pObject)
    {
        continue;
    }
    //创建加载映射表
    m_pmLoadMap.AddElement(ObjectTable[i].m_pAddr,pObject);
    RegisterObject(pObject);
}
```

根据 RTTI 名字创建 VSObject 对象，并把每个 VSObject 对象注册到 m_pVObjectArray 里面，

m_pmLoadMap 用于恢复指针的指向。m_pVObjectArray 里面有些 VSObject 对象实际上是一份副本，比如下面的一些对象。

```
class A : public VSObject
{
public:
    int i;
};
class B : public VSObject
{
public:
    A * m_pA1;
    A m_A2;
};
B b;
```

为了存储对象 b，需要保存 3 个对象，即 b、m_pA1 指向的对象、m_A2。实际上，b 存储的内容是两个地址，一个是 m_pA1，另一个是 m_A2 的地址。而 m_pA1 指向的对象和 m_A2 存储的内容就是两个整型对象。在加载的时候分别创建 3 个对象，分别是一个 B 对象、两个 A 对象。而 b 对象里面已经包含了一个 A 对象 m_A2，新创建的第二个 A 对象实际上是这个 m_A2 对象的副本，我们要做的是使 m_pA1 再次指向第一个 A 对象，把第二个 A 对象里面的值都复制到 m_A2 里面，然后再把第二个 A 对象销毁掉。

下面这段代码是加载 ObjectPropertyTable 的。

```
for(unsigned int i = 0 ; i < m_pVObjectArray.GetNum();i++)
{
        ObjectTable[i].m_ObjectPropertyTable.SetBufferNum(
            ObjectTable[i].m_uiObjectPropertyNum);
    for (unsigned int j = 0 ; j < ObjectTable[i].m_uiObjectPropertyNum ; j++)
    {
        Read(&ObjectTable[i].m_ObjectPropertyTable[j].m_uiNameID,
            sizeof(unsigned int));
        Read(&ObjectTable[i].m_ObjectPropertyTable[j].m_uiOffSet,
            sizeof(unsigned int));
    }
    m_pcCurBufPtr += ObjectTable[i].m_uiObjectPropertySize;
}
```

下面这段代码用于加载 VSObject 对象的属性。

```
m_uiStreamFlag = AT_LOAD;
//加载 VSObject 对象的属性
for(unsigned int i = 0 ; i < m_pVObjectArray.GetNum();i++)
{
    VSRtti &Rtti = m_pVObjectArray[i]->GetType();
    for (unsigned int j = 0 ; j < Rtti.GetPropertyNum() ; j++)
    {
        VSProperty * pProperty = Rtti.GetProperty(j);
        if (pProperty->GetFlag() & VSProperty::F_SAVE_LOAD)
        {
          for (unsigned int k = 0 ; k <
                    ObjectTable[i].m_ObjectPropertyTable.GetNum() ; k++)
          {
```

```
                if (pProperty->GetName().GetNameCode() ==
                             ObjectTable[i].m_ObjectPropertyTable[k].m_uiNameID)
                {
                    m_pcCurBufPtr = m_pcBuffer +
                             ObjectTable[i].m_ObjectPropertyTable[k].m_uiOffSet;
                    pProperty->Archive(*this,m_pVObjectArray[i]);
                        break;
                }
            }
        }
    }
}
```

此时，序列化标志位 m_uiStreamFlag = AT_LOAD 表示处理 pProperty->Archive(*this,m_pVObjectArray[*i*])的加载。注意，ObjectPropertyTable 中的每个成员会和当前 RTTI 里属性表的每个成员比对，如果名字匹配上了才会加载，这样可以保证不同文件之间的版本号兼容。对于两个版本不同的文件，属性可能不同，但只加载属性名字相同的，没有处理并加载的还使用默认值。

这里还有一些小问题。要保证一个类中的属性名和它的基类里面的所有属性名不重复，这个在程序里面可以校验，并给出错误提示。还有一种情况：版本 a 中存在属性名为 int m 的属性，版本 b 中把 int m 这个属性删除掉了，版本 c 中又有人把 float m 这个属性加入进来，在版本 c 加载版本 a 文件的时候就会使 float m 读取了 int m 的值，这将导致引擎的错误不可预知。其实这种情况在引擎中出现的概率比较低。一般规范化的程序代码都会按功能命名，所以名字一样但实际功能不同的可能性很小。不过，一旦出现这个问题，只能说明代码规范性实在太差。

```
    void Archive(T & Io)
    {
        if (m_uiStreamFlag == AT_LOAD)
        {
            if (TIsVSResourceProxyPointerType<T>::Value)
            {
                VSResourceProxyBasePtr & Temp =
                   *(VSResourceProxyBasePtr*)(void *)&Io;
                ReadResource(Temp);
            }
            else if(TIsVSPointerType<T>::Value)
            {
                VSObject * & Temp = *(VSObject**)(void *)&Io;
                ReadObjectPtr(Temp);
            }
            else if (TIsVSType<T>::Value)
            {
                VSObject * Key = (VSObject *)&Io;
                VSObject * Value = NULL;
                ReadObjectPtr(Value);
                m_pmVSTypeLoadMap.AddElement(Key,Value);
            }
            else if(TIsVSSmartPointerType<T>::Value)
            {
                VSObjectPtr & Temp = *(VSObjectPtr*)(void *)&Io;
```

```cpp
            ReadObjectPtr(Temp);
        }
        else if (TIsVSStringType<T>::Value)
        {
            VSString & Temp = *(VSString*)(void *)&Io;
            ReadString(Temp);
        }
        else if (TIsCustomType<T>::Value)
        {
            VSCustomArchiveObject * Temp = 
                        (VSCustomArchiveObject*)(void *)&Io;
            Temp->Archive(*this);
        }
        else
        {
            Read((void *)&Io,sizeof(T));
        }
    }
}
template<class T,VSMemManagerFun MMFun>
void Archive(VSArray<T,MMFun> & Io)
{
    if (m_uiStreamFlag == AT_LOAD)
    {
        unsigned int uiNum = 0;
        Archive(uiNum);
        Io.SetBufferNum(uiNum);
        for (unsigned int i = 0 ; i < uiNum ; i++)
        {
            Archive(Io[i]);
        }
    }
}
template<class Key,class Value,VSMemManagerFun MMFun>
void Archive(VSMap<Key,Value,MMFun> & Io)
{
    if (m_uiStreamFlag == AT_LOAD)
    {
        unsigned int uiNum = 0;
        Archive(uiNum);
        Io.SetBufferNum(uiNum);
        for (unsigned int i = 0 ; i < uiNum ; i++)
        {
            MapElement<Key,Value> &Element = Io[i];
            Archive(Element.Key);
            Archive(Element.Value);
        }
    }
}
```

当序列化标志位为 m_uiStreamFlag = AT_LOAD 的时候，加载过程和保存过程是一样的。对于 VSObject 指针和 VSObject 对象要稍做处理，保证后续可以恢复它们的指向，指针保存的地址，加载的时候令 VSObject 指针直接指向这个地址，此时这个指针是无效指针，只表示索引关系，还没有恢复真正的指向。而非指针 VSObject 对象类型保存的是这个 VSObject 对象的地址，加载的时候也要建立映射关系——VSObject 对象的指针和读出来的地址之间的映射关系。

读出地址，并临时存放在当前指针里面。

```
template<class T>
bool VSStream::ReadObjectPtr(VSPointer<T> & Pointer)
{
    T * pP = NULL;
    if(!Read( &pP, sizeof(T *) ))
    return 0;
    Pointer.SetObject(pP);
    return 1;
}
bool VSStream::ReadObjectPtr(T * &pObject)
{
    if(!Read( &pObject, sizeof(T *) ))
        return 0;
    return 1;
}
```

处理非指针对象，m_pmVSTypeLoadMap 先建立映射关系。

```
VSObject * Key = (VSObject *)&Io;
VSObject * Value = NULL;
ReadObjectPtr(Value);
m_pmVSTypeLoadMap.AddElement(Key,Value);
```

接下来，恢复指针的指向，恢复 VSObject 对象里面的内容。

```
//处理连接
m_uiStreamFlag = AT_LINK;
//存放的是非指针类型 VSObject 对象，在链接过程中会复制这些对象里面的内容，
//而这些 VSObject 对象最后会被删除
m_CopyUsed.SetBufferNum(m_pVObjectArray.GetNum());
for (unsigned int i = 0 ; i < m_CopyUsed.GetNum();i++)
{
    m_CopyUsed[i] =  false;
}
//必须从后往前遍历，因为注册的过程是递归的深度注册，所以从后往前链接保证子节点先完成
//父节点后完成
for(int i = m_pVObjectArray.GetNum() - 1; i >= 0 ; i--)
{
    VSRtti &Rtti = m_pVObjectArray[i]->GetType();
    for (unsigned int j = 0 ; j < Rtti.GetPropertyNum() ; j++)
    {
        VSProperty * pProperty = Rtti.GetProperty(j);
        if (pProperty->GetFlag() & VSProperty::F_SAVE_LOAD)
        {
            pProperty->Archive(*this,m_pVObjectArray[i]);
        }
    }
}
//删除 m_CopyUsed 为 true 的 VSObject 对象
for(unsigned int i = 0 ; i < m_pVObjectArray.GetNum() ;)
{
    if (m_CopyUsed[i] == true)
    {
        VSMAC_DELETE(m_pVObjectArray[i]);
```

```
                m_pVObjectArray.Erase(i);
                m_CopyUsed.Erase(i);
        }
        else
        {
                i++;
        }
}
```

这时候标志位 _uiStreamFlag = AT_LINK 的序列化过程就是处理指针指向和 VSObject 对象中内容的复制。m_pVObjectArray 里面有些对象实际上是一份副本,所以要知道哪些对象是副本。m_CopyUsed 表示哪些 VSObject 是复制的,最后把复制的对象从 m_pVObjectArray 中删除掉。

不过处理 VSObject 对象复制要注意一点(处理指针指向并不需要这样),在复制 VSObject 对象时,如果这个 VSObject 对象中也有子对象需要复制,那么子对象必须预先处理完。因为在加载的时候注册 VSObject 对象是深度递归的,所以在 m_pVObjectArray 里面的 VSObject 对象也满足这个顺序,在处理 VSObject 对象复制时,要从叶节点到根节点,也就是只有子节点处理完毕才能处理上一级节点,所以这次 pProperty->Archive(*this,m_pVObjectArray[*i*]) 的顺序实际上是从后往前,也就满足了从子节点到根节点的遍历。

```
template<class T>
void Archive(T & Io)
{
        if (m_uiStreamFlag == AT_LINK)
    {
        if(TIsVSPointerType<T>::Value)
        {
            VSObject * & Temp = *(VSObject**)(void *)&Io;
            LinkObjectPtr(Temp);
        }
        else if(TIsVSSmartPointerType<T>::Value)
        {
            VSObjectPtr & Temp = *(VSObjectPtr*)(void *)&Io;
            LinkObjectPtr(Temp);
        }
        else if (TIsVSType<T>::Value)
        {
            VSObject *  Key = (VSObject *)&Io;
            VSObject * Value = NULL;
            Value = GetVSTypeMapValue(Key);
            LinkObjectPtr(Value);
            VSMAC_ASSERT(Value);
            VSObject::CloneObject(Value,Key);
            unsigned int uiIndex =
                m_pVObjectArray.FindElement(Value);
            VSMAC_ASSERT(uiIndex < m_CopyUsed.GetNum());
            m_CopyUsed[uiIndex] = true;
        }
        else if (TIsCustomType<T>::Value)
        {
            VSCustomArchiveObject * Temp =
                         (VSCustomArchiveObject*)(void *)&Io;
            Temp->Archive(*this);
        }
```

```cpp
    }
}
template<class T,VSMemManagerFun MMFun>
void Archive(VSArray<T,MMFun> & Io)
{
    if (m_uiStreamFlag == AT_LINK)
    {
        unsigned int uiNum = Io.GetNum();
        for (unsigned int i = 0 ; i < uiNum ; i++)
        {
            Archive(Io[i]);
        }
    }
}
template<class Key,class Value,VSMemManagerFun MMFun>
void Archive(VSMap<Key,Value,MMFun> & Io)
{
    if (m_uiStreamFlag == AT_LINK)
    {
        unsigned int uiNum = Io.GetNum();
        for (unsigned int i = 0 ; i < uiNum ; i++)
        {
            MapElement<Key,Value> &Element = Io[i];
            Archive(Element.Key);
            Archive(Element.Value);
        }
    }
}
template<class T>
bool VSStream::LinkObjectPtr(VSPointer<T> & Pointer)
{
    VSObject * pP = (VSObject *)Pointer.GetObject();
    Pointer.SetObject(NULL);
    Pointer = (T *)GetMapValue(pP);
    if (!Pointer)
    {
        return 0;
    }
    return 1;
}
template<class T>
bool VSStream::LinkObjectPtr(T * &pObject)
{
    pObject = (T *)GetMapValue(pObject);
    if (!pObject)
    {
        return 0;
    }
    return 1;
}
```

因为之前指针索引已经存放在了指针里面，所以直接从映射表里面取出并恢复映射关系即可。复制、恢复 VSObject 对象的内容要稍微复杂一点。

```cpp
VSObject *  Key = (VSObject *)&Io;
VSObject * Value = NULL;
Value = GetVSTypeMapValue(Key);
```

```
LinkObjectPtr(Value);
VSObject::CloneObject(Value,Key);
unsigned int uiIndex = m_pVObjectArray.FindElement(Value);
m_CopyUsed[uiIndex] = true;
```

通过之前建立的 VSObject 对象复制映射，找到指针索引，再通过指针映射表，找到真正指向的 VSObject 对象，然后复制两个 VSObject 对象，把加载时创建的副本 VSObject 对象标记为删除。

可见恢复普通指针指向只用了一级索引映射表，而恢复 VSObject 对象的内容要用两级索引映射表。

```
m_uiStreamFlag = AT_POSTLOAD;
for(unsigned int i = 0 ; i < m_pVObjectArray.GetNum();i++)
{
    ArchiveAll(m_pVObjectArray[i]);
}
```

一旦所有 VSObject 对象加载完毕，表示它们的指向关系都已经确定，m_uiStreamFlag = AT_POSTLOAD 加载后可以做一些事情。

```
bool VSStream::ArchiveAll(VSObject * pObject)
{
    if (!pObject)
    {
        return false;
    }
    if (m_uiStreamFlag == AT_POSTLOAD)
    {
        if (RegisterPostLoadObject(pObject))
        {
            VSRtti &Rtti = pObject->GetType();
            for (unsigned int j = 0 ; j < Rtti.GetPropertyNum() ; j++)
            {
                VSProperty * pProperty = Rtti.GetProperty(j);
                if (pProperty->GetFlag() & VSProperty::F_SAVE_LOAD)
                {
                    pProperty->Archive(*this,pObject);
                }
            }
            pObject->PostLoad();
        }
    }
    return true;
}
```

因为 VSObject 指向关系已经恢复，VSObject 之间有了相互联系，所以采用深度递归进行处理。细心的读者可以发现，保存时注册 VSObject 以及加载时的 PostLoad 处理都基于这个特性，后面在讲到垃圾回收时也会用到这个特性。此处的深度递归也先处理子节点，然后再处理自己，和链接一样，只有保证子节点都已经完全处理后才可以处理自己。

处理完 PostLoad 之后，整个加载过程就算结束，所有 VSObject 对象都在 ObjectArray 中，如果要获取其中的 VSObject 对象，就要用 RTTI。一般资源文件类型对应的 RTTI 只有一个，比如，模型资源只有一个模型对象，通过模型的 RTTI 就可以获得。有些特殊的模型对象是从模型类继承的，所以通过模型类的 RTTI 也可以获得。

```cpp
const VSObject *VSStream::GetObjectByRtti(const VSRtti &Rtti)
{
    for(unsigned int i = 0 ; i < m_pVObjectArray.GetNum() ; i++)
    {
        if((m_pVObjectArray[i]->GetType()).IsSameType(Rtti))
        {
            return m_pVObjectArray[i];
        }
    }
    for(unsigned int i = 0 ; i < m_pVObjectArray.GetNum() ; i++)
    {
        if((m_pVObjectArray[i]->GetType()).IsDerived(Rtti))
        {
            return m_pVObjectArray[i];
        }
    }
    return NULL;
}
VSTestSaveLoadPtr pTestSaveLoad = NULL;
VSStream TestStream;
TestStream.NewLoad("test_stream");
pTestSaveLoad = (VSTestSaveLoad *)
TestStream.GetObjectByRtti(VSTestSaveLoad::ms_Type);
```

当然，有些时候文件里面可能有多个模型对象，如果要都获取，就要通过同一个 RTTI 把所有的模型对象都提取出来，即将相同 RTTI 类型的 VSObject 对象都提取出来。

```cpp
bool VSStream::GetObjectArrayByRtti(const VSRtti &Rtti,
    VSArray<VSObject *> &ObjectArray, bool IsDerivedFrom)
{
    for(unsigned int i = 0 ; i < m_pVObjectArray.GetNum() ; i++)
    {
        if ((m_pVObjectArray[i]->GetType()).IsSameType(Rtti) ||
            ((m_pVObjectArray[i]->GetType()).IsDerived(Rtti) && IsDerivedFrom))
        {
            ObjectArray.AddElement(m_pVObjectArray[i]);
        }
    }
    if (ObjectArray.GetNum() > 0)
    {
        return 1;
    }
    else
    {
        return 0;
    }
}
```

提示

如果读者查看引擎代码，会发现加载的代码和本书给出的代码有很大不同，引擎代码是最终的加载代码，有些知识要后面才会讲到，目前我们讲到的部分还不能处理一些特殊情况下的加载。

8.6 克隆

通常人们容易混淆克隆（clone）和复制（copy）两个概念，其实对非指针类型而言它们的含义是一样的，但对于指针类型就是两个不同的概念。复制只是两个指针值的复制，指针指向同一个对象，而克隆是指完全新建指针对象并指向新的对象。所以区分哪些对象需要复制，哪些对象需要克隆是很有必要的。一般情况下，资源在内存中只会存在一份，所以它们主要以副本形式存在，比如贴图。当然，也有例外，如骨骼模型，虽然模型可以共享，但骨骼数据是没办法共享的，同样的骨骼模型同一时刻的姿态不同，所以骨骼模型里面并不是所有东西都能共享。

为了更加灵活，我们在属性标记里面加入 Clone 和 Copy 两个选项，使用者可以自定义当前这个属性是要克隆还是要复制。

```
enum     //标记
{
    F_SAVE_LOAD = 0X01,
    F_CLONE = 0X02,
    F_COPY = 0X04,
    F_SAVE_LOAD_CLONE = 0X03,
    F_SAVE_LOAD_COPY = 0X05,
    F_REFLECT_NAME = 0X08,
    F_MAX
};
```

还有一个问题，并不是使用者指定了一个属性是 F_CLONE，它就一定要克隆。比如，对象 A 里面有两个属性 a 和 b。它们都是类 B 的指针，但是 a 和 b 指向同一个对象 B。如果要克隆一个和对象 A 一样的对象 Clone_A，尽管 a、b 都指定了 F_CLONE，但仍然只能为 Clone_a 和 Clone_b 创建一个对象 Clone_B。如果没有显式指定 F_CLONE，一定要保证对象 A 里面包含的所有对象和克隆出来的对象 Clone_A 里面的所有对象一一对应。为了达到这个目的，一定要建立一个映射表，让两边的对象可以一一对应，如图 8.5 所示。

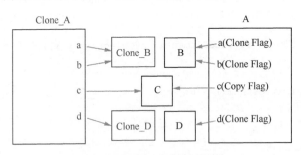

图 8.5 克隆过程中的映射表

查看以下代码。

```
VSObject* VSObject::CloneCreateObject(VSObject * pObject)
{
    VSMap<VSObject *,VSObject*> CloneMap;
    VSObject * pNewObject = _CloneCreateObject(pObject,CloneMap);
    //克隆完毕
    for (unsigned int i = 0 ; i < CloneMap.GetNum() ;i++)
    {
```

```cpp
            CloneMap[i].Value->PostClone(CloneMap[i].Key);
    }
    return pNewObject;
}
VSObject * VSObject::_CloneCreateObject(VSObject * pObject,
    VSMap<VSObject *,VSObject *>& CloneMap)
{
    VSObject * pNewObject = NULL;
    if (pObject)
    {
        unsigned int uiIndex = CloneMap.Find(pObject);
        //在克隆VSObject对象表中没有创建这个对象
        if (uiIndex == CloneMap.GetNum())
        {
            VSRtti & SrcRtti = pObject->GetType();
            pNewObject = VSObject::GetInstance(SrcRtti.GetName());
            //添加新创建的VSObject对象映射关系
            CloneMap.AddElement(pObject,pNewObject);
            VSRtti & DestRtti = pNewObject->GetType();
            //遍历所有属性
            for (unsigned int i = 0 ; i < SrcRtti.GetPropertyNum() ; i++)
            {
                VSProperty * pProperty = SrcRtti.GetProperty(i);
                if (pProperty->GetFlag() & VSProperty::F_CLONE)
                {
                    pProperty->CloneData(
                                    pObject,pNewObject,CloneMap);
                }
                else if(pProperty->GetFlag() & VSProperty::F_COPY)
                {
                    pProperty->CopyData(pObject,pNewObject);
                }
            }
        }
        else
        {
            pNewObject = CloneMap[uiIndex].Value;
        }
    }
    return pNewObject;
}
```

在以上代码中，先检查当前克隆的 VSObject 对象是否创建，若没有创建，则先创建，然后遍历 VSObject 的所有属性并克隆。下面其实是一个递归操作，直到所有属性处理完毕。如果对象已创建，则让当前指针指向它即可。所有克隆的 VSObject 会调用 PostClone 来进行最后的处理。

```cpp
void VSObject::CloneObject(VSObject * pObjectSrc,VSObject * pObjectDest)
{
    VSMap<VSObject *,VSObject *> CloneMap;
    _CloneObject(pObjectSrc,pObjectDest,CloneMap);
    for (unsigned int i = 0 ; i < CloneMap.GetNum() ;i++)
    {
        CloneMap[i].Value->PostClone(CloneMap[i].Key);
    }
}
void VSObject::_CloneObject(VSObject * pObjectSrc,VSObject * pObjectDest,
```

```
            VSMap<VSObject *,VSObject *>& CloneMap)
    {
        if (!pObjectSrc)
        {
            return ;
        }
        unsigned int uiIndex = CloneMap.Find(pObjectSrc);
        if (uiIndex == CloneMap.GetNum())
        {
            VSRtti & SrcRtti = pObjectSrc->GetType();
            VSRtti & DestRtti = pObjectDest->GetType();
            for (unsigned int i = 0 ; i < SrcRtti.GetPropertyNum() ; i++)
            {
                VSProperty * pProperty = SrcRtti.GetProperty(i);
                if (pProperty->GetFlag() & VSProperty::F_CLONE)
                {
                    pProperty->CloneData(pObjectSrc,pObjectDest,CloneMap);
                }
                else if(pProperty->GetFlag() & VSProperty::F_COPY)
                {
                    pProperty->CopyData(pObjectSrc,pObjectDest);
                }
            }
        }
        else
        {
            VSMAC_ASSERT(0);
        }
    }
```

这时对应当前 VSObject 对象的实例已经默认创建，用于进行克隆。在这种情况下，不需要创建 VSObject 对象。

查看以下代码。

```
class VSProperty
{
public:
    virtual void CloneData(void * pSrcObj,void * pDestObj,
                VSMap<VSObject *,VSObject *>& CloneMap) = 0;
    virtual void CopyData(void * pSrcObj,void * pDestObj) = 0;
};
template<typename T>
class VSEnumProperty : public VSProperty
{
public:
    virtual void CloneData(void * pSrcObj,void * pDestObj,
                VSMap<VSObject *,VSObject *>& CloneMap)
    {
        Value(pDestObj) = Value(pSrcObj);
    }
    virtual void CopyData(void * pSrcObj,void * pDestObj)
    {
        Value(pDestObj) = Value(pSrcObj);
    }
};
template<typename T,typename NumType>
class VSDataProperty : public VSProperty
{
public:
```

```cpp
        virtual void CopyData(void * pSrcObj,void * pDestObj)
        {
            VSMAC_ASSERT(0);
        }
        virtual void CloneData(void * pSrcObj,void * pDestObj,
                   VSMap<VSObject *,VSObject *>& CloneMap)
        {
            T * SrcValueAddress = *(T**)GetValueAddress(pSrcObj);
            if (m_uiDataNum > 0)
            {
                T** Temp = (T**)GetValueAddress(pDestObj);
                if (m_bDynamicCreate)
                {
                    *Temp = VS_NEW T[m_uiDataNum];
                    VSMemcpy((void *)(*Temp),(void *)SrcValueAddress,
                                    m_uiDataNum * sizeof(T));
                }
                else
                {
                    VSMemcpy((void *)(*Temp),(void *)SrcValueAddress,
                                    m_uiDataNum * sizeof(T));
                }
            }
            else
            {
                T** Temp = (T**)GetValueAddress(pDestObj);
                void * SrcNumOffSet = (void*)(((unsigned char*)pSrcObj)
                            + m_uiNumElementOffset);
                void * DestNumOffSet = (void*)(((unsigned char*)pDestObj)
                            + m_uiNumElementOffset);
                *(NumType*)DestNumOffSet = *(NumType*)SrcNumOffSet;
                NumType uiNum = *(NumType*)SrcNumOffSet;
                *Temp = VS_NEW T[uiNum];
                VSMemcpy((void *)(*Temp),(void *)SrcValueAddress,
                                uiNum * sizeof(T));
            }
        }
};

template<typename T>
class VSValueProperty : public VSValueBaseProperty<T>
{
public:
        virtual void CloneData(void * pSrcObj,void * pDestObj,
                   VSMap<VSObject *,VSObject *>& CloneMap)
        {
            Copy(Value(pDestObj),Value(pSrcObj),CloneMap);
        }
        virtual void CopyData(void * pSrcObj,void * pDestObj)
        {
            Value(pDestObj) = Value(pSrcObj);
        }
};
template<typename ArrayType,typename T>
class VSArrayProperty : public VSValueBaseProperty<T>
{
public:
```

```cpp
        virtual void CloneData(void * pSrcObj,void * pDestObj,
                    VSMap<VSObject *,VSObject *>& CloneMap)
        {
            Copy(GetContainer(pDestObj),GetContainer(pSrcObj),CloneMap);
        }
        virtual void CopyData(void * pSrcObj,void * pDestObj)
        {
            GetContainer(pDestObj) = GetContainer(pSrcObj);
        }
};
template<typename MapType,typename KEY,typename VALUE>
class VSMapProperty : public VSValueBaseProperty<VALUE>
{
public:
        virtual void CloneData(void * pSrcObj,void * pDestObj,
                    VSMap<VSObject *,VSObject*>& CloneMap)
        {
            Copy(GetContainer(pDestObj),GetContainer(pSrcObj),CloneMap);
        }
        virtual void CopyData(void * pSrcObj,void * pDestObj)
        {
            GetContainer(pDestObj) = GetContainer(pSrcObj);
        }
};
```

每个从 VSProperty 继承的类都要实现 CloneData 和 CopyData。CopyData 就是简单的值复制。VSValueProperty、VSArrayProperty、VSMapProperty 这 3 个 CloneData 里既存在复制又可能存在克隆，所以直接调用 Copy 模板函数来处理。VSDataProperty 中不存在 CopyData，因此必须创建实例。具体代码如下。

```cpp
template<typename T>
void Copy(T & Dest,T & Src,VSMap<VSObject *,VSObject*>& CloneMap)
{
    if (TIsVSResourceType<T>::Value)
    {
        Dest = Src;
    }
    else if(TIsVSPointerType<T>::Value)
    {
        VSObject * & TempSrc = *(VSObject**)(void *)&Src;
        VSObject * & TempDest = *(VSObject**)(void *)&Dest;
        TempDest = VSObject::_CloneCreateObject(TempSrc,CloneMap);
    }
    else if (TIsVSType<T>::Value)
    {
        VSObject* TempSrc = (VSObject *)&Src;
        VSObject* TempDest = (VSObject *)&Dest;
        VSObject::_CloneObject(TempSrc,TempDest,CloneMap);
    }
    else if(TIsVSSmartPointerType<T>::Value)
    {
        VSObjectPtr & TempSrc = *(VSObjectPtr*)(void *)&Src;
        VSObjectPtr & TempDest = *(VSObjectPtr*)(void *)&Dest;
        TempDest = VSObject::_CloneCreateObject(TempSrc,CloneMap);
    }
    else if (TIsCustomType<T>::Value)
```

```cpp
        {
            VSCustomArchiveObject * TempSrc = 
                    (VSCustomArchiveObject*)(void *)&Src;
            VSCustomArchiveObject * TempDest = 
                    (VSCustomArchiveObject*)(void *)&Dest;
            TempDest->CopyFrom(TempSrc,CloneMap);
        }
        else
        {
            Dest = Src;
        }
}
template<typename T,VSMemManagerFun MMFun>
void Copy(VSArray<T,MMFun> & Dest,VSArray<T,MMFun> & Src,
    VSMap<VSObject *,VSObject*>& CloneMap)
{
    Dest.Clear();
    Dest.SetBufferNum(Src.GetNum());
    for (unsigned int i = 0 ; i < Src.GetNum() ;i++)
    {
        Copy(Dest[i],Src[i],CloneMap);
    }
}
template<class Key,class Value,VSMemManagerFun MMFun>
void Copy(VSMap<Key,Value,MMFun> & Dest,VSMap<Key,Value,MMFun> & Src,
    VSMap<VSObject *,VSObject*>& CloneMap)
{
    Dest.Clear();
    Dest.SetBufferNum(Src.GetNum());
    for (unsigned int i = 0 ; i < Src.GetNum() ;i++)
    {
        MapElement<Key,Value> &ElementSrc = Src[i];
        MapElement<Key,Value> &ElementDest = Dest[i];
        Copy(ElementDest[i].Key,Src[i].Key,CloneMap);
        Copy(ElementDest[i].Value,Src[i].Value,CloneMap);
    }
}
```

可以看见，当 if (TIsVSType<T>::Value)成立的时候，实例已经存在，因此会调用 VSObject::_CloneObject。

以上就是整个克隆的过程，过程有些复杂。后面给出的代码会详细地剖析各种情况的处理，读者可以跟踪代码，进行断点调试。

8.7 属性与 UI 绑定*

编辑器是游戏引擎中重要的组成部分，没有编辑器的引擎已经很难进行游戏开发。编辑器也随着引擎的发展在不断发展，目的就是快速高效地开发游戏。

编辑游戏中对象的属性是编辑器的重要功能。自从软件出现人机交互以来，对对象的属性编辑就存在了，这对于面向对象的设计尤为重要。在 Unity 中，每当选择一个对象的时候，

Properties 面板中都会列出物体的所有可编辑属性（如图 8.6 所示），在其中配置属性比手动逐个配置 XML 或者 TXT 文本要方便得多。可就这样一个功能，也经过了漫长的迭代才算成熟。

早期的游戏引擎大多使用 MFC 编写界面，为了把物体的属性映射到 MFC 中的控件，硬编码、死代码简直无处不在，代码维护起来相当困难。充斥着大量相似的代码，可能有些代码用宏封装起来，这样看起来相对美观。为了解决这个问题，C++和 UI 的自动绑定慢慢地出现了（《游戏编程精粹》中对此有介绍）。不过，这个时候出现的绑定机制还很原始，归根结底是 C++没有反射机制。后来有了 C#语言，C#有反射机制，UI 绑定问题得到了解决。许多引擎又出现了 C++和 C#的转换（C++/CLI），以达到绑定 UI 的目的。Unreal Engine 通过自己编写的脚本语言实现了反射机制。Unity 使用最廉价的方式，通过 MONO 实现了反射机制。

本节并不使用 MONO 或者 C++/CLI 转换 C#来完成 UI 绑定，而使用原生 C++来实现绑定。现在流行的界面库也不少，好用且跨平台的是 QT，本书中的引擎的设计目标是任何界面库都很容易接入。当然，如果自己有能力实现一套界面库接入也是没有问题的。但本书中并没有给出如何绑定其中一个界面库的例子，只是预留了接口。

在了解绑定机制之前，要知道类的每个属性要以哪种控件的形式表现出来。一般来说，控件可以有 Label（标签）、TextBox（文本框）、CheckBox（复选框）、Combox（组合框）、Slider（滑块）、ColorDialog（颜色对话框）等，每个类的属性都可以映射成上面几种控件的组合。图 8.7 中的类属性与图 8.6 中的控件之间是一一对应的。

图 8.6　Unity 中的 Properties 面板　　　　图 8.7　Unity 中的类属性

读者最好熟悉 Unity 或者其他引擎编辑器的使用，以图 8.7 中的 public int _int 属性为例，对照图 8.6，有 Label 和 TextBox 两个控件，Label 里面是属性名字 Int，TextBox 里面是属性值，如果 TextBox 里面填写的是 5，_int 的值就会是 5。

8.7.1　基本控件

为了使各种控件库都可以容易地接入，我们要把常用的控件用虚基类的方式提供。所有控件的基类是 VSEditorSingle，后面还会有组合的控件，这些组合控件绑定了类的属性。

```cpp
class VSGRAPHIC_API VSEditorElemen
{
};
class VSGRAPHIC_API VSEditorSingle : public VSEditorElement
{
    enum CUSTOM_UI_TYPE
    {
        CUT_CHECK_BOX,
        CUT_LABEL,
        CUT_TEXT_BOX,
        CUT_COMBOX,
        CUT_SLIDER,
        CUT_COLORDIALOG,
        CUT_VIEW,
        CUT_COLLECTION
    };
    VSEditorSingle(VSString & Name)
    {
        m_Name = Name;
        m_pOwner = NULL;
    }
    virtual void SetValue(void * pValue) = 0;
    VSEditorProperty *m_pOwner;
    VSString  m_Name;
};
class VSGRAPHIC_API VSECheckBox : public VSEditorSingle
{
    virtual void CallBackValue(bool Value);
};
class VSGRAPHIC_API VSELabel : public VSEditorSingle
{
    virtual void CallBackValue(VSString & Str);
};
class VSGRAPHIC_API VSECombox : public VSEditorSingle
{
    virtual void AddOption(VSString & String) = 0;
    virtual void CallBackValue(VSString & Str);
    virtual void AddOption(VSArray<VSString> & VS) = 0;
};
class VSGRAPHIC_API VSESlider : public VSEditorSingle
{
    virtual void SetRange(unsigned int uiMin,unsigned int uiMax,
                unsigned int uiStep) = 0
    {
        m_uiMax = uiMax;
        m_uiMin = uiMin;
        m_uiStep = uiStep;
    }
    unsigned int m_uiMax;
    unsigned int m_uiMin;
    unsigned int m_uiStep;
    virtual void CallBackValue(unsigned int uiValue);
};
class VSGRAPHIC_API VSEViewWindow : public VSEditorSingle
{

};
```

```cpp
class VSGRAPHIC_API VSEColorTable : public VSEditorSingle
{
    virtual void CallBackValue(VSColorRGBA& Value);
};
class VSGRAPHIC_API VSEText : public VSEditorSingle  // VSREAL
{
    virtual void CallBackValue(VSString & Str);
};
class VSGRAPHIC_API VSECollection : public VSEditorSingle
{
    virtual void AddElement( VSEditorElement * pElement) = 0;
};
```

先看 VSEditorSingle 这个类。这个类的子类都是基本控件，包括 CheckBox、Label、TextBox、Combox、Slider、ColorDialog、View 和 Collection。

```cpp
enum CUSTOM_UI_TYPE
{
    CUT_CHECK_BOX,
    CUT_LABEL,
    CUT_TEXT_BOX,
    CUT_COMBOX,
    CUT_SLIDER,
    CUT_COLORDIALOG,
    CUT_VIEW,
    CUT_COLLECTION
};
```

这里只有 View 和 Collection 读者可能不熟悉。VSEViewWindow 这个类和 View 是对应的，其实 View 就是一个窗口，用来表示资源。图 8.6 中的材质是一个资源，Unity 用一个字符串框来表示，但作者更喜欢 Unreal Engine 中那种直接用小窗口预览的方式显示材质。要使用这个功能，就要继承 VSEViewWindow 这个类，并封装对应控件库里面的窗口类，然后把材质的表现图放到窗口里面。Collection 其实就是一个表示分类的集合，主要用于区分哪些属性同属于一个对象类，它是一个树形结构。因为一个对象里面可以包含很多对象，而每个对象里面又有很多属性，所以用树形结构来表示会直观一些。不过这种表达方式可以是多种，使用者也可以按照自己的喜好去实现。

所以只要继承上面的各个控件库基类，把对应控件库里面的控件封装进去，然后实现对应每个控件基类的 virtual void SetValue(void * pValue) = 0 函数。当属性改变的时候，把属性值传递到这个函数，并调用控件库里的控件方法来改变控件状态。同理，当控件状态改变时，会得到控件状态的数值，然后调用对应的 CallBackValue 函数，就可以改变属性。

```cpp
typedef VSEditorSingle* (*CreateEditorUIProperty)
        (VSEditorSingle::CUSTOM_UI_TYPE type,VSString Name);
class VSGRAPHIC_API VSEditorUIPropertyCreator
{
        static VSEditorUIPropertyCreator& GetInstance();
        void Set(CreateEditorUIProperty pCreate);
        VSEditorSingle * CreateUIProperty(
                VSEditorSingle::CUSTOM_UI_TYPE type,VSString Name);
        CreateEditorUIProperty m_pCreate;
};
```

8.7 属性与UI绑定

```
#define SETCreateEditorUIProperty(F) VSEditorUIPropertyCreator::GetInstance().Set(F);
#define  CREATE_UI_PROPERTY(type,Name) 
    VSEditorUIPropertyCreator::GetInstance().CreateUIProperty(type,Name);
VSEditorUIPropertyCreator& VSEditorUIPropertyCreator::GetInstance()
{
    static VSEditorUIPropertyCreator EditorUICreator;
    return EditorUICreator;
}
void VSEditorUIPropertyCreator::Set(CreateEditorUIProperty pCreate)
{
    m_pCreate = pCreate;
}
VSEditorSingle * VSEditorUIPropertyCreator::CreateUIProperty(
            VSEditorSingle::CUSTOM_UI_TYPE type,VSString Name)
{
    return (*m_pCreate)(type,Name);
}
```

根据控件库和上面的基类实现对应的控件类后，还要实现一个工厂函数，工厂函数根据控件类型和名字创建相应的控件。举例来说，用 QT 实现上面的一套控件。

```
class QTCheckBox : public VSECheckBox
{
protected:
    QTCheckBox(VSString & Name) :VSECheckBox(Name)
    {
        m_pCheckBox = VS_NEW QCheckBox(Name);
        connect(m_pCheckBox, SIGNAL(clicked()), this, SLOT(Slot1()));
    }
    virtual ~VSECheckBox() = 0
    {
        VSMAC_DELETE(m_pCheckBox);
    }
    void Slot1()
    {
        CallBackValue(m_pCheckBox->GetChecked());
    }
    virtual void SetValue(void * pValue)
    {
        m_pCheckBox->SetChecked(*((bool *)pValue))
    }
    QCheckBox * m_pCheckBox;
}
```

上面是一段伪代码，通过 connect 函数绑定了 CheckBox 的 clicked()和 Slot1()函数，不论是否勾选 CheckBox 都会调用 Slot1()函数，获得 CheckBox 的值，并调用 CallBackValue 传递到对应的对象 bool 属性里面。同理，一旦属性改变，就会调用 SetValue，把传递过来的属性值设置到 CheckBox 中。

```
VSEditorSingle* CreateEditorUIProperty(VSEditorSingle::CUSTOM_UI_TYPE type,
    VSString Name)
{
        if (type == VSEditorSingle::CUSTOM_UI_TYPE::CUT_CHECK)
        {
            return VS_NEW QTCheckBox(Name);
```

```
        else if (type == VSEditorSingle::CUSTOM_UI_TYPE::CUT_TEXT)
        {
             return VS_NEW QTText(Name);
        }
        else if (type == VSEditorSingle::CUSTOM_UI_TYPE::CUT_COLOR)
        {
             return VS_NEW QTColor(Name);
        }
        ……
}
```

需要调用 SETCreateEditorUIProperty (CreateEditorUIProperty)设置实现的工厂函数，后面根据属性创建对应的控件时就会调用这个函数。

8.7.2 组合控件与属性

前面已经讲过，每个属性是由几个控件组合而成的，下面就介绍属性与组合控件是怎么对应的。

还看图 8.6。大部分属性由两个控件组成：一个是 Label，表示名字；另一个是 TextBox，表示数值。当然，颜色属性由 Label 和 Color 控件组成。类似的还有比较复杂的 Transform，由一个主 Label（即 Transform）、3 个子 Label（即 Position、Rotation、Scale）、9 个 Text 组成，如图 8.8 所示。

图 8.8　Unity 中的 Transform

```
class VSGRAPHIC_API VSEditorProperty : public VSEditorElement
{
    VSEditorProperty(VSString & Name,VSObject * pOwner)
    {
      m_pName = (VSELabel *)CREATE_UI_PROPERTY
                (VSEditorSingle::CUT_LABEL,Name);
      m_pName->SetOwner(this);
      m_pName->SetValue((void*)&Name);
      m_pOwner = pOwner;
    }
    virtual void SetValue() = 0;
    virtual bool CallBackValue(VSEditorSingle * pElem, void * pValue);
    VSELabel * m_pName;
    VSObject * m_pOwner;
};
```

VSEditorProperty 是所有组合控件的基类，它还管理对应 VSObject 的属性。VSELabel * m_pName 表示属性的名称，CallBackValue 是当基本控件状态值改变时调用的。

```
class VSGRAPHIC_API VSEBoolProperty : public VSEditorProperty
{
    VSEBoolProperty(bool * b,VSString & Name,VSObject * pOwner)
      :VSEditorProperty(Name,pOwner)
    {
      m_pCheckBox = (VSECheckBox *)CREATE_UI_PROPERTY
                (VSEditorSingle::CUT_CHECK,Name);
      m_pb = b;
      m_pCheckBox->SetOwner(this);
```

```cpp
            SetValue();
        }
        virtual void SetValue()
        {
            m_pCheckBox->SetValue((void *)m_pb);
        }
        virtual bool CallBackValue(VSEditorSingle * pElem, void * pValue)
        {
            if (pElem == m_pCheckBox)
            {
                (*m_pb) = *((bool *)pValue);
                SetValue();
                VSEditorProperty::CallBackValue(pElem, pValue);
                return true;
            }
            return false;
        }
        VSECheckBox *m_pCheckBox;
        bool *m_pb;
};
```

这是 bool 属性的组合控件，里面除了基类的 Label 还包括 CheckBox，构造函数里创建了 CheckBox，bool *m_pb 是对应的 VSObject 属性的指针，SetValue()函数把属性值设置到控件中，而一旦控件状态改变，通过 CallBackValue 函数来通知属性值改变（*m_pb 指向的内容）。

```cpp
class VSGRAPHIC_API VSEResourceProperty : public VSEditorProperty
{
    VSEResourceProperty(VSResource * & pResource,
                VSString & Name,VSObject * pOwner)
                :VSEditorProperty(Name,pOwner),m_pResource(pResource)
    {
        m_pView = (VSEViewWindow *)CREATE_UI_PROPERTY
                    (VSEditorSingle::CUT_VIEW,Name);
        m_pView->SetOwner(this);
        SetValue();
    }
    virtual void SetValue()
    {
        m_pView->SetValue((void *)m_pResource);
    }
    virtual bool CallBackValue(VSEditorSingle * pElem, void * pValue)
    {
        if (pElem == m_pView)
        {
            m_pResource = *((VSResource * *)pValue);
            SetValue();
            VSEditorProperty::CallBackValue(pElem, pValue);
            return true;
        }
        return false;
    }
    VSEViewWindow * m_pView;
    VSResource * & m_pResource;
};
class VSGRAPHIC_API VSEColorProperty : public VSEditorProperty
{
```

```cpp
        VSEColorProperty(VSColorRGBA * pColor,VSString & Name,
                VSObject * pOwner)
            :VSEditorProperty(Name,pOwner)
        {
            m_pColorTable = (VSEColorTable *)CREATE_UI_PROPERTY
                        (VSEditorSingle::CUT_COLOR,Name);
            m_pColorTable->SetOwner(this);
            m_pColor = pColor;
            SetValue();
        }
        virtual void SetValue()
        {
            m_pColorTable->SetValue((void *)m_pColor);
        }
        virtual bool CallBackValue(VSEditorSingle * pElem, void * pValue)
        {
            if (pElem == m_pColorTable)
            {
                *m_pColor = *((VSColorRGBA *)pValue);
                SetValue();
                VSEditorProperty::CallBackValue(pElem, pValue);
                return true;
            }
            return false;
        }
        VSEColorTable * m_pColorTable;
        VSColorRGBA * m_pColor;
};
class VSGRAPHIC_API VSEEnumProperty : public VSEditorProperty
{
        VSEEnumProperty(unsigned int * pData,VSString & Name,
                VSObject * pOwner)
            :VSEditorProperty(Name,pOwner)
        {
            m_pData = pData;
            m_pCombo = (VSECombo *)CREATE_UI_PROPERTY
                        (VSEditorSingle::CUT_COMBO,Name);
            m_pCombo->SetOwner(this);
            SetValue();
        }
        virtual void SetValue()
        {
            m_pCombo->SetValue((void *)m_pData);
        }
        virtual bool CallBackValue(VSEditorSingle * pElem, void * pValue)
        {
            if (pElem == m_pCombo)
            {
                *m_pData = *((unsigned int *)pValue);
                SetValue();
                VSEditorProperty::CallBackValue(pElem, pValue);
                return true;
            }
            return false;
        }
        void AddEnumString(VSArray<VSString>& AS)
        {
```

```
            m_pCombo->AddOption(AS);
    }
    VSECombo * m_pCombo;
    unsigned int * m_pData;
};
```

VSEEnumProperty 用来表示枚举，通过 AddEnumString 会把所有的枚举字符串传递给 Combox 控件，这些字符串是通过类似下面的代码来告诉引擎的。比如，一个类里面有一个枚举类型。

```
enum TestEnum
{
    TE_1,
    TE_2,
    TE_3,
    TE_MAX
};
TestEnum m_EnumTest;
REGISTER_ENUM_PROPERTY(m_EnumTest, EnumTest, TestEnum,
        VSProperty::F_SAVE_LOAD_CLONE| F_REFLECT_NAME)
BEGIN_ADD_ENUM
ADD_ENUM(TestEnum, TE_1)
ADD_ENUM(TestEnum, TE_2)
ADD_ENUM(TestEnum, TE_3)
END_ADD_ENUM
```

引擎会把字符串 TE_1、TE_2、TE_3 收集起来，调用 AddEnumString 函数传递给 Combox 控件。

接下来介绍 Transform 属性和控件绑定，Transform 属性含有位移、旋转、缩放三个分量，需要分别处理。具体表现形式，读者可以按照 Unity 里面的"Transform 属性与空间绑定"来理解。

```
class VSGRAPHIC_API VSETransformProperty : public VSEditorProperty
{
    VSETransformProperty(VSTransform * pTransform,VSString & Name,
            VSObject * pOwner)
        :VSEditorProperty(Name,pOwner)
    {
        //属性 Transform 的指针
        m_pTransform = pTransform;
        //位移、旋转、缩放的 Label
        m_pTranslateName = (VSELabel *)CREATE_UI_PROPERTY(
                VSEditorSingle::CUT_LABEL,"Translate");
        m_pRotationName = (VSELabel *)CREATE_UI_PROPERTY(
                VSEditorSingle::CUT_LABEL,"Rotation");
        m_pScaleName = (VSELabel *)CREATE_UI_PROPERTY(
                VSEditorSingle::CUT_LABEL,"Scale");
        //位移的 Label
        m_pTranslateNameX = (VSELabel *)CREATE_UI_PROPERTY(
                VSEditorSingle::CUT_LABEL,"X");
        m_pTranslateNameY = (VSELabel *)CREATE_UI_PROPERTY(
                VSEditorSingle::CUT_LABEL,"Y");
        m_pTranslateNameZ = (VSELabel *)CREATE_UI_PROPERTY(
                VSEditorSingle::CUT_LABEL,"Z");
        //旋转的 Label
```

```cpp
    m_pRotationNameX = (VSELabel *)CREATE_UI_PROPERTY(
            VSEditorSingle::CUT_LABEL,"X");
    m_pRotationNameY = (VSELabel *)CREATE_UI_PROPERTY(
            VSEditorSingle::CUT_LABEL,"Y");
    m_pRotationNameZ = (VSELabel *)CREATE_UI_PROPERTY(
            VSEditorSingle::CUT_LABEL,"Z");
    //缩放的Label
    m_pScaleNameX = (VSELabel *)CREATE_UI_PROPERTY(
            VSEditorSingle::CUT_LABEL,"X");
    m_pScaleNameY = (VSELabel *)CREATE_UI_PROPERTY(
            VSEditorSingle::CUT_LABEL,"Y");
    m_pScaleNameZ = (VSELabel *)CREATE_UI_PROPERTY(
            VSEditorSingle::CUT_LABEL,"Z");
    //位移的Text
    m_pTranslateTextX = (VSEText *)CREATE_UI_PROPERTY(
            VSEditorSingle::CUT_TEXT,Name + "TranslateX");
    m_pTranslateTextX->SetOwner(this);

    m_pTranslateTextY = (VSEText *)CREATE_UI_PROPERTY(
            VSEditorSingle::CUT_TEXT,Name + "TranslateY");
    m_pTranslateTextY->SetOwner(this);
    m_pTranslateTextZ = (VSEText *)CREATE_UI_PROPERTY(
            VSEditorSingle::CUT_TEXT,Name + "TranslateZ");
    m_pTranslateTextZ->SetOwner(this);
    //旋转的Text，其实就是绕3条轴旋转的欧拉角
    m_pRotationTextX = (VSEText *)CREATE_UI_PROPERTY(
            VSEditorSingle::CUT_TEXT,Name + "RotationX");
    m_pRotationTextX->SetOwner(this);
    m_pRotationTextZ = (VSEText *)CREATE_UI_PROPERTY(
            VSEditorSingle::CUT_TEXT,Name + "RotationY");
    m_pRotationTextZ->SetOwner(this);
    m_pRotationTextY = (VSEText *)CREATE_UI_PROPERTY(
            VSEditorSingle::CUT_TEXT,Name + "RotationZ");
    m_pRotationTextY->SetOwner(this);
    //缩放的Text
    m_pScaleTextX = (VSEText *)CREATE_UI_PROPERTY(
            VSEditorSingle::CUT_TEXT,Name + "ScaleX");
    m_pScaleTextX->SetOwner(this);
    m_pScaleTextY = (VSEText *)CREATE_UI_PROPERTY(
            VSEditorSingle::CUT_TEXT,Name + "ScaleX");
    m_pScaleTextY->SetOwner(this);
    m_pScaleTextZ = (VSEText *)CREATE_UI_PROPERTY(
            VSEditorSingle::CUT_TEXT,Name + "ScaleX");
    m_pScaleTextZ->SetOwner(this);
    SetValue();
}
virtual void SetValue()
{
    //设置位移的分量
    VSVector3 Tran = m_pTransform->GetTranslate();
    VSREAL fTranDataX = Tran.x;
    VSString RealStringTranX = RealToString(fTranDataX);
    m_pTranslateTextX->SetValue((void *)&RealStringTranX);
    VSREAL fTranDataY = Tran.y;
    VSString RealStringTranY = RealToString(fTranDataY);
    m_pTranslateTextY->SetValue((void *)&RealStringTranY);
    VSREAL fTranDataZ = Tran.z;
```

```cpp
        VSString RealStringTranZ = RealToString(fTranDataZ);
        m_pTranslateTextZ->SetValue((void *)&RealStringTranZ);
        //设置旋转的分量
        VSMatrix3X3 Mat = m_pTransform->GetRotate();
        VSREAL X,Y,Z;
        Mat.GetEluer(X,Y,Z);
        VSString RealStringRotateX = RealToString(X);
        m_pRotationTextX->SetValue((void *)&RealStringRotateX);
        VSString RealStringRotateY = RealToString(Y);
        m_pRotationTextY->SetValue((void *)&RealStringRotateY);
        VSString RealStringRotateZ = RealToString(Z);
        m_pRotationTextZ->SetValue((void *)&RealStringRotateZ);
        //设置缩放的分量
        VSVector3 Scale = m_pTransform->GetScale();
        VSREAL fScaleDataX = Scale.x;
        VSString RealStringScaleX = RealToString(fScaleDataX);
        m_pScaleTextX->SetValue((void *)&RealStringScaleX);
        VSREAL fScaleDataY = Scale.y;
        VSString RealStringScaleY = RealToString(fScaleDataY);
        m_pScaleTextY->SetValue((void *)&RealStringScaleY);
        VSREAL fScaleDataZ = Scale.z;
        VSString RealStringScaleZ = RealToString(fScaleDataZ);
        m_pScaleTextZ->SetValue((void *)&RealStringScaleZ);
    }
    virtual bool CallBackValue(VSEditorSingle * pElem, void * pValue)
    {
        if (pElem == m_pTranslateTextX)
        {
            VSVector3 Tran = m_pTransform->GetTranslate();
            VSString Data = *(VSString *)pValue;
            VSREAL fData = StringToReal(Data);
            VSVector3 NewTran(fData,Tran.y,Tran.z);
            m_pTransform->SetTranslate(NewTran);
            SetValue();
            VSEditorProperty::CallBackValue(pElem, pValue);
            return true;
        }
        else if (pElem == m_pScaleTextZ)
        {
            VSVector3 Scale = m_pTransform->GetScale();
            VSString Data = *(VSString *)pValue;
            VSREAL fData = StringToReal(Data);
            VSVector3 NewScale(Scale.x,Scale.y,fData);
            m_pTransform->SetScale(NewScale);
            SetValue();
            VSEditorProperty::CallBackValue(pElem, pValue);
            return true;
        }

        return false;
    }
    VSTransform * m_pTransform;
    VSELabel * m_pTranslateName;
    VSELabel * m_pTranslateNameX;
    VSEText  * m_pTranslateTextX;
    VSELabel * m_pTranslateNameY;
    VSEText  * m_pTranslateTextY;
```

```cpp
    VSELabel * m_pTranslateNameZ;
    VSEText  * m_pTranslateTextZ;
    VSELabel * m_pRotationName;
    VSELabel * m_pRotationNameX;
    VSEText  * m_pRotationTextX;
    VSELabel * m_pRotationNameY;
    VSEText  * m_pRotationTextY;
    VSELabel * m_pRotationNameZ;
    VSEText  * m_pRotationTextZ;
    VSELabel * m_pScaleName;
    VSELabel * m_pScaleNameX;
    VSEText  * m_pScaleTextX;
    VSELabel * m_pScaleNameY;
    VSEText  * m_pScaleTextY;
    VSELabel * m_pScaleNameZ;
    VSEText  * m_pScaleTextZ;
};
```

这个类比较臃肿，但并没想象中的复杂，只要创建了对应的 Label 和 Text，处理好位移、旋转、缩放与 Transform 之间的关系即可。

对于 int、unsigned int、float、char、Vector3D 等类型的属性，反射都是具有共性的，而且都可以设置取值范围。不过对于 Vector3D 来说，这里没用模板来实现，因为比较两个 Vector3D 的大小是通过比较每个分量来进行的。除了用 Text 来表示值外，还加入了 Slider，通过控制滑块来保证范围，即使在 Text 中输入的值超出了范围，也会修改过来，不至于因为溢出而导致错误。

```cpp
class VSGRAPHIC_API VSEVector3Property : public VSEditorProperty
{
    VSEVector3Property(VSVector3 * pVector3, VSString & Name,
               VSObject * pOwner,
               bool bRange, VSVector3 Max, VSVector3 Min, VSVector3 Step)
        :VSEditorProperty(Name,pOwner)
    {
        VSMAC_ASSERT(pVector3 != NULL);
        if (bRange)
        {
            if (Min.x > Max.x)
            {
                Swap(Max.x, Min.x);
            }
            if (Min.y > Max.y)
            {
                Swap(Max.y, Min.y);
            }
            if (Min.z > Max.z)
            {
                Swap(Max.z, Min.z);
            }
            VSMAC_ASSERT(Max.x - Min.x > Step.x);
            VSMAC_ASSERT(Max.y - Min.y > Step.y);
            VSMAC_ASSERT(Max.z - Min.z > Step.z);
        }
        m_pVector3 = pVector3;
        m_fStep = Step;
```

```cpp
        m_Min = Min;
        m_Max = Max;
        m_pNameX = (VSELabel *)CREATE_UI_PROPERTY(
                    VSEditorSingle::CUT_LABEL,"X");
        m_pNameY = (VSELabel *)CREATE_UI_PROPERTY(
                    VSEditorSingle::CUT_LABEL,"Y");
        m_pNameZ = (VSELabel *)CREATE_UI_PROPERTY(
                    VSEditorSingle::CUT_LABEL,"Z");
        m_pTextX = (VSEText *)CREATE_UI_PROPERTY(
                    VSEditorSingle::CUT_TEXT,Name + "X");
        m_pTextX->SetOwner(this);
        m_pTextY = (VSEText *)CREATE_UI_PROPERTY(
                    VSEditorSingle::CUT_TEXT,Name + "Y");
        m_pTextY->SetOwner(this);
        m_pTextZ = (VSEText *)CREATE_UI_PROPERTY(
                    VSEditorSingle::CUT_TEXT,Name + "Z");
        m_pTextZ->SetOwner(this);
        if (bRange)
        {
            m_pSliderX = (VSESlider *)CREATE_UI_PROPERTY(
                        VSEditorSingle::CUT_SLIDER,Name + "X");
            m_pSliderX->SetOwner(this);
            m_pSliderX->SetRange(0, int((Max.x - Min.x) / Step.x), 1);
            m_pSliderZ = (VSESlider *)CREATE_UI_PROPERTY(
                        VSEditorSingle::CUT_SLIDER,Name + "Z");
            m_pSliderZ->SetOwner(this);
            m_pSliderZ->SetRange(0, int((Max.z - Min.z) / Step.z), 1);
            m_pSliderY = (VSESlider *)CREATE_UI_PROPERTY(
                        VSEditorSingle::CUT_SLIDER,Name + "Y");
            m_pSliderY->SetOwner(this);
            m_pSliderY->SetRange(0, int((Max.y - Min.y) / Step.y), 1);
        }
        SetValue();
    }
    virtual void SetValue()
    {
        VSREAL fDataY = m_pVector3->y;
        VSString RealStringY = RealToString(fDataY);
        m_pTextY->SetValue((void *)&RealStringY);
        VSREAL fDataX = m_pVector3->x;
        VSString RealStringX = RealToString(fDataX);
        m_pTextX->SetValue((void *)&RealStringX);
        VSREAL fDataZ = m_pVector3->z;
        VSString RealStringZ = RealToString(fDataZ);
        m_pTextZ->SetValue((void *)&RealStringZ);
    }
    virtual bool CallBackValue(VSEditorSingle * pElem, void * pValue)
    {

        if (pElem == m_pTextX)
        {
            VSString Data = *(VSString *)pValue;
            VSREAL Value = StringToReal(Data);
            //如果有范围，则需要修改值的范围
            if (m_pSliderX)
            {
                if (Value < m_Min.x)
```

```cpp
                {
                    Value = m_Min.x;
                }
                else if (Value > m_Max.x)
                {
                    Value = m_Max.x;
                }
                m_pVector3->x = Value;
            }
            else
            {
                m_pVector3->x= Value;
            }
            SetValue();
            VSEditorProperty::CallBackValue(pElem, pValue);
            return true;
        }
        else if (m_pSliderX && pElem == m_pSliderX)
        {
            int Value = *(int *)pValue;
            m_pVector3->x = ((VSREAL)(Value * m_fStep.x)) + m_Min.x;
            SetValue();
            VSEditorProperty::CallBackValue(pElem, pValue);
        }
        else if (m_pSliderZ && pElem == m_pSliderZ)
        {
            int Value = *(int *)pValue;
            m_pVector3->z = ((VSREAL)(Value * m_fStep.z)) + m_Min.z;
            SetValue();
            VSEditorProperty::CallBackValue(pElem, pValue);
        }
        return false;
    }
protected:

    VSVector3 m_fStep;
    VSELabel * m_pNameX;
    VSESlider * m_pSliderX;
    VSEText * m_pTextX;
    VSELabel * m_pNameY;
    VSESlider * m_pSliderY;
    VSEText * m_pTextY;
    VSELabel * m_pNameZ;
    VSESlider * m_pSliderZ;
    VSEText * m_pTextZ;
    VSVector3 * m_pVector3;
    VSVector3 m_Max;
    VSVector3 m_Min;
};
```

处理完 Vector3D，剩下的类型就很好处理。给出两种方法，一种是用模板类处理剩余的类型，另一种是用模板继承的方式逐个实现。

```cpp
template<typename T>
class VSGRAPHIC_API VSEValueProperty : public VSEditorProperty
{
    VSEValueProperty(T * pData,VSString & Name, VSObject * pOwner,
              bool bRange, T& Max, T& Min, T& Step)
        :VSEditorProperty(Name,pOwner)
    {
        VSMAC_ASSERT(pData != NULL);
        m_pText = (VSEText *)CREATE_UI_PROPERTY(
                    VSEditorSingle::CUT_TEXT,Name);
        m_pText->SetOwner(this);
        m_fStep = Step;
        if (bRange)
        {
            if (Min > Max)
            {
                Swap(Max, Min);
            }
            VSMAC_ASSERT(Max - Min > Step);
            m_pSlider = (VSESlider *)CREATE_UI_PROPERTY(
                        VSEditorSingle::CUT_SLIDER,Name);
            m_pSlider->SetOwner(this);
            m_pSlider->SetRange(0, int((Max - Min)/Step),1);
        }
        m_Min = Min;
        m_Max = Max;
        m_pData = pData;
        SetValue();
    }
    virtual void GetValueString(VSString& IntString)
    {
        if (TIsVSIntType<T>::Value)
        {
            IntString = IntToString(*m_pData);
        }
        else if (TIsVSUintType<T>::Value)
        {
            IntString = IntToString(*m_pData);
        }
        else if (TIsVSUCharType<T>::Value)
        {
            IntString = IntToString(*m_pData);
        }
        else if (TIsVSTCharType<T>::Value)
        {
            TCHAR tData[2];
            tData[0] = *m_pData;
            tData[1] = _T('\0');
            VSString Temp(tData);
            IntString = Temp;
        }
        else if (TIsVSRealType<T>::Value)
        {
            IntString = RealToString(*m_pData);
        }
    }
    virtual T GetStringValue(VSString& IntString)
```

```cpp
    {
        if (TIsVSIntType<T>::Value)
        {
            return (T) StringToInt(IntString);
        }
        else if (TIsVSUintType<T>::Value)
        {
            return (T) StringToInt(IntString);
        }
        else if (TIsVSUCharType<T>::Value)
        {
            return (T) StringToInt(IntString);
        }
        else if (TIsVSTCharType<T>::Value)
        {
            return (T) *IntString.GetBuffer();
        }
        else if (TIsVSRealType<T>::Value)
        {
            return (T) StringToReal(IntString);
        }
        return T();
    }
    virtual void SetValue()
    {
        VSString IntString;
        GetValueString(IntString);
        m_pText->SetValue((void *)&IntString);
        if (m_pSlider)
        {
            T Value = (*m_pData - m_Min) / m_fStep;
            m_pSlider->SetValue((void *)&Value);
        }
    }
    virtual ~VSEValueProperty()
    {
        VSMAC_DELETE(m_pSlider);
        VSMAC_DELETE(m_pText);
    }
    virtual bool CallBackValue(VSEditorSingle * pElem, void * pValue)
    {
        if (pElem == m_pText)
        {
            VSString Data = *(VSString *)pValue;
            T Value = GetStringValue(Data);
            if (m_pSlider)
            {
                if (Value < m_Min)
                {
                    Value = m_Min;
                }
                else if (Value > m_Max)
                {
                    Value = m_Max;
                }
                *m_pData = Value;
            }
```

```cpp
            else
            {
                *m_pData = Value;
            }
            SetValue();
            VSEValueProperty::CallBackValue(pElem, pValue);
            return true;
        }
        else if (m_pSlider && pElem == m_pSlider)
        {
            int Value = *(int *)pValue;
            *m_pData = ((T)(Value * m_fStep)) + m_Min;
            SetValue();
            VSEValueProperty::CallBackValue(pElem, pValue);
        }
        return false;
    }
    VSESlider *    m_pSlider;
    VSEText *      m_pText;
    T m_fStep;
    T m_Max;
    T m_Min;
    T * m_pData;
};
```

其中的关键还在于很多类模板的静态类型判断。有了下面的模板定义，GetValueString 和 GetStringValue 才能发挥作用，这样就囊括了所有类型。不过要注意 GetStringValue 这个函数，编译的时候编译器会编译所有分支，这样就存在返回值和模板类型默认转换的问题，用模板类型 T 强制类型转换就可以解决。其实这里面的这些类型中，大部分在运行时会默认转换，编译器只给出警告。

```cpp
template<typename T> struct TIsVSIntType { enum { Value = false }; };
template<> struct TIsVSIntType<int> { enum { Value = true }; };
template<typename T> struct TIsVSUintType { enum { Value = false }; };
template<> struct TIsVSUintType<unsigned int> { enum { Value = true }; };
template<typename T> struct TIsVSUCharType { enum { Value = false }; };
template<> struct TIsVSUCharType<unsigned char> { enum { Value = true }; };
template<typename T> struct TIsVSTCharType { enum { Value = false }; };
template<> struct TIsVSTCharType<TCHAR> { enum { Value = true }; };
template<typename T> struct TIsVSRealType { enum { Value = false }; };
template<> struct TIsVSRealType<float> { enum { Value = true }; };
```

第二种方法如下，也是不错的选择。

```cpp
template<typename T>
class VSGRAPHIC_API VSEValueProperty : public VSEditorProperty
{
public:
    VSEValueProperty(T * pData,VSString & Name, VSObject * pOwner,
            bool bRange, T& Max, T& Min, T& Step)
        :VSEditorProperty(Name,pOwner)
    {
        ……
        //SetValue();注意和上一个静态模板方式实现不同，这行代码是没有的，所以隐藏掉了
    }
    virtual void GetValueString(VSString& IntString)
    {
```

```cpp
        }
        virtual T GetStringValue(VSString& IntString)
        {
            return T();
        }
};
class VSGRAPHIC_API VSEIntProperty : public VSEValueProperty<int>
{
public:
        VSEIntProperty(int * pData,VSString & Name,VSObject * pOwner
                  ,bool bRange,int Max,int Min,int Step)
            :VSEValueProperty(pData,Name, pOwner, bRange,Max,Min,Step)
        {
            SetValue();//基类中 SetValue 的代码放到了子类中来执行
        }
        virtual void GetValueString(VSString& IntString)
        {
            IntString = IntToString(*m_pData);
        }
        virtual int GetStringValue(VSString& IntString)
        {
            return StringToInt(IntString);
        }
};
```

上面只给出了 VSEIntProperty 类的代码，float、char、unsigned int 等的代码参见 GitHub 网站。

提示

SetValue 这个函数为什么不直接写在基类里面，而写到子类里面呢？

8.7.3 属性绑定

通过上面的介绍，相信读者已经大概领略了核心思想，每个组合控件都接受 VSObject 对象的属性指针，下面讲述如何把属性与控件关联起来。

查看以下代码。

```cpp
template<typename T>
VSEditorElement * CreateEElement(T& Value,VSString & Name,
        VSObject * pOwner,bool bRange,T & Max,T & Min,T& fStep)
{
    return NULL;
}
template<> inline VSEditorElement * CreateEElement<VSVector3>(
        VSVector3& Value, VSString & Name, VSObject * pOwner,
        bool bRange, VSVector3 & Max, VSVector3 & Min, VSVector3& fStep)
{
    return VS_NEW VSEVector3Property(&Value, Name, pOwner,
            bRange, Max, Min, fStep);
}
template<> inline VSEditorElement * CreateEElement<bool>(
    bool& Value, VSString & Name, VSObject * pOwner,
        bool bRange, bool & Max, bool & Min, bool& fStep)
{
```

```cpp
    return VS_NEW VSEBoolProperty(&Value,Name,pOwner);
}
template<> inline VSEditorElement * CreateEElement<VSTransform>(
        VSTransform& Value, VSString & Name, VSObject * pOwner, bool bRange,
        VSTransform & Max, VSTransform & Min, VSTransform& fStep)
{
    return VS_NEW VSETransformProperty(&Value,Name,pOwner);
}
template<> inline VSEditorElement * CreateEElement<VSColorRGBA>(
        VSColorRGBA& Value, VSString & Name, VSObject * pOwner,
    bool bRange, VSColorRGBA & Max, VSColorRGBA & Min,
        VSColorRGBA& fStep)
{
    return VS_NEW VSEColorProperty(&Value,Name,pOwner);
}
```

创建这些与属性相关联的组合控件都是通过模板和模板特化完成的，因为上面介绍了两种构造 int、unsigned int、char、float 等属性的方法，所以这里创建组合控件对象也分为两种方法，但这两种方法的接口都是一样的。

第一种方法如下。

```cpp
template<> inline VSEditorElement * CreateEElement<unsigned int>(
      unsigned int& Value, VSString & Name, VSObject * pOwner,
      bool bRange, unsigned int & Max, unsigned int & Min, unsigned int& fStep)
{
      return VS_NEW VSValueProperty<unsigned int>(&Value, Name, pOwner, bRange,
          Max, Min, fStep);
}
template<> inline VSEditorElement * CreateEElement<int>(int& Value,
          VSString & Name, VSObject * pOwner,
          bool bRange, int & Max, int & Min, int& fStep)
{
      return VS_NEW VSValueProperty<int>(&Value, Name, pOwner, bRange, Max, Min,
          fStep);
}
template<> inline VSEditorElement * CreateEElement<unsigned char>(
          unsigned char& Value, VSString & Name, VSObject * pOwner,
          bool bRange, unsigned char & Max, unsigned char & Min,
          unsigned char& fStep)
{
      return VS_NEW VSValueProperty<unsigned char>(&Value, Name, pOwner, bRange,
          Max, Min, fStep);
}
template<> inline VSEditorElement * CreateEElement<TCHAR>(TCHAR& Value,
          VSString & Name, VSObject * pOwner, bool bRange,
          TCHAR & Max, TCHAR & Min, TCHAR & fStep)
{
      return VS_NEW VSValueProperty<TCHAR>(&Value, Name, pOwner, bRange, Max,
          Min, fStep);
}
template<> inline VSEditorElement * CreateEElement<VSREAL>(
          VSREAL& Value, VSString & Name, VSObject * pOwner,
          bool bRange, VSREAL & Max, VSREAL & Min, VSREAL & fStep)
{
```

```cpp
        return VS_NEW VSValueProperty<VSREAL>(&Value, Name, pOwner, bRange, Max,
            Min, fStep);
}
```

第二种方法如下。

```cpp
template<> inline VSEditorElement * CreateEElement<unsigned int>(unsigned int& Value,
    VSString & Name, VSObject * pOwner, bool bRange,
    unsigned int & Max, unsigned int & Min, unsigned int& fStep)
{
        return VS_NEW VSEUnsignedIntProperty(&Value, Name, pOwner, bRange, Max,
            Min, fStep);
}
template<> inline VSEditorElement * CreateEElement<int>(int& Value,
        VSString & Name, VSObject * pOwner,
            bool bRange, int & Max, int & Min, int& fStep)
{
        return VS_NEW VSEIntProperty(&Value, Name, pOwner, bRange, Max, Min, fStep);
}
template<> inline VSEditorElement * CreateEElement<unsigned char>(
            unsigned char& Value, VSString & Name, VSObject * pOwner,
            bool bRange, unsigned char & Max, unsigned char & Min,
            unsigned char& fStep)
{
        return VS_NEW VSEUnsignedCharProperty(&Value, Name, pOwner, bRange, Max,
            Min, fStep);
}
template<> inline VSEditorElement * CreateEElement<TCHAR>(TCHAR& Value,
            VSString & Name, VSObject * pOwner, bool bRange,
            TCHAR & Max, TCHAR & Min, TCHAR & fStep)
{
        return VS_NEW VSECharProperty(&Value, Name, pOwner, bRange, Max, Min, fStep);
}
template<> inline VSEditorElement * CreateEElement<VSREAL>(
            VSREAL& Value,VSString & Name,VSObject * pOwner,
            bool bRange,VSREAL & Max,VSREAL & Min,VSREAL & fStep)
{
        return VS_NEW VSERealProperty(&Value, Name, pOwner, bRange, Max, Min, fStep);
}
```

接下来用类似序列化方法创建对象的属性对应的控件。

```cpp
VSEditorElement * CreateObjectEditorElement(VSObject * pObject,VSString & Name)
{
    VSRtti & Rtti = pObject->GetType();
    VSECollection * pParent = NULL;
    if (Rtti.GetPropertyNum() > 0)
    {
        pParent = (VSECollection *)CREATE_UI_PROPERTY(
                    VSEditorSingle::CUT_COLLECTION,Name);
    }
    for (unsigned int i = 0 ; i < Rtti.GetPropertyNum() ; i++)
    {
        VSProperty * pProperty = Rtti.GetProperty(i);
        if (pProperty->GetFlag() & VSProperty::F_REFLECT_NAME)
        {
            VSString Name = pProperty->GetName().GetString();
```

```
                pProperty->AddEditorElement(pObject,pParent,Name);
        }
    }
    return pParent;
}
```

上面的代码先创建了一个根节点控件，然后所有的属性控件都作为它的子节点递归调用。下面详细看看每种属性的 AddEditorElement 函数。

```
template<typename T>
class VSEnumProperty : public VSProperty
{
    virtual void AddEditorElement(void * pSrcObj,
                VSECollection * pParent,VSString &Name)
    {
        VSEEnumProperty * pEp = VS_NEW VSEEnumProperty(
                    (unsigned int*)(((const char*)pSrcObj) + m_uiElementOffset),
                    Name,(VSObject*)pSrcObj);
        pParent->AddElement(pEp);
        VSArray<VSString> AS;
        VSString EnumName = m_EnumName.GetString();
        GET_ENUMARRAY(EnumName,AS);
        pEp->AddEnumString(AS);
    }
};
template<typename T,typename NumType>
class VSDataProperty : public VSProperty
{
    virtual void AddEditorElement(void * pSrcObj,
                VSECollection * pParent,VSString &Name)
    {
        return ;
    }
};
template<typename T>
class VSValueProperty : public VSValueBaseProperty<T>
{
    virtual void AddEditorElement(void * pSrcObj,
                VSECollection * pParent,VSString &Name)
    {
        CreateEditorElement(Value(pSrcObj), (VSObject *)pSrcObj, pParent, Name,
            m_bRange,m_HightValue, m_LowValue, m_fStep);
    }
};

template<typename ArrayType,typename T>
class VSArrayProperty : public VSValueBaseProperty<T>
{
    virtual void AddEditorElement(void * pSrcObj,
                VSECollection * pParent,VSString &Name)
    {
        CreateEditorElement(GetContainer(pSrcObj), (VSObject *)pSrcObj, pParent,
            Name, m_bRange, m_HightValue, m_LowValue, m_fStep);
    }
};
```

```cpp
template<typename MapType,typename KEY,typename VALUE>
class VSMapProperty : public VSValueBaseProperty<VALUE>
{
    virtual void AddEditorElement(void * pSrcObj,
                VSECollection * pParent,VSString &Name)
    {
        CreateEditorElement(GetContainer(pSrcObj), (VSObject *)pSrcObj, pParent,
            Name, m_bRange, m_HightValue, m_LowValue, m_fStep);
    }
};
```

这里除了枚举类型是直接创建的控件以外，其他的都是调用 CreateEditorElement 函数接口创建的。

```cpp
template<typename T>
void CreateEditorElement(T & Value, VSObject *  pOwner, VSECollection * pParent,
   VSString& Name, bool Range = false, T  Max = T(), T  Min = T(), T fStep = T())
{
    if (TIsVSResourceType<T>::Value)
    {
        VSResource * &Temp = *(VSResource **)(void *)&Value;
        VSEResourceProperty * pEp =
                    VS_NEW VSEResourceProperty(Temp, Name, pOwner);
        pParent->AddElement(pEp);
    }
    else if(TIsVSPointerType<T>::Value)
    {
        VSObject * &TempSrc = *(VSObject**)(void *)&Value;
        VSEditorElement * pEp =
            CreateObjectEditorElement(TempSrc,Name);
        pParent->AddElement(pEp);
    }
    else if (TIsVSType<T>::Value)
    {
        VSObject * TempSrc = (VSObject *)&Value;
        VSEditorElement * pEp =
        CreateObjectEditorElement(TempSrc,Name);
        pParent->AddElement(pEp);
    }
    else if(TIsVSSmartPointerType<T>::Value)
    {
        VSObjectPtr &TempSrc = *(VSObjectPtr*)(void *)&Value;
        VSEditorElement * pEp =
            CreateObjectEditorElement(TempSrc,Name);
        pParent->AddElement(pEp);
    }
    else if (TIsCustomType<T>::Value)
    {
        VSCustomArchiveObject * TempSrc =
            (VSCustomArchiveObject*)(void *)&Value;
        VSEditorElement * pEp =
                    TempSrc->CreateEElement(Name, pOwner);
        pParent->AddElement(pEp);
    }
    else if (TIsVSEnumType<T>::Value)
```

```cpp
        {
        }
        else
        {
            VSEditorElement * pEp = 
                    CreateEElement(Value, Name, pOwner,Range, Max, Min, fStep);
            pParent->AddElement(pEp);
        }
}
template<typename T,VSMemManagerFun MMFun>
void CreateEditorElement(VSArray<T, MMFun> & Value, VSObject * pOwner,
    VSECollection * pParent, VSString& Name, bool Range = false,
    T  Max = T(), T  Min = T(), T fStep = T())
{
    VSECollection *pEc = NULL;
    if (Value.GetNum() > 0)
    {
        pEc = (VSECollection *)CREATE_UI_PROPERTY(
                    VSEditorSingle::CUT_COLLECTION,Name);
        pParent->AddElement(pEc);
    }
    for (unsigned int i = 0 ; i < Value.GetNum() ;i++)
    {
        VSString NewName = Name + IntToString(i);
        CreateEditorElement(Value[i], pOwner, pEc, NewName, Range, Max, Min, fStep);
    }
}
template<class Key,class T,VSMemManagerFun MMFun>
void CreateEditorElement(VSMap<Key, T, MMFun> & Value, VSObject *pOwner,
    VSECollection * pParent, VSString& Name, bool Range = false,
    T  Max = T(), T  Min = T(), T fStep = T())
{
    VSECollection * pEc = NULL;
    if (Value.GetNum() > 0)
    {
        pEc = (VSECollection *)CREATE_UI_PROPERTY(
                    VSEditorSingle::CUT_COLLECTION,Name);
        pParent->AddElement(pEc);
    }
    for (unsigned int i = 0 ; i < Value.GetNum() ;i++)
    {
        VSString NewNameKey = Name + _T(" Key");
        VSString NewNameValue = Name + _T(" Value");
        MapElement<Key,T> &ElementDest = Value[i];
        CreateEditorElement(ElementDest.Key,pOwner,pEc,
                    NewNameKey);
        CreateEditorElement(ElementDest.Value, pOwner, pEc, NewNameValue, Range, 
            Max, Min, fStep);
    }
}
```

对于 VSArray 和 VSMap 类型，调用了 CreateEditorElement 进一步剖析子属性。现在重心都转移到了 CreateEditorElement。在这个函数里，如果参数 Value 资源类型，就创建资源控件；如果参数 Value 是 VSObject 对象或者 VSObject 对象指针、VSObject 对象的智能指针，则调用 CreateObjectEditorElement 递归下去；如果参数 Value 是其他类型，就调用模板函数 CreateEElement

创建对应控件。

由于作者精力有限，没有写完所有代码，最后和控件库的真正绑定没有完全实现，这里已经帮助读者解决了所有真正的难题，相信读者自行实现也并不是很难了。

最后，一旦选择了另一个 VSObject 对象，就要把上一个 VSObject 对象创建的控件都释放掉。

```
void ReleaseObjectEditorElement(VSECollection * Root)
{
    for (unsigned int i = 0; i < Root->ChildElement.GetNum(); i++)
    {
        if (Root->ChildElement[i]->IsCollection())
        {
            ReleaseObjectEditorElement(
                        (VSECollection*)Root->ChildElement[i]);
        }
        else
        {
            VSMAC_DELETE(Root->ChildElement[i]);
        }
    }
    VSMAC_DELETE(Root);
}
```

8.8 函数反射

有了函数反射（function reflection），就可以知道这个函数相关的所有信息，包括名称、参数个数、参数类型、返回值等。

有了属性表，有了函数表，可视化代码编程也就不是问题了。通过函数表，直接就可以访问 C++里面的函数，不过要实现 Unreal Engine 4 中的蓝图那样的功能（如图 8.9 所示），还需要做很多工作。

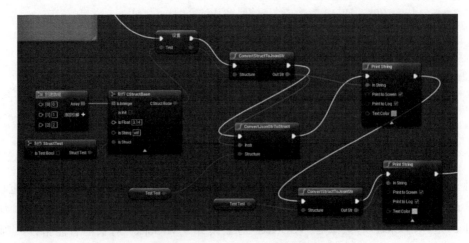

图 8.9　Unreal Engine 4 中的蓝图

和属性反射一样，函数反射也是有目的性的。以 Unreal Engine 4 为例，通常需要反射的 C++ 函数有 exec 函数、Client 函数、Server 函数、蓝图可以调用的函数共有 4 类。

函数反射的基本目的就是收集类函数的所有相关信息，以函数名称和连续数据块作为参数就可以访问对应函数。

我们把工作分解一下。第一步，收集函数相关的信息，包括函数名、函数所在的类、函数的参数个数以及类型、函数的返回类型。第二步，既然要以连续数据作为参数，那么就要有能力拆解连续数据，还要能调用函数。

编写以下代码。

```
class VSFunction
{
    VSRtti *m_pOwner;
    VSUsedName m_Name;
    unsigned int m_uiFlag;
    VSArray<VSProperty *> m_PropertyArray;
    VSProperty *m_pReturnProperty;
    unsigned int m_uiTotalSize;
};
```

m_pOwner 记录函数属于哪个类；m_Name 记录函数名称；m_uiFlag 记录函数的用途；m_PropertyArray 从左向右记录参数的属性；m_pReturnProperty 记录返回值，如果无返回值则为空；m_uiTotalSize 记录参数量的总大小。

为了处理连续数据的问题，也采用类属性表的方式，把所有的参数构成一个结构体，然后根据这个结构体，构造出所有的 m_PropertyArray。

例如，对于 int Test(int a,VSObject * p)函数，名字是 Test，返回值是 int 类型。下面构造一个结构体。

```
struct Name
{
    Int a;
    VSObject *p;
};
```

用这个结构体构建所有参数的属性。

和创建类的属性一样，也要加入宏来创建函数表。根据不同函数参数和返回值提供了 10 种接口。

（1）若有返回值，无参数，接口如下。

```
#define BEGIN_REGISTER_FUNCTION_NOPARAMETER(classname,FunctionName,uiFlag,Retype)
```

（2）若无返回值，无参数，接口如下。

```
#define BEGIN_REGISTER_VOID_FUNCTION_NOPARAMETER(classname,FunctionName,uiFlag)
```

（3）若有返回值和一个参数，接口如下。

```
#define BEGIN_REGISTER_FUNCTION_ONEPARAMETER(classname,FunctionName,uiFlag,\
    Retype,ValType1,ValName1)
```

（4）若无返回值，有一个参数，接口如下。

```
#define BEGIN_REGISTER_VOID_FUNCTION_ONEPARAMETER(classname,FunctionName,\
    uiFlag,ValType1,ValName1)
```

（5）若有返回值和两个参数，接口如下。

```
#define BEGIN_REGISTER_FUNCTION_TWOPARAMETER(classname,FunctionName,uiFlag,\
    Retype,ValType1,ValName1,ValType2,ValName2)
```

（6）若无返回值，有两个参数，接口如下。

```
#define BEGIN_REGISTER_VOID_FUNCTION_TWOPARAMETER(classname,FunctionName,\
    uiFlag,ValType1,ValName1,ValType2,ValName2)
```

（7）若有返回值和 3 个参数，接口如下。

```
#define BEGIN_REGISTER_FUNCTION_THREEPARAMETER(classname,FunctionName,uiFlag,\
    Retype,ValType1,ValName1,ValType2,ValName2,ValType3,ValName3)
```

（8）若无返回值，有 3 个参数，接口如下。

```
#define BEGIN_REGISTER_VOID_FUNCTION_THREEPARAMETER(classname,FunctionName,\
    uiFlag,ValType1,ValName1,ValType2,ValName2,ValType3,ValName3)
```

（9）若有返回值和 4 个参数，接口如下。

```
#define BEGIN_REGISTER_FUNCTION_FOURPARAMETER(classname,FunctionName,uiFlag,\
    Retype,ValType1,ValName1,ValType2,ValName2,ValType3,ValName3,ValType4,ValName4)
```

（10）若无返回值，有 4 个参数，接口如下。

```
#define BEGIN_REGISTER_VOID_FUNCTION_FOURPARAMETER(classname,FunctionName,uiFlag,\
    ValType1,ValName1,ValType2,ValName2,ValType3,ValName3,\
    ValType4,ValName4)
```

这些宏需要使用者提供函数名称、类名、参数类型以及参数名称。如果不像蓝图那样可视化脚本，参数名称没必要写上去，只知道类型就可以。不过，当初设计的时候考虑到要可视化脚本，所以加上了参数名称。

这个宏使用的地方也与注册属性一样，写在 BEGIN_ADD_PROPERTY 和 END_ADD_PROPERTY 之间，也就是每个类的初始化函数调用中。这里不会列出每个宏的实现，因为大同小异，所以只讲解有返回值和一个参数的情况。大于 4 个参数的情况很少见，读者可以自行实现。

```
#define BEGIN_REGISTER_FUNCTION_ONEPARAMETER(classname,FunctionName,
uiFlag,Retype,ValType1,ValName1) \
{ \
    class Template_##FunctionName \
    { \
    public: \
        ~Template_##FunctionName() \
        { \
```

```
            } \
            struct Name \
            { \
                ValType1 In##ValName1; \
            }; \
            static void FunctionTemplate_Temp(VSObject * p, VSFunction * pFun,\
                void * para, void * ret) \
            { \
                ValType1 In##ValName1 = \
                                *((ValType1 *)Get_FUN_PROPERTY_VALUE(0)); \
                if (ret && !pFun->IsReturnVoid()) \
                { \
                    *((Retype *)ret) = RETURN_FUN(classname, \
                                        FunctionName, In##ValName1); \
                } \
                else \
                { \
                    RETURN_FUN(classname, FunctionName, \
                                    In##ValName1); \
                } \
            } \
            Template_##FunctionName(VSRtti & rtti,unsigned int Flag) \
            { \
                ADD_FUNCTION(FunctionName) \
                VSProperty * activeProperty = NULL; \
                ADD_RETURN_TYPE(Retype)\
                Name *dummyPtr = NULL; \
                REGISTER_FUNCTION_PROPERTY(In##ValName1) \
                rtti.AddFunction(pFun); \
            } \
        };\
        Template_##FunctionName   _Template_##FunctionName(* pRtti, uiFlag); \
    }
```

首先定义一个类，以 Template 和函数名称作为类名。然后定义这个类的变量，代码执行到类结束时会构造这个类对象，并调用构造函数，完成注册函数的整个过程。

再看这个类里面，先定义了一个结构体，然后是这个类的静态函数，这个函数负责最终调用对象的实际函数。

```
#define   Get_FUN_PROPERTY_VALUE(Num) \
    pFun->GetProperty(Num)->GetValueAddress(para)
```

首先通过这个宏和传过来的参数基地址得到每个参数值，然后再判断是否存在返回值以及返回值的地址是否有效，最后调用实际函数。

```
#define   RETURN_FUN(classname,FunctionName,...) \
    ((classname *)p)->FunctionName(##__VA_ARGS__);
```

下面介绍这个构造函数。构造函数传递了 RTTI 和标志位信息，然后注册函数、注册函数参数、注册函数返回值。

```
#define ADD_FUNCTION(FunctionName) \
    VSFunction * pFun = VS_NEW VSFunction(rtti, _T(#FunctionName), Flag); \
    pFun->SetTotalSize(sizeof(Name)); \
    pFun->ObjectFun = FunctionTemplate_Temp;
```

这里关键的步骤是把类里面的静态函数赋给 VSFunction 里面的函数指针 ObjectFun，这样我们只要找到 VSFunction 就可以找到调用的函数。具体代码如下。

```
#define ADD_RETURN_TYPE(Retype)\
    { \
        Retype Temp = Retype(); \
        activeProperty = PropertyCreator::GetAutoPropertyCreator\
                    (Temp).CreateFunctionProperty(_T("Return"), * pFun, 0, 0); \
        pFun->SetReturnType(activeProperty); \
    }
#define REGISTER_FUNCTION_PROPERTY(reflectName) \
    { \
        activeProperty = PropertyCreator::GetAutoPropertyCreator\
            (dummyPtr->reflectName).CreateFunctionProperty(\
            _T(#reflectName), * pFun, \
            (size_t)((char*)&(dummyPtr->reflectName) - (char*)dummyPtr), 0); \
        pFun->AddProperty(activeProperty); \
    }
```

这两个属性的注册和之前的类属性注册没什么大的不同，只不过归属于 VSFunction，而不再归属于 RTTI。

那么我们该怎么应用呢？具体代码如下。

```
class VSTestObject1 : public VSObject
{
        //RTTI
        DECLARE_RTTI;
    public:
        VSTestObject1();
        ~VSTestObject1();
        DECLARE_INITIAL
    public:
        VSREAL m_fTO1Float;
        int Test(int s);
        void Test2(VSString s);
};
    DECLARE_Ptr(VSTestObject1);
    VSTYPE_MARCO(VSTestObject1);

IMPLEMENT_RTTI(VSTestObject1,VSObject)
BEGIN_ADD_PROPERTY(VSTestObject1,VSObject);
REGISTER_PROPERTY(m_fTO1Float, TO1Float, VSProperty::F_SAVE_LOAD_CLONE)
BEGIN_REGISTER_FUNCTION_ONEPARAMETER(VSTestObject1, Test,
    VSFunction::F_DEFAULT, int, int, s)
BEGIN_REGISTER_VOID_FUNCTION_ONEPARAMETER(VSTestObject1, Test2,
    VSFunction::F_DEFAULT, VSString , s)
END_ADD_PROPERTY
IMPLEMENT_INITIAL_BEGIN(VSTestObject1)
IMPLEMENT_INITIAL_END
VSTestObject1::VSTestObject1()
{
    m_fTO1Float = 0.143f;
}
```

```
VSTestObject1::~VSTestObject1()
{
}
int VSTestObject1::Test(int s)
{
    return s + 2;
}
void VSTestObject1::Test2(VSString s)
{
    std::cout << s.GetBuffer() << std::endl;
}

BEGIN_REGISTER_FUNCTION_ONEPARAMETER(VSTestObject1, Test,
    VSFunction::F_DEFAULT, int, int, s)
BEGIN_REGISTER_VOID_FUNCTION_ONEPARAMETER(VSTestObject1, Test2,
    VSFunction::F_DEFAULT, VSString , s)
```

这两个宏负责注册函数。

这里提供两种调用方式：一种方法是原生方式，另一种是模板方式。原生方式一般是供引擎内部使用的，模板方式则是供引擎使用者使用的。

查看以下代码。

```
class VSGRAPHIC_API VSObject:public VSReference , public VSMemObject
{
public:
    bool Process(VSUsedName & FunName, void * para, void * ret = NULL ,
            int ParaNum = -1);
    template<class ReturnType,class Type1>
    void CallFun(VSUsedName &FunName, ReturnType& ReturnValue, Type1& t1)
    {
        struct MyStruct
        {
            Type1 t1;
        }Temp;
        Temp.t1 = t1;
        Process(FunName, (void *)&Temp, (void *)&ReturnValue, 1);
    }
}
```

Process 为原生方式，因此最少需要提供函数名称和参数块的基地址，CallFun 为一系列模板函数。这里只列出了有返回值和一个参数的情况，这种情况较简单。

对于 int VSTestObject1::Test(int s)的调用：

```
VSObject * Temp = VS_NEW VSTestObject1();
int para = 3;//函数的参数
int t = 0;//函数的返回值
Temp->Process(_T("Test"),&para,&t , 1);
```

或者

```
Temp-> CallFun(_T("Test"), &t ,para)
```

原生 C++支持函数重载，所以同名函数的参数或者参数类型可以不同，这种情况是允许的。

不过，这套系统可能很难支持，这里只简单地支持函数重名的情况。

查看以下代码。

```cpp
class VSFunction
{
public:
    bool IsSame(VSFunction * p)
    {
        if (m_pOwner != p->m_pOwner)
        {
            return false;
        }
        else if (m_Name != p->m_Name)
        {
            return false;
        }
        else if (m_uiTotalSize != p->m_uiTotalSize)
        {
            return false;
        }
        else if (m_PropertyArray.GetNum() !=
                    p->m_PropertyArray.GetNum())
        {
            return false;
        }
        else
        {
            return true;
        }
    }
};
```

IsSame 用来判断两个函数是否相同，这里的判断相当粗略，只判断了所属类、名字、参数个数、参数大小，并没有具体去判断参数的类型，不过这样已经够了。在真正判断的时候，如果没有指定参数个数，找到一个匹配的就终止遍历；如果指定了参数个数，就要检查参数个数是否一样。

继续看以下代码。

```cpp
bool VSObject::Process(VSUsedName & FunName, void * para, void * ret, int ParaNum)
{
    VSRtti & t = GetType();
    for (unsigned int i = 0; i < t.GetFunctionNum(); i++)
    {
        VSFunction * p = t.GetFunction(i);
        if (p->GetName() == FunName)
        {
            if (ParaNum == -1)
            {
                p->ObjectFun(this, p, para, ret);
```

```
                return true;
            }
            else if (p->GetPropertyNum() == ParaNum)
            {
                p->ObjectFun(this, p, para, ret);
                return true;
            }
        }
    }
    return false;
}
```

函数注册是从父类到子类的,所以如果遇到 IsSame 为 true 的情况,就会把当前列表里面的函数删除掉,然后把当前函数放进去,所以虚函数的调用是没有问题的。

我们在定义下面这种函数的时候,尽量保证函数名字不同。如果函数名字相同,那么参数个数要不同,这样才不会有问题。

```
void VSRtti::AddFunction(VSFunction * pFunction)
{
    if (pFunction)
    {
        for (unsigned int i = 0; i < m_FunctionArray.GetNum(); i++)
        {
            if (m_FunctionArray[i]->IsSame(pFunction))
            {
                VSMAC_DELETE(m_FunctionArray[i]);
                m_FunctionArray[i] = pFunction;
                return;
            }
        }
        m_FunctionArray.AddElement(pFunction);
    }
}
```

最后一个要说明的问题是,因为从结构体里面提取参数类型,所以如果用户要用原生方式调用,也要把参数封装成结构体,否则会出现字节对齐问题,导致 VSFunction 在取参数的时候出现错误。

比如,对于下面的函数 void Fun(char c,int a),把参数变成以下结构体。

```
struct Name
{
    Char c;
    Int a;
}
```

默认情况下,结构体按 4 字节对齐,sizeof(Name)为 8,而实际上 sizeof(char)和 sizeof(int) 为 5。若用结构体,VSFunction 的两个参数属性的地址偏移量分别是 0 和 4;若不用结构体,两个地址偏移量则是 0 和 1。无论是原生方式还是结构体方式,用户都很难使用,所以建议使用模板方式调用。

其实有了模板方式,原生方式只在引擎内部调用,比如网络序列化。但由于用了结构体,其实会无故地浪费网络流量。在上面的例子中，要发送这个函数并在另一台机器上调用，除了发送函数名称外，还要用结构体发送参数，这要占用 8 字节，用非结构体就占用 5 字节。

8.9 复制属性与函数

Unreal Engine 的这种复制属性与函数编程方式其实蛮超前的，至少在国内的网络游戏中作者还没有见过这种方式，但 Unreal Engine 已经用了至少十几年。虽然 Unreal Engine 这种网络编程模式涉及太多臃肿的东西，但如果了解了它的原理，可以根据游戏项目做到极致的优化。这种编程方式的最大优点就是方便、快捷，扫清了以往一个功能至少要服务器和客户端两个人协作的障碍。现在这种障碍根本就没有了，因为一个人就可以全部搞定。

在讲解 Unreal Engine 的原理之前，先推荐一本书，如图 8.10 所示。这本书是市面上一本讲对象属性和函数网络复制的书。该书中关于复制（replication）的定义是把一个对象的状态从一台主机传输（transmit）到另一台主机的过程。相信看了本章前面的内容，再加上本节的介绍，读者已经有能力设计出像 Unreal Engine 一样的网络复制解决方案。如果还遇到问题，不妨看看推荐的这本书吧！

Unreal Engine 的网络模型是典型的客户端/服务器（Client-Server，CS）架构，而且是强服务器类型的。也就是说，客户端不可以给其他客户端发消息，只能通过服务器，然后发给其他客户端。举个例子，所有客户端都不知道对方的任何信息，只有服务器知道任何人的信息，客户端只能通过服务器获得其他人的信息。

图 8.10　这本书是 2016 年出版的[①]

接下来所讲的都是围绕这种网络模式进行的，这种网络模式可复杂可简单。复杂的话，将所有逻辑都放在服务器上，这样增加了服务器的开销，但可以防止作弊；简单的话，把所有逻辑都放到客户端上，但这样很容易作弊。所以服务器的开销大小和游戏关键地方的设计也有密切联系。

因为 Unreal Engine 这套网络方案在强 CS 架构下给予了开发者特别灵活的条件，所以很多初接触的人如果不是很了解本质机制，就会导致网络开销特别大。

在介绍 Unreal Engine 这种网络编程方式之前，先介绍传统的 CS 网络编程方式。在传统的网络编程方式下，客户端和服务器端为了相互收发消息，接收数据，都是根据协议来工作的。所谓的协议就是之前定义好的编码格式，里面不同的数字代表不同的含义。举个简单的例子，在第一人称射击游戏中，若一个人一枪击中了另一个人，让他减少了 40 滴血，那么可能定义的协议就是

```
#define DAMAGE_NUM 0X1E
```

---

① 中文版《网络多人游戏架构与编程》由人民邮电出版社于 2017 年 10 月出版，ISBN：978-7-115-45779-0。

假设总共有不超过 255 条协议，数据格式可能如下。

首先，前 8 位留给协议，表示消息的意义，DAMAGE_NUM（0X1E）表示"伤害"消息。然后，记录哪个人受到了伤害，要记录这个人的 ID，假设最多 16 个人，那么 4 位就足够了，这个人的 ID 是 9。最后是伤害值，最大伤害是 200 滴血，那么 8 位足够了。于是，这条消息一共用了 8 位+4 位+8 位，即 20 位，客户端把这个数据发给服务器端。当服务器收到消息时，它先解析属于哪个协议，前 8 位表示"伤害"消息，然后接着处理下面的 4 位，确定哪个人受到伤害，通过最后 8 位获取伤害值。

另一种情况下，某些变量每隔一段时间就会发送或者发送每帧，或者一旦遇到变化就发送，比如人物位置发生变化。

其实上面的数据收发过程和存储没有本质区别，发送方负责数据的写操作，而接收方负责数据的读操作。

上面讲到的对象序列化存储操作就可以用到网络上。用定义协议的方式，处理起来很不灵活。

不过用在网络上的序列化过程和真正的读写还有些不太一样，这里面有太多的条件要加以约束，才可以成为一套完美的系统。

Unreal Engine 分为专用服务器（dedicated server）、侦听服务器（listen server）、单机这 3 种模式。侦听服务器表示当前这个服务器既是服务器又是玩家。一般的局域网都采用这种模式，玩家既是主机也是游戏的参与者。主要介绍专用服务器这种模式。如图 8.11 所示，有一个服务器和 3 个客户端，我们不讨论一台客户端主机有一个以上玩家的情况，只讨论一个主机对应一个玩家、一个客户端的情况。注意，有服务器，玩家 A、B、C，还有一个 AI，在这种模式下，服务器可以控制所有的玩家和 AI，而且可以向 3 个客户端上的任意一个玩家发送消息，而玩家只能使用控制的角色向服务器发送当前角色的消息。

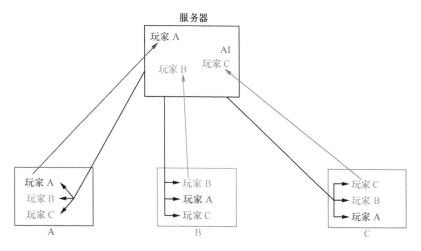

图 8.11　Unreal Engine 的服务器架构

先说服务器。服务器可以控制玩家 A、玩家 B、玩家 C、AI，它不仅可以向 A 客户端上的玩家 A、玩家 B、玩家 C 发送消息,还可以向 B 客户端上的玩家 A、玩家 B、玩家 C 发送消息。也就是说,它可以控制一切,只要编写的代码是在服务器上运行的,怎么控制都可以。再说玩家、客户端。A 只能控制自己主机上的玩家 A,它只能发送消息给服务器上的玩家 A,不能够发送消息给服务器上玩家 B、玩家 C。当然,因为这种网络模型是强 CS 架构,所以不允许发送消息给客户端 B 和 C。有些读者可能会说,机器在我手里,其他玩家在我机器上的表现我随便作弊都可以控制。是的,你只能控制表现,实际上重要的数据会从服务器上发送过来,所有和游戏相关的重要判定一般都在服务器上进行,你所改的只是实实在在的表现而已,本质上没有任何作用。

实际上,你只能控制你自己,然后告诉服务器关于你的一部分信息,大部分有用的信息可以通过服务器计算,以免你欺骗它。当然,你完全可以欺骗服务器,但这对你没有任何好处,真正决定比赛胜负的判断逻辑还要由服务器来负责,所以你只能从服务器得到其他玩家的信息。

Unreal Engine 有一个变量用来识别客户端中的某个玩家是不是自己:

```
enum ENetRole
{
    ROLE_None,
    ROLE_SimulatedProxy,
    ROLE_AutonomousProxy,
    ROLE_Authority,
    ROLE_MAX,
};
```

这个枚举类型有 3 个有意义的元素:ROLE_SimulatedProxy 表示本地模拟的玩家,ROLE_AutonomousProxy 表示本地自己管理的玩家,ROLE_Authority 表示拥有仲裁权力的玩家。以上面的例子来说,对于客户端 A,玩家 A 就是 ROLE_AutonomousProxy,而玩家 B 和玩家 C 是 ROLE_SimulatedProxy,服务器端上的玩家 A 就是 ROLE_Authority。同理,对于客户端 B,玩家 B 就是 ROLE_AutonomousProxy,而玩家 A 和玩家 C 是 ROLE_SimulatedProxy,服务器端上的玩家 B 就是 ROLE_Authority;这样你就可以在客户端区分出自己和其他玩家,也可以根据玩家的 ID 和名称来区分他们。

这里说明为什么服务器上所有玩家都是 ROLE_Authority,也就是仲裁权力拥有者。所有联网的对象必须在服务器上创建,然后由服务器下发到客户端,客户端才会创建这个对象。如果客户端本机自己创建对象,其他客户端是无法看到的,所以服务器拥有所有网络对象的管理权限。

上面几乎是 Unreal Engine 中的整个网络模式。简单概括为以下 3 点。

(1)游戏里的所有角色(包括你自己控制的角色)都是裁判分配给玩家的。

(2)你控制你的角色的行动必须告诉裁判。

(3)裁判会把其他角色的行动告诉你。

下面详细介绍 Unreal Engine 中的网络复制,不仅包括对象复制、对象属性复制、对象函数复制，还包括从服务器到客户端和从客户端到服务器。

前面讲的所有与对象系统相关的知识，在这里都可以用到。RTTI 可以完成对象复制，属性反射可以完成属性复制，函数反射可以完成函数复制，毕竟网络传输和存储没什么太大区别，存储对象就是传输对象，加载对象就是接收对象，属性和函数也是同理。

服务器和每一个客户端通过一条线路来传输数据，如果有 N 个玩家，那么就要有 N 条线路，同时每个客户端与服务器通过一条线路传输数据。

8.9.1 对象复制

当玩家 A 连接到服务器的时候，服务器会创建玩家 A，服务器在每一帧会把当前需要复制的所有对象都发送到客户端 A，如果客户端没有这个对象，就创建。同理，客户端 B、客户端 C 也是如此。

发送对象的时候，实际上只发送一个 GUID 和 RTTI。RTTI 负责创建对象，GUID 是这个对象的唯一标识，服务器和客户端是一一对应的，每个客户端都维持一个映射表，键是 GUID，值是这个对象。当服务器发送这个 GUID 和 RTTI 时，就会用 GUID 查找映射表。如果值不为空，就说明这个对象创建过；否则，就根据 RTTI 创建这个对象。

同理，要销毁一个网络复制的对象，也由服务器发起，客户端没有能力去销毁。

客户端 A 怎么知道在服务器发送过来的 N 个玩家中哪个是自己控制的呢？在发送其他复制对象前，先向客户端发送了一个 PlayerController 对象。这个 PlayerController 对象负责控制玩家，PlayerController 对象发送过来后绑定到本机客户端上，PlayerController 里面有一个玩家指针，它会根据映射表里面的 GUID 和对象重新恢复，并指向客户端 A 控制的玩家。

在 Unreal Engine 中恢复对象指针的指向，并不像序列化存储中那样。当所有对象都序列化完毕后再链接，它是按照指针的指向等信息，给对象排优先级的，所以在上面的例子中，玩家对象一定会先于 PlayerController 对象到达客户端 A，这样就可以保证 PlayerController 里面的玩家指针可以找到对应的指向。同理，其他有依赖性的对象都是这样处理的。处理对象的依赖性需要技巧，第 9 章会详细介绍，因为在垃圾回收中也会用到类似找依赖性的方法。

同理，复制函数的时候，若调用这个函数的对象还没有发送，那么会优先发送这个对象，然后再发送函数。

当然，不是任何对象都需要复制的，只有对象属性变量 bReplicates = true 的时候才会同步这个对象，也只有这个变量设置成 true 的时候，它的属性才会同步。

8.9.2 属性复制

一旦类对象的 bReplicates = true，那么它的属性就可以复制了，但至于哪些属性能够复制，就要看设置了。

```cpp
void AActor::GetLifetimeReplicatedProps(
    TArray< FLifetimeProperty > & OutLifetimeProps ) const
{
    UBlueprintGeneratedClass* BPClass = Cast<UBlueprintGeneratedClass>(GetClass());
    if (BPClass != NULL)
    {
        BPClass->GetLifetimeBlueprintReplicationList(OutLifetimeProps);
    }
    DOREPLIFETIME( AActor, bReplicateMovement );
    DOREPLIFETIME( AActor, Role );
    DOREPLIFETIME( AActor, RemoteRole );
    DOREPLIFETIME( AActor, Owner );
    DOREPLIFETIME( AActor, bHidden );
    DOREPLIFETIME( AActor, bTearOff );
    DOREPLIFETIME( AActor, bCanBeDamaged );
    DOREPLIFETIME_CONDITION( AActor, AttachmentReplication, COND_Custom );
    DOREPLIFETIME( AActor, Instigator );
    DOREPLIFETIME_CONDITION( AActor, ReplicatedMovement, COND_SimulatedOrPhysics );
}
```

Unreal Engine 中同步的变量都写在 GetLifetimeReplicatedProps 这个虚函数里，bReplicateMovement、RemoteRole、ReplicatedMovement、bCanBeDamaged 等变量都是可以复制的。不同的是，有些属性复制是可以加入条件的，比如，COND_SimulatedOrPhysics 这个条件就表示对象只有在 Simulated 或者 Physics 的条件下才会同步。上面讲过，Simulated 表示客户端中的其他玩家，也就是说，客户端 A 控制的玩家 A 的 ReplicatedMovement 不会复制过来改变玩家 A 的运动，而客户端 A 上的玩家 B、玩家 C 的 ReplicatedMovement 改变玩家 B 和玩家 C 的运动。同理，所有物理模拟的 ReplicatedMovement 也会改变。

实际上，服务器复制的属性和对象数据是一起发送到客户端的，对象数据包括对象的 GUID、RTTI 和属性。在发送属性前，会调用一个函数，在这里面可以做一些发送前的事情。

```cpp
void AActor::PreReplication( IRepChangedPropertyTracker & ChangedPropertyTracker )
{
    AttachmentReplication.AttachParent = nullptr;
    if ( bReplicateMovement || (RootComponent &&
        RootComponent->GetAttachParent()) )
    {
        GatherCurrentMovement();
    }
    DOREPLIFETIME_ACTIVE_OVERRIDE( AActor, ReplicatedMovement,
        bReplicateMovement );
    DOREPLIFETIME_ACTIVE_OVERRIDE( AActor, AttachmentReplication,
        RootComponent && !RootComponent->GetIsReplicated() );
    UBlueprintGeneratedClass* BPClass =
        Cast<UBlueprintGeneratedClass>(GetClass());
    if (BPClass != NULL)
    {
```

```
        BPClass->InstancePreReplication(this, ChangedPropertyTracker);
    }
}
```

属性是否复制是可以改变的，ReplicatedMovement 这个属性是否发送依赖当前 bReplicateMovement 变量的值，这个改变只能在服务器端进行。

服务器会收集所有要发送的属性，为了节省流量，会用一个数据缓冲区来存放上一次发送的属性值，并与当前要发送属性值对比，如果相等，就不会发送。

为了在接收方区分究竟哪个属性被发送过来，Unreal Engine 并没有发送名字 ID（序列化存储中存储的是名字 ID），可能有两个原因。一方面，存储名字 ID 要占用 32 位，而这里只用了 16 位，而且服务器和客户端版本是一致的，不存在版本不兼容问题，所以也没必要用名字来区分。另一方面，可以直接以属性所在类中属性数组的下标作为 ID，16 位可以表示足够多的属性个数了。对比本书中的引擎，实际上就是 RTTI 类里面的 PropertyArray 的数组下标。

每当一个属性值在服务器端改变并发送到客户端时，客户端会接收并改变这个属性值，然后可以回调一个函数，这个函数是自己指定的，但不能动态指定。

```
UPROPERTY(EditDefaultsOnly, ReplicatedUsing=OnRep_ReplicatedMovement,
    Category=Replication, AdvancedDisplay)
struct FRepMovement ReplicatedMovement;
UFUNCTION()
virtual void OnRep_ReplicatedMovement();
```

所有复制的变量都要用 UPROPERTY 来表示注册到属性表中，还要加入 ReplicatedUsing 或者 Replicated，确实有点麻烦。希望读者在本引擎中实现这些功能的时候，直接按照标志位实现就可以了。ReplicatedMovement 变量在发送到客户端并改变之后就会调用 OnRep_ReplicatedMovement，这个函数一定要用 UFUNCTION() 标记，表示这个函数反射注册到函数表中，也就类似 8.8 节讲的函数反射。之所以要反射，是因为要通过函数名称就可以调用到这个函数。

最后一点要记住，属性的复制都是从服务器到客户端的。

8.9.3 函数复制

函数复制分为两种。一种是客户端向服务器发送函数，例如，客户端 A 发送玩家 A 的一个函数 Test 到服务器端，这样服务器端的玩家 A 就会调用 Test，而客户端不会调用这个函数。

```
UFUNCTION(Unreliable, Server, WithValidation)
void Server_OnAnimFaceChange(int32 AnimFaceID);
void ASolarPlayer::ShowSmileFace()
{
    Server_OnAnimFaceChange(0);
}
```

在函数声明中 UFUNCTION 表示把 Server_OnAnimFaceChange 添加到函数反射表中，并添加了几个 Flag。这里只说这个 Server 标记，它表示这个函数在客户端调用，在服务器端执行。

ASolarPlayer::ShowSmileFace()函数就是客户端调用的，然后调用 Server_OnAnimFaceChange() 函数，但它没有真正执行，而是发送一条由服务器来执行这个函数的消息。

另一种就是服务器向客户端发送函数，原理也是一样，只不过标记变成了 Client。

客户端发送给服务器的函数，只能是与 PlayerController 有关联的对象（准确说应该是本地和服务器的 NetConnection 关联的对象）。也就是说，不可以随便复制一个对象的函数到服务器端，和 PlayerController 要有关联才可以，Unreal Engine 中每个对象都有一个 Owner，所以要把这个对象 Owner 设置成 PlayerController。不过客户端是没有权力设置 Owner 的，只有服务器才可以。如果客户端想获取这个对象发送函数的控制权，只能向服务器发送函数请求控制。

Unreal Engine 中只有把 Owner 设置成 PlayerController 的对象才可以复制函数。仔细看代码查找实现原理。

函数发送的时候，会判断当前函数是不是在本地执行。如果不在本地执行，就把函数调用者 GUID、函数名称 ID 和参数发送过去。这个时候函数反射就派上用场了，先读取函数调用者 GUID，找到真正调用者的对象指针，然后根据函数名称 ID（不根据名称 ID，而直接根据函数表中的索引也是可以的）就会在函数表中找到这个函数。同时也找到了函数中有哪些参数属性，根据属性直接去序列化参数，这样在另一端的函数调用就完成了。

8.9.4 小结

做过游戏开发的人，尤其受传统客户端和服务器开发困扰的读者，一定会对这种模式感兴趣，它的开发效率很高。至于 Unreal Engine 里面的实现细节，建议看详细代码。对于这种网络模式的技术，本章已经揭示得很清楚了，用本书中的引擎做一套这样的网络引擎是没有太大难度的。有兴趣的读者可以自己用本书中的引擎来实现这套机制。

如果读者要用本书中的引擎去实现这套机制，建议阅读《网络多人游戏架构与编程》，实现细节本章前面已经详细介绍了。下面再结合本书中的引擎给出一些建设性的意见。

VSProperty 中要新加入一个标记，表示这个属性是否需要复制。

```
enum    //标记
{
    F_REPLICATE = 0X10,
    F_MAX
};
```

要有一个全局变量（要么是全局类实例中的变量），枚举类型、声明 NetMode，表示当前主机是客户端还是服务器。

```
enum    //标记
{
    NM_Server = 0X01,
    NM_Client = 0x02,
```

```
    F_MAX
};
```

可以在 VSObject 中加入两个变量、枚举类型的 Role 和布尔类型 bReplicates。下面是枚举类型 Role 的选项。

```
enum Role
{
    ROLE_SimulatedProxy,
    ROLE_AutonomousProxy,
    ROLE_Authority,
    ROLE_MAX,
};
```

Role 用来判断当前玩家由谁在控制，如果希望这个对象可以复制，那么就把 bReplicates 设置成 true。如果希望对象里面的变量也可以复制，则加入下面的宏。

```
REGISTER_PROPERTY(m_Int, TestInt, VSProperty::F_REPLICATE)
```

最后还要有一个类——表示服务器和客户端连接的 VSConnect 类，负责服务器和客户端的网络通信。Unreal Engine 里面有一个叫 Controller 的类对象，该类对象和类似 VSConnect 功能的类关联，所有和 Controller 关联的才是可以复制的对象。也可以创建一个和 Controller 相同功能的类——VSReplicateController，可以声明一个数组，里面都是可以复制函数的对象 Replicate_Function_Objects。这个 VSReplicateController 对象 bReplicates 默认设置成 true，Replicate_Function_Objects 默认设置为 VSProperty::F_REPLICATE。

当有客户端连接到服务器时，服务器创建 VSReplicateController 和 Player 对象。

在服务器端执行以下操作。

（1）对所有复制的对象按优先级和关联顺序排序。

（2）对于每个对象发送对象 GUID、RTTI Name ID。

（3）对于每个可以复制的属性，对比和上一次发送的是否相等。如果不相等，则发送可复制属性列表中的 ID 和数据。

（4）对于客户端 A，服务器多发送一个 VSReplicateController A；对于客户端 B，服务器多发送一个 VSReplicateController B。也就是说，如果有 N 个客户端，在服务器上存在 N 个 VSReplicateController 对象，在每个客户端上各存在一个。

在客户端执行以下操作。

（1）接收对象 GUID 和 RTTI Name ID，查看是否创建过这个对象。如果没创建，则创建；如果是 VSReplicateController，则关联到 VSConnect。

（2）根据接收到的 ID 和数据，设置到对应对象属性中。

上面是复制对象及属性的过程。下面是函数的复制过程。

（1）从服务器发送到客户端。

查看对象是否发送过,如果没发送过,则发送 GUID、RTTI Name ID 及其属性。对于参数,也这么处理。

接着发送对象 GUID、函数名称 ID 和函数参数。

(2) 客户端接收。

根据 GUID 找到对应的对象,根据名字和参数调用函数。

(3) 从客户端发送到服务器端。

查看 VSReplicateController 里面的 Replicate_Function_Objects 中有没有当前对象。如果有,发送对象 GUID、函数名称 ID、函数参数。

(4) 服务器端接收。

根据 GUID 找到对应的对象,根据名字和参数调用函数。

VSFunction 还要再加入一个函数指针 FunctionTemplatePtr StreamFun,用来网络序列化,把 8.8 节中的方法添加到函数反射中。

比如,对于一个参数的情况,代码如下。

```
static void FunctionStream_Temp(VSObject *p, VSFunction *pFun,
    void *para, void *ret)
{
    序列化 p 的 GUID
    序列化 p 的 RTTI Name ID
    序列化 pFun 的 Name ID
    序列化 para, size = pFun->m_uiTotalSize
}
```

除此之外,VSFunction 还要加入两个标记,表示这个函数是从客户端到服务器还是从服务器到客户端。

```
enum     //标记
{
    F_DEFAULT   = 0X00,
    F_CLIENT    = 0X01,
    F_SERVER    = 0X02,
    F_MAX
};
bool VSObject::Process(VSUsedName & FunName, void *para, void *ret, int ParaNum)
{
    VSRtti & t = GetType();
    for (unsigned int i = 0; i < t.GetFunctionNum(); i++)
    {
        VSFunction *p = t.GetFunction(i);
        if (p->GetName() == FunName)
        {
            if (ParaNum == -1)
```

```
            {
                if(p->netFlag != NetMode) //如果不在本地执行就发送出去
                    p->StreamFun(this, p, para,NULL);
                else
                    p->ObjectFun(this, p, para, ret);
                return true;
            }
            else if (p->GetPropertyNum() == ParaNum)
            {
                if(p->netFlag != NetMode)
                    p->StreamFun(this, p, para,NULL);
                else
                    p->ObjectFun(this, p, para, ret);
                return true;
            }
        }
    }
    return false;
}
```

接收代码这里不再给出了,因为也十分好处理,不过函数是不能返回值的,所以本质上和调用 void 函数一样。另外,一旦属性发送到客户端,表示属性改变,这里可以有一个函数回调,这个实现起来也很容易,这里也不再给出代码。

8.10 番外篇——Unreal Engine 4 中的反射*

Unreal Engine 3 为了维护一套对象系统,发明了一套脚本语言——UnrealScript,最后转化成 C++来执行,因为编译器是用 C++写的,所以就像 C#一样,Unreal Engine 3 可以维护一套属性表和函数表以及其他内容,如属性反射、UI 绑定、序列化存储和序列化传输等都支持。

同时 Unreal Engine 3 还有一个编辑关卡逻辑的可视化脚本,不过还没有达到编程语言级别,可实现模块化编程。程序员把每个函数反射到编辑器中,策划人员使用这个反射的函数来控制逻辑。

Unreal Engine 4 为什么抛弃了这两个东西呢(本质上是一个东西,Kismet 其实也是建立在脚本对象系统上的)?

先说 UnrealScript。用 Unreal Engine 3 开发过游戏的人都知道,UnrealScript 后期简直就是一个"恶魔"。起初 Epic 公司提供这套东西旨在让开发人员用 UnrealScript 来写游戏。为了以防万一,提供了 UnrealScript 和底层 C++可以互相调用的机制,毕竟 UnrealScript 代码最后要转换成 C++代码来运行,所以提供这种机制也不难。这个时候灾难就发生了,不是每个开发人员的抽象能力都那么强,UnrealScript 中可能没有的功能,就要用 C++实现,写着写着,就发现 UnrealScript 和 C++相互调用,简直都乱套了。

再说 Kismet。Kismet 其实都是大量模块化的功能,但并不是所有模块都满足功能要求,这就需要程序员再写出其他满足功能要求的模块，然后编译脚本，发布一个版本，再给策划人员使用，步骤很麻烦。程序员使用这东西，其实还像写代码。不过国外可能不太一样，大部分策划人员是有程序功底的，能够自给自足。

随着 Unity 的出现，它的开发效率是毋庸置疑的，Unreal Engine 急需在这个方面改进。先不说 Unity 效率如何，它的设计理念足以领先于所有引擎。

Unreal Engine 4 首先就抛弃了 UnrealScript，因为 Unreal Script 拥有的特性，C++完全做得到。不过为了像 Unity 开发一样方便，总不能每次都编译代码再重新打开编辑器。Unreal Engine 又引入了热加载 DLL 机制，不过这套机制还不完美，不能像 C#那样即使崩溃，也有容错处理，不至于编辑器也崩溃，C++要做到这一点可能还需要继续努力。

Kismet 的缺点也暴露无遗，因此 Unreal Engine 就给出了终极解决方案——蓝图。蓝图就是完全可视化的编程语言，它封装在 C++之上。蓝图和 C++的类差不多是一个东西，不过有些 C++类的功能蓝图不能用（比如模板），但常见的继承、虚函数之类的完全没有问题。蓝图支持常用类型变量定义，支持自定义枚举和结构体，而且 C++和蓝图可以互相调用，函数实现可以在蓝图里面实现，也可以在 C++中实现，灵活性大大提高。不过 C++要直接访问蓝图属性和函数只能通过对象系统属性表与函数表，否则就要进行 C++和蓝图的接口转换。然而，蓝图也有缺点。如果不做好规划，蓝图和 C++互相调用，会影响代码的维护成本和可读性。

Unreal Engine 4 的好处是不言而喻的，问题也很明显。同样，Unity 虽然没有开放源码，但为了让开发人员尽量用 C#来实现功能，提供了大量的底层接口，这样导致效率其实很低。不过，Unreal Engine 4 用了 C#的对象系统，可以省心很多。

Unreal Engine 4 并没有像本引擎那样，要自己注册属性和属性的类别，而是给属性加了标签，不过这也相当于手动注册了属性以及类别。

以下代码用于注册属性和注册函数。

```
UPROPERTY(Category = VR, Transient, BlueprintReadOnly, Replicated)
bool bHeadTracked;
UFUNCTION(Category = Debug, BlueprintCallable, Exec)
void ToggleMirror();
```

bHeadTracked 上面的一行代码表示它的功能，有些功能是属性和函数都拥有的，有些是属性独有的。

UPROPERTY 表示注册属性；Category 表示分类，在编辑器中所有同类的会放在一起；Transient 表示不会保存和加载，初始时为 0；BlueprintReadOnly 表示属性在蓝图里面是只读的变量；Replicated 表示拥有网络传输序列化功能。

UFUNCTION 表示注册函数；Category 表示分类，在蓝图里面所有同类的会放在一起；BlueprintCallable 表示蓝图里面可以调用；Exec 表示可以输入命令行参数来调用。

再介绍几个例子。

```cpp
UPROPERTY(ReplicatedUsing=OnRep_Owner)
AActor* Owner;
UFUNCTION()
virtual void OnRep_Owner();
UFUNCTION(Reliable, Server, WithValidation)
void OnWidthChanged(class USolarPaintLineComponent* paintLine, float width);
```

ReplicatedUsing 表示如果这个属性产生变化并同步到客户端，则调用函数 OnRep_Owner。

Server 表示函数在服务器上执行，可以从客户端发起调用；Reliable 表示一定会在服务器上执行，不会因为网络状况丢弃它；WithValidation 表示服务器执行这个函数前要进行校验。

在声明完这个函数后，就要在 C++里面实现。函数实现规则和函数声明不同。

在下面两个函数中，一个是校验函数，另一个是实现函数。

```cpp
bool ASolarPlayer::OnWidthChanged_Validate(USolarPaintLineComponent* paintLine,
    float width)
{
    return true;
}
void ASolarPlayer:: OnWidthChanged_Implementation(USolarPaintLineComponent* paintLine,
    float width)
{
    paintLine->Multicast_OnWidthChanged(width);
}
```

到这里，读者可能有一大堆的疑惑。至于属性和函数有哪些功能标签就不介绍了，可以查看 Unreal Engine 4 中的代码，功能标签其实就和本书配套引擎里面的属性 Flag 差不多。

查看以下代码。

```cpp
#include "HeadMountedDisplay.h"
#include "MotionControllerComponent.h"
#include "Components/WidgetComponent.h"
#include "SolarPawn.h"
#include "SolarPlayer.generated.h"
UCLASS()
class SOLARGAME_API ASolarPlayer : public ASolarPawn
{
        GENERATED_BODY()
public:
    //构造函数
    ASolarPlayer();
    //游戏开始时调用
    virtual void BeginPlay() override;
    //每帧调用
    virtual void Tick(float DeltaSeconds) override;
public:
    UFUNCTION(Category = Debug, BlueprintCallable, Exec)
    void ToggleMirror();
```

```
            UPROPERTY(Category = VR, Transient, BlueprintReadOnly, Replicated)
            bool bHeadTracked;
            UFUNCTION(Reliable, Server, WithValidation)
            void Server_OnWidthChanged(class USolarPaintLineComponent* paintLine,
                float width);
        };
```

读者希望知道的真相都在#include "SolarPlayer.generated.h"、UCLASS()、GENERATED_BODY()、SolarGame.generated.cpp 这 4 项里面。

SolarGame 是游戏工程名字，每个工程自动生成的 cpp 代码都叫作"工程名.generated.cpp"，这个文件并不包含在工程里面。

Unreal Engine 4 并不是直接调用 Visual Studio 内置的图形界面来编译的，而是调用 Visual Studio 里面的编译工具进行编译。Visual Studio 那套图形界面以及配置只不过用于方便操作，实际上调用 Visual Studio 中的编译工具也可以。Unreal Engine 编译的时候会调用 UnrealBuildTool，它负责调用 UnrealHeaderTool，UnrealHeaderTool 用来剖析写好的 C++代码并生成相应的 C++代码，生成代码后，就开始编译和链接。你所希望知道的真相，就在这些生成的代码里面。UnrealHeaderTool 会为每个.h 文件生成一个.generated.h 文件，为所有类生成一个.cpp 文件。正如上面所看到的 ASolarPlayer 类，其文件名叫 SolarPlayer.h 和 SolarPlayer.cpp，UnrealHeaderTool 生成了一个 SolarPlayer.generated.h 文件，然后对应的一些实现的代码生成到了 SolarGame.generated.cpp 中。Unreal Engine 的工程也是自动生成的，但这些产生的文件并没有包含到工程里面，但在工程路径下可以找到。

提示

```
UPROPERTY(Category = VR, Transient, BlueprintReadOnly, Replicated)
UFUNCTION(Category = Debug, BlueprintCallable, Exec)
```

这两行 C++代码没有起到任何作用，只是给 BuildHeaderTool 用来剖析用的，读者可以自行按 F12 键跳转到这两个宏的定义，定义是空白的，所以编译器编译的时候这里就什么都没有。

1. UCLASS()

按 F12 键跳转到 UCLASS()的声明，可以看到如下内容。

```
#define UCLASS(...) BODY_MACRO_COMBINE(CURRENT_FILE_ID,_,__LINE__,_PROLOG)
    #define BODY_MACRO_COMBINE(A,B,C,D) BODY_MACRO_COMBINE_INNER(A,B,C,D)
    #define BODY_MACRO_COMBINE_INNER(A,B,C,D) A##B##C##D
```

看似挺复杂，实际上展开就是 CURRENT_FILE_ID、_、__LINE__、_PROLOG 这 4 个的拼接。__LINE__表示当前所在的行数，是编译器内置的宏。你会发现 CURRENT_FILE_ID 在每个生成的.generated.h 中都有，这就表示每个类生成的 CURRENT_FILE_ID 都不同。_PROLOG 没有什么实际含义，仅仅是个后缀字符串而已。UCLASS()在 SolarPlayer.h 的行数是 62。

```
#define CURRENT_FILE_ID SolarGameUE4_Source_SolarGame_Player_SolarPlayer_h
```

现在来看看 SolarPlayer.generated.h 这个文件，手动展开，可以发现：

```
#define UCLASS(...)     SolarGameUE4_Source_SolarGame_Player_SolarPlayer_h_62_PROLOG
```

继续查看 SolarPlayer.generated.h 文件中的内容。

```
#define
SolarGameUE4_Source_SolarGame_Player_SolarPlayer_h_62_PROLOG \
SolarGameUE4_Source_SolarGame_Player_SolarPlayer_h_65_EVENT_PARMS
```

UCLASS(...)实际上就是 SolarGameUE4_Source_SolarGame_Player_SolarPlayer_h_65_EVENT_PARMS。

```
#define SolarGameUE4_Source_SolarGame_Player_SolarPlayer_h_65_EVENT_PARMS \
    struct SolarPlayer_eventServer_OnWidthChanged_Parms \
    { \
        USolarPaintLineComponent* paintLine; \
        float width; \
    };
```

用了这么多精力就定义了一个结构体。仔细看看这个结构体,它就是 ASolarPlayer 类函数 Server_OnWidthChanged 的参数。如果有多个带参数的函数需要反射,那么就会看见多个结构体。

提示

之所以将行号加入宏里面,其实就是为了区分同一个文件里面定义的多个类和结构体。

2. GENERATED_BODY()

同理,GENERATED_BODY()也经过层层封装,最后展开实际上就是 SolarGameUE4_Source_SolarGame_Player_SolarPlayer_h_65_GENERATED_BODY(65 也是表示行数)。

```
#define SolarGameUE4_Source_SolarGame_Player_SolarPlayer_h_65_GENERATED_BODY \
public: \
SolarGameUE4_Source_SolarGame_Player_SolarPlayer_h_65_RPC_WRAPPERS_NO_PURE_DECLS \
SolarGameUE4_Source_SolarGame_Player_SolarPlayer_h_65_CALLBACK_WRAPPERS \
SolarGameUE4_Source_SolarGame_Player_SolarPlayer_h_65_INCLASS_NO_PURE_DECLS \
SolarGameUE4_Source_SolarGame_Player_SolarPlayer_h_65_ENHANCED_CONSTRUCTORS
```

这个宏下面又有 4 个宏。下面只介绍其中的第一个。

```
#define SolarGameUE4_Source_SolarGame_Player_SolarPlayer_h_65_RPC_WRAPPERS_NO_PURE_DECLS \
    virtual bool Server_OnWidthChanged_Validate(USolarPaintLineComponent* , float ); \
    virtual void Server_OnWidthChanged_Implementation(USolarPaintLineComponent* 
        paintLine, float width); \
    DECLARE_FUNCTION(execServer_OnWidthChanged) \
    { \
        P_GET_OBJECT(USolarPaintLineComponent,Z_Param_paintLine); \
        P_GET_PROPERTY(UFloatProperty,Z_Param_width); \
        P_FINISH; \
        P_NATIVE_BEGIN; \
        if (!this->Server_OnWidthChanged_Validate(Z_Param_paintLine,Z_Param_width)) \
        { \
            RPC_ValidateFailed(TEXT("Server_OnWidthChanged_Validate")); \
```

```
          return; \
    } \
    this->Server_OnWidthChanged_Implementation(Z_Param_paintLine,Z_Param_width); \
    P_NATIVE_END; \
} \
DECLARE_FUNCTION(execToggleMirror) \
{ \
    P_FINISH; \
    P_NATIVE_BEGIN; \
    this->ToggleMirror(); \
    P_NATIVE_END; \
}
#define DECLARE_FUNCTION(func) void func( FFrame& Stack, void*const Z_Param__
    Result)
```

终于看见 cpp 里面实现的两个函数的声明 Server_OnWidthChanged_Validate 和 Server_OnWidthChanged_Implementation 了。为了可以反射函数，Unreal Engine 把所有函数都映射成 void func(FFrame& Stack, void*const Z_Param__Result)这个类型，所以 ASolarPlayer 类里的 Server_OnWidthChanged 函数被映射成 execServer_OnWidthChanged 函数，Stack 里面包含了函数参数和返回值等信息。

3. SolarGame.generated.cpp

因为 SolarGame.generated.cpp 文件里面包含了整个游戏工程所有的实现内容，所以我们只介绍关于 ASolarPlayer 类的内容。

```
void ASolarPlayer::StaticRegisterNativesASolarPlayer()
{
    FNativeFunctionRegistrar::RegisterFunction(ASolarPlayer::StaticClass(),
        "Server_OnWidthChanged",(Native)&ASolarPlayer::execServer_OnWidthChanged);
    FNativeFunctionRegistrar::RegisterFunction(ASolarPlayer::StaticClass(),
        "ToggleMirror",(Native)&ASolarPlayer::execToggleMirror);
}
```

这段代码把映射的函数注册到一个映射表里面，这样就可以通过名字找到对应的函数。

```
FName SOLARGAME_Server_OnWidthChanged = FName(TEXT("Server_OnWidthChanged"));
void ASolarPlayer::Server_OnWidthChanged(USolarPaintLineComponent* paintLine,
    float width)
{
    SolarPlayer_eventServer_OnWidthChanged_Parms Parms;
    Parms.paintLine=paintLine;
    Parms.width=width;
    ProcessEvent(FindFunctionChecked(SOLARGAME_Server_OnWidthChanged), &Parms);
}
```

可以看见，当调用 Server_OnWidthChanged 的时候使用 ProcessEvent，FindFunctionChecked 根据名字找到映射的函数，SolarPlayer_eventServer_OnWidthChanged_Parms 这个结构体是在 UCLASS()里面生成的。无论是网络序列化还是内部调用，最后 ProcessEvent 函数都会调用 execServer_OnWidthChanged 函数，后一个函数就会调用到我们真正要用的函数体。

具体网络序列化和 ProcessEvent 怎么处理的，就要依靠属性表和函数表。下面的代码用于构建属性表和函数表。

```
UFunction * Z_Construct_UFunction_ASolarPlayer_Server_OnWidthChanged()
{
    UObject * Outer=Z_Construct_UClass_ASolarPlayer();
    static UFunction* ReturnFunction = NULL;
    if (!ReturnFunction)
    {   ReturnFunction = new(EC_InternalUseOnlyConstructor, Outer,
            TEXT("Server_OnWidthChanged"), RF_Public|RF_Transient|RF_MarkAsNative)
            UFunction(FObjectInitializer(), NULL, 0x80220CC0,
            65535, sizeof(SolarPlayer_eventServer_OnWidthChanged_Parms));
         UProperty * NewProp_width = new(EC_InternalUseOnlyConstructor, ReturnFunction,
            TEXT("width"), RF_Public|RF_Transient|RF_MarkAsNative)
            UFloatProperty(CPP_PROPERTY_BASE(width,
            SolarPlayer_eventServer_OnWidthChanged_Parms), 0x0010000000000080);
         UProperty * NewProp_paintLine = new(EC_InternalUseOnlyConstructor,
            ReturnFunction, TEXT("paintLine"),
            RF_Public|RF_Transient|RF_MarkAsNative)
            UObjectProperty(CPP_PROPERTY_BASE(paintLine,
            SolarPlayer_eventServer_OnWidthChanged_Parms), 0x0010000000080080,
            Z_Construct_UClass_USolarPaintLineComponent_NoRegister());
    }
    return ReturnFunction;
}
UFunction * Z_Construct_UFunction_ASolarPlayer_ToggleMirror()
{
    UObject * Outer=Z_Construct_UClass_ASolarPlayer();
    static UFunction * ReturnFunction = NULL;
    if (!ReturnFunction)
    {
        ReturnFunction = new(EC_InternalUseOnlyConstructor, Outer,
            TEXT("ToggleMirror"), RF_Public|RF_Transient|RF_MarkAsNative)
            UFunction(FObjectInitializer(), NULL, 0x04020601, 65535);
    }
    return ReturnFunction;
}
```

这两个函数中的每个函数有参数属性和返回值属性。UFunction 表示函数；UFloatProperty 表示浮点属性；UObjectProperty 表示对象属性，至于一共有多少个属性类，可以看 Unreal Engine 的代码；RF_Public | RF_Transient | RF_MarkAsNative 相当于本书配套引擎中的属性的 Flag，CPP_PROPERTY_BASE 相当于本书配套引擎中的首地址偏移量。可以看见，这两个属性都添加到了 UFunction* ReturnFunction 之中，声明成静态变量可以保证这段代码只执行一次，详情可参见第 6 章内容。

这段代码把两个函数信息添加到函数表中，同时又把类里面的属性 bHeadTracked 添加到属性表中，UBoolProperty 表示布尔属性，CPP_BOOL_PROPERTY_OFFSET 相当于引擎中的首地址偏移量。

```cpp
UClass* Z_Construct_UClass_ASolarPlayer()
{
    static UClass * OuterClass = NULL;
    if (!OuterClass)
    {
        Z_Construct_UClass_ASolarPawn();
        OuterClass = ASolarPlayer::StaticClass();
        if (!(OuterClass->ClassFlags & CLASS_Constructed))
        {
            OuterClass->LinkChild(
                Z_Construct_UFunction_ASolarPlayer_Server_OnWidthChanged());
            OuterClass->LinkChild(
                Z_Construct_UFunction_ASolarPlayer_ToggleMirror());
            UProperty * NewProp_bHeadTracked = new(EC_InternalUseOnlyConstructor,
                OuterClass, TEXT("bHeadTracked"), RF_Public | RF_Transient |
                RF_MarkAsNative)
            UBoolProperty(FObjectInitializer(), EC_CppProperty, CPP_BOOL_
                PROPERTY_OFFSET(bHeadTracked, ASolarPlayer),
            0x0010000000002034,
            CPP_BOOL_PROPERTY_BITMASK(bHeadTracked, ASolarPlayer), sizeof
                (bool), true);
            ...
        }
    }
    return OuterClass;
}
```

上面的函数中省略了大部分内容，只是把精髓提炼了出来。至于初始化何时调用，读者可以自行跟踪代码，其实大部分调用与第 6 章中讲的内容有异曲同工之处。

练习

1. 在属性反射中，本引擎对于数组只实现了 VSArray、以指针为开头的静态和动态数组，没有实现常用类型的静态数组，类似 int a[10]、struct t[3]。请读者尝试实现它们，然后完成它们的序列化存储传输、克隆、绑定 UI 等内容。

2. 在序列化存储中，为了恢复指针的指向和恢复对象内容，本引擎中使用地址来作为唯一索引，请尝试不使用指针，为每个对象分配唯一索引来实现这个功能。可以用操作系统产生 GUID，也可以用 Stream ObjectArray 中的下标，还可以用 CRC 算法算出唯一索引。

3. 引擎中没有实现 struct 类型里面属性的序列化，也就是 struct 里面如果出现 VSObject 类型是无法序列化的，而把整个 struct 当作一块数据来存储，同时不知道里面具体有什么内容。请仿照 class 的实现，把 struct 的序列化加进去。

4. 实际上，在加载完后，文件里面包含的所有 VSObject 对象都会创建，但并不是所有的 VSObject 对象都被利用，比如由于版本问题，可能其中某个 VSObject 对象没有链接上，也有可能某些 VSObject 对象及其所有子 VSObject 对象都没有获得，也没有利用，这种情况下你会怎么处理这些 VSObject 对象呢？（第 10 章会揭晓答案。）

5. 尝试用一套 UI 库真正实现属性和 UI 的这套绑定机制。

6. 尝试实现对象、属性以及函数复制这套网络功能。

示例[①]

示例 8.1

该示例展示了智能指针的用法。

示例 8.2

不要以智能指针作为参数和返回值，否则有可能出现内存泄露，或者导致对象被意外释放。如果作为参数把 p 传递到 Test 函数，在 Test 函数退出时会释放引用计数，导致 p 指向的对象释放。

```
void Test(VSPointer<A> Smartp)
{
}
void main()
{
    VSInitSystem();
    VSInitMath();
    VSMain::Initialize();
    A * p = VS_NEW A();
    Test(p);
    VSMain::Terminate();
}
```

示例 8.3

该示例展示了智能指针的循环引用，SmartP1 和 SmartP2 相互指向对方。

```
class A : public VSReference
{
public:
    BPtr m_b;

};
DECLARE_Ptr(A);
class B : public VSReference
{
public:
    APtr m_a;

};
DECLARE_Ptr(B);
void main()
{
```

---

① 每个示例的详细代码参见 GitHub 网站。——编者注

```
    VSInitSystem();
    VSInitMath();
    VSMain::Initialize();
    APtr SmartP1 = VS_NEW A();
    BPtr SmartP2 = VS_NEW B();
    SmartP1->m_b = SmartP2;
    SmartP2->m_a = SmartP1;
    VSMain::Terminate();
}
```

示例 8.4

该示例展示了用 RTTI 来判断继承关系。

示例 8.5

该示例展示了序列化存储，这个例子展示了几乎所有支持的类型，包括结构体、自定义类型、指针、智能指针、枚举，还有常用类型。最后的文件为 bin\ test_stream 文件。

示例 8.6

该示例展示了序列化加载，加载示例 8.5 中的 test_stream 文件，读者可以自己前后对比数据。

示例 8.7

该示例展示了不同版本的兼容性，可以看到从原来的类中去掉了一些变量，但依然可以加载。读者可以对比示例 8.6，这里少了 m_pTestObject1 和 m_Name，m_pTestObject1 是指针类型，它本来指向的 VSObject 对象没有被任何指针引用，这时会出现内存泄露，不过引擎内部处理这种情况的具体方法后面章节会讲解。

示例 8.8

该示例展示了 VSObject 对象的克隆和复制。

示例 8.9

该示例展示了函数反射调用，通过函数名字和传递参数来调用函数。

第 9 章

资 源 管 理

资源管理是引擎很重要的组成部分，管理资源的好坏决定着引擎的易用性和运行效率。优秀的资源管理，会清晰地勾画引擎资源的组织结构，加快游戏开发进度，协调沟通美工、程序员、策划人员之间的关系，并且和引擎工作流程密不可分。好的资源管理同时也会极大地提升引擎的内部效率，优化存储空间，进而提高整个程序的执行效率。

资源管理分为外面资源管理和引擎内部资源管理两部分。外部资源管理需要游戏开发者协同参与，引擎会提出一些规范化操作，这样才能保证外部资源在引擎中安全使用。内部资源管理一般仅在引擎内部使用，管理细节并不需要游戏开发者关心，或者说需要注意的地方很少。这就好比人体的代谢系统，身体内复杂的代谢机制和过程都是在体内完成的，人体主观上没有办法参与，而人类主观情感可以参与像流鼻涕、流泪之类的外部代谢。以游戏引擎中的资源为例，贴图、模型文件都是由开发者和引擎共同完成的外部资源；而着色器缓存、垃圾回收等都属于引擎内部资源管理范畴。区分它们也容易，外部资源是需要引擎和游戏开发者共同管理的，如把外部贴图导入引擎，变成引擎内部可见的贴图，开发者可以更改贴图的属性。如果把贴图设置为 UI 的属性，那么它就不会生成 Mip，以免浪费大量的空间，这就属于外部资源管理；而着色器缓存是根据材质文件在不同平台中预编译生成的（游戏引擎为了避免每次编译着色器带来大量的时间消耗，会预编译生成），开发者接触不到着色器缓存的生成过程。同理，类似光照贴图等都属于引擎内部资源管理范畴。

9.1 资源类型

本节主要介绍资源的类型。不同引擎包含不同的资源类型，无论是外部资源还是内部资源，它们的类型都是根据引擎的管理方式和引擎工作流方式定义产生的。先分别介绍 Unreal Engine 4 和 Unity 5 里面的外部资源类型，至于内部资源类型，因为 Unreal Engine 4 太过庞大，受篇幅所限，在这里很难全面介绍。而对于 Unity，作者只大体看过内部实现代码，但对内部资源管理没有深入了解。

Unreal Engine 4、Unity 5 的外部资源管理如表 9.1、表 9.2 所示。

表 9.1 Unreal Engine 4 的外部资源管理

资源名称	资源缩略图	资源编辑器
静态模型		
骨骼模型		
动画蓝图（Anim BluePrint）		
贴图		
材质		

续表

资源名称	资源缩略图	资源编辑器
蓝图	MalePlayer	
物理	SK_Male_All_PhysicsAsset	
骨架	SK_Man_KZ_001_Skeleton	
动画	Ani_Female_SD_DZ_Fall_A	

续表

资源名称	资源缩略图	资源编辑器
声音		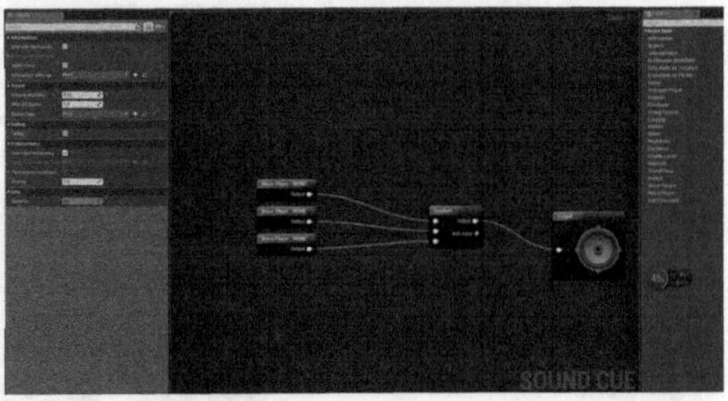

Unreal Engine 涉及的资源类型实在太多，上面只列出了其中一部分。缩略图由不同颜色和渲染图组成，并表示资源类型，打开之后都可以对资源进行再编辑。

表 9.2　Unity 5 的外部资源管理

资源名称	资源缩略图	资源编辑器
贴图		
材质		
粒子		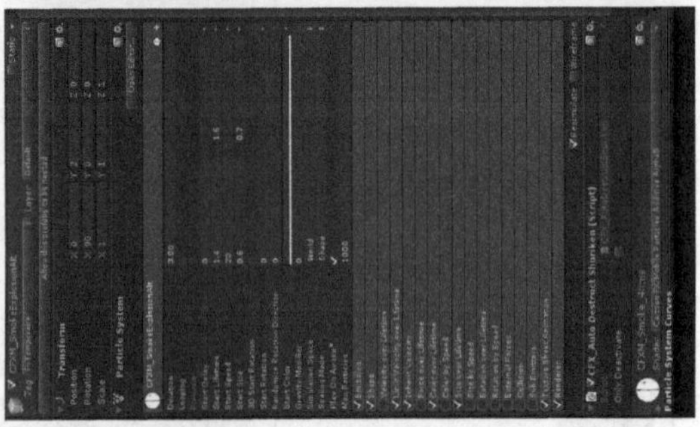
脚本		

续表

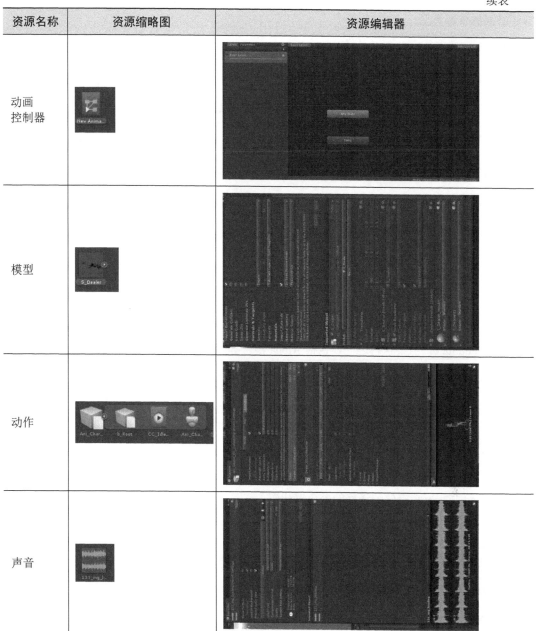

这里并没有将 Unity 的资源类型全部列出。

对比看来，Unreal Engine 尽可能提供所有的功能，而且无论是缩略图还是资源编辑器都做得有模有样。而 Unity 提供的功能很少，大部分靠社区中的开发人员不断完善功能。

如果任何对象都可以作为资源，那么让对象成为一个外部资源也不足为奇，第 8 章讲的序列化存储，就说明了任何对象都可以存储成文件并按外部资源来使用，所以不必太在意哪些会作为外部资源，这最终取决于设计理念。

可不管到底是什么样的理念，消除外部和内部资源的形式几乎不可能，本书配套引擎也有资源，但因为该引擎尚没有完全完成，所以并没有最终确定所有资源类型。不过示例代码中包含了必要的资源类型。

(1) VSEngine 2.0 外部资源

- 静态模型：这里指没有骨架的模型。
- 骨骼模型：带骨架的模型，这种模型有蒙皮信息。
- 动作：骨骼模型的动作。
- 材质：在引擎里面用材质树的方式提供。
- 着色器：这里指的是手写的着色器文件。
- 贴图：这个就不多说了。
- 动画树：动作混合，播放动作。
- 后期效果：作为链表的形式，后期效果可以定制成资源。

(2) VSEngine 2.0 内部资源

- BlendState：渲染状态之一，包括 Alpha 混合等。
- DepthStencilState：渲染状态之一，控制深度和模板。
- RasterizerState：渲染状态之一，控制光栅化参数。
- SamplerState：控制纹理渲染状态。
- VertexFormat：渲染用的顶点格式。
- ShaderCache：存储编译好的着色器代码。
- UsedName：存储字符串哈希值，用来快速判断字符串是否相等。
- DynamicBuffer：用来存储经常需要写入顶点或者索引的缓存。
- RenderTarget：表示渲染目标。
- DepthStencil：表示深度和模板。

大部分外部资源是共享的，它们不会动态改变，如静态模型、贴图等。一些资源是部分共享的，需要创建实例，如对于相同的骨骼模型，在使用时需要为每个角色都创建实例。虽然角色的骨架是非共享的，但角色中骨骼模型的顶点数据都是共享的。另一些资源则是完全不共享的，如动画树，每个角色都有各自的当前动作。

其实，一个外部资源是否需要创建实例来达到非共享目的，是要根据具体需求决定的，比如，一个角色由 5 个骨骼模型组成，包括头部、上半身、下半身、鞋子、发型。这些部件在某些游戏中可以由玩家自定义，从 3D Max 软件导入引擎里面的其实是 5 个骨骼模型，每个骨骼模型中又包含一个骨架，但实际上这 5 个骨架是相同的。本质上，最后只需要 5 个网格加一个骨架就可以了。也就是说，这 5 个网格共享一个骨架。当然，也可以把 5 个网格合并成一个网格，再加上这个骨架，最终变成一个骨骼模型。

而引擎的内部资源则完全共享，和外部资源不同的是，有些内部资源当前只能提供有数量限制的共享，例如，线程资源、渲染目标，这些资源同一时刻只能有一个使用者在使用，用完后要释放它，这样才可以让其他使用者使用。

9.2 资源代理

资源代理的本质是为资源异步加载做好准备。更详细来说，每类资源都通过一个类来封装它，而这个类以一个静态成员作为这类资源的默认代理，在资源完成加载前，都以这个代理资源作为目标进行处理，一旦资源加载完毕，就不再使用这个代理资源了。因为要为每个类别的资源设置一个代理资源，这个代理资源在引擎初始化时就完成加载，而且引擎中的资源类别还不是很多，所以不会耗费太多时间。

本节主要讲解资源代理的设计逻辑，至于异步加载和资源代理最后怎么结合到一起，将在卷 2 中讲解。

查看以下代码。

```cpp
class VSGRAPHIC_API VSResourceProxyBase :
        public VSReference , public VSMemObject
{
    void LoadEvent()
    {
        for (unsigned int i = 0 ; i < m_LoadedEventObject.GetNum() ; i++)
        {
            m_LoadedEventObject[i]->LoadedEvent(this);
        }
        m_LoadedEventObject.Destroy();
    }
    void AddLoadEventObject(VSObject * pObject)
    {
        if (!pObject)
        {
            return ;
        }
        if (m_bIsLoaded == false)
        {
            m_LoadedEventObject.AddElement(pObject);
        }
        else
        {
            pObject->LoadedEvent(this);
        }
    }
    //在资源加载完毕时，需要通知的对象
    VSArray<VSObjectPtr> m_LoadedEventObject;
    bool      m_bIsLoaded;
    VSUsedName      m_ResourceName;
```

```
        void Loaded()
        {
            m_bIsLoaded = true;
            LoadEvent();
        }
};
```

VSResourceProxyBase 类是资源代理的基类，其中最重要的是 LoadEvent 函数。资源一旦加载完毕，就会通知与这个资源有关的对象来完成后续操作。

在以下代码中，VSPointer<T> m_pResource 就是需要加载的真正资源，m_pPreResource 是在资源加载完成前使用的代理资源。

```
class VSResourceProxy : public VSResourceProxyBase
{
        T * GetResource();
        virtual const VSUsedName & GetResourceName();
        virtual bool IsLoaded();
        virtual bool IsEndableASYNLoad();
        virtual bool IsEndableGC();
        virtual unsigned int GetResourceType();
        void SetNewResource(VSPointer<T> pResource);
        static VSResourceProxy<T> * Create( T * pResource);
        VSPointer<T> m_pResource;
        VSPointer<T> m_pPreResource;
};
```

构造函数中会指定代理资源，所以资源类型都要实现一个叫作 GetDefault() 的函数，而且这个函数是在初始化时候完成加载的，它是一个静态函数。

```
template<class T>
VSResourceProxy<T>::VSResourceProxy()
{
   m_bIsLoaded = false;
   m_pPreResource = (T *)T::GetDefault();
   m_pResource = NULL;
}
```

下面的接口设置真正的资源，m_ResourceName 实际上就是这个资源的路径。这个函数是在加载完成时调用的。

```
template<class T>
void VSResourceProxy<T>::SetNewResource(VSPointer<T> pResource)
{
    m_pResource = pResource;
    m_pResource->SetResourceName(m_ResourceName);
}
```

通过以下代码，判断这个资源是否需要异步加载。

```
template<class T>
bool VSResourceProxy<T>::IsEndableASYNLoad()
{
    return T::ms_bIsEnableASYNLoader;
}
```

通过以下代码，判断这个资源是否需要垃圾回收（如果这个资源在一定时间范围内不再使用，那么释放掉，后面会详细讲解垃圾回收）。

```
template<class T>
bool VSResourceProxy<T>::IsEndableGC()
{
    return T::ms_bIsEnableGC;
}
```

通过以下代码，判断是否加载完毕。

```
template<class T>
bool VSResourceProxy<T>::IsLoaded()
{
    return m_bIsLoaded;
}
```

在引擎中取得资源都通过下面的接口，可以看出，在资源真正加载完成前都使用代理资源。

```
template<class T>
T * VSResourceProxy<T>::GetResource()
{
    if (m_bIsLoaded )
    {
        return m_pResource;
    }
    else
    {
        return m_pPreResource;
    }
}
```

通过以下代码，取得资源类型。

```
template<class T>
unsigned int VSResourceProxy<T>::GetResourceType()
{
    return GetResource()->GetResourceType();
}
```

最后是资源代理定义的宏。引擎中对资源的操作都是通过资源代理来完成的，对资源的直接使用都是不允许的，不过一般引擎使用者按照规定使用即可，并不会接触到其中的细节。

```
#define DECLARE_Proxy(ClassName)          \
    typedef VSResourceProxy<ClassName> ##ClassName##R;\
    typedef VSPointer<VSResourceProxy<ClassName>> ##ClassName##RPtr;
```

下面分别定义纹理资源、材质资源、动作资源、静态模型资源和骨骼模型资源。

```
DECLARE_Proxy(VSTexAllState);
DECLARE_Proxy(VSMaterial);
DECLARE_Proxy(VSAnim);
DECLARE_Proxy(VSStaticMeshNode);
DECLARE_Proxy(VSSkeletonMeshNode);
```

通过以下代码，实现资源代理的静态类型判断。

```cpp
template<typename T> struct TIsVSResourceType
{ enum { Value = false}; };
template<typename T> struct TIsVSResourcePointerType
{ enum { Value = false}; };
template<typename T> struct TIsVSResourceProxyType
{ enum { Value = false}; };
template<typename T> struct TIsVSResourceProxyPointType
{ enum { Value = false}; };
template<typename T> struct TIsVSResourceProxyType<VSResourceProxy<T>>
{ enum { Value = true }; };
template<typename T> struct TIsVSResourceProxyPointType<VSPointer<VSResourceProxy<T>>>
{ enum { Value = true }; };
```

在序列化加载和存储中遇到资源代理时，会按照资源进行处理。

```cpp
void Archive(T & Io)
{
    if (m_uiStreamFlag == AT_LOAD)
    {

        if (TIsVSResourceProxyPointType<T>::Value)
        {
            VSResourceProxyBasePtr & Temp =
                *(VSResourceProxyBasePtr*)(void *)&Io;
            ReadResource(Temp);
        }
    }
    else if (m_uiStreamFlag == AT_SAVE)
    {
        if (TIsVSResourceProxyPointType<T>::Value)
        {
            VSResourceProxyBasePtr & Temp =
                *(VSResourceProxyBasePtr*)(void *)&Io;
            WriteResource(Temp);
        }
    }
}
```

如果遇到资源，那么就存储资源的名称（路径名）。

```cpp
bool VSStream::WriteResource(VSResourceProxyBasePtr& Resource)
{
    bool IsNone = true;
    if (Resource)
    {
        IsNone = false;
    }
    Write(&IsNone,sizeof(bool));
    if (Resource)
    {
        VSString FileName = Resource->GetResourceName().GetString();
        WriteString(FileName);
    }
    return true;
}
```

根据加载路径名称读取资源。

```cpp
bool VSStream::ReadResource(VSResourceProxyBasePtr& Resource)
{
    bool IsNone = true;
    Read(&IsNone,sizeof(bool));
    if (IsNone == false)
    {
        VSString Name;
        ReadString(Name);
        Resource = VSResourceManager::LoadResource(Name.GetBuffer(),true);
        if (!Resource)
        {
            VSMAC_ASSERT(0);
            return false;
        }
    }
    return true;
}
```

函数 VSResourceManager::LoadResource 是加载资源的函数，参数表示资源的路径名称和是否执行异步加载。一般情况下，为了避免卡顿都会执行异步加载，具体实现后面会详细介绍。

这里面最直观的用法就是游戏中的贴图。当贴图还没有加载时，可以用引擎提供的默认贴图代替。这个时候 T*VSResourceProxy<T>::GetResource()得到的都是默认代理资源。当加载完毕后才会得到真正资源，并会显示真正的贴图。

9.3 对象系统——资源

9.3.1 资源的组织形式

本节简单介绍引擎里面的内部和外部资源，有些内容要等到讲相关知识的时候再详细介绍。

如第 8 章所述，任何对象都是可以存储的，因此对象也可以作为资源。如果这个对象要作为外部资源类型，除了要继承 VSObject 外，还要继承 VSResource。

```cpp
class VSGRAPHIC_API VSResource
{
public:
    enum      //资源类型
    {
        RT_TEXTURE,
        RT_SKELETON_MODEL,
        RT_STATIC_MODEL,
        RT_ACTION,
        RT_MATERIAL,
        RT_REFPOS,
        RT_WEIGHTSET,
        RT_POSTEFFECT,
        RT_SHADER,
        RT_ANIMTREE,
        RT_MORPHTREE,
```

```cpp
        RT_TERRAIN,
        RT_FSM,
        RT_MAX
    };
    VSResource();
    virtual ~VSResource() = 0;
    inline const VSUsedName & GetResourceName()const
    {
        return m_ResourceName;
    }
    inline void SetResourceName(const VSUsedName & ResourceName)
    {
        m_ResourceName = ResourceName;
    }
    virtual unsigned int GetResourceType()const = 0;
    static const VSString &GetFileSuffix(unsigned int uiFileSuffix);
protected:
    VSUsedName      m_ResourceName;
    static VSString ms_FileSuffix[];
};
```

这里的枚举类型记录了外部资源的种类。m_ResourceName 记录资源的相对路径,加载资源的时候要有相对路径才能确定资源。ms_FileSuffix 是资源的后缀名,这样不用解析文件而通过后缀名就可以简单判断出资源类型。

```cpp
VSString VSResource::ms_FileSuffix[] =
{
    _T("TEXTURE"),
    _T("SKMODEL"),
    _T("STMODEL"),
    _T("ACTION"),
    _T("MATERIAL"),
    _T("REFPOS"),
    _T("WEIGTHSET"),
    _T("POSTEFFECT"),
    _T("SHADER"),
    _T("ANIMTREE"),
    _T("MORPHTREE"),
    _T("TERRAIN"),
    _T("FSM"),
    _T("")
}
```

所有资源都存放在 Bin\Resource 下面,至于里面的路径是什么并不重要。不过作者还是比较喜欢资源归类的,所以在 Resource 路径下面创建一个配置文件,里面写入了具体资源的存放路径。

如图 9.1 所示,Anim 文件夹下面存放和动画相关的外部资源,同样 Material 文件夹下存放和材质相关的资源,Output 文件夹下存放引擎输出的日志文件,Shader 文件夹下面存放的是着色器文件和着色器缓存文件。

9.3 对象系统——资源

图 9.1 资源路径

如图 9.2 所示，后缀名为 ACTION 的都是动作资源文件，后缀名为 ANIMTREE 的都是动作树资源文件，其他资源读者可以自行到文件夹下面查看，这里不再举例。

如图 9.3 所示，这个配置文件目前只记录了不同资源类型的路径。当然，配置文件还可以记录其他信息，配置文件也是引擎记录信息的重要部分。其实不必限制所有这些资源的路径，但也有例外，比如引擎输出的日志文件的路径都是限定好的，不允许随意更改。一个成熟的引擎有很多规定好的路径。

图 9.2 动画资源

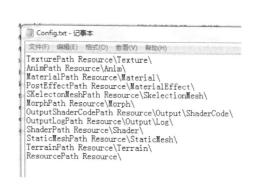

图 9.3 配置文件

提示

不同引擎的资源管理方式不尽相同，但大部分引擎有统一的管理目录，比如 Unreal Engine 4 在 Content 文件夹下管理资源，Unity 在 Assert 文件夹下管理资源。具体在资源路径下怎么管理其实大部分一样，并不会限制引擎使用者。不过 Unreal Engine 3 有点特别，是以包的形式管理的。也就是说，一个文件里面包含了若干个资源，而且这个文件是以路径形式管理的，这里不详细介绍了，因为这种管理方式在 Unreal Engine 4 里面被抛弃了，它有太多缺点，往往为了找到一个资源不得不解析这个文件。

后缀名表示资源类型，但不同引擎资源的后缀名不一样。

下面这段代码用于解析配置文件。

```cpp
void VSResourceManager::InitConfig()
{
    VSMatch Match;
    if(!Match.Open(_T("Resource\\Config.txt")))
        return;

    if (!Match.Getline())
    {
        VSMAC_ASSERT(0);
        return ;
    }

    if (Match.PatternMatch("['TexturePath'][s>0]"))
    {
        ms_TexturePath = Match.pstrings[0];
    }

    if (!Match.Getline())
    {
        VSMAC_ASSERT(0);
        return ;
    }

    if (Match.PatternMatch("['AnimPath'][s>0]"))
    {
        ms_AnimPath = Match.pstrings[0];
    }

    ...

    if (!Match.Getline())
    {
        VSMAC_ASSERT(0);
        return ;
    }

    if (Match.PatternMatch("['TerrainPath'][s>0]"))
    {
        ms_TerrainPath = Match.pstrings[0];
    }

    if (!Match.Getline())
    {
        VSMAC_ASSERT(0);
        return ;
    }

    if (Match.PatternMatch("['ResourcePath'][s>0]"))
    {
        ms_ResourcePath = Match.pstrings[0];
    }
}
```

至于 VSMatch 的实现原理，第 4 章已经讲过，读者也可以自行添加多个配置文件，分别设置不同的信息，比如分辨率、开启各种效果的图形配置信息以及前面说的按键绑定等。这个函数的调用方式在第 6 章中已经讲过。

VSResourceManager 是资源管理类，它的职责是创建资源和管理资源。本章的所有操作中都要用到这个类。

引擎内部的管理资源其实还是很简单的。首先，使用者提供资源路径，并选择是否异步加载。然后，引擎内部就会加载资源，一旦资源加载完毕，就会加入对应资源管理对象里面，每个资源管理对象都是一个映射，里面记录了键和值，键就是外部资源的路径，值就是资源。引擎判断外部资源是否唯一的标准就是路径名称，所以同样的文件在不同路径下被认定为不同资源。还有些资源是不需要键的，而是用数组来管理的。一般这种资源根据一个键很难完全表达意图，需要根据资源内部属性来详细判断。

```
template<class T>
class VSResourceArrayControl : public VSResourceControl
{
    bool AddResource(const T & R);
    bool DeleteResource(const T & R);
    virtual void GCResource();
    bool IsReleaseAll();
    void ClearAll();
    T    GetResource(unsigned int i);
    void ClearTimeCount(unsigned int i);
    unsigned int GetResourceNum();
    VSArrayOrder<T> m_ResourceArray;
};
template<class KEY,class VALUE>
class VSResourceSet : public VSResourceControl
{
    VSMapOrder<KEY,VALUE> m_Resource;
    VALUE   CheckIsHaveTheResource(const KEY & Key);
    bool AddResource(const KEY & Key,VALUE pObject);
    bool DeleteResource(const KEY & Key);
    unsigned int GetResourceNum();
    bool IsReleaseAll();
    void ClearAll();
    const MapElement<KEY,VALUE> * GetResource(unsigned int i);
    void GCResource();
    unsigned int GetResourceIndexByKey(const KEY & Key)const;
};
template<class KEY,class VALUE>
class VSProxyResourceSet : public VSResourceSet<KEY,VALUE>
{
    void GCResource();
};
```

这几个类分别封装了数组和映射，记录上面介绍的两种目的资源。里面的函数通过函数名就可以知道含义，void GCResource()是和垃圾回收相关的，后面再详细介绍。基类其实也没什么特别的，里面的两个属性也和垃圾回收相关。下面是基类的代码。

```cpp
class VSResourceControl
{
    virtual void GCResource();
    VSArray<unsigned int> m_TimeCount;
    unsigned int m_uiGCMaxTimeCount;
};
```

9.3.2 外部资源管理

外部资源基本上是通过VSProxyResourceSet来管理的，只有着色器缓存比较特别，卷2讲解渲染的时候会详细介绍。下面分别是管理纹理、材质、动画、静态模型、骨骼模型集合，里面都将路径作为键，而值都是资源代理的智能指针。前面已经提到过，引擎给外部资源使用的接口都是资源代理模式。

```cpp
static VSProxyResourceSet<VSUsedName ,VSTexAllStateRPtr> &
        GetASYNTextureSet()
{
    static VSProxyResourceSet<VSUsedName ,VSTexAllStateRPtr>
            s_ASYNTextureSet;
    return s_ASYNTextureSet;
}
static VSProxyResourceSet<VSUsedName ,VSMaterialRPtr> &
    GetASYNMaterialSet()
{
    static VSProxyResourceSet<VSUsedName ,VSMaterialRPtr>
        s_ASYNMaterialSet;
    return s_ASYNMaterialSet;
}
static VSProxyResourceSet<VSUsedName ,VSAnimRPtr> & GetASYNAnimSet()
{
    static VSProxyResourceSet<VSUsedName ,VSAnimRPtr>
        s_ASYNAnimSet;
    return s_ASYNAnimSet;
}
static VSProxyResourceSet<VSUsedName ,VSStaticMeshNodeRPtr> &
    GetASYNStaticMeshSet()
{
    static VSProxyResourceSet<VSUsedName ,VSStaticMeshNodeRPtr>
        s_ASYNStaticMeshSet;
    return s_ASYNStaticMeshSet;
}
static VSProxyResourceSet<VSUsedName ,VSSkeletonMeshNodeRPtr> &
    GetASYNSkeletonMeshSet()
{
    static VSProxyResourceSet<VSUsedName ,VSSkeletonMeshNodeRPtr>
            s_ASYNSkeletonMeshSet;
    return s_ASYNSkeletonMeshSet;
}
```

下面的函数都是用来加载和管理外部资源的。

加载和存储引擎格式纹理的函数如下。

```cpp
static VSTexAllState * NewLoadTexture(const TCHAR *pFileName);
static bool NewSaveTexture(VSTexAllState * pTexture,const TCHAR * PathName);
```

加载 TGA、BMP、DX 格式的纹理的函数如下。

```
static VSTexAllState * Load2DTexture(const TCHAR * pFileName,
    VSSamplerStatePtr pSamplerState = NULL,bool bSRGB = false);
static VSTexAllState * Load2DTextureCompress(const TCHAR *pFileName,
    VSSamplerStatePtr pSamplerState = NULL,unsigned int uiCompressType = 0,
    bool bIsNormal = false,bool bSRGB = false);
```

加载和存储材质的函数如下。

```
static VSMaterial * NewLoadMaterial(const TCHAR * pFileName);
static bool NewSaveMaterial(VSMaterial * pMaterial,const TCHAR * PathName);
```

加载和存储静态模型的函数如下。

```
static VSStaticMeshNode * NewLoadStaticMesh(const TCHAR *pFileName);
static bool NewSaveStaticMesh(VSStaticMeshNode * pStaticMeshNode,
    const TCHAR * PathName);
```

加载和存储骨骼模型的函数如下。

```
static VSSkeletonMeshNode * NewLoadSkeletonMesh(const TCHAR * pFileName);
static bool NewSaveSkeletonMeshNode(VSSkeletonMeshNode * pSkeletonMesh,
    const TCHAR * PathName);
```

加载和存储动作的函数如下。

```
static bool NewSaveAction(VSAnim * pAnim,const TCHAR * PathName);
static VSAnim * NewLoadAction(const TCHAR * pFileName);
```

这里加载资源的接口是供引擎内部使用的,返回的还是资源本身,并没有返回资源代理,它们都会阻塞加载。给使用者使用的是另一套接口,返回资源代理,那里可以选择是异步加载还是阻塞加载。

```
static VSTexAllStateR * LoadASYN2DTexture(const TCHAR * pFileName,bool IsAsyn,
    VSSamplerStatePtr pSamplerState = NULL,bool bSRGB = false);
static VSTexAllStateR * LoadASYN2DTextureCompress(const TCHAR *pFileName,
    bool IsAsyn,VSSamplerStatePtr pSamplerState = NULL,
    unsigned int uiCompressType = 0,bool bIsNormal = false,bool bSRGB = false);
static VSTexAllStateR * LoadASYNTexture(const TCHAR * pFileName,bool IsAsyn);
static VSMaterialR * LoadASYNMaterial(const TCHAR * pFileName,bool IsAsyn);
static VSStaticMeshNodeR * LoadASYNStaticMesh(const TCHAR * pFileName,bool IsAsyn);
static VSSkeletonMeshNodeR * LoadASYNSkeletonMesh(const TCHAR *pFileName,
    bool IsAsyn);
static VSAnimR * LoadASYNAction(const TCHAR * pFileName,bool IsAsyn);
static VSResourceProxyBase * LoadResource(const TCHAR * pFileName,bool IsAsyn);
```

上面的资源都是外部资源。内部资源一般不存储成外部文件形式,而且内部资源一般始终在用,垃圾回收概率比较低。如果构建内部资源花费太多时间,比加载文件还要费时费力,那么设置成异步加载形式也是可以的。

不过有些非代理形式的外部资源还是经常用到的,比如纹理。有时候引擎需要创建一些非加载类型的纹理,纹理数据是即时计算的。

```
template <class T>
static VSTexAllState * Create1DTexture(unsigned int uiWidth,unsigned int uiFormatType,
```

```
            unsigned int uiMipLevel,T * pBuffer);
    template <class T>
    static VSTexAllState * CreateCubTexture(unsigned int uiWidth,unsigned int uiFormatType,
            unsigned int uiMipLevel,T * pBuffer);

    template <class T>
    static VSTexAllState * Create3DTexture(unsigned int uiWidth,
            unsigned int uiHeight, unsigned int uiLength,unsigned int uiFormatType,
            unsigned int uiMipLevel,T * pBuffer);
```

为了创建任意格式的纹理，这里把参数设置成了模板形式。

9.3.3 字符串管理

之所以管理字符串，把字符串作为一种资源，是因为引擎内会有很多字符串比对操作。一般情况下字符串比对需要逐个字符比对，相当耗费时间。如果把字符串当作一个哈希值，那么比对时间就可以大大缩短，不过前提是每个字符串都要有哈希值。

在以下代码中，CRC32Compute 函数计算一段数据的哈希值，至于为什么选择 32 位哈希值，因为经过大量比较，32 位哈希值的冲突率较低，计算时间较短。然而，还会存在两段不同数据的 32 位哈希值相同的罕见情况。对于目前的字符串比对来说，冲突的概率可以忽略。

```
unsigned int VSMATH_API CRC32Compute( const void * pData, unsigned int uiDataSize );
```

在以下代码中，VSName 类就是字符串资源类，m_uiID 表示 32 位哈希值，m_String 表示真正的字符串，既然字符串是资源，就存在字符串管理对象，并通过 ID 来判断是否唯一。

```
class VSGRAPHIC_API VSName : public VSReference,public VSMemObject
{
        explicit VSName(const TCHAR * pChar,unsigned int uiID);
        explicit VSName(const VSString & String,unsigned int uiID);
        unsigned int m_uiID;
        VSString  m_String;
};
```

VSResourceManager::CreateName 函数用来创建 VSName，它会根据 pChar 内容生成哈希来判断是否存在这个 VSName。如果存在就返回；否则，创建一个新的 VSName。和使用外部资源一样，用户无法直接使用 VSName，而通过下面的 VSUsedName 类封装了 VSName 来使用这种类型的字符串。

```
class VSGRAPHIC_API VSUsedName : public VSMemObject , public VSCustomArchiveObject
{
        /*explicit */VSUsedName(const TCHAR * pChar);
        /*explicit */VSUsedName(const VSString & String);
        //重载=操作符
        void operator =(const VSString &String);
        void operator =(const TCHAR * pChar);
        void operator =(const VSUsedName & Name);
        VSGRAPHIC_API friend bool operator >(const VSUsedName &Name1,
            const VSUsedName &Name2);
        VSGRAPHIC_API friend bool operator <(const VSUsedName &Name1,
```

```cpp
            const VSUsedName &Name2);
    //重载==操作符
    VSGRAPHIC_API friend bool operator ==(const VSUsedName &Name1,
            const VSUsedName &Name2);
    //重载!=操作符
    VSGRAPHIC_API friend bool operator !=(const VSUsedName &Name1,
            const VSUsedName &Name2);
    //重载==操作符
    VSGRAPHIC_API friend bool operator ==(const VSUsedName &Name,
            const VSString & String);
    //重载!=操作符
    VSGRAPHIC_API friend bool operator !=(const VSUsedName &Name,
            const VSString & String);
    //重载==操作符
    VSGRAPHIC_API friend bool operator ==(const VSUsedName &Name,
            const TCHAR * pChar);
    //重载!=操作符
    VSGRAPHIC_API friend bool operator !=(const VSUsedName &Name,
            const TCHAR * pChar);
    virtual void Archive(VSStream & Stream);
    virtual void CopyFrom(VSCustomArchiveObject *,
                VSMap<VSObject *,VSObject*>& CloneMap);
protected:
    VSNamePtr m_pName;
};
CUSTOMTYPE_MARCO(VSUsedName)
```

VSUsedName 类是引擎中唯一继承 VSCustomArchiveObject 来实现序列化功能的，最后 CUSTOMTYPE_MARCO(VSUsedName)用来定义静态类型，以便序列化可以判断出类型，读者可以参考这个类的实现来自定义序列化内容。

这个类封装了 **VSNamePtr m_pName**，通过下面几个接口创建实例。

```cpp
VSUsedName::VSUsedName(const TCHAR * pChar)
{
    m_pName = NULL;
    m_pName = VSResourceManager::CreateName(pChar);
}
VSUsedName::VSUsedName(const VSString & String)
{
    m_pName = NULL;
    m_pName = VSResourceManager::CreateName(String);
}
void VSUsedName::operator =(const VSString &String)
{
    m_pName = NULL;
    m_pName = VSResourceManager::CreateName(String);
}
void VSUsedName::operator =(const TCHAR *pChar)
{
    m_pName = NULL;
    m_pName = VSResourceManager::CreateName(pChar);
}
void VSUsedName::operator =(const VSUsedName & Name)
```

```
    {
        m_pName = Name.m_pName;
    }
```

判断相等就比较容易了,可以直接判断里面的 m_pName 是否相等,也可以判断 m_pName->GetID()是否相等。

```
bool operator ==(const VSUsedName &Name1,const VSUsedName &Name2)
{
    if (!Name1.m_pName && !Name2.m_pName)
    {
        return 1;
    }
    else if (!Name1.m_pName || !Name2.m_pName)
    {
        return 0;
    }
    return Name1.m_pName->GetID() == Name2.m_pName->GetID();
}
```

一般情况下,要经常比对的字符串最好声明成 VSUsedName,而这个变量的初始化比较慢,因此最好声明成静态全局变量或者函数中的静态变量,这样避免了在运行过程中创建。下面列出引擎中经常使用的全局静态字符串资源。

```
ms_cPrezBeUsedBone = _T("PrezBeUsedBone");
ms_cMaterialVertexFormat = _T("MaterialVertexFormat");
ms_cLightFunKey= _T("LightFunKey");
ms_cMaterialLightKey = _T("MaterialLightKey");
ms_cMaterialVertex = _T("MaterialVertex");
ms_cNormalDepthVertex = _T("NormalDepthVertex");
ms_cCubShadowVertex = _T("CubShadowVertex");
ms_cVolumeShadowVertex = _T("VolumeShadowVertex");
ms_cVolumeVertexFormat = _T("VolumeVertexFormat");
ms_cShadowVertex = _T("ShadowVertex");
……
```

9.3.4 内部资源管理

本引擎内部的资源大部分由 VSResourceSet 和 VSResourceArrayControl 管理,用 VSResourceSet 管理的是 VSVertexFormat、VSName、VSBlendState、VSDepthStencil、VSRasterizerState、VSSamplerState,与 VSName 一样,都使用 32 位哈希值。

```
static VSResourceSet<unsigned int,VSVertexFormatPtr> & GetVertexFormatSet()
{
    static VSResourceSet<unsigned int,VSVertexFormatPtr> s_VertexFormatSet;
    return s_VertexFormatSet;
}
static VSResourceSet<unsigned int , VSNamePtr> & GetNameSet()
{
    static VSResourceSet<unsigned int , VSNamePtr> s_NameSet;
    return s_NameSet;
}
static VSResourceSet<unsigned int ,VSBlendStatePtr> &GetBlendStateSet()
```

```cpp
{
    static VSResourceSet<unsigned int ,VSBlendStatePtr> s_BlendStateSet;
    return s_BlendStateSet;
}
static VSResourceSet<unsigned int,VSDepthStencilStatePtr> &\
    GetDepthStencilStateSet()
{
static VSResourceSet<unsigned int ,VSDepthStencilStatePtr>
    s_DepthStencilStateSet;
    return s_DepthStencilStateSet;
}
static VSResourceSet<unsigned int,VSRasterizerStatePtr> &GetRasterizerStateSet()
{
static VSResourceSet<unsigned int,VSRasterizerStatePtr> s_RasterizerStateSet;
    return s_RasterizerStateSet;
}
static VSResourceSet<unsigned int,VSSamplerStatePtr> &GetSamplerStateSet()
{
static VSResourceSet<unsigned int,VSSamplerStatePtr> s_SamplerStateSet;
    return s_SamplerStateSet;
}
```

为了方便，改写成宏的方式。

```cpp
#define GET_INNER_RESOURCE_SET(ResourceName)\
    static VSResourceSet<unsigned int, VS##ResourceName##Ptr> &\
    Get##ResourceName##Set()\
    {\
        static VSResourceSet<unsigned int, VS##ResourceName##Ptr> \
        s_##ResourceName##Set; \
        return s_##ResourceName##Set; \
    }

    GET_INNER_RESOURCE_SET(VertexFormat);
    GET_INNER_RESOURCE_SET(Name);
    GET_INNER_RESOURCE_SET(BlendState);
    GET_INNER_RESOURCE_SET(DepthStencilState);
    GET_INNER_RESOURCE_SET(RasterizerState);
    GET_INNER_RESOURCE_SET(SamplerState);
```

下面分别是创建 VSVertexFormat、VSName、VSBlendState、VSDepthStencil、VSRasterizerState、VSSamplerState 的函数。

```cpp
static VSVertexFormat *LoadVertexFormat(VSVertexBuffer * pVertexBuffer,
    VSArray<VSVertexFormat::VERTEXFORMAT_TYPE> *pFormatArray = NULL);
static VSName * CreateName(const TCHAR * pChar);
static VSName * CreateName(const VSString & String);
static VSBlendState * CreateBlendState(const VSBlendDesc & BlendDesc);
static VSDepthStencilState * CreateDepthStencilState(
    const VSDepthStencilDesc & DepthStencilDesc);
static VSRasterizerState * CreateRasterizerState(
    const VSRasterizerDesc &RasterizerDesc);
static VSSamplerState * CreateSamplerState(const VSSamplerDesc &SamplerDesc);
```

用 VSResourceArrayControl 来管理的资源是不需要键的，这里主要是管理 VSRenderTarget 和 VSDepthStencil。

GetRenderTargetArray 和 GetDepthStencilArray 都用来管理非共享的 VSRenderTarget 和 VSDepthStencil。引擎提供了共享和非共享模式的 VSRenderTarget 和 VSDepthStencil。为了节省显存，使用者可以选择自己创建的类型，非共享模式就是独占 VSRenderTarget 和 VSDepthStencil，即使没有使用，也不会被任何其他渲染流程占用。

```
static VSResourceArrayControl<VSRenderTargetPtr> &GetRenderTargetArray()
{
    static VSResourceArrayControl<VSRenderTargetPtr> s_RenderTargetArray;
    return s_RenderTargetArray;
}
static VSResourceArrayControl<VSDepthStencilPtr> &GetDepthStencilArray()
{
    static VSResourceArrayControl<VSDepthStencilPtr> s_RenderTargetArray;
    return s_RenderTargetArray;
}
```

创建与释放非共享模式的 VSRenderTarget 和 VSDepthStencil。

```
static VSRenderTarget * CreateRenderTarget(unsigned int uiWidth,
    unsigned int uiHeight,unsigned int uiFormatType,unsigned int uiMulSample);
static VSRenderTarget * CreateRenderTarget(VSTexture * pCreateBy,
    unsigned int uiMulSample = 0,unsigned int uiLevel = 0,
    unsigned int uiFace = 0);
static VSDepthStencil * CreateDepthStencil(unsigned int uiWidth,
    unsigned int uiHeight,unsigned int uiMulSample,unsigned int uiFormatType);
static void Release2DRenderTarget(VSRenderTarget * pRenderTarget);
static void ReleaseCubRenderTarget(VSRenderTarget * RT[VSCubeTexture::F_MAX]);
static void ReleaseDepthStencil(VSDepthStencil * pDepthStencil);
```

下面是共享模式的 RenderTarget 和 DepthStencil。

```
static VSResourceArrayControl<VSRenderTargetPtr> &GetRenderTargetBufferArray()
{
    static VSResourceArrayControl<VSRenderTargetPtr> s_RenderTargetBufferArray;
    return s_RenderTargetBufferArray;
}
static VSResourceArrayControl<VSDepthStencilPtr> &GetDepthStencilBufferArray()
{
    static VSResourceArrayControl<VSDepthStencilPtr> s_DepthStencilBufferArray;
    return s_DepthStencilBufferArray;
}
```

创建与释放 VSRenderTarget 和 VSDepthStencil，这里的释放并非真的释放，而是放在 s_RenderTargetBufferArray 和 s_DepthStencilBufferArray 里面，以供其他调用者使用。

```
static VSRenderTarget * Get2DRenderTarget(unsigned int uiWidth, unsigned int uiHeight,
    unsigned int uiFormatType,unsigned int uiMulSample);
static void Disable2DRenderTarget(VSRenderTarget * &pRenderTarget);
static void Disable2DRenderTarget(VSRenderTargetPtr &pRenderTarget);
static bool GetCubRenderTarget(unsigned int uiWidth, unsigned int uiFormatType,
    unsigned int uiMulSample,VSRenderTarget * OutRT[VSCubeTexture::F_MAX]);
static void DisableCubRenderTarget(VSRenderTarget * RT[VSCubeTexture::F_MAX]);
```

```
static VSDepthStencil * GetDepthStencil(unsigned int uiWidth,unsigned int uiHeight,
    unsigned int uiFormatType,unsigned int uiMulSample);
static void DisableDepthStencil(VSDepthStencil * &pDepthStencil);
static void DisableDepthStencil(VSDepthStencilPtr &pDepthStencil);
```

最后简单介绍着色器的管理，卷 2 讲渲染的时候再详细介绍。

着色器的资源管理主要是对着色器缓存的管理，着色器也是代码，所以是要编译的，编译就要耗费时间。为了避免在引擎运行时编译而产生卡顿，就要把所有可能用到的着色器都编译好，然后存放成文件，在引擎初始化的时候再加载回来。因为不同渲染 API 的编译码不同，所以要针对不同平台生产不同的着色器缓存文件。

引擎根据渲染通道（render pass），分成不同的着色器缓存文件。当然，也可以把这些文件合成一个文件，不过这不方便理解引擎。

下面的 3 个函数分别存储材质渲染通道的着色器、间接光渲染通道的着色器、法线和深度渲染通道的着色器。

```
static VSShaderMap & GetMaterialShaderMap()
{
    static VSShaderMap s_MaterialShaderMap(_T("MaterialShaderMap"));
    return s_MaterialShaderMap;
}
static VSShaderMap & GetIndirectShaderMap()
{
    static VSShaderMap s_IndirectShaderMap(_T("IndirectShaderMap"));
    return s_IndirectShaderMap;
}
static VSShaderMap & GetNormalDepthShaderMap()
{
    static VSShaderMap
        s_NormalDepthShaderMap(_T("NormalDepthShaderMap"));
    return s_NormalDepthShaderMap;
}
```

在渲染 API 初始化时，会加载着色器缓存。当然，正常情况下，引擎应该有一个编译全部着色器缓存的过程，以在发布版本的时候执行或者给引擎使用者暴露接口以便执行。

```
void VSResourceManager::InitCacheShader(unsigned int RenderTypeAPI)
{
    ms_CurRenderAPIType = RenderTypeAPI;
    VSString RenderAPIPre = VSResourceManager::GetRenderTypeShaderPath(
            ms_CurRenderAPIType);
    VSStream LoadStream;
    VSString FileName = ms_ShaderPath + RenderAPIPre +
            GetMaterialShaderMap().m_ShaderMapName;
    FileName += _T(".") + VSResource::GetFileSuffix(VSResource::RT_SHADER);
    LoadStream.NewLoad(FileName.GetBuffer());
    VSShaderMapLoadSave * pShaderMapLoadSave =(VSShaderMapLoadSave *)
            LoadStream.GetObjectByRtti(VSShaderMapLoadSave::ms_Type);
    if (pShaderMapLoadSave)
```

```
            {
                    GetMaterialShaderMap().GetShaderMap() =
                                    pShaderMapLoadSave->m_ShaderMap;
                    VSMAC_DELETE(pShaderMapLoadSave);
            }
            ……
}
```

这里只给出了加载材质渲染通道的代码，读者可以查看 GitHub 网站上这段代码的其余部分。

练习

引擎中并没有处理包类型的资源，也就是资源打包，读者可以根据第 8 章的内容加入处理资源打包并导入的机制。

第 10 章

引擎的设计哲学

很少有技术图书会涉及哲学，但为了让读者更好地理解现今的引擎，并使后续章节的学习更加容易，我们需要先讨论一个重要话题——引擎的设计哲学。引擎的设计不能杂乱无章，我们要用一套方法论把游戏引擎简单化，并让别人容易理解我们的引擎设计，方便游戏引擎的使用者。

随着引擎设计哲学的不断演进，它逐渐在现实世界中找到了突破口，类似于各种面向对象语言的设计初衷，都是抽象化这个世界上的事物。哲学家从这个世界中总结出一个又一个规律，然后根据这些规律再去解决一个又一个问题。虽然每一套哲学理论都不是那么好理解，但如果我们知道了这些规律的转换过程，一切就都没那么困难了。

和世界上的其他事物一样，要让游戏引擎很好地工作，就必须对它进行现有世界认知层面上的高度抽象，因为我们对现有世界的大部分事物已经司空见惯，我们从来没想过为什么的很多事情，已经在心里成为默许的存在。就好像我们经历了汽车、手机、计算机的发展过程，这些变化一点点地融入我们的脑海里面，我们很少去对这一切进行透彻的分析和思考。

现在流行的引擎是 Unity 和 Unreal Engine，Unity 更容易接受的关键原因是它的引擎设计哲学更加贴近现实世界。而 Unreal Engine 3 的设计并不是那么友好，它离现实世界是那么遥远，让普通人很难接受和理解。相比较而言，Unreal Engine 4 进一步加强了对现实世界的抽象，学习起来相对容易。Unreal Engine 4 比 Unity 更难掌握，原因就在于它在抽象了这个世界后又附加设计了一套规则。

本章不打算讲 Unreal Engine 4 定义的这套规则，而是讲它和 Unity 共有的部分——对这个世界的抽象。

提示

Unreal Engine 4 中定义了一套自己的游戏规则，包括 GameMode、PlayerController、Pawn、GameState、PlayerState、GameInstance、LocalPlayer 等类，要了解的读者可以参考官方文档。如果要熟练运用 Unreal Engine 4，它们的关系是一定要掌握的。

10.1 世界抽象

Unity 对世界的抽象符合大众对这个世界的认知，Unreal Engine 4 也变得和 Unity 近似。本书配套引擎对世界的抽象和这两者类似，当然，也有自己的特点。

既然是对世界的抽象，那么我们就要有一个叫作世界（world）的概念，就好比现实世界。这个世界里面有好多实体（actor），就好比这个世界中的任何物体。这个世界中的每个实体都有自己特定的功能，比如木头可以用来烧火，还可以用来做武器、用来建房子；木头有形状，木头是固体等，我们把可以描述的属性叫作组件（component）。用过 Unity 的人肯定对此觉得熟悉，实体就是 Unity 里面的游戏对象（game object），组件和 Unity 里面的基本一样。其实实体就是一个空壳，它是组件的集合。这个世界上所有的物体不就是属性功能的集合吗？当然，这个集合从不同角度来定义。如果在同一角度下拥有完全一样组件，那么它们就是同一类。比如，简单描述，你自己无外乎就是躯干、四肢、头部等属性的集合，根据这些属性集合分类定义，就有了人类，再进一步细分就有了性别。

为了方便管理，游戏中又加入了另一层事物的抽象概念——"地图"（map）。世界包括多个地图，每个地图包括多个实体，每个实体包括多个组件。其实地图概念也很好理解，比如太阳系的水星、金星、地球、火星、木星、土星、天王星和海王星八大行星，每一个星球都可以理解为一个地图，地球就是一个地图，地球包含了多个实体，比如土地的实体、水的实体、大气的实体、每个人的实体、每个动物和植物的实体等，如图 10.1 所示。

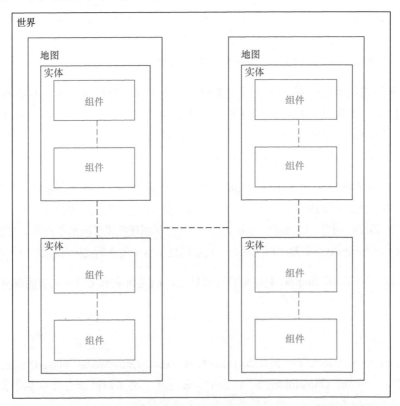

图 10.1 世界抽象

游戏就是对现实的抽象，它的目的是把复杂的问题简单化，让人们更加容易理解，一旦理解了，就可以利用这些抽象去还原现实世界。游戏引擎为了表达大部分现实世界，抽象了一部分实体出来，不同的游戏引擎抽象出来的种类也不尽相同。当然，还有一部分实体是玩家可以自定义的［比如，Unreal Engine 4 中的蓝图、Unity 中的预制（Prefab）］。引擎中的非自定义实体一般包括灯光实体、相机实体、天空实体、模型物体实体、地形实体等。如前所述，实体本身只是一个虚拟的空壳，实际起作用的还是组件。这些内置实体比较简单，通常只包含一到两个组件。当然，这也和设计有关，比如相机实体，Unity 中包含了两个组件——变换组件和相机组件，而 Unreal Engine 4 中只包含一个组件——相机组件，它把变换功能写入了相机组件。

根据对组件的理解和划分，不同引擎中同一个功能实体可能包含不同的组件，这个没有硬性规定，完全决定于引擎设计。不过如果两个组件有直接联系且分开后很难单独使用，建议尽量把它们合成一个组件，比如 Unity 中的 SkinMeshRender（动态模型）和 Animator（动态模型动画），两个组件其实没有必要分开，它们很少单独使用，所以还不如把它们合在一起。Unity 可能是从另一方面考虑，SkinMeshRender 类只负责渲染的处理，Animator 只负责动画的处理。再举个例子：光源实体里面至少要包含光源属性的组件，既然是光源它就具有产生影子的功能。在引擎中，由于对效率的考虑，并不是所有光源都会产生影子，根据不同引擎的设计，光照和影子分开也是可能的，所以要不要再单独设计一个阴影组件，最终还要看引擎的抽象程度，不过按照上面的提议，存在高度耦合的两个组件应尽量合并在一起。

10.2 万物的关系

世界上任何的事物都是普遍联系的，比如著名的"蝴蝶效应"。再举个例子，即使你每天不动，但其实你还在动，因为你在地球上，地球每天都在动。当然，你还可以继续追溯，可能包含着地球的银河系也在运动。总之，**任意两个事物都一定存在着间接联系**。

引擎哲学充分地运用了这种万物相连的关系理论，第 8 章讲到对象系统，引擎中所有物体的基类都是 VSObject，这就说明引擎哲学中运用了父子关系，引擎中的每个对象中又关联其他对象的指针，这就说明引擎哲学中运用了指向和包含关系。序列化存储就运用了万物相连的关系理论来解决文件存取问题，后面还会运用这种理论来实现垃圾回收等重要机制。后续的场景管理，也是对万物相连的关系理论很好的诠释，一种树形结构的万物关系对相机裁剪和物理的碰撞检测都有很大的帮助。

10.3 引擎层

我们知晓了引擎对世界的抽象，但这仅仅是对世界的抽象，只是一个简化模型，它还不能运转。我们需要一些实质的东西让它真正运作起来，这个时候需要引擎层，把抽象出来的东西一一管理，让这个上层抽象世界真正地运作起来。引擎层的目的就是管理每个组件的实际内容，但因为组件的功能设计不同，所以管理的方式也可能不太一样。

注意，这里并没有说直接管理组件，而是说组件的实际内容，多了 4 个字就表示不同的含义。有些时候组件也许和实体一样，就是个外壳，组件的实际内容间接地由其他对象来承载。最容易理解的例子就是集成物理引擎，定义的物理组件内容都来自物理引擎，乃至管理都由物理引擎完成。本引擎中还没有集成任何第三方库，但对于模型组件的管理其实是属于间接管理的。

常见的其他引擎中管理组件的方法不再介绍,这里重点介绍本引擎中的管理方法。不过无论怎么管理,都不建议在管理过程中剥离物体关系,否则对后面多线程实现万物并行计算不够友好。想想看,每个人的胳膊都不是由自己来管理的,而是由一个管理器来统一管理的,那是一件多么可怕的事情。

许多引擎中的每一类组件都有一个统一的管理器。每个实体的这一类组件都会分发到这个管理器中,一起更新、计算。这类组件共享同一份代码,乍一看对 CPU 缓存非常友好,在理论上效率是相当高的,但实际引擎代码运行起来是相当复杂的,不能保证组件里面的代码没有各种分支判断。这种友好性并不一定能对效率起到质的提升,而且耦合度相当高,它已经脱离了自己的主体实体,对 CPU 并行性非常不友好,加大了 CPU 并行性的设计难度。不过如果组件设计得足够好,已经没有耦合,那么这样做也没什么,但任何人都很难保证自己的设计丝毫不和其他组件耦合。

由于本引擎没有最终完成,因此组件的数量并不是太多,主要包括 VSNodeComponent、VSDirectionLight、VSPointLight、VSSpotLight、VSSkyLight、VSCamera、VSStaticMeshComponent 和 VSSkeletonMeshComponent。

VSNodeComponent 只管理空间位置,第 11 章会详细介绍里面的功能。其他组件都继承了 VSNodeComponent,这样它们本身就包含了空间位置。VSStaticMeshComponent、VSSkeletonMesh Component 这两个组件和其他几个不太相同,真正需要渲染的内容并不在它们里面,由于引擎需要异步加载功能,需要间接指向。剩下的几个关于光源和相机的内容都封装在组件里面。

```
class VSGRAPHIC_API VSCamera : public VSNodeComponent
{
    VSREAL          m_RotX;
    VSREAL          m_RotY;
    VSREAL          m_RotZ;
    VSArray<VSViewPort>      m_ViewPort;
    VSMatrix3X3W       m_ViewMat;
    VSMatrix3X3W       m_ProjMat;
    VSREAL          m_Fov;
    VSREAL          m_Aspect;
    VSREAL          m_ZFar;
    VSREAL          m_ZNear;
};
```

VSCamera 直接包含内容。

```
class VSGRAPHIC_API VSMeshComponent : public VSNodeComponent
{
    VSMeshNodePtr m_pNode;
};
```

VSMeshComponent 间接包含内容,是由 VSMeshNodePtr m_pNode 来指向的。

同世界一样,引擎层管理也需要一个抽象——场景管理器(SceneManager)(因为本引擎大部分功能是关于渲染的,所以如果有物理功能可以再设计一个物理管理器(PhysicsManager))。同样,和地图对应的叫作(场景 Scene),场景有相机、光源、网格等所有和渲染相关的元素(物理中也可以抽象出来和地图中对应的场景,场景里面有各种网格的碰撞体),如图 10.2 和图 10.3 所示。

场景管理器主要负责管理场景,场景主要负责组件管理,场景管理器再处理各种渲染。

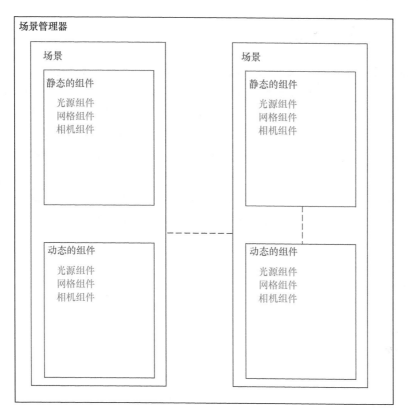

图 10.2　引擎层渲染

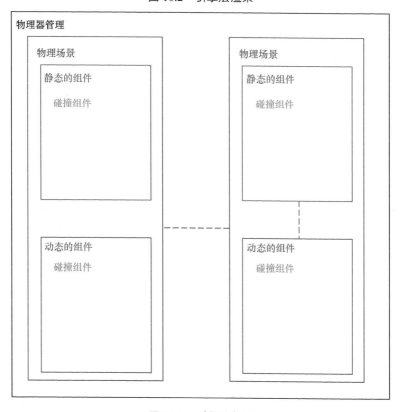

图 10.3　引擎层物理

10.4　世界与引擎

世界包含很多地图，每个地图都是通过地图编辑器或者其他方式创建出来的，每个地图中有很多个实体，这里包括静态实体和动态实体，静态实体在这个地图上是不动的，动态实体虽然在这个地图上是运动的，但它被固定在这个地图内部，一般这种动态的实体是非玩家控制角色（Non-Player Character 或者人工智能）。不过作为游戏主角的实体可以在任意多个地图上随意走动，同样跟随主角实体的相机实体也是如此，而其他地图上的相机实体只能看见自己所在地图的实体，引擎为了处理实体限制问题，就加了一个默认地图（Default Map），这里面的所有实体都是全局的，不受所在地图影响，这上面的主角实体不受任何地图限制，同理，跟随它的相机也可以看见其他地图的实体。一般这种实体是在游戏中动态创建的，而不是美术设计师在编辑场景的时候摆放好的。

```cpp
class VSGRAPHIC_API VSWorld : public VSObject
{
    static VSWorld * ms_pWorld;
    VSArray<VSSceneMapPtr>    m_SceneArray;
    VSArray<VSActor *>     m_ActorArray;
    VSArray<VSMessage>     m_MessageArray;
    VSSceneMap * CreateScene(const TCHAR * pName);
    VSSceneMap * GetScene(const VSUsedName & Name);
    VSActor * CreateActor(const TCHAR *  ActorPath, VSSceneMap * pSceneMap = NULL);
    void DestroyActor(VSActor * pActor);
    template<typename T>
    VSActor *CreateActor(VSSceneMap * pSceneMap = NULL);
    VSActor *GetActor(VSUsedName Name);
    void Update(double dAppTime);
    void AddMessage(const VSMessage & Message);
};
VSWorld::VSWorld()
{
    ms_pWorld = this;
    VSSceneMap * pSceneMap = VS_NEW VSSceneMap("Main");
    m_SceneArray.AddElement(pSceneMap);
}
```

VSWorld 类比较简单，它只负责创建实体和地图（VSSceneMap），更新实体，给实体发送消息（这个后面再讲）。在构造函数中创建一个叫作"Main"的默认地图来管理全局动态实体，而其他实体会随着地图加载而加载进来。

```cpp
class VSGRAPHIC_API VSSceneMap : public VSObject
{
    void AddActor(VSActor * pActor);
    VSActor * GetActor(VSUsedName Name);
    void DeleteActor(VSActor * pActor);
    VSUsedName m_Name;
    VSScenePtr m_pScene;
    VSArray<VSActorPtr> m_pActorArray;
};
```

VSSceneMap 除了存放自己拥有的实体外，还有一个 VSScene 指针，这个指针用来管理实体的组件。

VSActor 是实体类，所有的实体都要继承自这个类。

```cpp
class VSGRAPHIC_API VSActor : public VSObject
{
    void SetWorldPos(const VSVector3 & Pos);
    void SetWorldScale(const VSVector3 &Scale);
    void SetWorldRotate(const VSMatrix3X3 & Rotate);
    void SetLocalPos(const VSVector3 & Pos);
    void SetLocalScale(const VSVector3 &Scale);
    void SetLocalRotate(const VSMatrix3X3 & Rotate);
    VSVector3 GetWorldPos();
    VSVector3 GetWorldScale();
    VSMatrix3X3 GetWorldRotate();
    VSVector3 GetLocalPos();
    VSVector3 GetLocalScale();
    VSMatrix3X3 GetLocalRotate();
    virtual bool HandleMessage(VSMessage & Message);
    virtual void Update(double dAppTime);
    VSNodePtr       m_pNode;
    VSActor        * m_pOwner;
    VSUsedName      m_ActorName;
    VSSceneMap     * m_pSceneMap;
    VSActor *GetOwner();
    virtual void AddChildActor(VSActor *pActor);
    virtual void DeleteChildActor(VSActor *pActor);
    virtual VSActor * GetChildActor(unsigned int uiActorIndex);
    virtual void DeleteChildActor(unsigned int uiActorIndex);
    template<typename T>
    T * AddComponentNode();
    template<typename T>
    void GetComponentNode(VSArray<T*>& Node);
    void DeleteComponentNode(VSNodeComponent * pComponent);
    void ChangeComponentNodeParent(VSNodeComponent * pSource,
        VSNode *pParent = NULL);
    virtual void CreateDefaultComponentNode();
    VSArray<VSActor *> m_ChildActor;
    void AddActorNodeToNode(VSActor *pActor,
            VSNodeComponent *pNode);
    //不包括根节点
    VSArray<VSNodeComponentPtr> m_pNodeComponentArray;
};
```

以下函数改变实体的位置、旋转、缩放。

```cpp
void SetWorldPos(const VSVector3 & Pos);
void SetWorldScale(const VSVector3 &Scale);
void SetWorldRotate(const VSMatrix3X3 & Rotate);
void SetLocalPos(const VSVector3 & Pos);
void SetLocalScale(const VSVector3 &Scale);
void SetLocalRotate(const VSMatrix3X3 & Rotate);
VSVector3 GetWorldPos();
VSVector3 GetWorldScale();
VSMatrix3X3 GetWorldRotate();
VSVector3 GetLocalPos();
```

```
VSVector3 GetLocalScale();
VSMatrix3X3 GetLocalRotate();
```

这里面存在两种方式,一种是世界空间,另一种是本地空间。

默认情况下,大部分实体之间是相互孤立的,它们除了有共同的地图或者世界外,并无直接联系。但有时候,两个实体不免存在关系,这些都是动态变化的。比如游戏中常见的跟随关系,实体 A 挂在实体 B 身上,实体 B 的变换会影响到实体 A;又比如桌子上放着一个杯子,桌子移动时,杯子也会移动,桌子和杯子是相对静止的。一旦出现这种情况,对实体 A 就存在两种变换上的操作,一种是本地操作,是相对桌子位置来操作杯子;另一种是世界中的操作,是相对世界空间来操作杯子。

这种情况下,就需要如下的函数实现。

```
VSActor *GetOwner();
virtual void AddChildActor(VSActor *pActor);
virtual void DeleteChildActor(VSActor *pActor);
virtual VSActor * GetChildActor(unsigned int uiActorIndex);
virtual void DeleteChildActor(unsigned int uiActorIndex);
```

如果说实体 A 是实体 B 的子实体,那么实体 B 就是实体 A 的父实体,即拥有者(owner)。

桌子的子实体是杯子,拥有者是空的;杯子的子实体是空的,拥有者是桌子。

剩下的就是管理自己的组件。组件的管理方式也基于这种树形结构,每个实体只有一个父组件——m_pNode,其他的组件都是 m_pNode 的子组件。组件还可以有自己的子组件,里面的结构具体怎么设计就看编写者自己了。

一旦出现实体 A 和实体 B 的挂接,也就是实体 A 的 m_pNode 挂接在了实体 B 的 m_pNode 上,不仅外壳具有父子关系,里面的组件也具有父子关系。

上面讲的万物互连的关系——树形父子结构,其实是场景管理中经常用到的,大家对此先了解一下,后面会详细讲解。

```
template<typename T>
T *AddComponentNode();
template<typename T>
void GetComponentNode(VSArray<T*>& Node);
void DeleteComponentNode(VSNodeComponent *pComponent);
void ChangeComponentNodeParent(VSNodeComponent *pSource, VSNode *pParent = NULL);
```

这些都是管理自己实体的组件函数。

```
virtual void CreateDefaultComponentNode();
```

引擎在创建实体的时候会调用这个函数,创建这个实体的 m_pNode。

```
void VSActor::CreateDefaultComponentNode()
{
    m_pNode = VSNodeComponent::CreateComponent<VSNodeComponent>();
}
void VSCameraActor::CreateDefaultComponentNode()
{
```

```
    m_pNode = VSNodeComponent::CreateComponent<VSCamera>();
}
void VSSkeletonActor::CreateDefaultComponentNode()
{
    m_pNode = VSNodeComponent::CreateComponent
              <VSSkeletonMeshComponent>();
}
void VSStaticActor::CreateDefaultComponentNode()
{
    m_pNode = VSNodeComponent::CreateComponent
              <VStaticMeshComponent>();
}
```

VSCameraActor、VSSkeletonActor、VSStaticActor、VSTerrainActor、VSLightActor 中的 CreateDefaultComponentNode 函数是不允许更改的函数，只能被调用，这些类通常在编辑器中使用，而 VSActor 可以随意继承，m_pNode 也可以随意更改。

最后，这些组件会保留自己的逻辑关系，都在 VSScene 中管理。

世界、地图、实体、场景管理器、场景、组件之间的关系如图 10.4 所示。

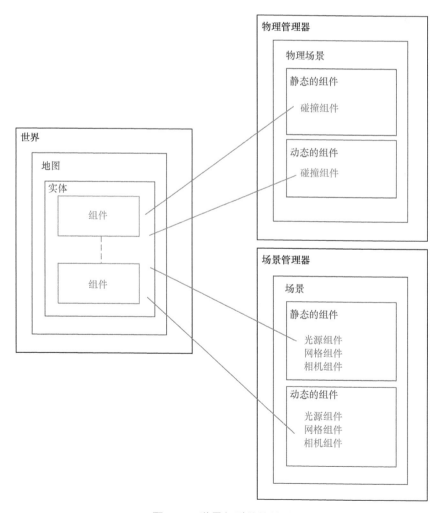

图 10.4　世界与引擎的关系

最后简单说一下消息机制。实体 A 要把某种消息发送给实体 B，实体 A 把消息发送到一个中继站，然后中继站查找实体 B，再发送给实体 B。这个中继站就是世界，世界知道所有实体。

```cpp
struct VSMessage
{
    VSUsedName Sender;//发送者实体的名字
    VSUsedName Receiver;//接收者实体的名字
    unsigned int MessageType;//消息类型
    double DispatchTime;//派发的时间
    void *pData;          //数据
    unsigned int uiDataSize;
};
class VSGRAPHIC_API VSWorld : public VSObject
{
    void Update(double dAppTime);
    void AddMessage(const VSMessage & Message);
};
void VSWorld::Update(double dAppTime)
{
static double LastTime = dAppTime;
double DetTime = dAppTime - LastTime;
LastTime = dAppTime;
for (unsigned int i = 0 ; i < m_ActorArray.GetNum() ; i++)
{
    m_ActorArray[i]->Update(dAppTime);
}
while(i < m_MessageArray.GetNum())
{
    if (m_MessageArray[i].DispatchTime <= 0.0)
    {
        VSActor *pActor = GetActor(m_MessageArray[i].Receiver);
        if (pActor)
        {
            pActor->HandleMessage(m_MessageArray[i]);
        }
        m_MessageArray.Erase(i);
    }
    else
    {
        m_MessageArray[i].DispatchTime -= DetTime;
        i++;
    }
}
}
```

我们需要定义一个 Message，通过世界的 AddMessage 发送出去，根据派发的时间发送给目标实体，调用实体的 HandleMessage 函数。

```cpp
class VSGRAPHIC_API VSActor : public VSObject
{
     virtual bool HandleMessage(VSMessage & Message);
};
bool VSActor::HandleMessage(VSMessage & Message)
```

```
{
    if (m_pFSM)
    {
        m_pFSM->HandleMessage(Message);
    }
    return true;
}
```

目前为止，这套消息机制只应用在 AI 状态机中。

10.5　垃圾回收

垃圾回收是 Java 和 C#的标配，使用者不需要管理申请的空间是否释放，系统自己会管理回收，所有类型都直接或者间接继承自同一个基类，而一旦各个类继承同一个基类，垃圾回收也就很容易做到了。

垃圾回收使用的方法基于引擎设计哲学中的万物相连关系。系统掌管着所有对象，应用程序实例是这个程序创建的第一个对象，也称为根对象。在程序退出前，一个对象如果直接或者间接地和这个应用程序实例对象有联系，那么这个对象就不会被释放；否则，它就会被系统抛弃并释放掉。

如图 10.5 所示，每个方块代表一个对象，根对象就是 Black，Black 和 Red 有直接联系，Black 和 Blue 也有直接联系，Blue 分别和 Purple、Pink 有直接联系，因此可以说 Black 分别和 Purple、Pink 有间接联系。但这种联系是不可逆的，可以说 Black 和 Red 有联系，但 Red 和 Black 是没有联系的。

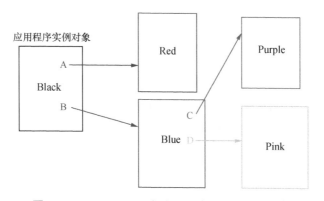

图 10.5　A、B、C、D 与应用程序实例对象的联系

用程序更容易形象地表达这些联系。

```
class Black
{
    Red  *A;
    Blue *B;
};
class Red
```

```cpp
{
};
class Blue
{
    Purple *C;
    Pink *D;
};
class Purple
{
};
class Pink
{
};
```

Black 对象（根对象）可以通过自己两个属性指针 A、B 分别访问 Red 和 Blue 对象（有直接联系），而 Red 对象没有指向 Black 对象的指针，所以 Red 对象不可以访问 Black 对象（无联系）。同理，Blue 对象通过两个属性指针 C、D 可以分别访问 Purple 对象和 Pink 对象，Black 对象通过访问 Blue 对象来达到访问 Purple 和 Pink 对象的目的（有间接联系）。如果这个时候把 Blue 对象中的 D 设置为空，那么通过 Black 对象是无论如何也访问不到 Pink 对象的（无直接或间接联系），没有任何指针指向 Pink 对象，这个对象应该被释放。

经过上面的讲解，大家应该理解了垃圾回收的基本含义，原理其实很简单。想一想，在一个游戏世界里面，世界肯定是根对象，游戏不存在了，那么世界也就不存在了，世界又关联了地图，地图又关联了实体，实体又关联了组件，组件又关联了内部引擎层对象，这样万物相连的关系就建立起来了。一旦某一个 VSObject 对象脱离了以世界为首的团体，游戏世界就会回收它。

10.5.1 智能指针与垃圾回收

本质上垃圾回收和智能指针一样，属于内存管理范畴（基于对象级别的内存管理），但它们的实现方式和管理机制有明显不同。垃圾回收不同于智能指针，它用起来更加让人放心，而且解决了智能指针循环引用的问题；可是相对于智能指针，垃圾回收的实现成本很高，效率也是一个很大的问题。好在前面所讲的方法解决了成本问题，接下来就可以完全聚焦在垃圾回收的本质问题上了。

10.5.2 基于对象系统

和智能指针一样，垃圾回收也要基于对象。也就是说，只有对继承自同一个基类 VSObject 的对象才能实现垃圾回收，这也是 C#和 Java 实现垃圾回收最根本的原因——所有类都有同一个基类。同时，系统内部能够回收所有 VSObject 对象，这样就可以管理所有 VSObject 对象。

另外，还需要反射系统的支持，知道当前对象里面有哪些属性，进而就可以通过这些属性访问到属性所指向的对象，这样这两个对象就是有直接关系的。在图 10.5 所示的例子中，就通过反射系统，从 Black 对象的两个指针属性访问 Blue 和 Red 对象。

10.5.3 创建可回收的对象

理论上我们可以用 New 来检测新生成的对象,但本书配套的引擎并不使用这种方式,大部分使用游戏引擎的程序员是在世界抽象层下开发游戏逻辑的,垃圾回收机制都是为他们服务的,而他们接触底层引擎的机会很少,世界抽象层的对象都是可以回收的。但引擎层不同,有些需要垃圾回收,有些则不需要,所以不要让世界抽象层直接使用 New 来生成对象,而是用其他接口,这些接口生成的对象都是可以回收的。而由 New 生成的对象,则留给引擎开发者自己来使用和管理,默认 New 生成的对象是不参与垃圾回收的,如果要参与垃圾回收,引擎开发者也知道该怎么做。

```
class VSGRAPHIC_API VSWorld : public VSObject
{
    VSSceneMap *CreateScene(const TCHAR *pName);
    VSActor *CreateActor(const TCHAR *ActorPath,
              VSSceneMap *pSceneMap = NULL);
    template<typename T>
    VSActor *CreateActor(VSSceneMap *pSceneMap = NULL);
};
```

要创建地图和实体,可分别用 VSWorld 里面的 CreateScene 与 CreateActor 函数。

```
class VSGRAPHIC_API VSActor : public VSObject
{
    template<typename T>
    T *AddComponentNode();
};
class VSGRAPHIC_API VSNodeComponent : public VSNode
{
    template<typename T>
    static T *CreateComponent();
};
```

创建组件可用 VSActor 的 AddComponentNode 和 VSNodeComponent 的 CreateComponent 函数,不过建议尽量用 AddComponentNode,因为用 CreateComponent 创建的组件需要手动添加到实体中。

```
class VSGRAPHIC_API VSObject:public VSReference , public VSMemObject
{
    static VSObject *GetInstance(const VSString& sRttiName);
    static VSObject *GetInstance(const VSRtti& Rtti);
    template<typename T>
    static T *GetInstance()
    {
        return (T *)GetInstance(T::ms_Type);
    }
    static VSObject *GetNoGCInstance(const VSString& sRttiName);
};
```

可用 VSObject 的 GetInstance 函数创建其他对象。

上面所有创建的对象最后都会调用 VSObject 的 GetInstance 函数,添加垃圾回收的队列里面，引擎用户有权使用这个函数。GetNoGCInstance 创建的对象不会添加到垃圾回收队列中，引擎用户无权使用这个函数。

```cpp
VSObject *VSObject::GetInstance(const VSString& sRttiName)
{
    unsigned int i = ms_ClassFactory.Find(sRttiName);
    if(i == ms_ClassFactory.GetNum())
        return NULL;
    VSObject *pObject = ms_ClassFactory[i].Value();
    VSResourceManager::AddGCObject(pObject);
    return pObject;
}
VSObject *VSObject::GetInstance(const VSRtti& Rtti)
{
    VSObject *pObject = (Rtti.m_CreateFun)();
    VSResourceManager::AddGCObject(pObject);
    return pObject;
}
```

同样，要有一套对应的释放的接口。

```cpp
class VSGRAPHIC_API VSWorld : public VSObject
{
    void DestroyActor(VSActor *pActor,
              unsigned int uiObjectFlag = VSObject::OF_PendingKill);
};
class VSGRAPHIC_API VSActor : public VSObject
{
    void DeleteComponentNode(VSNodeComponent *pComponent);
};
```

不过 VSObject 对象没有提供主动释放的接口，完全自动管理。

其他非 VSObject 对象无法使用垃圾回收机制来帮助用户清理无用空间，需使用者自己管理。

10.5.4 根对象选择

根对象的选择决定了对象之间的关系，也就决定了可以回收的对象。世界作为根对象并不能访问所有对象，它只是逻辑层上的万物之源，在引擎层面上还很难办到，只有部分引擎层的对象能被它访问。还有一种情况就是在世界中不能访问这个 VSObject 对象，但当没有对象指向这个 VSObject 对象时，我们并不想释放它，那么无疑它也要作为根对象，这种对象最常见的就是资源。即使当前无任何对象索引指向这个资源，我们也不希望它马上被释放掉，因为每次从硬盘加载资源是相当麻烦的，所以加载好的资源要保留，但又不可能无限制地留存；否则，对于那种超大地图场景来说，内存再大也是放不下的。本章最后会详细讲解资源的垃圾回收。

```cpp
VSWorld::VSWorld()
{
    VSMAC_ASSERT(ms_pWorld == NULL);
    ms_pWorld = this;
    VSSceneMap *pSceneMap = VS_NEW VSSceneMap("Main");
```

```
    m_SceneArray.AddElement(pSceneMap);
    VSResourceManager:: AddRootObject (this);
}
```

创建 ms_pWorld 后,要把它添加到根对象列表中。

10.5.5 联系查找

一旦有了根对象和垃圾回收对象队列,就可以判断哪些对象需要被释放掉。在垃圾回收对象里面,一旦有对象失去了与某一个根对象直接或者间接的联系,那么就要把这个对象从垃圾回收对象队列中删除并释放掉。

基本方法如下。

(1)从所有根对象开始,遍历它所有属性,如果是指针或者智能指针,则访问它们指向的对象并标记,表示这个对象是有联系的,一直持续这个过程,直到访问到已经标记过的对象或者遍历完毕。

(2)把垃圾回收对象队列中没有被标记的对象取出来,也就是这些无联系的对象都要释放掉。

上面介绍的就是大体的算法,不过其中还有一个细节——对这个对象是主动释放还是被动删除需要思考。

通过调用 DestroyActor 和 DeleteComponentNode 可以主动释放实体与组件,一旦主动释放,就可能出现下面这种情况:本来有指向实体与组件的指针,但因为实体与组件已经主动释放,导致这个指针是无效指针。因此,要增加一个标记 OF_PendingKill,表示主动释放,并把指向它的所有指针设置为空。

```
void VSWorld::DestroyActor(VSActor *pActor)
{
    pActor->OnDestroy();
    pActor->SetFlag(OF_PendingKill);
    DeleteActor(pActor);
}
```

首先查找符删除的组件是否属于这个实体,然后解绑它的子节点,并挂到它的父节点上。

```
void VSActor::DeleteComponentNode(VSNodeComponent *pComponent)
{
    if (pComponent == m_pNode)
    {
        return;
    }
    VSNodeComponentPtr Temp = NULL;
    for (unsigned int i = 0; i < m_pNodeComponentArray.GetNum(); i++)
    {
        if (m_pNodeComponentArray[i] == pComponent)
        {
            Temp = pComponent;
            m_pNodeComponentArray.Erase(i);
            break;
```

```
            }
        }
        if (Temp == NULL)
        {
            return;
        }
        pComponent->SetFlag(VSObject::OF_PendingKill);
        pComponent->OnDestroy();
        VSArray<VSSpatialPtr> ChildList = *pComponent->GetChildList();
        pComponent->DeleteAllChild();
        for (unsigned int i = 0; i < ChildList.GetNum();i++)
        {
            VSNode *pNode = 
                    DynamicCast<VSNode>(pComponent->GetParent());
            pNode->AddChild(ChildList[i]);
        }
    }
```

被动删除的情况也存在一些问题。因为存在智能指针的被动删除，很有可能最后一个指向该对象的智能指针指向别的对象或者指向空值，导致这个对象马上被销毁，这个时候有可能还有其他非智能指针指向该对象，导致这个非智能指针也变成无效指针。这种情况下就很难处理，唯一能做的就是在引用计数减到 0 的时候，如果这个对象在垃圾回收对象队列中，标记这个对象为 OF_PendingKill，并在垃圾回收的时候再处理；否则，直接销毁。而非智能指针指向的对象，就不会出现这种的问题，直接走垃圾回收流程即可。

```
    void DecreRef()
    {
        VSLockedDecrement((long *)&m_iReference);
        if (!m_iReference)
        {
            if (IsHasFlag(OF_GCObject))
            {
                SetFlag(OF_PendingKill);
            }
            else
            {
                VS_DELETE this;
            }

        }
    }
```

接下来，在遍历过程中，不仅要找到没有联系的对象，如果对象与 OF_PendingKill 对象有联系，还要断绝这种联系（指向 OF_PendingKill 对象的指针都设置为空），这样对象之间也就没有联系了。

一开始，对象都设置成无联系，标记为不可访问。

```
    for (unsigned int i = 0; i < VSObject::ms_ObjectArray.GetNum(); i++)
    {
        VSObject *p = VSObject::ms_ObjectArray[i];
        VSMAC_ASSERT(p != NULL);
        if (p)
```

```
        {
            p->ClearFlag(VSObject::OF_REACH);
            p->SetFlag(VSObject::OF_UNREACH);
        }
    }
```

然后，从根对象出发。

```
VSStream GCCollectStream;
GCCollectStream.SetStreamFlag(VSStream::AT_OBJECT_COLLECT_GC);
for (unsigned int i = 0; i < ms_pRootObject.GetNum(); i++)
{
    GCCollectStream.ArchiveAll(ms_pRootObject[i]);
}
```

接下来，递归遍历所有属性。

```
bool VSStream::ArchiveAll(VSObject * pObject)
{
    if (!pObject)
    {
        return false;
    }
        if (m_uiStreamFlag == AT_OBJECT_COLLECT_GC)
    {
            if (RegisterReachableObject(pObject))
            {
                    VSRtti &Rtti = pObject->GetType();
                    for (unsigned int j = 0; j < Rtti.GetPropertyNum(); j++)
                    {
                     VSProperty *pProperty = Rtti.GetProperty(j);
                     pProperty->Archive(*this, pObject);
                    }
            }
    }
      return true;
}
```

只判断指针和智能指针，以及自定义结构的情况。一旦指针指向的对象设置为OF_PendingKill，那么指针直接设置为空，与这个指向对象断绝关系。如果这个指针是智能指针，当引用计数为0时，就会按照上面讲过的方法处理。

```
template<class T>
void Archive(T & Io)
{
    if (m_uiStreamFlag == AT_OBJECT_COLLECT_GC)
    {
        if (TIsVSPointerType<T>::Value)
        {
            VSObject *& Temp = *(VSObject**)(void *)&Io;
            if (Temp->IsHasFlag(VSObject::OF_PendingKill))
            {
                Temp = NULL;
                return;
            }
            ArchiveAll(Temp);
```

```cpp
        }
        else if (TIsVSSmartPointerType<T>::Value)
        {
            VSObjectPtr & Temp = *(VSObjectPtr*)(void *)&Io;
            if (Temp->IsHasFlag(VSObject::OF_PendingKill))
            {
                Temp = NULL;
                return;
            }
            ArchiveAll(Temp);
        }
        else if (TIsCustomType<T>::Value)
        {
            VSCustomArchiveObject *Temp = 
                (VSCustomArchiveObject*)(void *)&Io;
            Temp->Archive(*this);
        }
    }
}
```

一旦对象被遍历到,则表示这个对象可以被访问,它和遍历者是有联系的。

```cpp
bool VSStream::RegisterReachableObject(VSObject *pObject)
{
    if (pObject->IsHasFlag(VSObject::OF_REACH))
    {
        return false;
    }
    pObject->SetFlag(VSObject::OF_REACH);
    pObject->ClearFlag(VSObject::OF_UNREACH);
    return 1;
}
```

所有的垃圾回收列表中被标记为不可访问的对象则是要释放的对象,这些对象存储在 CanGCObject 里面。

```cpp
VSArray<VSObject *> CanGCObject;
for (unsigned int i = 0; i < ms_pGCObject.GetNum();)
{
    VSObject *p = ms_pGCObject[i];
    if (p->IsHasFlag(VSObject::OF_UNREACH))
    {
        CanGCObject.AddElement(p);
        ms_pGCObject.Erase(i);
    }
    else
    {
        i++;
    }
}
```

CanGCObject 中的对象可以逐个释放吗?不可以,因为这些对象之间也可能会有很多的联系,我们必须断绝这些联系,保证这些对象都是一个一个孤立的对象,再逐个释放,这样就不会出现无效指针和任何内存问题。

```cpp
VSStream GCStream;
GCStream.SetStreamFlag(VSStream::AT_CLEAR_OBJECT_PROPERTY_GC);
for (unsigned int i = 0; i < CanGCObject.GetNum(); i++)
{
    GCStream.ArchiveAll(CanGCObject[i]);
}
bool VSStream::ArchiveAll(VSObject * pObject)
{
    if (!pObject)
    {
        return false;
    }
    if (m_uiStreamFlag == AT_CLEAR_OBJECT_PROPERTY_GC)
    {
        VSRtti &Rtti = pObject->GetType();
        for (unsigned int j = 0; j < Rtti.GetPropertyNum(); j++)
        {
            VSProperty *pProperty = Rtti.GetProperty(j);
            pProperty->Archive(*this, pObject);
        }
    }
    return true;
}
```

可以看到这个过程并没有递归,只是遍历了 pObject 的所有属性,清空所有指针。

```cpp
template<class T>
void Archive(T & Io)
{
    if (m_uiStreamFlag == AT_CLEAR_OBJECT_PROPERTY_GC)
    {
        if (TIsVSPointerType<T>::Value)
        {
            //断开连接
            VSObject *& Temp = *(VSObject**)(void *)&Io;
            Temp = NULL;
        }
        else if (TIsVSSmartPointerType<T>::Value)
        {
            VSObjectPtr & Temp = *(VSObjectPtr*)(void *)&Io;
            VSObject *LocalTemp = Temp;
            //断开连接
            Temp = NULL;
            //这个对象是之前可以访问的
            if (LocalTemp->IsHasFlag(VSObject::OF_REACH))
            {
                LocalTemp->ClearFlag(VSObject::OF_PendingKill);
            }
        }
        else if (TIsCustomType<T>::Value)
        {
            VSCustomArchiveObject *Temp =
                (VSCustomArchiveObject*)(void *)&Io;
            Temp->Archive(*this);
        }
    }
}
```

下面举个例子来帮你理解。

首先定义 6 个类，分别为 XiaoMing（小明）、XiaoHong（小红）、MrWang（王先生）、Pitter（皮特）、Pig（猪）和 Duck（鸭子），其中小明是小红的弟弟，小红是小明的姐姐，王先生的儿子是小明，女儿是小红，小明和皮特是朋友关系，皮特有一只猪和一只鸭子。

```
class XiaoMing : public VSObject
{
    DECLARE_RTTI
    class XiaoHong *m_OlderSister;
    class PitterPtr  m_Friend;
};
DECLARE_Ptr(XiaoMing)
VSTYPE_MARCO(XiaoMing)
class XiaoHong : public VSObject
{
    DECLARE_RTTI
    XiaoMing *m_YoungerBrother;
};
DECLARE_Ptr(XiaoHong)
VSTYPE_MARCO(XiaoHong)
class MrWang : public VSObject
{
    DECLARE_RTTI
    XiaoMing *m_Son;
    XiaoHong *m_Daughter;
};
DECLARE_Ptr(MrWang)
VSTYPE_MARCO(MrWang)
class Pitter : public VSObject
{
   DECLARE_RTTI
    XiaoMingPtr   m_Friend;
    Pig *m_PetPig;
    DuckPtr m_PetDuck;
};
DECLARE_Ptr(Pitter)
VSTYPE_MARCO(Pitter)
class Pig : public VSObject
{
    DECLARE_RTTI
};
DECLARE_Ptr(Pig)
VSTYPE_MARCO(Pig)
class Duck : public VSObject
{
    DECLARE_RTTI
};
DECLARE_Ptr(Duck)
VSTYPE_MARCO(Duck)
```

接着在世界里面创建这 6 个类对应的 6 个对象，世界是根对象，在使用 VSWorld::CreateActor 创建这 6 个对象的时候，自动就将这 6 个对象添加到了垃圾回收列表里面。

```
MrWang *t_MrWang = VSWorld::CreateActor<MrWang>();
XiaoHong *t_XiaoHong = VSWorld::CreateActor<XiaoHong>();
XiaoMing *t_XiaoMing = VSWorld::CreateActor<XiaoMing>();
Pitter *t_Pitter = VSWorld::CreateActor<Pitter>();
Duck *t_ Duck = VSWorld::CreateActor<Duck>();
Pig *t_Pig = VSWorld::CreateActor<Pig>();
```

然后恢复它们之间的联系，如图 10.6 所示。

```
t_XiaoMing->m_OlderSister = t_XiaoHong;
t_XiaoHong->m_YoungerBrother = t_XiaoMing;
t_MrWang->m_Son = t_XiaoMing;
t_MrWang->m_Daughter = t_XiaoHong;
t_Pitter->m_Friend = t_XiaoMing;
t_XiaoMing->m_Friend = t_Pitter;
t_Pitter->m_PetDuck = t_Duck;
t_Pitter->m_PetPig = t_Pig;
ms_World->m_Man = t_MrWang;
```

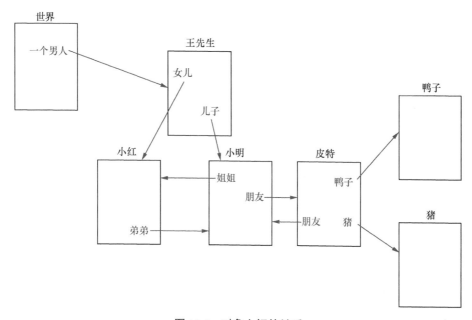

图 10.6 对象之间的关系

再仔细看类的定义，这里面有普通指针也有智能指针，还有智能指针的循环指向问题。

这些对象维持着这个关系，这个世界在运行着，突然有一天皮特因为某件事和小明吵了起来。

情况 1：小明忍无可忍，和皮特绝交（被动删除）。

情况 2：皮特后来认识到自己错了，但无脸面对朋友，离开并换个地方居住（主动释放）。

先来谈谈被动释放。在小明的属性里面 m_Friend 是一个智能指针，当这个智能指针指向其他对象或者指向空值的时候，皮特对象的引用计数就会变成 0，当前 6 个对象都是垃圾回收对象，所以皮特没有被立即释放掉，而是设置成了 OF_PendingKill 标志。

第一次垃圾回收开始，开始前 6 个对象都标记成不可访问。从世界出发遍历其属性"一个男人"，王先生被联系上，标记为可以访问。然后遍历王先生的属性"女儿"，小红被联系上，标记为可以访问。再遍历小红的属性"弟弟"，同样小明也被联系上并标记为可以访问。接着遍历小明的"朋友"。这个时候这个属性已经指向了空值。接下来，遍历小明的下一个属性"姐姐"，姐姐已经遍历过了，所以开始回溯，回溯到小红，再回溯到王先生，接着遍历王先生的属性"儿子"，小明已经遍历过了，回溯到世界，最后结束。

可以看见皮特、鸭子、猪都没有被遍历到，还一直被标记为不可访问，那么这 3 个对象就要被释放掉。如果马上释放这 3 个对象，会存在两个问题。

（1）在释放第一个对象的时候，有可能导致后面其他的准备释放的对象已经释放掉。这种情况一般是使用者显式释放导致的。比如释放了皮特对象，有可能皮特的两个属性"鸭子"和"猪"不是智能指针，使用者显式地在析构函数里面用 Delete 释放掉这两个对象。许多使用者会按照没有垃圾回收的准则去写这些代码，没有用引擎内部接口来释放对象。

（2）在释放这 3 个对象的时候，很有可能把当前垃圾回收列表里面的对象设置成 OF_PendingKill，在下一次垃圾回收的时候把这个对象释放掉。当前例子里面，在释放皮特的时候，皮特的"朋友"属性指向的小明，引用计数变成 0，就会导致小明被标记成 OF_PendingKill，这虽然和被动释放一样，但这种被动释放不是希望的，所以这种情况也要考虑。

所以在释放这 3 个对象前，要把这 3 个对象的属性都清空。这个过程是非递归的，分别遍历这 3 个对象，先遍历皮特的 3 个属性，"朋友"属性被设置成 NULL，小明被标记成 OF_PendingKill，如果小明是可以访问的，那么就要清空 OF_PendingKill 标志。同理，"鸭子"和"猪"两个属性被设置成 NULL，两个对象鸭子和猪被标记成了 OF_PendingKill。再遍历鸭子的属性，鸭子没有属性，再遍历猪，猪也没有属性，结束这个过程。然后直接依次释放这 3 个对象即可。

情况 1 一般是之前指向这个对象的指针（这里的指针可以是普通指针，也可以是智能指针）指向空值或者其他对象。如果是普通指针（只有普通指针指向），那么这个对象在垃圾回收的时候，肯定不可以访问，因为没有指针指向它；如果是智能指针，并且还有普通指针指向它，对象是可以访问的，这个对象就不能释放。

再来谈谈主动释放，也就是调用 DestroyActor 来释放。在这种情况下，有其他指针指向这个对象，但我们要强行断开关系，因此直接把对象设置成 OF_PendingKill，指向这个对象的指针全部变成空指针。

在游戏世界中充斥着大量的 VSObject 对象，如果从世界的根节点去遍历所有 VSObject 对象的属性，再进一步判断，随着 VSObject 对象增多以及 VSObject 对象之间依赖增多，这个递归过程会消耗大量的时间。为了拒绝查找毫无意义的联系，这里加入了一个标志位 VSProperty::F_NO_USE_GC，用来标记这个属性是否需要进一步查找联系。一般情况下，引擎的开发者和使用者也是分开的，引擎使用者集中在抽象世界，所以大部分需要联系查找的属性在世界空间，默认情况下注册一个属性是要做联系查找的，而引擎空间中可以不进行联系查找，引擎开发者有责任管理好 VSObject 对象的创建和销毁。

比如引擎中的骨骼模型，其骨架很少由引擎使用者来修改，所以完全没必要再进行联系查找，可以注册的时候就加入 VSProperty::F_NO_USE_GC。

```
REGISTER_PROPERTY(m_pSkeleton,Skeleton,VSProperty::F_SAVE_LOAD_CLONE| VSProperty::
F_REFLECT_NAME|VSProperty::F_NO_USE_GC)
```

当然，并不是对所有类型的属性都要进行联系查找，只有指针类型和带构造函数类型的属性才需要进一步查找，在注册属性的时候修改。

```
struct AutoPropertyCreator
{
    VSProperty *CreateProperty(const VSUsedName & Name, VSRtti & Owner,
        unsigned int Offset,unsigned int uiFlag)
    {
        if (!(TIsVSPointerType<T>::Value || TIsVSSmartPointerType<T>::Value ||
            TIsCustomType<T>::Value || TIsVSType<T>::Value))
        {
            uiFlag |= VSProperty::F_NO_USE_GC;
        }
        return VS_NEW VSValueProperty<T>(Owner, Name,Offset,uiFlag);
    }
};
```

有时候父类和子类的属性标记可能还不一样，也可以修改。比如地形的实体不需要联系查找，可以和父属性不一样。

```
BEGIN_ADD_PROPERTY(VSTerrainActor,VSActor)
ADD_PROPERTY_FLAG(pNode,VSProperty::F_NO_USE_GC)
END_ADD_PROPERTY
```

10.5.6　垃圾回收的时机

垃圾回收一般会在帧末尾进行，但有一个问题不得不考虑，加载地图的时候，有可能会出现释放另一个地图而导致大量对象释放的情况，造成严重的卡顿现象。有些游戏中，为了播放与游戏剧情相关的视频或加入地图加载提示界面，玩家需要等待对象释放和地图加载完毕后才可以开始游戏。但对于那种超大无缝场景，就要用另一种方法来做。

一个超大的场景可能由很多张地图构成。玩家可以看见的数量最多是 N 个，只要玩家连续移动，就要动态地释放不在视距内的地图并加载马上要进入视距内的地图。后面会讲如何加载地图，并且不产生卡顿。而释放地图就是释放地图里面的所有对象，如果同时在帧末释放，会造成严重卡顿。为防止这种情况出现，必须分帧释放对象，要让当前帧率平滑地变化但不至于造成卡顿。

每一帧对象之间的联系可能会改变，所以寻找对象之间的联系必须在每帧末尾完成。使用多个线程在每帧末尾查找对象之间的联系，可以加快查找速度。而解除待释放对象之间的联系和释放这些对象是可以分帧执行的。

分帧处理有两种方案：一种是每帧处理固定数量的对象；另一种是根据帧率用剩余的时间来处理。第二种要考虑的情况的复杂度明显要高很多，本引擎采用了第一种方案，第二种方案留作练习。不过在配置高的机器上相对容易一些,配置低的机器上 CPU 和内存都有限,如果帧率不足就会导致大量对象无法按时回收,内存使用量大量增加,也会导致帧率进一步下降。

下面是链表的节点,它里面装载着每帧需要处理的垃圾回收的对象个数,m_pNextTask 指向它的下一个节点,每个任务每帧最多处理 CanGCNum 个对象。基本原理其实很简单,就是每帧要释放的对象都变成一个链表节点,放到链表里面,每个链表每帧处理的对象个数不超过 CanGCNum,这个节点处理完,就进入下一个节点的处理。

```cpp
class VSGCTask : public VSMemObject
{
    VSGCTask(VSArray<VSObject *>& CanGCObject,
            unsigned int CanGCNum = 50)
    {
        m_CanGCNum = CanGCNum;
        m_CanGCObject = CanGCObject;
        CurClearIndex = 0;
        CurDeleteIndex = 0;
        GCStream.SetStreamFlag(
        VSStream::AT_CLEAR_OBJECT_PROPERTY_GC);
        m_pNextTask = NULL;
    }
    //每帧清除 CanGCNum 个 VSObject 对象的内部连接,处理完毕后,每帧释放 CanGCNum 个 VSObject 对象
    void Run()
    {
        if (CurClearIndex >= m_CanGCObject.GetNum())
        {
            //释放 CanGCNum 个 VSObject 对象
            unsigned int MaxDeleteIndex = CurDeleteIndex + m_CanGCNum;
            for (; CurDeleteIndex < MaxDeleteIndex &&
                   CurDeleteIndex < m_CanGCObject.GetNum();CurDeleteIndex++)
            {
                VSMAC_DELETE(m_CanGCObject[CurDeleteIndex]);
            }
        }
        else
        {
            //断开准备释放的 VSObject 对象的指针连接
            unsigned int MaxClearIndex = CurClearIndex + m_CanGCNum;
            for (; CurClearIndex < MaxClearIndex &&
                   CurClearIndex < m_CanGCObject.GetNum(); CurClearIndex++)
            {
                GCStream.ArchiveAll(m_CanGCObject[CurClearIndex]);
            }
        }
    }
    VSGCTask *m_pNextTask;
    //是否释放完毕
    bool IsEnd()
    {
        return CurDeleteIndex >= m_CanGCObject.GetNum();
    }
    VSArray<VSObject *> m_CanGCObject;
    unsigned int m_CanGCNum;
    unsigned int CurClearIndex;
    unsigned int CurDeleteIndex;
```

```
    VSStream GCStream;
};
//添加本帧要释放的VSObject对象
void VSResourceManager::AddCanGCObject(VSArray<VSObject *>& CanGCObject)
{
    if (!ms_pCurGCTask)
    {
        ms_pCurGCTask = VS_NEW VSGCTask(CanGCObject);
        ms_pEndGCTask = ms_pCurGCTask;
    }
    else
    {
        ms_pEndGCTask->m_pNextTask = VS_NEW VSGCTask(CanGCObject);
        ms_pEndGCTask = ms_pEndGCTask->m_pNextTask;
    }
}
//运行每帧来释放VSObject对象
void VSResourceManager::RunGCTask()
{
    if (ms_pCurGCTask)
    {
        ms_pCurGCTask->Run();
        if (ms_pCurGCTask->IsEnd())
        {
            VSGCTask *Temp = ms_pCurGCTask;
            ms_pCurGCTask = ms_pCurGCTask->m_pNextTask;
            VSMAC_DELETE(Temp);
        }
    }
}
```

如果游戏结束还没有释放完毕，则全部都释放掉。

```
void VSResourceManager::RunAllGCTask()
{
 while (!ms_pCurGCTask)
 {
    RunGCTask();
 }
}
```

最后要介绍的是加载时的垃圾回收机制。没有被用到的 VSObject 对象之间可能存在着复杂关系，用垃圾回收机制处理再好不过，根对象就是我们要获取的对象指针。

```
const VSObject *VSStream::GetObjectByRtti(const VSRtti &Rtti)
{
    //得到要获取的指针对象
    VSObject *pObject = NULL;
    for(unsigned int i = 0 ; i < m_pVObjectArray.GetNum() ; i++)
    {
        if((m_pVObjectArray[i]->GetType()).IsSameType(Rtti))
        {
            pObject = m_pVObjectArray[i];
            break;
        }
```

```cpp
            }
            for(unsigned int i = 0 ; i < m_pVObjectArray.GetNum() ; i++)
            {
                if((m_pVObjectArray[i]->GetType()).IsDerived(Rtti))
                {
                    pObject = m_pVObjectArray[i];
                    break;
                }
            }
            if (pObject)
            {
                //以 pObject 为根对象来进行垃圾回收
                for (unsigned int i = 0; i < m_pVObjectArray.GetNum(); i++)
                {
                    VSObject *p = m_pVObjectArray[i];
                    VSMAC_ASSERT(p != NULL);
                    if (p)
                    {
                        p->ClearFlag(VSObject::OF_REACH);
                        p->SetFlag(VSObject::OF_UNREACH);
                    }
                }
                //查找不可访问的对象
                VSStream GCCollectStream;
                GCCollectStream.SetStreamFlag(
                        VSStream::AT_OBJECT_COLLECT_GC);
                GCCollectStream.ArchiveAll(pObject);
                VSArray<VSObject *> CanGCObject;
                for (unsigned int i = 0; i < m_pVObjectArray.GetNum();)
                {
                    VSObject *p = m_pVObjectArray[i];
                    if (p->IsHasFlag(VSObject::OF_UNREACH))
                    {
                        CanGCObject.AddElement(p);
                        m_pVObjectArray.Erase(i);
                    }
                    else
                    {
                        i++;
                    }
                }
                //添加到垃圾回收队列中
                VSResourceManager::AddCanGCObject(CanGCObject);
            }
            return pObject;
}
```

10.5.7 资源的垃圾回收

资源的垃圾回收不同于普通对象，它要频繁地使用，而且即使现在不用，也可能过一会儿会重用。按照这种策略，资源垃圾回收要单独处理。

下面介绍资源释放策略。

资源管理列表用的是智能指针，一旦智能指针的引用计数为 1，表示当前资源除了在资源管理里面以外,已经没有其他地方在引用,在一定时间内把它释放就可以了。

前面讲过引擎里面有内部资源和外部资源两种,一般只对外部资源进行垃圾回收,内部资源占用的内存比较少,而且使用的频频率相对较高。

下面以纹理资源为例来说明整个垃圾回收的情况。

通过以下代码,获取纹理资源列表。

```
static VSProxyResourceSet<VSUsedName ,VSTexAllStateRPtr> &
    GetASYNTextureSet()
{
    static VSProxyResourceSet<VSUsedName ,VSTexAllStateRPtr>
        s_ASYNTextureSet;
    return s_ASYNTextureSet;
}
```

加载纹理资源的函数如下。

```
VSTexAllStateR *VSResourceManager::LoadASYN2DTexture(
    const TCHAR *pFileName,bool IsAsyn,
    VSSamplerStatePtr pSamplerState,bool bSRGB)
{
    if (!pFileName)
    {
        return NULL;
    }
    //解析文件路径名
    VSFileName FileName = pFileName;
    VSString Extension;
    VSUsedName ResourceName;
    if (FileName.GetExtension(Extension))
    {
        if (Extension != VSImage::ms_ImageFormat[VSImage::IF_BMP] &&
            Extension != VSImage::ms_ImageFormat[VSImage::IF_TGA])
        {
            return NULL;
        }
        else
        {
            ResourceName = FileName;
            FileName =  ms_TexturePath + FileName;
        }
    }
    else
    {
        return NULL;
    }
    //线程锁
    ms_TextureCri.Lock();
    VSTexAllStateRPtr pTexAllState = NULL;
    //判断贴图资源是否存在
    pTexAllState = (VSTexAllStateR *)VSResourceManager::GetASYNTextureSet().
            CheckIsHaveTheResource(ResourceName);
    if(pTexAllState)
    {
        ms_TextureCri.Unlock();
        return pTexAllState;
```

```cpp
    }
    //若不存在，则创建一个新的
    pTexAllState = VS_NEW VSTexAllStateR();
    //设置资源名
    pTexAllState->SetResourceName(ResourceName);
    //加入贴图资源管理器
    VSResourceManager::GetASYNTextureSet().AddResource(
            ResourceName,pTexAllState);
    //如果是异步加载
    if (IsAsyn)
    {
        VSMAC_ASSERT(VSASYNLoadManager::ms_pASYNLoadManager);
        //分配到异步加载器里面
        VSASYNLoadManager::ms_pASYNLoadManager->AddTextureLoad(
                pTexAllState,FileName,false,pSamplerState,false,0,false,bSRGB);
    }
    else
    {
        //加载贴图
        VSTexAllState *pTex =
            Load2DTexture(FileName.GetBuffer(),pSamplerState,bSRGB);
        if (pTex)
        {
            //设置加载的真实资源
            pTexAllState->SetNewResource(pTex);
            //加载完成
            pTexAllState->Loaded();
        }
        else
        {
            VSMAC_ASSERT(0);
        }
    }
    ms_TextureCri.Unlock();
    return pTexAllState;
}
```

这段代码后面会详细讲解，读者现在只要知道基本作用即可——查找纹理资源列表里面是否有这个纹理，没有则创建。无论是异步加载还是阻塞式加载，最后都会调用 Load2Dtexture（加载贴图）。

```cpp
VSTexAllState *VSResourceManager::Load2DTexture(const TCHAR *pFileName,
    VSSamplerStatePtr pSamplerState,bool bSRGB)
{
    if (!pFileName)
    {
        return NULL;
    }
    VSFileName FileName = pFileName;
    VSString Extension;
    if (!FileName.GetExtension(Extension))
    {
        return NULL;
    }
    //根据不同文件类型处理
    VSTexAllState *pTexAllState = NULL;
    VSImage *pImage = NULL;
    if (Extension == VSImage::ms_ImageFormat[VSImage::IF_BMP])
```

```cpp
{
    pImage = VS_NEW VSBMPImage();
}
else if (Extension == VSImage::ms_ImageFormat[VSImage::IF_TGA])
{
    pImage = VS_NEW VSTGAImage();
}
else
{
    return NULL;
}
//加载数据
if(!pImage->Load(FileName.GetBuffer()))
{
    VSMAC_DELETE(pImage);
    return NULL;
}
unsigned int uiWidth = pImage->GetWidth();
unsigned int uiHeight = pImage->GetHeight();
if (!uiWidth || !uiHeight)
{
    VSMAC_DELETE(pImage);
    return NULL;
}
//是否是2的幂次方
if (!IsTwoPower(uiWidth) || !IsTwoPower(uiHeight))
{
    VSMAC_DELETE(pImage);
    return NULL;
}
VS2DTexture *pTexture = NULL;
bool bIsHasAlpha = true;//(pImage->GetBPP() == 32);
//创建纹理
pTexture = VS_NEW VS2DTexture(uiWidth,uiHeight,
    bIsHasAlpha ? VSRenderer::SFT_A8R8G8B8 : VSRenderer::SFT_R8G8B8,0,1);
if(!pTexture)
{
    VSMAC_DELETE(pImage);
    return NULL;
}
//创建内存空间
pTexture->CreateRAMData();
//复制数据
for (unsigned int cy = 0; cy < uiHeight; cy++)
{
    for (unsigned int cx = 0; cx < uiWidth; cx++)
    {
        unsigned uiIndex = cy *uiWidth + cx;
        unsigned char *pBuffer = pTexture->GetBuffer(0,uiIndex);
        const unsigned char *pImageBuffer = pImage->GetPixel(cx,cy);
        if (pImage->GetBPP() == 8)
        {
            pBuffer[0] = pImageBuffer[0];
            pBuffer[1] = pImageBuffer[0];
            pBuffer[2] = pImageBuffer[0];
            pBuffer[3] = 255;
        }
        else if (pImage->GetBPP() == 24)
        {
```

```
                pBuffer[0] = pImageBuffer[0];
                pBuffer[1] = pImageBuffer[1];
                pBuffer[2] = pImageBuffer[2];
                pBuffer[3] = 255;
            }
            else if (pImage->GetBPP() == 32)
            {
                pBuffer[0] = pImageBuffer[0];
                pBuffer[1] = pImageBuffer[1];
                pBuffer[2] = pImageBuffer[2];
                pBuffer[3] = pImageBuffer[3];
            }
        } // for
    } // for
    //计算Mip
    unsigned char *pLast = pTexture->GetBuffer(0);
    for (unsigned int i = 1 ; i < pTexture->GetMipLevel() ; i++)
    {
        unsigned char *pNow = pTexture->GetBuffer(i);
        if(!VSResourceManager::GetNextMipData(pLast,
                    pTexture->GetWidth(i - 1),pTexture->GetHeight(i - 1),pNow,
                    pTexture->GetChannelPerPixel()))
        {
            VSMAC_DELETE(pTexture);
            VSMAC_DELETE(pImage);
            return NULL;
        }
        pLast = pTexture->GetBuffer(i);
    }
    if (pImage)
    {
        VSMAC_DELETE(pImage);
    }
    //设置采样器
    pTexAllState = VS_NEW VSTexAllState(pTexture);
    if (pSamplerState)
    {
        pTexAllState->SetSamplerState(pSamplerState);
    }
    pTexAllState->SetSRGBEable(bSRGB);
    return pTexAllState;
}
```

下面是垃圾回收的代码。遍历所有资源，如果这种类型的资源能够回收，它已经加载完毕，而且没有其他对象引用，那么就判断时间计数。若时间计数大于 m_uiGCMaxTimeCount，就把这个资源代理释放掉；否则，就把时间计数清零。

```
template<class KEY,class VALUE>
void VSProxyResourceSet<KEY,VALUE>::GCResource()
{
    unsigned int i = 0;
    while(i < m_Resource.GetNum())
    {
        const MapElement<KEY,VALUE> & Resource = m_Resource[i];
        if(Resource.Value->IsEndableGC() && Resource.Value->IsLoaded()
            && Resource.Value->GetRef() == 1)
        {
```

```
                m_TimeCount[i]++;
                if (m_TimeCount[i] > m_uiGCMaxTimeCount)
                {
                    m_Resource.Erase(i);
                    m_TimeCount.Erase(i);
                }
                else
                {
                    i++;
                }
            }
            else
            {
                m_TimeCount[i] = 0;
                i++;
            }
        }
    }
}
```

在释放资源代理的时候会调用资源代理的析构函数,分别会释放掉真正资源和默认资源。

```
template<class T>
VSResourceProxy<T>::VSResourceProxy()
{
    m_bIsLoaded = false;
    m_pPreResource = (T *)T::GetDeflaut();
    m_pResource = NULL;
}
template<class T>
VSResourceProxy<T>::~VSResourceProxy()
{
    m_pPreResource = NULL;
    m_pResource = NULL;
}
```

最后来总结一下垃圾回收。默认情况下,引擎使用者不会接触引擎层(引擎的所有对象都是非垃圾回收对象),所以尽量不要用 VS_NEW 来分配 VSObject 对象,可以使用垃圾回收机制,可以分配其他非 VSObject 对象,但要自己管理。

如果一定要用 VS_NEW 分配 VSObject 对象 $A1$,而 $A1$ 有一个属性指针指向了非 VS_NEW 分配的 VSObject 对象 $A2$,则要随时降低 $A2$ 被垃圾回收掉的风险。而非 VS_NEW 分配的对象 $A3$ 里面有一个指针指向 VS_NEW 分配的对象 $A4$,$A4$ 不会被回收,因为 $A4$ 是我们分配的,我们要负责管理(引擎分配的对象由引擎管理,不需要我们关注),要么用智能指针,要么在 $A3$ 销毁前把 $A4$ 释放掉。

练习

1. 用每帧剩余时间来合理处理垃圾回收,避免卡顿产生。
2. 在资源垃圾回收里面用的是计数方式,计数大于一定数量后,不再使用的资源就会被释放。在计数方式下，根据帧率，计数次数是不同的。帧率高的资源释放得快，帧率低的资源释放得慢，读者可以尝试使用时间的方式，这样不同帧率也能保证在相同的时间内释放。

3．到此为止，作者反复使用了 VSStream 这个类，里面聚集了好多功能，通过设置 Flag 来标记本次使用的功能（enum{AT_SAVE,AT_LOAD,AT_LINK,AT_REGISTER,AT_SIZE,AT_POSTLOAD,AT_OBJECT_COLLECT_GC,AT_CLEAR_OBJECT_PROPERTY_GC,}），用类继承的方式把它们按功能分开。

4．VSStream 类里面大量使用了遍历属性的功能，到目前为止作者至少还有一个常用功能没有实现，那就是查找资源依赖关系。在编辑器里面，经常会查找当前资源被哪些资源依赖以及当前资源依赖哪些资源，比如地图依赖各种模型资源，模型依赖材质资源，材质依赖贴图资源。如果查找当前材质都依赖哪些资源，那么要把它依赖的贴图都列出来；如果要查找当前材质被哪些资源依赖，那么要把当前所有模型都找出来（这里说得比较绝对，实际上材质不仅仅依赖贴图，同样材质也不仅仅被模型依赖）。

第 11 章

场 景 管 理

场景管理在引擎中的重要地位毋庸置疑，其根本原因是我们的计算机还不够快，因此，我们需要一种快速的方法来帮助处理游戏中的大量物体。在某段时间内，游戏世界中只有少量的物体是相对运动的，大部分物体则处于相对静止状态。但这种静止仅可能是暂时的，所以游戏中的场景管理并不能按照物体的静止和运动状态来划分，而要按照物体本身是否具有运动的属性来划分，不能动的物体始终保持静止，能动的物体即使当前是静止的，但它也可能在下一时间段移动。

引擎中的场景管理主要应用于两个地方——相机裁剪和物理系统。无论是哪一个，核心就是有效管理这些能动和不能动的物体，我们把它们分别称为动态物体和静态物体。本章主要讲解的是相机裁剪，物理系统方面不会过多介绍。

对于动态物体来讲，场景管理目前没有太好的办法，这类物体随时可能移动。简单的方法就是限定一个区域，在这个区域里可以自由移动，但不能跑出该区域。许多游戏中的敌人只能在一定范围内移动，一旦你控制的主角跑出这个范围，这些敌人就无计可施了；不过一些游戏开发商针对这一点，也把主角限定在同样的区域内。

总之，对于动态物体来说，限定范围是个好方法。还有一些和玩家没有任何交互的动态物体，如果不在可见范围内，玩家感知不到，可以不用更新处理。

一旦限定了动态物体的运动区域，由于这些区域本身是不动的，因此我们可以先管理这些区域，再管理动态物体。第 10 章讲到的地图实际就是区域的概念，游戏可能原本设计为要开发一个超大的世界，但这个超大世界不可能一次性全部加载到内存中，所以我们要划分出多个地图。但即使这样，地图也是一个很大的概念，对于其中的静态物体，管理方式比较容易，但对于动态物体，还是需在地图内增加区域设定来管理它们。

对于静态物体，管理方法较多，通常使用树——二叉树、四叉树和八叉树。在最早场景编辑器中，编辑场景都基于面片的（Doom 编辑器），二叉树管理这些面片十分高效，不过现在这种方法已经淘汰了。现在基于网格的场景最常用四叉树和八叉树方法，本质上游戏的空间是三维的，用八叉树管理空间可能更接近现实，不过大部分物体是贴着地面的，纵向高度层次并不是十分复杂，所以四叉树也是一个很好的方法。

对于静态物体的管理，本章采用的是四叉树，而对于物体内部的组件，则使用传统的树。

还有一种专门针对相机裁剪的场景管理方法——入口（portal）算法。这种方法通常应用于室内场景。因为室内场景中大部分是房间，要看见房间里面的东西，只能通过门或者窗户（也可能有其他入口），这些统称为入口。也就是说，只有你看见了门或者窗，你才有机会看见这个房间里面的物体；否则，房间里的所有东西都不可见。根据这个简单的原则，有经验的人可以很快写出一套手动设置的入口相机裁剪机制。手动设置就是要求由场景美术师在窗户和门上手动放置"入口"标识；自动设置就是由程序自动生成"入口"标识。要了解编辑器如何手动摆放"入口"标识，可以参考 *3D Game Engine Programing*，在这里不再深入讨论。而对于室内场景来说，目前入口相机裁剪还是非常高效的。

世界本质上还管理世界逻辑空间里每个实体，而每个实体中的组件则在引擎层中管理。引擎层中一个最重要的管理模块是场景管理器，第 10 章曾经提到过，它管理每个组件在引擎层中的空间关系。每个世界的地图对应一个场景管理器的场景。当实体加入地图的时候，它的父节点就会添加到对应的场景中，驱动实体更新是在世界中进行的，而驱动组件更新则在场景管理器中进行，接下来的所有事情都是关于组件的。

11.1 根节点与场景

场景管理经常用到父子关系，第 10 章已经提到过，但并没有深入讲解，每个实体都有唯一的根节点，它是实体的根节点，其他的组件节点都是它的子节点，依次类推。假如世界中的所有实体都没有相互关系，则所有实体的根节点将平行添加到场景中。

图 11.1 表达得一目了然，场景会维护一个包含了所有实体根节点信息的列表，本质上就是管理以根节点为根节点的多个树形结构。

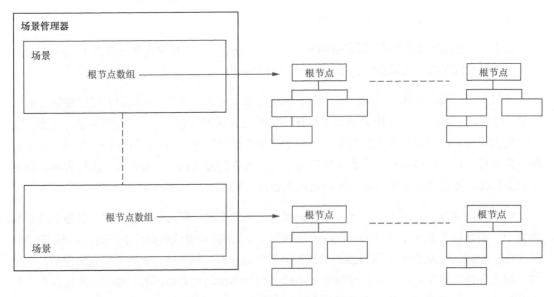

图 11.1　场景与实体的根节点

图 11.1 表示所有实体没有任何相互关系的情况。一旦两个实体有相互关系，那么这个结构就要被打破。由于本引擎中的场景管理主要应用于相机裁剪，因此只从相机裁剪方面来解释实体的相互关系。这其实和后面多线程的更新多少有一些关系，类似的思想对于物理引擎的多线程计算也有帮助，卷 2 讲多线程的时候也会提到。

空间位置关系是引擎中最常见的，位置和包围体直接决定着这个实体是否在相机的可见范围内，不在相机范围内的直接全部裁剪掉。多个实体最直接的关系就是挂接（attach）关系，实体 A 可以挂接在实体 B 的任意组件 X 上，那么这个时候实体 A 的根节点 A 就要从场景中剔除，根节点 A 变成了组件 X 的子节点，组件 X 变成了根节点 A 的父节点，如图 11.2 所示。

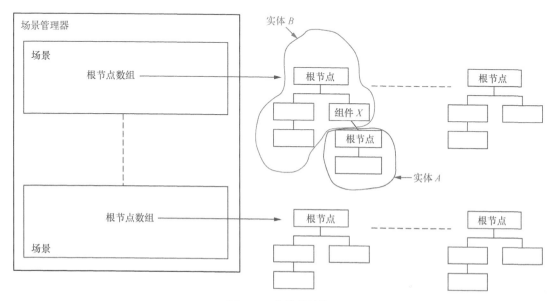

图 11.2 实体的挂接

下面的函数用于将一个实体挂接到另一个实体上。

```
virtual void AddChildActor(VSActor *pActor);
virtual void DeleteChildActor(VSActor *pActor);
virtual VSActor *GetChildActor(unsigned int uiActorIndex);
virtual void DeleteChildActor(unsigned int uiActorIndex);
void AddActorNodeToNode(VSActor *pActor, VSNodeComponent *pNode);
```

11.2 空间位置的父子关系

实际上所有问题可归结为处理一个树形结构的问题，树形结构也可以理解为父子关系，父节点的变化会影响到子节点，同样子节点的变化也会影响到父节点。世界上的任何东西都可以抽象成这种关系，而这里说的东西未必是具体事物，也可以是虚拟的。

在第 10 章中，实体只是世界中的一个虚拟的角色，所有功能都由内部的组件来提供，而这些组件作为功能的集合，本质上也是虚拟的，它未必要和现实一一对应。实体的运动，本质上可以理解为它的根节点在运动,而根节点带动了它的子节点运动。

可以把根节点抽象成人的身体,那么脚上穿的鞋就是身体的子节点,当身体运动时,鞋也跟着运动。对于相机裁剪,只有位置和占用空间的物体大小两个概念才有意义。这两个概念决定了这个组件是否在相机里面可见。

实体的位置都由根节点控制。

```
void VSActor::SetWorldPos(const VSVector3 & Pos)
{
    m_pNode->SetWorldTranslate(Pos);
}
void VSActor::SetWorldScale(const VSVector3 &Scale)
{
    m_pNode->SetWorldScale(Scale);
}
void VSActor::SetWorldRotate(const VSMatrix3X3 & Rotate)
{
    m_pNode->SetWorldRotate(Rotate);
}
void VSActor::SetLocalPos(const VSVector3 & Pos)
{
    m_pNode->SetLocalTranslate(Pos);
}
void VSActor::SetLocalScale(const VSVector3 &Scale)
{
    m_pNode->SetLocalScale(Scale);
}
void VSActor::SetLocalRotate(const VSMatrix3X3 & Rotate)
{
    m_pNode->SetLocalRotate(Rotate);
}
VSVector3 VSActor::GetWorldPos()
{
    return m_pNode->GetWorldTranslate();
}
VSVector3 VSActor::GetWorldScale()
{
    return m_pNode->GetWorldScale();
}
VSMatrix3X3 VSActor::GetWorldRotate()
{
    return m_pNode->GetWorldRotate();
}
VSVector3 VSActor::GetLocalPos()
{
    return m_pNode->GetLocalTranslate();
}
VSVector3 VSActor::GetLocalScale()
{
```

```
        return m_pNode->GetLocalScale();
}
VSMatrix3X3 VSActor::GetLocalRotate()
{
        return m_pNode->GetLocalRotate();
}
```

11.2.1 变换

从空间位置引入了变换（transform）的概念。变换是平移、旋转、缩放三者的集合，可以精确定位空间中的任意物体。空间位置变换都是相对的，相对不同的坐标系，变换里面的平移、旋转、缩放都可能不同。世界指的是世界坐标系，所有实体的根节点在没有挂接在其他实体上的时候，根节点的空间位置就是在世界坐标系下的。而对于根节点的所有子节点，它们除了有世界坐标系下的空间位置外，还有相对于父节点的坐标系下的空间位置，依次类推，一直到相对于世界坐标系下的空间位置，这样推算，任何节点都有相对于另一节点的空间位置，每个节点本身也可以理解为一个坐标系。所以如果提到一个物体的变换，而不提到相对于哪个节点或者哪个坐标系，是毫无意义的，不过一般没有特殊规定的话，都是相对于世界空间来说的。

如图 11.3 所示，(0，0) 点是世界坐标系的原点，实体的根节点就是节点 A，A 在世界空间中的位置就是实体在世界空间中的位置。B 的父节点是 A，C 的父节点是 B。A 的世界空间位置是 (2，2)，如果知道 B 相对于 A 的空间位置，那么就知道 B 的世界空间位置。同理，知道了 B 的世界空间的位置，也就知道了 B 相对于 A 的空间位置。图中，实际上 B 相对于 A 的位置是 (1，−1)，B 在世界空间的位置是 (3，1)，C 的情况与 B 的情况是一样的。

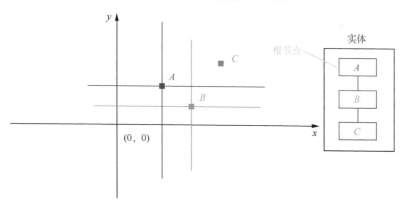

图 11.3 不同节点相对于不同坐标系的不同平移

在 3D 游戏中经常遇到空间变换，如何灵活地把一个节点变换到相对于任意节点下的空间中是十分有意义的。总结起来也很简单，如果要把一个节点 M 变换到以另一个节点 N 为坐标系下的空间位置，首先要做的就是保证当前要变换的 M 的位置和 N 的位置都在同一坐标系下，接着就要搞清楚是左乘还是右乘（详见第 2 章），最后要弄清楚平移、旋转、缩放的先后顺序，一般情况下是先缩放后旋转再平移。当然，也有特殊情况。假设 M 的位置是 TransformM，N 的位置是 TransformN，如果是右乘，得到的新位置 NewTransform 等于 TransformM 与 TransformN 的逆矩阵的乘积，然后拆分 NewTransform 就可得到平移、旋转和缩放 3 个分量。

```cpp
class VSGRAPHIC_API VSTransform
{
    VSMatrix3X3W m_mCombine;
    VSMatrix3X3W m_mCombineInverse;
    void Combine();
    VSVector3 m_fScale;
    VSMatrix3X3 m_mRotate;
    VSVector3 m_vTranslate;
    bool m_bIsCombine;
    bool m_bIsHaveInverse;
    inline const VSMatrix3X3W & GetCombine();
    inline const VSMatrix3X3W & GetCombineInverse();
    inline const VSVector3& GetScale()const;
    inline const VSVector3 & GetTranslate()const;
    inline const VSMatrix3X3 & GetRotate()const;
    inline void GetDir(VSVector3 &Dir,VSVector3 &Up,VSVector3 & Right)const;
    inline void SetScale(const VSVector3& fScale);
    inline void SetTranslate(const VSVector3& Translate);
    inline void SetRotate(const VSMatrix3X3 & Rotate);
    void SetMatrix(const VSMatrix3X3W & VSMat);
};
```

VSVector3 m_fScale、VSMatrix3X3 m_mRotate 和 VSVector3 m_vTranslate 分量分别是缩放、旋转和平移分量。

操作 3 个分量的函数如下。

- inline const VSVector3& GetScale()const

- inline const VSVector3 & GetTranslate()const

- inline const VSMatrix3X3 & GetRotate()const

- inline void SetScale(const VSVector3& fScale)

- inline void SetTranslate(const VSVector3& Translate)

- inline void SetRotate(const VSMatrix3X3 & Rotate)

本引擎中大部分旋转操作采用 3×3 矩阵的形式，并没有采用欧拉角和四元数（作为输入参数），它们之间可以相互转化，任何旋转都要变成矩阵形式。不过矩阵形式占用的空间相对大一些，为了避免这种情况，动作数据采用的都是四元数，卷 2 会详细介绍。最后在渲染的时候，使用矩阵作为着色器寄存器数据，虽然双四元数可以节省大量空间，但不能处理缩放，局限性还是很大的，其实不用为矩阵占用大量着色器寄存器而烦恼，卷 2 涉及动画的章节会详细阐述。

Combine()这个函数用于把缩放、旋转、平移最后整合成 4×4 矩阵，但并不是任何时候都会整合。平移、旋转、缩放改变的时候会把 m_bIsCombine 标记为 false，调用 GetCombine()时，检查是否整合过，如果没有整合过，则调用 Combine()。下面是 Combine()和 GetCombine()函数的完整代码。

```cpp
VSMatrix3X3W m_mCombine;
void Combine();
bool m_bIsCombine;
inline const VSMatrix3X3W & GetCombine();
void VSTransform::Combine()
{
    if(!m_bIsCombine)
    {
        VSMatrix3X3 Mat;
        Mat = VSMatrix3X3(m_mRotate._00 *m_fScale.x,
                          m_mRotate._01 *m_fScale.x,
                          m_mRotate._02 *m_fScale.x,
                          m_mRotate._10 *m_fScale.y,
                          m_mRotate._11 *m_fScale.y,
                          m_mRotate._12 *m_fScale.y,
                          m_mRotate._20 *m_fScale.z,
                          m_mRotate._21 *m_fScale.z,
                          m_mRotate._22 *m_fScale.z);
        m_mCombine.Add3X3(Mat);
        m_mCombine.AddTranslate(m_vTranslate);
        m_bIsCombine = 1;
    }
}
inline const VSMatrix3X3W & VSTransform::GetCombine()
{
    Combine();
    return m_mCombine;
}
```

同理，m_mCombineInverse 是 m_mCombine 的逆矩阵。下面是 GetCombineInverse()函数的相关代码。

```cpp
VSMatrix3X3W m_mCombineInverse;
bool m_bIsHaveInverse;
inline const VSMatrix3X3W & GetCombineInverse();
inline const VSMatrix3X3W & VSTransform::GetCombineInverse()
{
    Combine();
    if (!m_bIsHaveInverse)
    {
        m_bIsHaveInverse = 1;
        m_mCombineInverse.InverseOf(m_mCombine);
    }
    return m_mCombineInverse;
}
```

通过 void SetMatrix(const VSMatrix3X3W & VSMat)可以把 4×4 矩阵转换成 VSTransform。

```cpp
void VSTransform::SetMatrix(const VSMatrix3X3W & VSMat)
{
    VSMat.Get3X3(m_mRotate);
    m_vTranslate = VSMat.GetTranslation();
    m_mRotate.GetScaleAndRotated(m_fScale);
    m_bIsCombine = 1;
    m_mCombine = VSMat;
    m_bIsHaveInverse = 0;
}
```

使用下面的函数获得在当前坐标系下的朝向。本质上把当前坐标系看成是由单位左手坐标系中的（0，0，1）（0，1，0）（1，0，0）这3个分量和旋转矩阵相乘得到的。有些时候我们希望知道当前节点在坐标系下朝向前的方向，就是下面的函数返回的第一个参数。

```cpp
inline void GetDir(VSVector3 &Dir,VSVector3 &Up,VSVector3 & Right)const;
```

接下来，对于一个点或者一个方向进行变换和逆变换。

```cpp
enum //变换类型
{
    TT_POS,
    TT_DIR,
    TT_MAX
};
void ApplyForward(const VSVector3 & In, VSVector3 & Out,
    unsigned int uiTransformType);
void ApplyInverse(const VSVector3 & In, VSVector3 & Out,
    unsigned int uiTransformType);
```

点和方向属性不一样，所以变换方向的时候平移元素要移除掉。

```cpp
enum //变换标记
{
    TF_SCALE = 1,
    TF_ROTATE = 2,
    TF_TRANSFORM = 4,
    TF_ALL = TF_SCALE | TF_TRANSFORM | TF_ROTATE
};
void Product(const VSTransform & t1,const VSTransform &t2,unsigned int Transform
Flag = TF_ALL);
```

Product 函数用于对两个变换进行叠加，可以指定对 t2 的平移、旋转、缩放分量中的哪一个进行叠加。

11.2.2 包围盒

大多数情况下物体模型非常复杂，直接使用物体模型网格来判断物体是否在相机的可见范围内是相当复杂的。为了加快这一过程，不得不做一些妥协，用简单的形体来代替复杂的模型网格。虽然不能完全贴合物体模型，导致可见性判断有些不精确，但这一切都还是值得的。

我们尽量用贴合物体模型的简单形体来作为评判标准。为了提高判断的效率，这个简单形体要尽量包裹物体模型。如果这个简单形体不在相机的可见范围内，则这个物体肯定不在相机的可见范围内；反之，则这个物体可能在相机的可见范围内，也可能不在。我们假设这个物体在相机的可见范围内，虽然这样漏掉了一些模型，导致这些模型进入渲染流程，但只是一小部分模型，在着色的时候，由于没有在显示视口范围内，这个物体实际也不会被光栅化。

这个简单形体的表面是什么形状？如何得到这个形体？其实简单形体的选择要遵循相机剔除的时候足够快，以及足够贴合物体这两个原则。

可选的简单形体其实有很多种，如球体，长、宽、高平行于坐标系轴向的立方体（Axis-Aligned Bounding Box，AABB），方向性立方体（Oriented Bounding Box，OBB，它也是立方体，不过为了更有效地贴合模型网格，它的长、宽、高不一定要和世界坐标系平行），椭球体（比球体更贴合网格模型），以及圆柱体、四面体、胶囊体等，如图 11.4 所示。

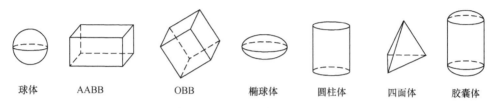

球体　　AABB　　OBB　　椭球体　　圆柱体　　四面体　　胶囊体

图 11.4　不同形体的包围盒

从数学的复杂性来说，这里最不可取的就是椭球体和四面体，其余的再从复杂程度和贴合性来考虑，一般采用球体和 AABB。球体的数学检测要比 AABB 简单，但它的贴合性最差。

本引擎采用 AABB 作为物体网格的包围盒。当然，也有很多引擎采用球体，球体的最大特点是速度很快，相对来说，OBB 要比 AABB 更好贴合一些，但相对 AABB 和球体来说，测试算法速度还是比较慢的。图 11.5 表示同一个物体不同形体的包围盒。

图 11.5　同一个物体不同形体的包围盒

VSAABB3、VSSphere3 和 VSOBB3 这 3 个类也包含了计算距离和判断相交的函数（参考第 5 章），这里不再列举。

这 3 个类的其他函数如下。

```
class VSMATH_API VSAABB3
{
    static const VSVector3    m_A[3];       //3 条轴
    VSVector3      m_Center;                //中心点
    VSREAL         m_fA[3];                 //3 个轴向的半长度
    VSVector3      m_Max;                   //最大点
    VSVector3      m_Min;                   //最小点
    //通过最大点和最小点构造 AABB
    VSAABB3(const VSVector3 & Max , const VSVector3 & Min);
    //通过中心点和 3 个轴向的半长度构造 AABB
    VSAABB3(const VSVector3 & Center,VSREAL fA0,VSREAL fA1,
            VSREAL fA2);
    VSAABB3(const VSVector3 & Center,VSREAL fA[3]);
    //通过点集合构造 AABB
    void CreateAABB(const VSVector3 * const pPointArray,
            unsigned int uiPointNum);
```

```cpp
//设置相应的参数
inline void Set(const VSVector3 & Max , const VSVector3 & Min);
inline void Set(const VSVector3 & Center,VSREAL fA0,VSREAL fA1,VSREAL fA2);
inline void Set(const VSVector3 & Center,VSREAL fA[3]);
//获取相应的参数
inline void GetfA(VSREAL fA[3])const;
inline const VSVector3 & GetCenter()const;
inline VSVector3 GetParameterPoint(VSREAL fAABBParameter[3])const;
inline VSVector3 GetParameterPoint(VSREAL fAABBParameter0,
    VSREAL fAABBParameter1,VSREAL fAABBParameter2)const;
inline const VSVector3 & GetMaxPoint()const;
inline const VSVector3 & GetMinPoint()const;
//得到AABB的6个平面
void GetPlane(VSPlane3 pPlanes[6])const;
//得到AABB的8个点
void GetPoint(VSVector3 Point[8])const;
//得到AABB的6个矩形
void GetRectangle(VSRectangle3 Rectangle[6])const;
//给定AABB内一点，返回AABB的参数
bool GetParameter(const VSVector3 &Point,VSREAL fAABBParameter[3])const;
//用矩阵变换AABB
void Transform(const VSAABB3 &AABB,
            const VSMatrix3X3W &m,bool bHasProject = false);
//合并两个AABB
VSAABB3 MergeAABB(const VSAABB3 &AABB)const;
void GetQuadAABB(VSAABB3 AABB[4])const;
void GetOctAABB(VSAABB3 AABB[8])const;
};
```

在当前坐标系下，AABB的长、宽、高平行于3条坐标轴。

```cpp
static const VSVector3    m_A[3];                // 3条轴
```

这3个向量其实就是单位 x 轴、y 轴、z 轴。

定义 AABB 有两种方法：第一种是通过最大点和最小点来定义；第二种是通过中心点和分别在 x 轴、y 轴、z 轴方向的半长度来定义，如图11.6所示。

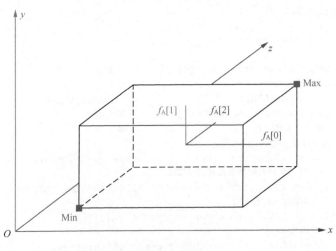

图11.6　定义 AABB

第一种定义方式如下。

```
VSVector3    m_Max;                        //最大点
VSVector3    m_Min;                        //最小点
VSAABB3(const VSVector3 & Max , const VSVector3 & Min);
inline void Set(const VSVector3 & Max , const VSVector3 & Min);
```

第二种定义方式如下。

```
VSVector3    m_Center;                     //中心点
VSREAL       m_fA[3];                      //3个轴向的半长度
VSAABB3(const VSVector3 & Center,VSREAL fA0,VSREAL fA1,VSREAL fA2);
VSAABB3(const VSVector3 & Center,VSREAL fA[3]);
inline void Set(const VSVector3 & Center,VSREAL fA0,VSREAL fA1,VSREAL fA2);
inline void Set(const VSVector3 & Center,VSREAL fA[3]);
```

一旦知道一种定义方式下的值，那么另一种定义方式下的值也就可以算出来。

```
inline void GetfA(VSREAL fA[3])const;
inline const VSVector3 & GetCenter()const;
inline const VSVector3 & GetMaxPoint()const;
inline const VSVector3 & GetMinPoint()const;
```

对于参数定义方式，给定参数，返回内部点。

```
inline VSVector3 GetParameterPoint(VSREAL fAABBParameter[3])const;
inline VSVector3 GetParameterPoint(VSREAL fAABBParameter0,
    VSREAL fAABBParameter1,VSREAL fAABBParameter2)const;
```

对于参数定义方式，给定一个点，返回参数的值。

```
bool GetParameter(const VSVector3 &Point,VSREAL fAABBParameter[3])const;
```

除此之外，还有几个重要的函数。

（1）以下函数用于变换 AABB。大部分算出的模型贴合的 AABB 在模型空间中，要变换到世界空间。最后一个参数设置变换是否为投影矩阵，因为在 3D 流水线中，只有投影变换是非线性变换，而线性变换有比较快速的方法。

```
void Transform(const VSAABB3 &AABB, const VSMatrix3X3W &m,bool bHasProject = false);
```

（2）以下函数用于合并 AABB。经常要算出几个 AABB 合并后的 AABB。

```
VSAABB3 MergeAABB(const VSAABB3 &AABB)const;
```

（3）以下函数用于把一个 AABB 沿着 x 轴、z 轴方向 4 等分并沿着 x 轴、y 轴、z 轴方向 8 等分。这两个函数分别对应的是四叉树和八叉树构造，后面会讲解。

```
void GetQuadAABB(VSAABB3 AABB[4])const;
void GetOctAABB(VSAABB3 AABB[8])const;
```

球体的构造相对简单许多，只需要中心点和半径。

```cpp
class VSMATH_API VSSphere3
{
    VSVector3 m_Center;              //中心
    VSREAL m_fRadius;                //半径
    VSSphere3(const VSVector3 & Center, VSREAL fRadius);
    //根据点来建立包围球
    void CreateSphere(const VSVector3 *pPointArray,unsigned int uiPointNum);
    //结合包围球
    VSSphere3 MergeSpheres(const VSSphere3 &Sphere)const;
    //变换球体
    void Transform(const VSSphere3 & Sphere,const VSMatrix3X3W &Mat);
    VSAABB3 GetAABB()const;
    inline void Set(const VSVector3 & Center, VSREAL fRadius);
};
```

根据 AABB 的讲解，通过名字就可以判断出以下这些函数的用途，这里不再说明。

```cpp
class VSMATH_API VSOBB3
{
    VSVector3    m_A[3];        // 3 条轴
    VSVector3    m_Center;      // 中心点
    VSREAL       m_fA[3];       // 3 个轴向的半长度
    //构造 OBB
    VSOBB3(const VSVector3 A[3],VSREAL fA[3],const VSVector3 & Center);
    VSOBB3(const VSVector3 &A0,const VSVector3 &A1,
           const VSVector3 &A2,VSREAL fA0,VSREAL fA1,VSREAL fA2,
           const VSVector3 & Center);
    //通过点集合构造 OBB
    void CreateOBB(const VSVector3 * const pPointArray,unsigned int uiPointNum);
    //合并 OBB
    VSOBB3 MergeOBB(const VSOBB3 &OBB)const;
    //取得 6 个平面
    void GetPlane(VSPlane3 pPlanes[6])const;
    //取得 8 个点
    void GetPoint(VSVector3 Point[8])const;
    //取得 6 个矩形
    void GetRectangle(VSRectangle3 Rectangle[6])const;
    //获得变换到 OBB 下的变换矩阵
    void GetTransform(VSMatrix3X3W &m)const;
    //得到点参数
    bool GetParameter(const VSVector3 &Point,
            VSREAL fOBBParameter[3])const;
    //用给定的 OBB 和变换矩阵构造 OBB
    void Transform(const VSOBB3 &OBB,
        const VSMatrix3X3W &Mat);
    VSAABB3 GetAABB()const;
}
```

OBB 的定义（如图 11.7 所示）和 AABB 基本相似，只不过 OBB 的长、宽、高不一定要垂直于 3 条坐标轴，所以它们的轴向不能定义为全局变量，每个 OBB 有自己的 3 个轴向。同理，最大点和最小点的定义方式也不适合。其他函数的作用也一目了然，这里不再具体解释了。

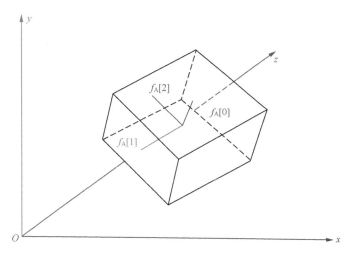

图 11.7　OBB 的定义

提示

对于物理引擎，物体需要精确的碰撞点，可选用多重筛选机制，先用简单形体做粗略的测试，一旦测试通过，再进一步对物体网格进行复杂测试。一般球体、AABB、胶囊体是物理引擎中最常用的碰撞单元，其次就是凸多面体（四面体就是凸多面体），凸多面体相对于四多面体要更简单一些。

可能有人会问：可不可以针对不同模型用不同的简单形体？对于复杂度相对较低的简单形体，是否可以选出与模型网格相对贴合的？当然，读者可以尝试一下，不过现有的大部分引擎中，很少用不同的形体处理。

第二个问题就是算出和物体网格最贴合的形体——给定网格的所有顶点，算出最贴合它的简单形体。

```
//通过点集合构造 AABB
void CreateAABB(const VSVector3 *const pPointArray,unsigned int uiPointNum);
```

对于不带动画的物体，顶点是不会变化的，算出 AABB 很容易；对于非根骨的动画，要算出所有动画变化后顶点最大的 AABB；而根骨动画相当于移动根骨节点，带动 AABB 移动，这在卷 2 中将详细介绍。

这里就不给出代码了，简单来说就是算出所有顶点最大的 x、y、z 值和最小的 x、y、z 值。

下面是通过点集算出球体和 OBB 的函数。

```
//建立包围球
void CreateSphere(const VSVector3 *pPointArray,unsigned int uiPointNum);
//通过点集合构造 OBB
void CreateOBB(const VSVector3 *const pPointArray,unsigned int uiPointNum);
```

11.2.3　空间管理结构与更新

为了方便管理父子节点的位置和包围盒，需要一套有效的设计模式。组合模式是适合这套规则的，如图 11.8 所示。

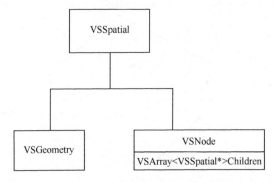

图 11.8 引擎中的组合模式

VSSpatial 是一个虚基类；VSNode 在引擎中也是一个虚基类，里面有一个 VSSpatial 的子节点集合，可以把这个类理解为树中的非叶子节点；VSGeometry 是一个非虚基类，可以理解为树中的叶子节点。

非叶子节点的 VSNode 下面可以挂接多个节点，但叶子节点 VSGeometry 下面不能再挂接其他节点。这个关系正好符合第 10 章提到的树形结构。

```
class VSGRAPHIC_API VSSpatial :public VSObject
{
    inline const VSAABB3 & GetWorldAABB()const;
    bool m_bInheritScale;
    bool m_bInheritRotate;
    bool m_bInheritTranslate;
    virtual void UpdateTransform(double dAppTime);//更新变换信息
    virtual void UpdateAll(double dAppTime);
    inline const VSVector3 &GetLocalScale()const;
    inline const VSVector3 & GetLocalTranslate()const;
    inline const VSMatrix3X3 & GetLocalRotate()const;
    inline void GetLocalDir(VSVector3 &Dir, VSVector3 &Up, VSVector3 & Right)const;
    inline const VSTransform & GetLocalTransform();
    virtual const VSVector3 &GetWorldScale();
    virtual const VSVector3 & GetWorldTranslate();
    virtual const VSMatrix3X3 & GetWorldRotate();
    virtual void GetWorldDir(VSVector3 &Dir, VSVector3 &Up, VSVector3 & Right);
    virtual const VSTransform & GetWorldTransform();
    virtual void SetWorldScale(const VSVector3 & fScale);
    virtual void SetWorldTranslate(const VSVector3& Translate);
    virtual void SetWorldRotate(const VSMatrix3X3 & Rotate);
    virtual void SetWorldTransform(const VSTransform & LocalTransform);
    virtual void SetWorldMat(const VSMatrix3X3W VSMat);
    virtual void SetLocalScale(const VSVector3 & fScale);
    virtual void SetLocalTranslate(const VSVector3& Translate);
    virtual void SetLocalRotate(const VSMatrix3X3 & Rotate);
    virtual void SetLocalTransform(const VSTransform & LocalTransform);
    virtual void SetLocalMat(const VSMatrix3X3W VSMat);
    VSAABB3 m_WorldBV;
    virtual void UpdateWorldBound(double dAppTime) = 0;
    virtual void UpdateNodeAll(double dAppTime) = 0;
    VSTransform m_World;
    VSTransform m_Local;
    VSSpatial *m_pParent;
    bool m_bIsChanged;
};
```

```cpp
class VSGRAPHIC_API VSNode : public VSSpatial
{
    inline unsigned int GetNodeNum()const;
    virtual unsigned int AddChild(VSSpatial *pChild);
    virtual unsigned int DeleteChild(VSSpatial *pChild);
    virtual bool DeleteChild(unsigned int i);
    VSSpatial *GetChild(unsigned int i)const;
    virtual void         DeleteAllChild();
    inline VSArray<VSSpatialPtr> *GetChildList();
    virtual void UpdateWorldBound(double dAppTime);//更新世界的包围盒
    virtual void UpdateNodeAll(double dAppTime);
    VSArray<VSSpatialPtr>m_pChild;
};
class VSGRAPHIC_API VSGeometry : public VSSpatial
{
    inline void SetLocalBV(const VSAABB3 & BV)
    {
        m_LocalBV = BV;
    }
    inline VSAABB3 GetLocalBV()const
    {
        return m_LocalBV;
    }
    VSAABB3     m_LocalBV;
    virtual void UpdateWorldBound(double dAppTime);//更新世界的包围盒
    virtual void UpdateNodeAll(double dAppTime);
};
```

这里只列举出与位置和包围盒有关的信息，其他信息会在后面逐一讲解。先看 VSSpatial 类，这个类里面包含了相对于父节点的位置和世界位置，还有世界空间的包围盒。VSNode 里面包含了 VSArray<VSSpatialPtr>m_pChild 属性，这个类的实例可以挂接多个 VSSpatial 的实例，而叶子节点 VSGeometry 里面包含了模型空间的包围盒。

至于设置局部空间和世界空间相关的函数，这里不多解释，基本上就是变换操作。一旦改变位置信息，m_bIsChanged 就会变成 true，引发更新操作。

更新的时候，根节点通过调用 virtual void UpdateAll(double dAppTime)函数，从根节点出发一直到叶子节点更新位置信息，计算出世界空间中所有的位置，然后再从叶子节点回溯到根节点，计算出所有节点的世界空间的包围盒，如图 11.9 所示。

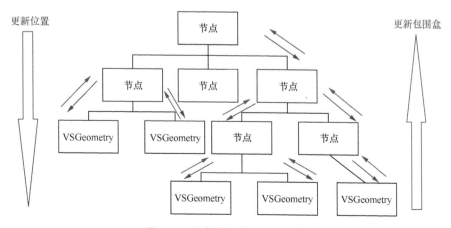

图 11.9　更新位置信息和包围盒

```cpp
void VSSpatial::UpdateAll(double dAppTime)
{
    UpdateNodeAll(dAppTime);
}
void VSNode::UpdateNodeAll(double dAppTime)
{
    //更新位置信息
    UpdateTransform(dAppTime);
    //更新子节点
    for (unsigned int i = 0; i < m_pChild.GetNum(); i++)
    {
        if (m_pChild[i])
            m_pChild[i]->UpdateNodeAll(dAppTime);
    }
    //更新包围盒
    if(m_bIsChanged)
    {
        UpdateWorldBound(dAppTime);
    }
    m_bIsChanged = false;
}
void VSGeometry::UpdateNodeAll(double dAppTime)
{
    //更新位置信息
    UpdateTransform(dAppTime);
    //更新包围盒
    if(m_bIsChanged)
    {
        UpdateWorldBound(dAppTime);
    }
    m_bIsChanged = false;
}
```

位置更新和包围盒更新是最基本的树深度递归与回溯递归。

```cpp
void VSSpatial::UpdateTransform(double dAppTime)
{
    //如果存在父节点
    if (m_pParent)
    {
        //如果父节点是动态的
        if (!m_pParent->m_bIsStatic)
        {
            //这个节点也变成动态的
            m_bIsStatic = 0;
        }
        //如果父节点的位置信息改变
        if (m_pParent->m_bIsChanged)
        {
            //这个节点的位置信息也要改变
            m_bIsChanged = true;
        }
    }
    //如果位置信息改变
    if (m_bIsChanged)
```

```cpp
    {
        //如果存在父节点
        if (m_pParent)
        {
            //算出位置信息,可以只继承父节点的缩放、旋转和平移
            unsigned int TransFormFlag = ((unsigned int)m_bInheritScale) |
                            ((unsigned int)m_bInheritRotate << 1) |
                            ((unsigned int)m_bInheritTranslate << 2);
            m_World.Product(m_Local, m_pParent->m_World, TransFormFlag);
        }
        else
            m_World = m_Local;
    }
}
void VSSpatial::SetLocalTranslate(const VSVector3& Translate)
{
    m_bIsChanged = true;
    m_Local.SetTranslate(Translate);
    UpdateAll (0.0f);
}
```

设置世界位置的时候判断节点是否是根节点。如果节点是根节点,那么当前位置就是世界位置;如果不是根节点,就要根据父节点的世界位置算出最后的世界位置。这里可以指定是否继承父节点的旋转、缩放和平移。

```cpp
void VSSpatial::SetWorldTranslate(const VSVector3& Translate)
{
    m_bIsChanged = true;
    VSSpatial * pParent = GetParent();
    if (pParent)
    {
        VSTransform Inv;
        pParent->GetWorldTransform().Inverse(Inv);
        VSTransform NewWorld;
        NewWorld = GetWorldTransform();
        NewWorld.SetTranslate(Translate);
        VSTransform NewLocal;
        unsigned int TransformFlag = ((unsigned int)m_bInheritScale) |
                            ((unsigned int)m_bInheritRotate << 1) |
                            ((unsigned int)m_bInheritTranslate << 2);
        NewLocal.Product(NewWorld, Inv, TransformFlag);
        SetLocalTransform(NewLocal);
    }
    else
    {
        SetLocalTranslate(Translate);
    }
    UpdateAll (0.0f);
}
void VSNode::UpdateWorldBound(double dAppTime)
{
    //得到子节点整体的包围盒
```

```cpp
        bool bFoundFirstBound = false;
        for (unsigned int i = 0; i < m_pChild.GetNum(); i++)
        {
            if(m_pChild[i])
            {
                if(!bFoundFirstBound)
                {
                    m_WorldBV = m_pChild[i]->m_WorldBV;
                    bFoundFirstBound = true;
                }
                else
                {
                    m_WorldBV = m_WorldBV.MergeAABB(
                                m_pChild[i]->m_WorldBV);
                }
            }
        }
        //如果没有找到子节点，就直接用自己的
        if (!bFoundFirstBound)
        {
            VSREAL fA[3];
            m_WorldBV.GetfA(fA);
            m_WorldBV.Set(GetWorldTranslate(), fA);
        }
        //提示父节点也要改变
        if (m_pParent)
        {
            m_pParent->m_bIsChanged = true;
        }
}
void VSGeometry::UpdateWorldBound(double dAppTime)
{
    //对于叶子节点，变换局部包围盒到世界空间
    m_WorldBV.Transform(m_LocalBV,m_World.GetCombine());
    if (m_pParent)
    {
        m_pParent->m_bIsChanged = true;;
    }
}
```

更新包围盒也很简单。如果节点是非叶子节点，则合并它的子节点的所有世界空间包围盒（作为最大包围盒）；如果节点是叶子节点，则把局部包围盒直接通过世界位置变换到世界包围盒。

细心的读者可能发现，这里只有叶子节点才存在局部的包围盒。因为非叶子节点都是非实体的节点，根本无须渲染，所以并不需要局部包围盒。VSGeometry 类的实体对象为叶子节点，它包含可渲染的网格，这样它才会存在局部包围盒。至于局部包围盒怎么算，后面导出静态和动态模型的时候会介绍。当然，也可以用 inline void SetLocalBV(const VSAABB3 & BV)指定包围盒。

VSNodeComponent 也继承自 VSNode。

VSNodeComponent 类的结构如图 11.10 所示。

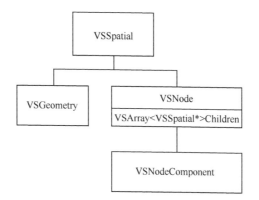

图 11.10　VSNodeComponent 类的结构

VSNodeComponent 类的代码如下。

```
class VSGRAPHIC_API VSNodeComponent : public VSNode
{
    virtual bool IsNeedDraw()
    {
        return false;
    }
    virtual void PostCreate();
    template<typename T>
    static T *CreateComponent();
};
```

VSNodeComponent 类主要管理插槽（socket），其他的和普通 VSNode 没什么区别，只不过作为一个过渡基类，一般情况下所有实体功能类都要从 VSNodeComponent 继承。

在以下代码中，CreateComponent 是全局模板函数，用来创建我们想要的 ComponentNode。

```
template<typename T>
T *VSNodeComponent::CreateComponent()
{

    if (T::ms_Type.IsDerived(VSNodeComponent::ms_Type))
    {
        T *Component = (T *)VSObject::GetInstance<T>();
        Component->PostCreate();
        return Component;
    }
    else
    {
        return NULL;
    }
}
```

11.3　相机与相机裁剪

在 3D 空间中，相机就是虚拟的照相机和摄像机，不但负责构建 3D 流水线中的各种变换矩阵，还负责裁剪掉相机不可见的物体来加快渲染速度。图 11.11 所示为 VSCamera 类的结构。

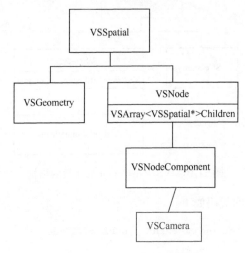

图 11.11　VSCamera 类的结构

11.3.1　相机的定义

通过以下代码，定义相机。

```
class VSGRAPHIC_API VSCamera : public VSNodeComponent
{
    enum //相机平面
    {
        CP_RIGHT,
        CP_LEFT,
        CP_TOP,
        CP_BOTTOM,
        CP_FAR,
        CP_NEAR,
        CP_MAX = 6
    };
    void CreateFromEuler(const VSVector3 &Pos,VSREAL RotX,VSREAL RotY,VSREAL RotZ);
    void CreateFromLookDir(const VSVector3 &Pos,
            const VSVector3 &vcDir,
            const VSVector3 &vcWorldUp = VSVector3(0,1,0));
    void CreateFromLookAt(const VSVector3 &vcPos,
            const VSVector3 &vcLookAt,
            const VSVector3 &vcWorldUp = VSVector3(0,1,0));
    bool SetPerspectiveFov(VSREAL fFov ,              //x轴方向的张角
            VSREAL Aspect,                            //宽高比
            VSREAL fZN ,                              //近裁剪面
            VSREAL fZF);                              //远裁剪面
    bool SetAspect(VSREAL Aspect);
    bool SetOrthogonal(VSREAL fW ,                    //宽
            VSREAL fH,                                //高
            VSREAL fZN ,                              //近裁剪面
            VSREAL fZF)     ;                         //远裁剪面
    inline bool AddViewPort(const VSViewPort &ViewPort);//视口
    void GetFrustumPoint(VSVector3 Point[8]);
```

```
        VSAABB3 GetFrustumAABB();
        void GetPlane(VSPlane3 Plane[VSCamera::CP_MAX])const;
        VSREAL          m_RotX;                     //在局部坐标系下的欧拉角(旋转角)
        VSREAL          m_RotY;
        VSREAL          m_RotZ;
        VSArray<VSViewPort>         m_ViewPort;
        VSMatrix3X3W    m_ViewMat;                  //相机矩阵
        VSMatrix3X3W    m_ProjMat;
        VSREAL          m_Fov;
        VSREAL          m_Aspect;
        VSREAL          m_ZFar;
        VSREAL          m_ZNear;
        virtual void UpdateTransform(double dAppTime);//更新变换信息
};
```

如果忘记了 3D 流水线, 建议读者复习第 2 章的内容。相机是从 VSNodeComponent 继承的, 所以它拥有位置信息。构建一个完整的相机, 其实就是创建 ViewMatrix、ProjectMatrix、ViewPort 的过程。要创建 ViewMatrix, 可使用以下 3 个函数。

```
void CreateFromEuler(const VSVector3 &Pos,VSREAL RotX,VSREAL RotY,VSREAL RotZ);

void CreateFromLookDir(const VSVector3 &Pos,
            const VSVector3 &vcDir,
            const VSVector3 &vcWorldUp = VSVector3(0,1,0));

void CreateFromLookAt(const VSVector3 &vcPos,
            const VSVector3 &vcLookAt,
            const VSVector3 &vcWorldUp = VSVector3(0,1,0));
```

这个过程也是在创建相机的本地矩阵 (LocalTransform), 然后通过相机的世界矩阵 (WorldTransform) 得出相机矩阵。相机矩阵就是相机的世界矩阵的逆矩阵, 相机在世界空间下的变换矩阵, 经过相机矩阵变换到相机空间, 正好是一个单位矩阵。相机平移到相机空间下变成了相机的原点(0, 0, 0), 而相机旋转到相机空间下变成了单位旋转矩阵。

通过以下代码创建相机矩阵。

```
void VSCamera::CreateFromEuler(const VSVector3 &Pos,VSREAL RotX,VSREAL RotY ,
    VSREAL RotZ)
{
    m_bIsChanged = true;
    SetLocalTranslate(Pos);
    m_RotX = RotX;
    m_RotY = RotY;
    m_RotZ = RotZ;
    VSQuat      qFrame(0,0,0,1);
    qFrame.CreateEuler(m_RotX, m_RotY, m_RotZ);
    VSMatrix3X3 Mat;
    Mat.Identity();
    qFrame.GetMatrix(Mat);
    SetLocalRotate(Mat);
    UpdateAll(0.0f);
}
void VSCamera::CreateFromLookDir(const VSVector3 &Pos,
                    const VSVector3 &vcDir,
                    const VSVector3 &vcWorldUp)
{
```

```cpp
    m_bIsChanged = true;
    VSMatrix3X3W MatTemp;
    //CreateFromLookDir 构建相机矩阵，后面通过取逆的方式再得到相机的实际旋转
    MatTemp.CreateFromLookDir(Pos,vcDir,vcWorldUp);
    VSMatrix3X3 Mat;
    MatTemp.Get3X3(Mat);
    VSMatrix3X3 MatInv;
    MatInv.InverseOf(Mat);
    MatInv.GetEluer(m_RotX,m_RotY,m_RotZ);
    SetLocalRotate(MatInv);
    SetLocalTranslate(Pos);
    UpdateAll(0.0f);
}
```

UpdateAll 函数更新整个父子级的位置信息，并调用 VSCamera::UpdateTransform。

```cpp
void VSCamera::UpdateTransform(double dAppTime)
{
    VSNode::UpdateTransform(dAppTime);
    if(m_bIsChanged)
    {
        VSTransform Trans = GetWorldTransform();
        m_ViewMat = Trans.GetCombineInverse();
    }
}
```

上面的相机矩阵创建过程都在相机局部坐标下完成，指定的信息都是相对其父节点所在坐标系的。下面两个函数相对于世界空间创建相机矩阵。

```cpp
void CreateFromLookDirWorld(const VSVector3 &Pos,
    const VSVector3 &vcDir,
    const VSVector3 &vcUp = VSVector3(0, 1, 0));

void CreateFromLookAtWorld(const VSVector3 &vcPos,
    const VSVector3 &vcLookAt,
    const VSVector3 &vcUp = VSVector3(0, 1, 0));
```

目前用欧拉角创建的相机矩阵都在相机空间下，以相机空间的坐标轴作为旋转轴向。当然，也可以使用世界空间下的欧拉角创建相机矩阵。

```cpp
bool SetPerspectiveFov(VSREAL fFov ,    //x 轴方向的张角
            VSREAL Aspect,              //宽高比
            VSREAL fZN ,                //近裁剪面
            VSREAL fZF);                //远裁剪面
bool SetAspect(VSREAL Aspect);
bool SetOrthogonal(VSREAL fW ,          //宽
            VSREAL fH,                  //高
            VSREAL fZN ,                //近裁剪面
            VSREAL fZF)     ;           //远裁剪面
```

至于创建投影矩阵和正交矩阵的区别，在第 2 章已经介绍过，这里不再说明。

有了投影矩阵，就可以得到相机体的所有信息，包括相机体在世界空间下的 6 个平面和相机体在世界空间下的 8 个顶点。

默认情况下，这 6 个平面和 8 个顶点在投影空间下都是已知的，因为相机体经过相机矩阵

和投影矩阵变换后变成了一个长方体，并且$-1 \leqslant x \leqslant 1$, $-1 \leqslant y \leqslant 1$, $0 \leqslant z \leqslant 1$。把平面和点进行逆变换就可以得到世界空间下的信息，如图 11.12 所示。先给出 8 个点的计算方法。

```
void VSCamera::GetFrustumPoint(VSVector3 Point[8])
{
    VSMatrix3X3W ViewProj = m_ViewMat *m_ProjMat;
    VSMatrix3X3W ViewProjInv = ViewProj.GetInverse();
    Point[0] = VSVector3(1,1,0);
    Point[1] = VSVector3(1,-1,0);
    Point[2] = VSVector3(-1,1,0);
    Point[3] = VSVector3(-1,-1,0);
    Point[4] = VSVector3(1,1,1);
    Point[5] = VSVector3(1,-1,1);
    Point[6] = VSVector3(-1,1,1);
    Point[7] = VSVector3(-1,-1,1);
    for(unsigned int i = 0 ; i < 8 ;i++)
    {
        Point[i] = Point[i] * ViewProjInv;
    }
}
```

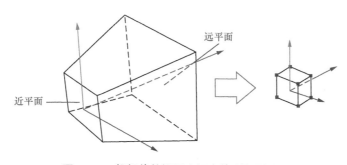

图 11.12　相机体从视图空间变换到投影空间

平面的算法和点的算法不太一样。平面可以理解为一个点和一个方向构成的，因为立方体中 6 个面的方向都是知道的，点可以取 8 个点中正好在平面上的那个，对它们分别进行变换，就可以算出世界坐标下的平面。不过其实通过另一种方式可以推导平面。

假设矩阵 ViewProj 为相机矩阵和投影矩阵的乘积，则世界坐标下任意一点$(x, y, z, 1)$通过与 ViewProj 矩阵相乘变换为$(x', y', z', 1)$：

$$(x, y, z, 1)\text{ViewProj} = (x', y', z', 1) \tag{11-1}$$

经过变换后的点的范围$-1 \leqslant x' \leqslant 1$, $-1 \leqslant y' \leqslant 1$, $0 \leqslant z' \leqslant 1$，也就是相机体由棱台变成了长方体（如图 11.12 所示），共 6 个面。令法线朝外，左平面为$-x-1 = 0(x+1=0)$，近平面为$-z = 0$，其他面同理。

假设平面在世界坐标下的方程为$ax + by + cz + d = 0$，则有

$$(x, y, z, 1)\begin{pmatrix} a \\ b \\ c \\ d \end{pmatrix} = 0 \tag{11-2}$$

假设平面变换后的方程为 $a'x' + b'y' + c'z' + d' = 0$，则有

$$(x', y', z', 1)\begin{pmatrix} a' \\ b' \\ c' \\ d' \end{pmatrix} = 0 \qquad (11\text{-}3)$$

根据式（11-3）和式（11-1），导出

$$(x, y, z, 1)\text{ViewProj}\begin{pmatrix} a' \\ b' \\ c' \\ d' \end{pmatrix} = 0 \qquad (11\text{-}4)$$

由式（11-4）和式（11-2），导出

$$\begin{pmatrix} a \\ b \\ c \\ d \end{pmatrix} = \text{ViewProj}\begin{pmatrix} a' \\ b' \\ c' \\ d' \end{pmatrix}$$

已知所有平面的投影方程，以及 a'、b'、c' 和 d'，就能求出 a、b、c、d，也就算出了世界空间下的平面。具体代码如下。

```
void VSCamera::GetPlane(VSPlane3 Plane[VSCamera::CP_MAX])const
{
    VSMatrix3X3W ViewProj;
    ViewProj = m_ViewMat *m_ProjMat;
    VSVector3 N;
    VSREAL   fD;
    //右平面
    N.x = -(ViewProj._03 - ViewProj._00);
    N.y = -(ViewProj._13 - ViewProj._10);
    N.z = -(ViewProj._23 - ViewProj._20);
    fD  = -(ViewProj._33 - ViewProj._30);
    Plane[0].Set(N,fD);
    //左平面
    N.x = -(ViewProj._03 + ViewProj._00);
    N.y = -(ViewProj._13 + ViewProj._10);
    N.z = -(ViewProj._23 + ViewProj._20);
    fD  = -(ViewProj._33 + ViewProj._30);
    Plane[1].Set(N,fD);
    //上平面
    N.x = -(ViewProj._03 - ViewProj._01);
    N.y = -(ViewProj._13 - ViewProj._11);
    N.z = -(ViewProj._23 - ViewProj._21);
    fD  = -(ViewProj._33 - ViewProj._31);
    Plane[2].Set(N,fD);
    //下平面
    N.x = -(ViewProj._03 + ViewProj._01);
    N.y = -(ViewProj._13 + ViewProj._11);
```

```
            N.z  = -(ViewProj._23 + ViewProj._21);
            fD   = -(ViewProj._33 + ViewProj._31);
            Plane[3].Set(N,fD);
            //远平面
            N.x  = -(ViewProj._03 - ViewProj._02);
            N.y  = -(ViewProj._13 - ViewProj._12);
            N.z  = -(ViewProj._23 - ViewProj._22);
            fD   = -(ViewProj._33 - ViewProj._32);
            Plane[4].Set(N,fD);
            //近平面
            N.x  = -ViewProj._02;
            N.y  = -ViewProj._12;
            N.z  = -ViewProj._22;
            fD   = -ViewProj._32;
            Plane[5].Set(N,fD);
}
```

需要注意的是，所有平面的法线都是朝向相机体外面的。最后剩下视口变换，一个相机可以支持很多个视口。

通过以下代码定义视口结构体。

```
typedef struct VSVIEWPORT_TYPE
{
    VSREAL         XMin;
    VSREAL         YMin;
    VSREAL         XMax;
    VSREAL         YMax;
    VSREAL         ZMin;
    VSREAL         ZMax;
    bool           bChangeAspect;
    VSVIEWPORT_TYPE()
    {
        XMin = 0.0f;
        YMin = 0.0f;
        XMax = 1.0f;
        YMax = 1.0f;
        ZMin = 0.0f;
        ZMax = 1.0f;
        bChangeAspect = false;
    }
}VSViewPort;
```

VSVIEWPORT_TYPE 表示视口结构体，bChangeAspect 用来表明这个视口要不要维持当前相机的长宽比。比如，默认指定长宽比为 4:3，而你的视口的比例可能不是 4:3，如果不改变比例，那么图像就会被强行拉伸；如果改变比例，就不会被拉伸。

11.3.2 根据相机裁剪物体

相机裁剪物体的目的就是要选出可见物体，这样渲染的时候就不必处理所有物体。在这个过程中可以执行很多操作，因为场景中有很多物体，也不止一台相机，每个相机都要对它可视的场景物体进行筛选。为了减少物体渲染时的状态切换，筛选过后还要分类，所以会产生大量关于相机裁剪物体的中间件。

为了更有效地处理相机裁剪，把相机和实际的裁剪功能分开是很好的选择，裁剪功能如果与相机耦合太紧密，可能会把相机类设计得太冗余。经验丰富的程序员会发现，在不同的渲染流程中，相机裁剪的规则未必完全一样。

这里只列出一部分属性和方法，还有一些内容会在卷 2 中介绍。VSCuller 类的主要目的是通过每个节点的包围盒是否在相机体的可见范围内来裁剪节点。

```
class VSGRAPHIC_API VSCuller : public VSMemObject
{
    enum
    {
        VS_MAX_PLANE_NUM = 32
    };
    enum     //可见集标记
    {
        VSF_NONE,
        VSF_ALL,
        VSF_PARTIAL,
        VSF_MAX
    };
    //添加裁剪面
    bool PushPlane(const VSPlane3 & Plane);
    //通过相机添加 6 个裁剪面
    bool PushCameraPlane(VSCamera &Camera);
    //设置相机
    inline void SetCamera(VSCamera &Camera);
    //弹出裁剪面
    bool PopPlane(VSPlane3 &Plane);
    //清空所有裁剪面
    inline void ClearAllPlane();
    //得到裁剪面个数
    inline unsigned int GetPlaneNum()const;
    //设置裁剪面标记
    inline void SetPlaneState(unsigned int uiPlaneState);
    //得到裁剪面标记
    inline unsigned int GetPlaneState()const;
    //清空裁剪面标记
    inline void ClearPlaneState();
    //AABB 是否在可见范围内
    virtual unsigned int IsVisible(const VSAABB3 &BV,
                    bool bClearState = false);
    //球是否在可见范围内
    virtual unsigned int IsVisible(const VSSphere3 &S,bool bClearState = false);
    //点是否在可见范围内
    virtual unsigned int IsVisible(const VSVector3 & Point,
              bool bClearState = false);
    //当前节点是否不需要裁剪，直接可见
    virtual bool ForceNoCull(VSSpatial * pSpatial);
    inline VSCamera * GetCamera()const;
```

```
        unsigned int m_uiPlaneNum;
        VSPlane3     m_Plane[VS_MAX_PLANE_NUM];
        unsigned int m_uiPlaneState;
        VSCamera *m_pCamera;
};
```

下面集中介绍裁剪的部分。打开 VSCull.h 文件，我们可以发现除了 VSCuller 之外，这个类还有其他从 VSCuller 继承的类。

```
class VSGRAPHIC_API VSVolumeShadowMapCuller : public VSShadowCuller
{
};
class VSGRAPHIC_API VSDirShadowMapCuller : public VSShadowCuller
{
};
class VSGRAPHIC_API VSCSMDirShadowMapCuller :
        public VSDirShadowMapCuller
{
};
class VSGRAPHIC_API VSDualParaboloidCuller : public VSShadowCuller
{
};
```

这些都是渲染阴影时用到的类，渲染阴影本质上也是一个相机成像的过程，所以也需要把不投射阴影的物体进行裁剪，但是对于不同的影子，裁剪算法并不相同，所以从 VSCuller 继承也就不足为奇了。当然，所有这些都会在卷 2 中介绍。

从前面得知，一个实体由多个组件组成，更新的时候是从 RootComponent 入手的，那么裁剪也肯定从 RootComponent 入手，裁剪的对象就是每个节点的包围盒。非叶子节点的包围盒是其子节点的包围盒的集合，是所有包围盒的最大值。思路也很简单，一旦非叶子节点的包围盒完全在相机体外，这个节点及其子节点都不用再判断；否则，我们就进一步深度递归下去，然后把所有作为叶子节点的网格放入可见列表中。

```
class VSGRAPHIC_API VSSpatial :public VSObject
{
    //计算这个节点的可见性
    virtual void ComputeVisibleSet(VSCuller & Culler,bool bNoCull,double dAppTime);
    enum //裁剪模式
    {
        CM_DYNAMIC,  //动态裁剪
        CM_ALAWAYS,  //始终裁剪
        CM_NEVER     //从不裁剪
    };
    //是否可见更新
    bool    m_bIsVisibleUpdate;
    virtual void SetIsVisibleUpdate(bool bIsVisibleUpdate);
    //裁剪的模式
    unsigned int m_uiCullMode;
    VSSpatial();
    //计算这个节点的可见性
    virtual void ComputeNodeVisibleSet(VSCuller & Culler,bool bNoCull,
        double dAppTime)= 0;
public:
    //表示本帧是否可以更新
```

```cpp
    bool m_bEnable;
};
void VSSpatial::ComputeVisibleSet(VSCuller & Culler,bool bNoCull,double dAppTime)
{
    //如果已经关闭m_bIsVisibleUpdate选项
    if (!m_bIsVisibleUpdate)
    {
        m_bEnable = true;
    }
    //如果始终裁剪，直接返回
    if(m_uiCullMode == CM_ALAWAYS)
        return ;
    //如果从不被裁剪
    if(m_uiCullMode == CM_NEVER)
        bNoCull = true;
    //保存当前裁剪面信息
    unsigned int uiSavePlaneState = Culler.GetPlaneState();
    //如果从不被裁剪
    if(bNoCull)
    {
        //直接进入下一层级，表示可见
        ComputeNodeVisibleSet(Culler,bNoCull,dAppTime);
        //打开m_bIsVisibleUpdate选项，当前已经可见，表示物体可以更新
        if (m_bIsVisibleUpdate)
        {
            m_bEnable = true;
        }
    }
    else
    {
        //用所有裁剪面，对这个节点裁剪
        unsigned int uiVSF = Culler.IsVisible(m_WorldBV);
        //完全可见
        if (uiVSF == VSCuller::VSF_ALL)
        {
            bNoCull = true;
            ComputeNodeVisibleSet(Culler,bNoCull,dAppTime);
            if (m_bIsVisibleUpdate)
            {
                m_bEnable = true;
            }
        }
        //部分可见或者（完全不可见）
        else if (uiVSF == VSCuller::VSF_PARTIAL || Culler.ForceNoCull(this))
        {
            ComputeNodeVisibleSet(Culler,bNoCull,dAppTime);
            if (m_bIsVisibleUpdate)
            {
                m_bEnable = true;
            }
        }
    }
    //恢复原来裁剪面状态
    Culler.SetPlaneState(uiSavePlaneState);
}
```

为了更好迎合裁剪和物体更新，在这里加入了一种机制——一旦判定为不可见，那么引擎

使用者可以用 m_bIsVisibleUpdate 选项来控制与视觉无关的更新。比如，当有些物体不可见的时候，有些更新并不是必要的，因此那些纯粹渲染表现的更新就可以关闭。一旦开启了 m_bIsVisibleUpdate，当这个节点可见后，m_bEnable = true。

每帧更新后，如果已经打开 m_bIsVisibleUpdate 选项，会把 m_bEnable 设置为 false，直到可见，再把 m_bEnable 设置为 true。

```
void VSSpatial::UpdateAll(double dAppTime)
{
    UpdateNodeAll(dAppTime);
    if (m_bIsVisibleUpdate)
    {
        m_bEnable = false;
    }
}
```

m_uiCullMode 变量表示这个节点的裁剪方式，分别是始终裁剪、动态裁剪、从不裁剪。

```
enum    //裁剪模式
{
    CM_ALAWAYS,
    CM_DYNAMIC,
    CM_NEVER
};
```

当 m_uiCullMode = CM_NEVER 时，所有节点都无须进行相机裁剪。

接下来就要根据相机体来裁剪这个节点的包围盒。这里有 3 种位置关系，分别是这个节点全在相机体里、部分在相机体里和完全不在相机体里。在以下代码中，除了这 3 种位置关系之外，VSF_MAX 可用于后续的扩展。

```
enum    //可见性标志
{
    VSF_NONE,
    VSF_ALL,
    VSF_PARTIAL,
    VSF_MAX
};
```

如图 11.13 所示，如果完全在相机体里，则这个节点无须继续裁剪；如果部分在相机体里面，则继续裁剪下去；如果完全不在相机体里面，还要区分情况（Culler.ForceNoCull(this)），即使不在相机体里面，这个物体是否还需要继续裁剪下去，还是要特殊处理，有些渲染效果确实会有不同需求，在卷 2 中会讲到。

剩下的问题就是相机体对包围盒的裁剪了。相机体对包围盒的裁剪也很简单，实际上是针对相机体的 6 个面分别判断与包围盒的位置关系。

如图 11.14 所示，本书配套引擎规定相机体面的法线都是朝外的，如果物体在法线朝向的那一侧，则表示物体肯定不在相机体内。换句话说，物体肯定不可见。

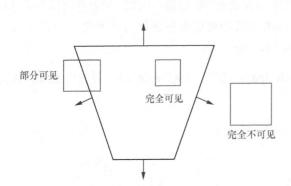 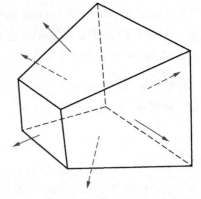

图 11.13　相机体与物体的位置关系　　　　图 11.14　相机体的 6 个面和它们的法向量

一旦这个节点的包围盒在其中一个面的正面，这个节点完全不可见，它的子节点也都不可见，也就没有必要再去遍历子节点。如果节点在其中一个面的背面，就还不能判断这个节点是否可见，但可以确定的是，这个节点的子节点都在这个面的背面，所以对于它的子节点没有必要再去重复判断这个面。当递归判断节点的子节点时，就要记录当前面的状态，避免对这个面重复判断下去。通过 unsigned int uiSavePlaneState = Culler.GetPlaneState()保留当前节点对面的判断状态，然后用 Culler.SetPlaneState(uiSavePlaneState)来恢复判断状态。

在 VSCuller 里面用 m_uiPlaneState 来标记每个面是否被判断过，这是一个 32 位的整数，每一位表示一个面的判断状态，初始化时为 0xffffffff，如果节点在第 i 个面的后面，那么第 i 位就被标记成 0。

下面这个函数的大体作用是判断所有面。如果这个面被标记过，证明物体在这个面的后面，所以不用判断。如果物体在这个面的前面，说明它不在相机体内，那么直接返回；如果物体在这个面后面，就标记这个面。最后如果所有面都被标记过，说明这个节点肯定在相机体内；否则，这个节点部分在相机体内。bClearState 这个变量表示函数返回的时候是否要清空所有标记，来表示所有面都没有被判断过，默认情况下这个变量为 false，每次相机裁剪前都会先清空所有标记，然后对所有节点进行递归操作，这种情况下并没有单独使用 IsVisible 函数。如果单独使用 IsVisible 函数来判断一个包围盒是否可见，则应设置 bClearState 为 true，这样接下来就可以继续使用这个变量来判定 Culler 的状态。

```
unsigned int VSCuller::IsVisible(const VSAABB3 &BV,bool bClearState)
{
    if(!m_uiPlaneNum)
        return 0;
    int iP = m_uiPlaneNum - 1;
    unsigned int uiMask = 1 << iP;
    unsigned int uiPlaneInNum = 0;
    //依次判断每一个面，查看对应的标志位是否为 0
    for (unsigned int i = 0; i < m_uiPlaneNum; i++, iP--, uiMask >>= 1)
    {
        //为 1，表示没有判断过
        if (m_uiPlaneState & uiMask)
        {
            int iSide = BV.RelationWith(m_Plane[iP]);
            //在面的前面，不可见，直接返回
```

```
            if (iSide == VSFRONT)
            {
                if (bClearState == true)
                {
                    ClearPlaneState();
                }
                return VSF_NONE;
            }
            //在面的后面,把这个标志位变成0
            if (iSide == VSBACK)
            {
                m_uiPlaneState &= ~uiMask;
                uiPlaneInNum++;
            }
        }
        else
        {
            uiPlaneInNum++;
        }
    }
    //相等,在所有面的后面,表示完全可见
    if (uiPlaneInNum == m_uiPlaneNum)
    {
        if (bClearState == true)
        {
            ClearPlaneState();
        }
        return VSF_ALL;
    }
    else//不相等,表示与有的面相交,部分可见
    {
        if (bClearState == true)
        {
            ClearPlaneState();
        }
        return VSF_PARTIAL;
    }
}
```

ComputeNodeVisibleSet 为虚函数。若 bNoCull 为 true,表示这个节点完全可见;若为 false,则表示这个节点部分可见。每个子类都可以重写这个函数,根据不同的需求做相应处理。默认的非叶子节点重写函数如下。

```
void VSNode::ComputeNodeVisibleSet(VSCuller & Culler,bool bNoCull,double dAppTime)
{
    UpdateView(Culler,dAppTime);
    for (unsigned int i = 0; i < m_pChild.GetNum(); i++)
    {
        if (m_pChild[i])
        {
            m_pChild[i]->ComputeVisibleSet(Culler, bNoCull, dAppTime);
        }
    }
}
```

UpdateView 函数表示依据视点的更新。请读者谨记,节点在场景管理器的更新为非视点相

关的更新，无论是否可见，它都这样更新，而 UpdateView 表示根据当前相机做不同的更新，例如，根据地形的动态细节层次（Level of Detail，LOD）。

下面的函数用于更新静态 LOD。

```
void VSSwitchNode::ComputeNodeVisibleSet(VSCuller & Culler,bool bNoCull,
    double dAppTime)
{
    UpdateView(Culler,dAppTime);
    if (m_uiActiveNode < m_pChild.GetNum())
    {
        if(m_pChild[m_uiActiveNode])
        {
            m_pChild[m_uiActiveNode]->
                        ComputeVisibleSet(Culler,bNoCull,dAppTime);
        }
    }
}
```

首先，在 UpdateView 里计算哪一个层级的 LOD 被激活（m_uiActiveNode）。然后，递归 m_uiActiveNode 节点。

读到这里不用担心，第 13 章会详细解释整个过程。

当遍历到叶子节点（也就是最后可见的网格时）就会根据一系列规则把这个网格放入合理的分类列表里面，卷 2 讲渲染的时候会详细介绍相关内容。

m_bIsVisibleUpdate 和 UpdateView 有什么关系？m_bIsVisibleUpdate 表示和视点无关的更新，它只表示看没看见，仅此而已。如果看见，它就更新，与相机一点关系也没有。这个更新要判断 m_bEnable，然后把整个更新写在 UpdateNodeAll 里，这个过程每帧只运行一次。而根据相机的个数，每次可见时 UpdateView 就会执行一次。

本节最后要说的是，除了加入相机的 6 个裁剪面外，VSCuller 还可以加入自定义的平面，甚至清空所有平面。

```
bool PushPlane(const VSPlane3 & Plane);
bool PushCameraPlane(VSCamera &Camera);
bool PopPlane(VSPlane3 &Plane);
inline void ClearAllPlane();//清空所有平面
```

PushPlane 加入一个自定义裁剪平面后，记住平面朝向，在平面朝向一侧的节点是要被裁剪掉的。PushCameraPlane 加入相机的 6 个平面。PopPlane 弹出一个平面。

例如，水面反射效果就可以加入当前水面作为自定义裁剪面，对于渲染水上的物体，过滤掉水下的物体。

11.4 静态物体与动态物体

在以下代码中，m_bIsStatic 用来判断这个节点是否是静态节点，因为静态节点的位置和包围盒信息是不需要更新的。

```cpp
class VSGRAPHIC_API VSSpatial :public VSObject
{
    inline void SetDynamic(bool bIsDynamic);
    inline bool IsDynamic()const { return !m_bIsStatic; }
    bool m_bIsStatic;
};
```

这里补充了 UpdateTransform 函数。首先判断它的父节点是不是动态的，如果其父节点是动态的，则它无论是动态还是静态，都要设置为动态，因为它要跟随父节点发生位置变化。

```cpp
void VSSpatial::UpdateTransform(double dAppTime)
{
    if (m_pParent)
    {
        if (!m_pParent->m_bIsStatic)
        {
            m_bIsStatic = 0;
        }
    }
    if (m_bIsChanged)
    {
        if (m_pParent)
        {
            unsigned int TransformFlag = ((unsigned int)m_bInheritScale) |
                            ((unsigned int)m_bInheritRotate << 1) |
                            ((unsigned int)m_bInheritTranslate << 2);
            m_World.Product(m_Local, m_pParent->m_World, TransformFlag);
        }
        else
            m_World = m_Local;
    }
}
```

一旦物体或者节点是静态的，引擎可以做很多预处理来管理静态物体，从而加快引擎的速度。其实大部分场景物体是静态的，不可交互的，在场景编辑器里面可以指定每个实体是否为静态的，这种情况下就不能对这种实体和其节点进行位置操作。

11.4.1 采用四叉树管理静态物体

本书配套引擎采用四叉树管理静态物体节点，就是把空间逐步逐层分成 4 等份，直到每个空间至少包含 n 个物体（n 可以自定义，默认是 200）。下面是 VSQuadNode 类的定义。

```cpp
class VSQuadNode : public VSNode
{
    DECLARE_RTTI;
    DECLARE_INITIAL
    enum
    {
        MAX_NUM = 200
    };
public:
    VSQuadNode();
```

```cpp
    ~VSQuadNode();
    virtual void ComputeNodeVisibleSet(VSCuller & Culler, bool bNoCull,
                                  double dAppTime);
    bool RecursiveBuild(const VSArray<VSSpatial *> &pObjectArray);
    virtual unsigned int AddChild(VSSpatial * pChild);
    virtual unsigned int DeleteChild(VSSpatial *pChild);
    virtual bool DeleteChild(unsigned int i);
    virtual void         DeleteAllChild();
    VSNodeComponent *GetNeedDrawNode(unsigned int uiIndex)const;
    unsigned int GetNeedDrawNodeNum()const;
protected:
    void DeleteNeedDrawNode(VSNodeComponent *pNeedDrawNode);
    void AddNeedDrawNode(VSNodeComponent *pNeedDrawNode);
    VSArray<VSNodeComponent *> m_pNeedDrawNode;
};
```

VSQuadNode 类也是从 VSNode 类继承下来的，它是四叉树中的非叶子节点，叶子节点则是每个实体的 RootComponent，也可以理解为实际管理中对应的实体。VSQuadNode 类和 VSNode 类也有些不同，重写了 ComputeNodeVisibleSet，11.3 节介绍过，如果节点完全可见，那么它的子节点也都可见，也就是它的所有叶子节点也可见，如果没有其他视点依赖操作，完全可以直接操作叶子节点，没有必要再递归。

在以下代码中，m_pNeedDrawNode 保存叶子节点，总之，可以渲染出来的都是叶子节点。其他的都是四叉树空间节点。m_pNeedDrawNode 是在构建四叉树添加节点的时候创建的。

```cpp
void VSQuadNode::ComputeNodeVisibleSet(VSCuller & Culler, bool bNoCull,
    double dAppTime)
{
    if (bNoCull && m_pNeedDrawNode.GetNum() > 0)
    {
        for (unsigned int i = 0; i < m_pNeedDrawNode.GetNum(); i++)
        {
            if (m_pNeedDrawNode[i])
            {
                m_pNeedDrawNode[i]->ComputeVisibleSet(
                          Culler, bNoCull, dAppTime);
            }
        }
    }
    else
    {
        VSNode::ComputeNodeVisibleSet(Culler, bNoCull, dAppTime);
    }
}
```

和创建包围盒的思想基本一样，以下代码用于回溯。一旦加入的节点是可渲染的，那么就回溯到父节点，添加到父节点的 m_pNeedDrawNode 里面。

```cpp
unsigned int VSQuadNode::AddChild(VSSpatial *pChild)
{
    unsigned int id = VSNode::AddChild(pChild);
    VSNodeComponent *pNode = DynamicCast<VSNodeComponent>(pChild);
    if (pNode &&  pNode->IsNeedDraw())
    {
        AddNeedDrawNode(pNode);
```

```
        }
        return id;
}
void VSQuadNode::AddNeedDrawNode(VSNodeComponent *pNeedDrawNode)
{
    VSQuadNode *pNode = DynamicCast<VSQuadNode>(m_pParent);
    if (pNode)
    {
        pNode->AddNeedDrawNode(pNeedDrawNode);
    }
    unsigned int i = m_pNeedDrawNode.FindElement(pNeedDrawNode);
    if (i >= m_pNeedDrawNode.GetNum())
    {
         m_pNeedDrawNode.AddElement(pNeedDrawNode);
    }
}
```

一般这种构建四叉树的过程是在编辑器导出地图的时候进行的。

```
bool VSScene::Build()
{
    m_pDynamic.Clear();
    m_pStaticRoot = NULL;
    VSArray<VSSpatial *> pStatic;
    for (unsigned int i = 0; i < m_ObjectNodes.GetNum();)
    {
        m_ObjectNodes[i]->UpdateAll(0);
        if (!m_ObjectNodes[i]->IsDynamic())
        {
            pStatic.AddElement(m_ObjectNodes[i]);
        }
        else
        {
            m_pDynamic.AddElement(m_ObjectNodes[i]);
        }
    }
    m_pStaticRoot = VS_NEW VSQuadNode();
    if(!m_pStaticRoot->RecursiveBuild(pStatic))
        return 0;
    m_bIsBuild = true;
    return 1;
}
```

m_pDynamic 存放动态的节点，m_pStaticRoot 是四叉树的根节点，管理静态节点。先遍历所有场景中的节点，都更新到最新位置，然后分类。最后用静态节点来构建四叉树。

图 11.15 中，假设场景中有这么多节点，先算出当前节点的最大包围盒。

图 11.16 中，分成 4 等份后，根据每个节点包围盒的中心点，算出这个节点在哪个区域中。中心点落在哪个区域就算那个区域。

如图 11.17 所示，把同一区域的节点放在一起，再继续递

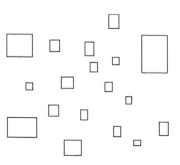

图 11.15 算出当前节点的最大包围盒

归下去，直到满足条件结束为止。

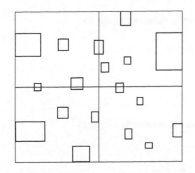

图 11.16　分成 4 等份，并确定节点所属的区域

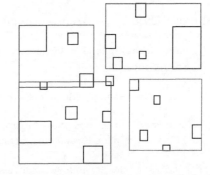

图 11.17　把同一区域的节点放在一起，并递归

四叉树算法的代码如下。

```cpp
bool VSQuadNode::RecursiveBuild(const VSArray<VSSpatial *> &pObjectArray)
{
    if (!pObjectArray.GetNum())
    {
        return 0;
    }
    //递归结束条件
    if (pObjectArray.GetNum() < MAX_NUM)
    {
        for (unsigned int i = 0 ; i < pObjectArray.GetNum() ; i++)
        {
            AddChild(pObjectArray[i]);
        }
        return 1;
    }
    //算出当前所有节点的最大包围盒
    bool bFound = false;
    VSAABB3 Total;
    for (unsigned int i = 0 ; i < pObjectArray.GetNum() ; i++)
    {
        if (pObjectArray[i])
        {
            const VSAABB3 & WorldAABB = pObjectArray[i]->GetWorldAABB();
            if (!bFound)
            {
                Total = WorldAABB;
                bFound = true;
            }
            else
            {
                Total = Total.MergeAABB(WorldAABB);
            }
        }
    }
    //划分 4 个区域，然后给节点归类
    VSAABB3 ChildAABB[4];
    Total.GetQuadAABB(ChildAABB);
    VSArray<VSSpatial *> ChildStatic[4];
    for (unsigned int i = 0 ; i < pObjectArray.GetNum() ; i++)
    {
```

```cpp
            if (!pObjectArray[i])
            {
                 continue;
            }
            for (unsigned int j = 0 ; j < 4 ; j++)
            {
                if (ChildAABB[j].RelationWith(
                            pObjectArray[i]->GetWorldTranslate()) != VSOUT)
                {
                    ChildStatic[j].AddElement(pObjectArray[i]);
                    break;
                }
            }
        }
        //递归继续划分
        for (unsigned int i = 0 ; i < 4 ; i++)
        {
            if (ChildStatic[i].GetNum())
            {
                VSQuadNode *pQuadNode = VS_NEW VSQuadNode();
                AddChild(pQuadNode);
                if(!pQuadNode->RecursiveBuild(ChildStatic[i]))
                    return 0;
            }
        }
        return 1;
}
```

代码比较简单，而且加了注释，相信读者可以看懂。

相机裁剪的时候，在非编辑器模式下会判断动态节点和静态四叉树根节点。

```cpp
void VSScene::ComputeVisibleSet(VSCuller & Culler,bool bNoCull,double dAppTime)
{
    if (m_bIsBuild == false)
    {
        for (unsigned int i = 0; i < m_ObjectNodes.GetNum(); i++)
        {
            if (m_ObjectNodes[i])
            {
                m_ObjectNodes[i]->ComputeVisibleSet(
                            Culler, bNoCull, dAppTime);
            }
        }
    }
    else
    {
        if (m_pStaticRoot)
        {
            m_pStaticRoot->ComputeVisibleSet(Culler, bNoCull, dAppTime);
        }
        for (unsigned int i = 0; i < m_pDynamic.GetNum(); i++)
        {
            if (m_pDynamic[i])
            {
                m_pDynamic[i]->ComputeVisibleSet(
                            Culler, bNoCull, dAppTime);
```

            }
          }
        }
      }

11.4.2　入口算法简介和潜在的可见集合*

　　这里不打算详细介绍入口算法，只是简单说明一下。还有，这里介绍的是手动设置入口，而不是自动生成入口，感兴趣的读者可以自行查看相关资料，自动生成。现在开源的游戏引擎很少能看见入口的身影，不过作者始终认为入口算法是一种高效的室内场景管理方法，只不过自动生成入口没那么容易，对技术的要求比较高，而手动生成的入口对制作场景的人要求十分严格，一个环节出错，就可能导致有些物体不可见了。

　　本质上入口算法并不复杂，它是图的遍历算法，每个房间或者空间可以简化成图的每个节点，如果门或者窗户之类的通道可见，房间里的物体才可见，这些通道就是图中的边，而且一个通道至少连接两个房间或者空间。

　　图 11.18 所示是一个室内场景。首先要做的一步是要划分出空间和通道，不同的划分方法可能结果不同。

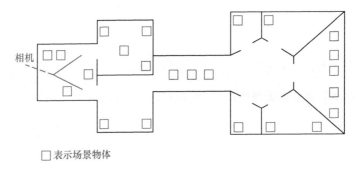

图 11.18　一个室内场景

　　第一种划分方法如图 11.19 所示，一共划分出 10 个区域空间，每两个相连接的区域之间都有一个通道。

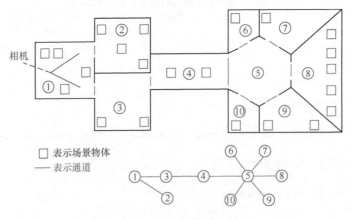

图 11.19　第一种划分方法

第二种划分方法如图 11.20 所示。它和第一种划分方法的区别在于通道的地方。可以看出，不同划分方法的结果是不同的。划分方法越粗略，裁剪效果越不好；划分方法越精细，裁剪效果越好，但同时图的遍历层次越多。

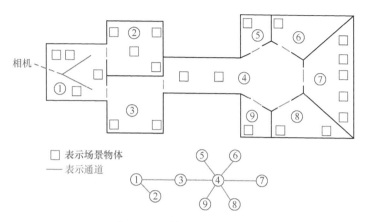

图 11.20　第二种划分方法

一旦确定好划分方法后，首先要做的就是可见物体的空间归类，也就是确定每个物体到底属于哪个空间，然后要做的就是判定一个空间里有几个通道，最后判定一个通道所连接的空间是哪两个。

这里以第一种方法为例来解释上面 3 个步骤。

在图 11.21 中，用序号标记空间、物体、通道。归类结果如图 11.22 所示。

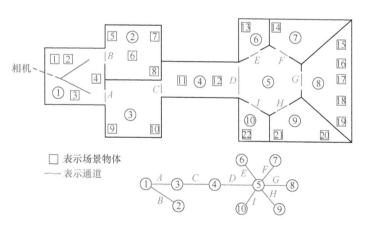

图 11.21　标识空间、物体和通道

可以看出，空间 1 里面包含 4 个物体，分别为 1、2、3、4，包含两个通道 A、B；空间 2 里面包含物体 5、6、7、8，通道 B，依次类推。而通道 A 连接两个空间，分别为 1、3；通道 B 连接两个空间，分别为 1、2，依次类推。一旦这样的数据结构建立起来，就可以根据当前相机来对整个场景进行裁剪。

空间标识是在编辑器里面由设计师手动完成的，通道标识也是如此，而且还要指明连接的空间。空间所包含的物体，可以通过空间的 AABB 是否包含物体的 AABB 来确定。其实这个划分过程要求设计师非常熟悉自己设计的场景，否则就会出现问题。

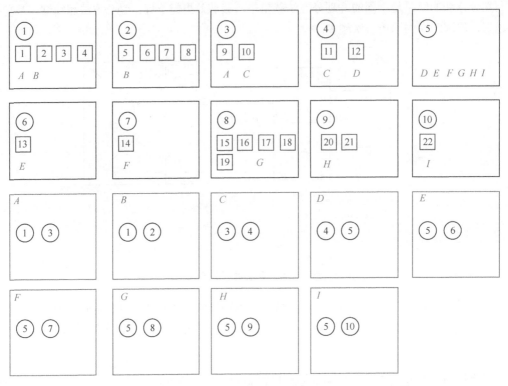

图 11.22　归类结果，其中带圆圈的数字表示空间，字母表示通道

一旦这样的数据结构建立起来，对整个场景的裁剪也就很容易了。下面是基本思路。

（1）从当前空间出发。

（2）如果这个空间没有被访问过，这个空间可见，那么这个空间内的所有物体可见，并标记物体已访问过。

（3）遍历这个空间里面所有的通道，如果通道在相机体内，则跳到第（4）步。

（4）遍历这个通道所有的空间，回退到第（2）步。

上面就是整个入口算法的过程，本质上入口是潜在可见集（Potentially Visible Set，PVS）的一种，用于计算潜在相机可见的集合。这种方法需要进行大量的预处理，它会根据不同精度，对空间进行采样，判断当前可见的物体集合，然后用文件存放起来。如果相机在当前采样点上，就调出可见集合。因为它的预处理是离线模式，所以它利用大量的时间，甚至用很高精度的光线追踪来计算哪些物体是可见的。简单的实现方式如下。

首先，把整个场景的 AABB 划分成 mnl 个空间（小空间是长方体，m、n、l 的个数取决于长方体的大小（长、宽、高），m、n、l 越大说明空间的精度越低，实际上，mnl 已经是一个三维的数组，每个索引都对应一个潜在的可见集合。然后，利用光线追踪碰撞的方法来计算视点在每个小立方体中所有可见物体的集合。Unity 5 里面使用了 PVS 的方法，它也是离线的预计算，至于它是用第三方库还是自己实现的，对算法细节有兴趣的读者可以查阅相关资料。

11.5 光源

本引擎一共有 4 种光源,分别是天光、方向光、点光源、聚光灯。它们的关系如图 11.23 所示。

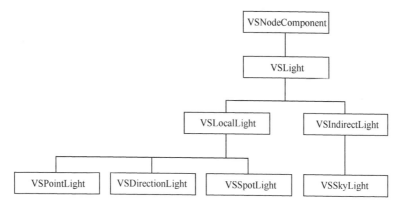

图 11.23 光源的继承关系

VSCuller 类的代码如下。

```
class VSGRAPHIC_API VSCuller : public VSMemObject
{
    FORCEINLINE unsigned int GetLightNum()const;
    FORCEINLINE VSLight *GetLight(unsigned int i)const;
    FORCEINLINE void ClearLight();
    void InsertLight(VSLight *pLight);
    bool HasLight(VSLight *pLight);
    VSArray<VSLight *> m_LightSet;
}
```

VSCuller 里面的 m_LightSet 存储可见光源信息,根据名字我们就知道其中的函数的作用,实现的代码就不列出来了。

```
class VSGRAPHIC_API VSLight : public VSNodeComponent
{
    enum       //光源类型
    {
        LT_POINT,
        LT_SPOT,
        LT_DIRECTION,
        LT_SKY,
        LT_MAX
    };
    //更新光源
    virtual void UpdateAll(double dAppTime);
    //返回光源类型
    virtual unsigned int GetLightType()const = 0;
    //判断这个光源是否影响这个 VSGeometry
    virtual bool IsRelative(VSGeometry *pGeometry);
    //对光源进行裁剪,判断光源是否可见
    virtual bool Cullby(VSCuller & Culler);
    //得到光源的光照范围
    virtual void GetLightRange() = 0;
    //更新光源位置信息
```

```cpp
    virtual void UpdateTransform(double dAppTime);
};
```

VSLight 是纯虚基类,大部分函数由子类去实现。基类的 IsRelative 只是简单判断了网格是否接受光照,子类可以继承这个函数,来处理不同光源和网格之间的关系,Cullby 函数仅仅把光源添加进 VSCuller 的光照列表中,而子类要通过判断光源的包围盒是否可见再决定是否加入 Culler。若和其他节点一样,更新之后要把 m_bEnable 设置成 false。每个光源还都要重写 GetLightRange,计算新的照射范围,一旦变换信息改变,则要调用 GetLightRange。

```cpp
bool VSLight::IsRelative(VSGeometry *pGeometry)
{
    if(pGeometry->GetMeshNode()->m_bLighted)
    {
        return true;
    }
    else
    {
        return false;
    }
    return true;
}
bool VSLight::Cullby(VSCuller & Culler)
{
    m_bEnable = true;
    Culler.InsertLight(this);
    return true;
}
void VSLight::UpdateAll(double dAppTime)
{
    VSNode::UpdateAll(dAppTime);
    m_bEnable = false;
}
void VSLight::UpdateTransform(double dAppTime)
{
    if (m_bIsChanged)
    {
        GetLightRange();
    }
    VSNodeComponent::UpdateTransform(dAppTime);
}
```

11.5.1 间接光

VSIndirectLight 表示间接光,也是一个虚基类,本引擎没有实现光照贴图(light map),而实时模拟的间接光照也没有实现。根据图 11.23 中的继承关系可知,只有一个天光(VSSkyLight)继承自 VSIndirectLight,这里用天光来模拟间接光,其他的光源都是局部光照,在卷 2 关于渲染的章节中会详细讲到。

这里给间接光也添加了照射范围,这个范围是一个矩形。GetLightRange 计算间接光的 Bound(m_WorldRenderBV),每次设置都会重新计算包围盒。为了避免照射范围过小,加入了范围的限制。

```cpp
class VSGRAPHIC_API VSIndirectLight : public VSLight
{
    virtual bool Cullby(VSCuller & Culler);
    virtual void SetLocalScale(const VSVector3 & fScale);
    virtual void SetLocalRotate(const VSMatrix3X3 & Rotate);
    virtual void SetLocalTransform(const VSTransform & LocalTransform);
    virtual void SetLocalMat(const VSMatrix3X3W VSMat);
    FORCEINLINE void SetRange(VSVector3 & Range)
    {
       m_Range.x = Range.x > 1.0f ? Range.x : m_Range.x;
       m_Range.y = Range.y > 1.0f ? Range.y : m_Range.y;
       m_Range.z = Range.z > 1.0f ? Range.z : m_Range.z;
       GetLightRange();
    }
protected:
    //照射范围
    VSVector3 m_Range;
    //计算包围盒
    virtual void GetLightRange();
    //包围盒
    VSAABB3 m_WorldRenderBV;
};
```

间接光比较特殊，只有位置信息对它起作用，当它挂接到其他节点下时，它不继承旋转和缩放，设置旋转和缩放是没有用的。

```cpp
VSIndirectLight::VSIndirectLight()
{
    m_bInheritScale = false;
    m_bInheritRotate = false;
    m_Range = VSVector3(999999.0f, 999999.0f, 999999.0f);
}
void VSIndirectLight::SetLocalScale(const VSVector3 & fScale)
{
}
void VSIndirectLight::SetLocalRotate(const VSMatrix3X3 & Rotate)
{
}
void VSIndirectLight::SetLocalTransform(const VSTransform & LocalTransform)
{
    VSVector3 Tranlation = LocalTransform.GetTranslate();
    SetLocalTranslate(Tranlation);
}
void VSIndirectLight::SetLocalMat(const VSMatrix3X3W VSMat)
{
    VSVector3 Tranlation = VSMat.GetTranslation();
    SetLocalTranslate(Tranlation);
}
```

GetLightRange()很简单，一旦位置信息改变就要更新包围盒。

```cpp
void VSIndirectLight::GetLightRange()
{
    VSVector3 Pos = GetWorldTranslate();
```

```
            m_WorldRenderBV = VSAABB3(Pos, m_Range.x, m_Range.y, m_Range.z);
}
```

这里对光源的可见性进行裁剪，m_bEnable = true 表示光源是有效的。

```
bool VSIndirectLight::Cullby(VSCuller & Culler)
{
    unsigned int uiVSF = Culler.IsVisible(m_WorldRenderBV, true);
    if (uiVSF == VSCuller::VSF_ALL || uiVSF == VSCuller::VSF_PARTIAL)
    {
        m_bEnable = true;
        Culler.InsertLight(this);
    }
    return true;
}
```

IsRelative 查看节点是否受到这个光源影响。两个包围盒要至少相交才可以。

```
bool VSIndirectLight::IsRelative(VSGeometry * pGeometry)
{
    if (!VSLight::IsRelative(pGeometry))
    {
        return false;
    }
    VSAABB3 GeometryAABB = pGeometry->GetWorldAABB();
    if (GeometryAABB.RelationWith(m_WorldRenderBV) == VSNOINTERSECT)
    {
        return false;
    }
    return true;
}
```

VSSkyLight 和环境光差不多，只不过它不是纯色的，分为上下两个颜色，计算上也和普通环境光叠加有些不同，卷 2 将详细介绍。

```
class VSGRAPHIC_API VSSkyLight : public VSIndirectLight
{
    VSColorRGBA m_UpColor;
    VSColorRGBA m_DownColor;
    virtual unsigned int GetLightType()const
    {
        return LT_SKY;
    }
};
```

11.5.2 局部光

局部光的基类是 VSLocalLight。这个类里面有很多内容，大部分与阴影有关，这里只列出与本节相关的。它里面只有 m_Diffuse 和 m_Specular，光源本质上是没有单独的高光颜色（Specular）的。正常做高光计算都使用光发出的颜色（m_Diffuse），不过有时候游戏用单独的高光颜色可以实现一些特殊效果。

```cpp
class VSGRAPHIC_API VSLocalLight : public VSLight
{
    VSColorRGBA m_Diffuse;
    VSColorRGBA m_Specular;
};
```

接下来就是常见的方向光、点光源和聚光灯，这里的代码也去掉了大部分和本节无关的内容。

```cpp
class VSGRAPHIC_API VSDirectionLight : public VSLocalLight
{
    virtual unsigned int GetLightType()const{return LT_DIRECTION;}
    virtual void GetLightRange();
    VSAABB3 m_WorldRenderBV;
    virtual bool Cullby(VSCuller & Culler);
    virtual bool IsRelative(VSGeometry *pGeometry);
};
class VSGRAPHIC_API VSPointLight : public VSLocalLight
{
    FORCEINLINE void SetRange(VSREAL Range)
    {
        m_Range = Range;
        GetLightRange();
    }
    virtual unsigned int GetLightType()const{return LT_POINT;}
    virtual bool Cullby(VSCuller & Culler);
    virtual bool IsRelative(VSGeometry * pGeometry);
    virtual void GetLightRange();
    VSSphere3 m_WorldRenderBV;
    VSREAL       m_Range;
};
class VSGRAPHIC_API VSSpotLight : public VSLocalLight
{
    FORCEINLINE void Set(VSREAL      Range,
            VSREAL      Falloff,
            VSREAL      Theta,
            VSREAL      Phi)
    {
        m_Range = Range;
        m_Falloff = Falloff;
        m_Theta = Theta;
        m_Phi = Phi;
        GetLightRange();
    }
    virtual unsigned int GetLightType()const{return LT_SPOT;}
    virtual bool Cullby(VSCuller & Culler);
    virtual bool IsRelative(VSGeometry * pGeometry);
    virtual void GetLightRange();
    VSAABB3 m_WorldRenderBV;
    VSREAL     m_Range;
    VSREAL     m_Falloff;
    VSREAL     m_Theta;
    VSREAL     m_Phi;
};
```

这里把 3 个光源都列了出来，它们大同小异。为点光源设置了照射范围之后，就要通过 GetLightRange()函数重新计算包围盒；为聚光灯设置了照射范围和夹角之后，也要通过 GetLightRange()函数重新计算包围盒。点光源的包围盒是球体，聚光灯的包围盒是 AABB，可能大家不理解的是为方向光也添加了包围盒，这是给光源投射函数（LightFunction）使用的，至于为什么，卷 2 会解释。

至于 IsRelative 函数、Cullby 函数，它们的 3 种光源都差不多，只有方向光判断是否是光源投射函数。这里给出点光源和聚光灯的 GetLightRange 的代码并加以讲解，而方向光在讲解光源投射函数的时候介绍。

```
void VSPointLight::GetLightRange()
{
    VSVector3 Point3 = GetWorldTranslate();
    m_WorldRenderBV = VSSphere3(Point3, m_Range);
}
```

点光源的包围盒是球体，计算比较简单。

```
void VSSpotLight::GetLightRange()
{
    VSVector3 Dir, Up, Right;
    GetWorldDir(Dir, Up, Right);
    VSVector3 Point3 = GetWorldTranslate();
    VSREAL R = TAN(m_Phi * 0.5f) * m_Range;
    VSOBB3 Obb(Dir, Up, Right, m_Range * 0.5f, R, R, Point3 + Dir * m_Range * 0.5f);
    m_WorldRenderBV = Obb.GetAABB();
}
```

聚光灯实际是一个锥体，锥体和相机平面位置关系的判断比较复杂，所以要把锥体转换成 OBB。

11.6 相机和光源的更新管理

相机和光源是引擎中最重要的两个节点，它们都继承自 VSNodeComponent，而且都有朝向和位置，也要更新。不过，相机与光源的属性和场景物体并不一样，各自有各自的功能，所以不能用场景管理的方法管理它们。

相机的最终目的是要把在相机体内的物体渲染到同一个目标上，而光源的最终目的是照亮其范围内的物体，而且相机和光源都可以挂接在任意节点上，跟随节点移动。相机与光源的位置更新和物体类似，直接随着场景节点更新。由于相机与光源的特殊性，不得不单独管理，在整个场景更新的时候，要把所有的相机和光源都收集起来。

```
class VSGRAPHIC_API VSSpatial :public VSObject
{
    VSArray<VSLight *> m_pAllLight;
    VSArray<VSCamera *> m_pAllCamera;
};
```

每个节点都会动态地保存当前自己和子节点的光源和相机,每帧遍历的时候都会收集一次。

```cpp
void VSNode::UpdateNodeAll(double dAppTime)
{
    ...
    for (unsigned int i = 0; i < m_pChild.GetNum(); i++)
    {
        if (m_pChild[i])
            m_pChild[i]->UpdateNodeAll(dAppTime);
    }
    UpdateLightState(dAppTime);
    UpdateCameraState(dAppTime);
    ...
}
void VSNode::UpdateLightState(double dAppTime)
{
    if(m_pAllLight.GetNum() > 0)
        m_pAllLight.Clear();
    for(unsigned int i = 0 ; i < m_pChild.GetNum() ; i++)
    {
        if(m_pChild[i])
        {
            if(m_pChild[i]->m_pAllLight.GetNum() > 0)
                m_pAllLight.AddElement(m_pChild[i]->m_pAllLight,
                                0,m_pChild[i]->m_pAllLight.GetNum() - 1);
        }
    }
}
void VSNode::UpdateCameraState(double dAppTime)
{
    if(m_pAllCamera.GetNum() > 0)
        m_pAllCamera.Clear();
    for(unsigned int i = 0 ; i < m_pChild.GetNum() ; i++)
    {
        if(m_pChild[i])
        {
            if(m_pChild[i]->m_pAllCamera.GetNum() > 0)
                m_pAllCamera.AddElement(m_pChild[i]->m_pAllCamera,
                                0,m_pChild[i]->m_pAllCamera.GetNum() - 1);
        }
    }
}
```

而相机和光源就是这次递归的终结者。

```cpp
void VSCamera::UpdateCameraState(double dAppTime)
{
    VSNode::UpdateCameraState(dAppTime);
    m_pAllCamera.AddElement(this);
}
void VSLight::UpdateLightState(double dAppTime)
{
    VSNode::UpdateLightState(dAppTime);
    m_pAllLight.AddElement(this);
}
```

最后,每个场景会收集到这个场景中所有的相机和光源信息。

```cpp
void VSScene::CollectUpdateInfo()
{
    if(m_pAllCamera.GetNum() > 0)
        m_pAllCamera.Clear();
    if(m_pAllLight.GetNum() > 0)
        m_pAllLight.Clear();
    if (m_bIsBuild == false)
    {
        for (unsigned int i = 0; i < m_ObjectNodes.GetNum(); i++)
        {
            if (m_ObjectNodes[i])
            {
                if (m_ObjectNodes[i]->m_pAllLight.GetNum() > 0)
                    m_pAllLight.AddElement(
                                    m_ObjectNodes[i]->m_pAllLight, 0,
                                    m_ObjectNodes[i]->m_pAllLight.GetNum() - 1);
            }
        }
        for (unsigned int i = 0; i < m_ObjectNodes.GetNum(); i++)
        {
            if (m_ObjectNodes[i])
            {
                if (m_ObjectNodes[i]->m_pAllCamera.GetNum() > 0)
                    m_pAllCamera.AddElement(
                                    m_ObjectNodes[i]->m_pAllCamera, 0,
                                    m_ObjectNodes[i]->m_pAllCamera.GetNum() - 1);
            }
        }
    }
    else
    {
        if (m_pStaticRoot)
        {
            if (m_pStaticRoot->m_pAllCamera.GetNum() > 0)
                m_pAllCamera.AddElement(
                                m_pStaticRoot->m_pAllCamera, 0,
                                m_pStaticRoot->m_pAllCamera.GetNum() - 1);
        }
        for (unsigned int i = 0; i < m_pDynamic.GetNum(); i++)
        {
            if (m_pDynamic[i])
            {
                if (m_pDynamic[i]->m_pAllCamera.GetNum() > 0)
                    m_pAllCamera.AddElement(
                                    m_pDynamic[i]->m_pAllCamera, 0,
                                    m_pDynamic[i]->m_pAllCamera.GetNum() - 1);
            }
        }
        if (m_pStaticRoot)
        {
            if (m_pStaticRoot->m_pAllLight.GetNum() > 0)
                m_pAllLight.AddElement(m_pStaticRoot->m_pAllLight, 0,
                        m_pStaticRoot->m_pAllLight.GetNum() - 1);
        }
```

```
                for (unsigned int i = 0; i < m_pDynamic.GetNum(); i++)
                {
                    if (m_pDynamic[i])
                    {
                        if (m_pDynamic[i]->m_pAllLight.GetNum() > 0)
                            m_pAllLight.AddElement(
                                            m_pDynamic[i]->m_pAllLight, 0,
                                            m_pDynamic[i]->m_pAllLight.GetNum() - 1);
                    }
                }
            }
```

至于收集之后怎么用，卷 2 中关于渲染的章节会介绍。

11.7　番外篇——浅谈 Prez、软硬件遮挡剔除*

相机裁剪相对比较粗略，它只是简单地判断包围盒是否在相机体内，并不能完全把不可见物体排除掉，所以像素级别的裁剪算法也出现了——遮挡剔除。要实现遮挡剔除，有两种方法。一种是使用软件光栅化的方法，另一种是用硬件的方法。

基于软件的遮挡剔除其实和基于硬件的遮挡剔除原理一样，只不过前者要模拟整个光栅化过程。基本方法是：判断物体的所有像素是否通过深度测试，如果都没有通过，则这个物体完全不可见。两种方法在处理上的相同点是：渲染的都不是模型网格，而是粗略的包围盒。软件方法用真正的网格肯定得不偿失，硬件方法其实也这样。它们的不同在于：软件算法为了加快速度，不得不用低分辨率来模拟渲染过程，而且投影在模拟渲染平面上的包围盒是不规则的形状，必须通过它在 2D 平面中的 AABB 才能加快每个像素的判断过程（不过不知道现在有没有比这个快的算法）；硬件方法通常要延后一帧来判断，GPU 返回的信息实际上是上一帧执行测试的信息，这样避免过多的 GPU 的等待，毕竟现在 GPU 和 CPU 之间共享数据还是存在瓶颈的。因为所有的信息都是延后一帧的，并且是连续的，所以人类的眼睛其实根本就观察不出来。

其实用不用遮挡剔除之间存在着一种博弈。博弈的地方在于，通过包围盒的粗略裁剪后，没有裁剪的物体渲染花费的时间和遮挡剔除消耗的时间究竟哪个更长，还有不同的遮挡剔除之间谁的效果最好，其实这些问题很难下定论。有可能有一块好的 CPU 和一块很差的 GPU，那么基于软件的遮挡剔除效果很可能比基于硬件的遮挡剔除效果要好。还有一种可能是 CPU 很差，但 GPU 很强，那么用基于硬件的遮挡剔除比基于软件的遮挡剔除要好，还有一种可能是不用遮挡剔除最好。这些不但和硬件有紧密关系，而且和场景的复杂度、当前视角、渲染的方法等也有很大关系。

还有一种被普遍认可的方法就是 EarlyZ，或者叫 PreZ。这种方法渲染原始模型信息，用最简单的着色器，但不输出颜色信息，只输出深度（depth）信息。有了深度信息后，再渲染一次物体，很多不可见的像素就会被排除在外。其实这一过程也并不能加快所有机器的运行速度，虽然增加这一过程后，对像素着色的压力减小，但有些不好的显卡对每次的渲染批次特别敏感，使用 PreZ 很可能并没有带来性能的提升。

不过现在对于 PC 端的显卡来说，PreZ 带来的性能消耗基本微乎其微，对于有些高级的 PC 端显卡，基于硬件的遮挡剔除带来的性能消耗也慢慢降低。作者相信，基于软件光栅化的遮挡剔除如果没有好的算法支撑，必定会被淘汰，随着 GPU 能力的逐渐增强，CPU 和 GPU 之间的数据交换加快，硬件带来的优势越来越明显。

图 11.24 说明了整个过程。这里并不是所有的过程都是必要的，根据不同的场景和硬件，还需要有所取舍，这个图只是为了说明每个过程处于什么位置。

（1）相机裁剪就不多说了，要么基于八叉树、四叉树、二叉树，要么基于入口算法，现在也没什么太好的方法。过滤后的物体集合是 A，一旦开启了硬件遮挡剔除，在相机裁剪阶段就要判断这个物体是否有像素可见，然后得出的物体集合是 B，这两个操作在相机裁剪中最好一起做。

（2）对于很弱的 CPU，如果不进行高级渲染，非透明物体从前向后排序这个过程最好不要用。这个过程要算出距离，然后再排序，速度可想而知，最后弄不好还不如正常渲染。但对于强大的 CPU，如果要进行非常高级的渲染，尤其对像素填充率很高的延迟渲染，排序还是有必要的。排序靠后的物体的某些像素就有可能被排序靠前的物体给遮挡住，从而不渲染排序靠后的物体，提高渲染效率。

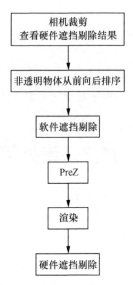

图 11.24　裁剪的整个流程

（3）软件遮挡剔除这个过程要评估后再决定是不是要用。如果算法足够快，可以使用，总之要评估。

（4）就像上面说的，若显卡不好的话，还是不要用 PreZ 了，如果瓶颈在像素填充率上而不是在渲染批次上，那就直接用 PreZ。

（5）硬件的遮挡剔除在渲染之后，其实在 PreZ 之后就可以了。如果没有 PreZ，那么就只能放在渲染之后，这样就有了深度缓冲区（ZBuffer），把集合 A 中物体的粗略包围盒画上去后，就知道集合 A 中物体的像素是否通过深度测试，也就知道集合 A 中的物体是否可见。如果运行 PreZ 不能提升速度，硬件遮挡剔除估计也很难力挽狂澜，所以它们基本上是"难兄难弟"。在这个过程中，注意，正常渲染流程用 B，硬件遮挡剔除用 A。

『 练习 』

1. 图 11.3 中，节点 C 在世界空间中的位置是（4，3），求出点 C 相对于点 A、B 的位置。再算出世界空间原点（0，0）相对于 C 的位置，以及 A 相对于 B 的位置。

2. 用八叉树修改静态场景管理树的结构。

3. 对于室内场景，用入口算法可以大幅加快速度，尝试在场景里面实现入口算法。

示例[①]

示例 11.1

这个示例展示了四叉树管理物体的方式，如图 11.25 所示。Debug 版本可能运行起来会吃力（Debug 版本加了许多调试性的代码），读者尽量用 Release 版本来运行。

```cpp
bool VSDemoWindowsApplication::OnInitial()
{
    VSWindowApplication::OnInitial();
    //建立相机控制器，用来控制相机运动的，在卷 2 中讲解
    m_p1stCameraController = VSObject::GetInstance<VS1stCameraController>();
    //创建相机实体，并把相机控制器加上
    m_pCameraActor = (VSCameraActor *)
            VSWorld::ms_pWorld->CreateActor<VSCameraActor>();
    m_pCameraActor->GetTypeNode()->AddController(m_p1stCameraController);
    //定义相机朝向和透视相关参数
     VSVector3 CameraPos(0.0f, 0.0f, -300.0f);
     VSVector3 CameraDir(0.0f, 0.0f, 1.0f);
     m_pCameraActor->GetTypeNode()->CreateFromLookDir(
            CameraPos, CameraDir);
     m_pCameraActor->GetTypeNode()->SetPerspectiveFov(
            AngleToRadian(90.0f), (m_uiScreenWidth * 1.0f) /
            (m_uiScreenHeight), 1.0f, 80000.0f);
    //创建空地图
    m_pTestMap = VSWorld::ms_pWorld->CreateScene(_T("Test"));
    //创建默认实体
    for (unsigned int y = 0; y < 1; y++)
    {
        for (int z = -RENDER_NUM; z <= RENDER_NUM; z++)
        {
            for (int x = -RENDER_NUM; x <= RENDER_NUM; x++)
            {
                VSWorld::ms_pWorld->CreateActor<VSStaticActor>
                            (VSVector3(x * 400.0f,y * 400.0f,z * 400.0f),
                            VSMatrix3X3::ms_Identity, VSVector3::ms_One,
                    m_pTestMap);
            }
        }
    }
    //创建天光实体
    VSSkyLightActor *pSkyLightActor = (VSSkyLightActor *)
            VSWorld::ms_pWorld->CreateActor<VSSkyLightActor>(
            VSVector3::ms_Zero, VSMatrix3X3::ms_Identity,
            VSVector3::ms_One, m_pTestMap);
    pSkyLightActor->GetTypeNode()->m_DownColor =
            VSColorRGBA(1.0f, 1.0f, 1.0f, 1.0f);
    pSkyLightActor->GetTypeNode()->m_UpColor =
            VSColorRGBA(1.0f, 0.0f, 0.0f, 1.0f);
```

[①] 示例的详细代码参见 GitHub 网站。——编者注

```
        //构建四叉树
        m_pTestMap->GetScene()->Build();
        //把默认地图和测试地图、相机、渲染方式都关联起来
        VSArray<VSString> SceneMap;
        SceneMap.AddElement(_T("Main"));
        SceneMap.AddElement(_T("Test"));
        VSWorld::ms_pWorld->AttachWindowViewFamilyToCamera(m_pCameraActor,
            VSWindowViewFamily::VT_WINDOW_NORMAL,
            _T("WindowUse"), SceneMap,
            VSForwordEffectSceneRenderMethod::ms_Type.GetName().GetBuffer());
        return true;
    }
```

读者可以尝试注释掉 m_pTestMap->GetScene()->Build();，来看看相机裁剪部分的时间变化。

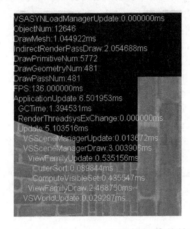

图 11.25 ComputeVisibleSet 表示相机裁剪的时间消耗

第 12 章

模型与贴图

本章主要介绍静态模型，也就是不带骨架的模型。游戏中的模型都是由三角形网格组成的，然后三角形再经过光栅化渲染到屏幕上。大部分模型是借助专门的模型制作软件来制作的，比较知名的有 3D Max、Maya、Blender 等。早期的引擎没有场景编辑器，整个场景都在模型制作软件中完成，然后导出文件，最后引擎读取文件。不过随着游戏行业的发展，这种方式已经不能满足制作的需要，很难保证在模型制作软件中和引擎中的效果一致性，两者的渲染稍有不同，就会导致画面大相径庭。虽然这些模型制作软件支持以插件的形式自定义渲染，但维护两套渲染机制的一致性是要付出代价的。现在模型制作软件基本上以制作模型为主，然后导出文件，引擎读取文件，在引擎中再重新给模型附上材质。

这就让引擎开发者不得不兼容主流的模型编辑软件的文件格式，而且这些文件格式每年都会更新，每个引擎维护一堆导出插件。比如对于 3D Max，就会有 3D Max 2008 导出插件、3D Max 2009 导出插件。这些不间断的更新与维护，也是引擎开发者迫不得已的，毕竟引擎不可能自己制作一个主流的模型编辑软件，只能去兼容它。Adobe 公司发现了这个问题，统一了标准，定制了 FBX 文件格式，无论是用 3D Max 2008 还是 3D Max 2009 导出的 FBX 文件，引擎只要用统一的 FBX SDK 接口就可以读取文件中的数据信息。现在 FBX 已经成为主流的模型和动画文件格式。

3D Max 支持各种导出插件，只要按照它的规范写好，把编译后的插件放在 3D Max 指定的目录下就可以了。一般自研引擎规定好一个目前流行的 3D Max 版本后，不会再为其他版本做插件开发。不过商业引擎除了维护 3D Max 的各种版本插件外，还会维护 Maya 的各种版本插件。本引擎最开始写的是 3D Max 2009 版本的导出插件，在 2013 年支持导入 FBX 文件，废弃了以前 3D Max 2009 的插件形式。

12.1 法线与切线空间

在游戏开发圈子里面，无论是美术人员还是程序开发人员，大家都已经接受了法线贴图的概念，但真正了解它作用机理的人其实并没有多少，根本原因在于这个东西其实是很难用三言两语说清楚的。从制作法线贴图到在着色器里面如何使用都有了严格的标准，所以不需要了解太多。

由于没有太多人写过导出插件，以至于开发人员都不关心着色器代码里面的 TBN（Tangent Binormal Normal）矩阵的具体细节，大部分图形程序员只知道它是切空间（TangentSpace）到模型空间（LocalSpace）的变换矩阵，但计算 TBN 矩阵并不容易。

法线贴图只存放方向数据。其实贴图里面可以存放任何数据，只不过我们看到的是用颜色表现出来的效果。有经验的技术美术人员会自己生成贴图里面的数据，然后实现各种着色器效果，逐渐丰富经验，根据贴图呈现的颜色就能知道这些数据的作用，甚至可能出现的变化。我们只需要知道，贴图里面存放的都是数据，只不过这些数据根据不同的需要有着不同的意义。

很多贴图里面的数据是程序动态生成的，因为这些贴图数据不是固定的，要根据游戏变化动态生成，所以一般不能由美术人员来生成。然而，这并不是说非动态的数据就要由美术人员来生成，这要看数据的表达是否足够直观，直观的并且容易生成的数据完全就可以由美术人员来生成。比如，制作海水效果的时候，要用傅里叶变换计算每帧的波形。这个时候可以把计算结果存放在贴图中，然后在着色器中用于渲染，这种每帧都会变化的数据大部分由程序来生成；蒙版（mask）贴图这种固定模式的表现形式一般由美术人员来制作，而且美术人员通过颜色就能直观判断出来呈现的效果。法线贴图或者 Flow Map 一般由美术人员用工具制作，最后在贴图里面生成数据。

法线贴图用于弥补三角形网格密度不足造成的细节缺失，它把高模里面精细的三角网格点的向量存放到了贴图里面。但直接把这些向量存放到贴图里面会导致一个问题，就是贴图不能够复用。举一个最简单的例子：一个立方体有 6 个面，在 6 个面上都雕刻同一个图案，因为 6 个面的朝向不一样，所以每个面的细节图案法线在网格的模型空间下方向都不一样，用 ZBrush 生成细节图案的高模，然后把 6 个面对应的法线存放到贴图里面。非共享状态下法线贴图的 UV 分布如图 12.1 所示。实际上这 6 个面的细节图案法线只是因为每个面的朝向不同而不能复用，这增加了大量的工作。这就好比 6 个模型一样但位置不同的实体，存放实体时肯定会复用模型数据，然后为每个实体单独存放位置信息，为了让模型显示在正确的位置，把模型从模型空间变换到世界空间（world space），变换这个过程的矩阵就是世界变换矩阵。同理，为了复用法线信息，只存放一份信息在贴图里面，就要找到一个空间变换矩阵，让法线从贴图所在的切空间变换到模型空间，这个矩阵就是 TBN 矩阵。

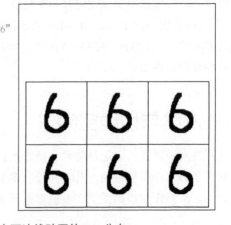

图 12.1　非共享状态下法线贴图的 UV 分布

如果网格在展开 UV 坐标时,并没有出现三角网格交叉复用的情况,本质上是不需要 TBN(Tangent Binormal Normal)矩阵的,但实际上,在现在的模型制作过程中,不出现三角网格交叉复用是几乎不可能的,没有任何美术人员愿意重复画相同的图案。共享状态下法线贴图的 UV 分布如图 12.2 所示。

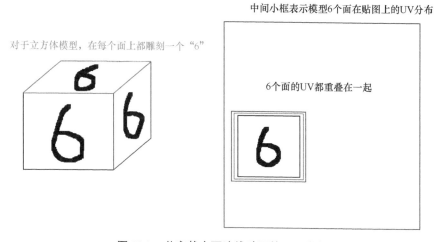

图 12.2　共享状态下法线贴图的 UV 分布

提示

实现过光照贴图的读者可能会有体会,因为要求有光照贴图的模型必须有另一套 UV,这套 UV 要求网格在贴图上展开时不能有交叉重叠区域。因为光照贴图存放的是静态光照信息,不能够复用。这个过程可以由美术人员负责,也可以由引擎自动完成。

实际上,展开 UV 的过程就是把模型面片从模型空间映射到贴图切空间的过程,只要三角形面片的每个顶点都一一对应到贴图上的 2D 顶点(模型空间坐标到切空间的 UV 坐标),如图 12.3 所示。

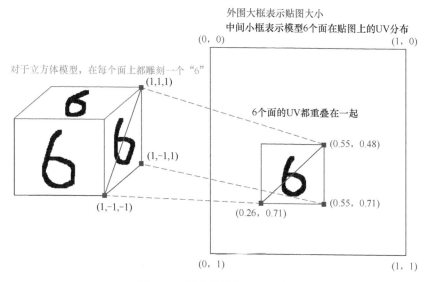

图 12.3　顶点位置和 UV 对应

图 12.4 所示的映射还是比较规范的，大部分三角形映射到切空间后，形状发生了改变，在切空间里面顶点位置可以任意摆放。

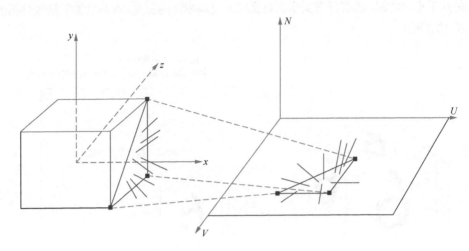

图 12.4 模型空间与切空间之间的映射

三角形（顶点分别为 P_0、P_1、P_2）中任意一点 P 用参数化方程表示是 $P=mP_0 + nP_1 + (1-m-n)P_2$，其中 $0 \leq m, n \leq 1$，并且 $m+n \leq 1$，这是一个线性函数。

要满足在模型空间中 $P=mP_0 + nP_1 + (1-m-n)P_2$，并且切空间中 $T=mT_0 + nT_1 + (1-m-n)T_2$，这里 T_0、T_1、T_2 是 P_0、P_1、P_2 在切空间中对应的点。如果不满足这个条件，T 是算不出结果的。

我们按照这样的映射关系，给定任意一个模型空间上的点，算出任意切空间中的点其实并不难。上面一切都说明 P 和 T 之间的变化其实是线性变换，也就是说，存在一个矩阵 M，$P = TM$，$M=(U,V,N)$。其中 M 是从切空间到模型空间的变换矩阵，U、V、N 是这个矩阵的 3 个行向量，$T=(u, v, n)$，$P = u\boldsymbol{U}+v\boldsymbol{V}+n\boldsymbol{N}$，从这里可以得出 U、V、N 是基向量，M 要是一个正交矩阵。

$$\begin{pmatrix} P_0x & P_0y & P_0z \\ P_1x & P_1y & P_1z \\ P_2x & P_2y & P_2z \end{pmatrix} = \begin{pmatrix} T_0u & T_0v & 0 \\ T_1u & T_1v & 0 \\ T_2u & T_2v & 0 \end{pmatrix} \begin{pmatrix} \boldsymbol{U} \\ \boldsymbol{V} \\ \boldsymbol{N} \end{pmatrix}$$

最后得出 $P=u\boldsymbol{U}+v\boldsymbol{V}$，其中，

$$P_0 = T_0u\boldsymbol{U}+T_0v\boldsymbol{V} \tag{12-1}$$

$$P_1 = T_1u\boldsymbol{U}+T_1v\boldsymbol{V} \tag{12-2}$$

$$P_2 = T_2u\boldsymbol{U}+T_2v\boldsymbol{V} \tag{12-3}$$

由式（12-1）减式（12-2）和式（12-1）减式（12-3），得出

$$P_0 - P_1 = (T_0u - T_1u)\boldsymbol{U} + (T_0v - T_1v)\boldsymbol{V} \tag{12-4}$$

$$P_0-P_2 = (T_0u-T_2u)U+(T_0v-T_2v)V \quad (12\text{-}5)$$

在式（12-4）和式（12-5）中，两个未知数 U、V 是可解的。最后结果为

$$U = [(P_0 - P_1)(T_0v - T_2v) - (P_0 - P_2)(T_0v - T_1v)] /$$

$$[(T_0u - T_1u)(T_0v - T_2v) - (T_0u - T_2u)(T_0v - T_1v)]$$

$$V = [(P_0 - P_1)(T_0u - T_2u) - (P_0 - P_2)(T_0u - T_1u)] /$$

$$[(T_0u - T_1u)(T_0v - T_2v) - (T_0u - T_2u)(T_0v - T_1v)]$$

但由这个方程无法解出 N 分量，这里可通过以下两种方法算出 N。

在第一种方法中，U、V、N 这 3 个向量是基向量，必定两两正交，所以通过叉乘算出 N，经过正交化公式重新计算 U、V、N 使其正交。

第二种是以模型空间的 3 个点所在面的法向量作为 N，然后单位正交化 U、V、N，这时 U、V、N 两两正交。

第一种方法中 U、V 叉乘得出的 N 和第二种方法中面的法向量 N 是同一个。仔细看 U、V 两个向量并没有离开当前模型空间所在的平面，所以由它们的叉乘得到的结果还是面的法线。

把 U 的等式分解并化简，可得

$$U = m(P_0 - P_1) - n(P_0 - P_2)$$

其中，$m = (T_0v - T_2v) / [(T_0u - T_1u)(T_0v - T_2v) - (T_0u - T_2u)(T_0v - T_1v)]$；$n = (T_0v - T_1v) / [(T_0u - T_1u)(T_0v - T_2v) - (T_0u - T_2u)(T_0v - T_1v)]$。

再化简，可得

$$U = L_0 - L_1, \quad L_0 = m(P_0 - P_1) \quad L_1 = n(P_0 - P_2)$$

由于 T 的关系，系数 m 和 n 正负都有可能，图 12.5 所示的 L_0 和 $P_0 - P_1$ 反向。当然，也可能同向，不过最后算出的 U 都在 P_0、P_1、P_2 所在的平面。同理，V 也这样，所以上面说 N 是面的法线也不足为奇。

不过业界都把 UVN 称为 TBN，实际上二者是一个意思。当然，上面只是一种解题思路，网上常见的还有用投影的方法和用偏微分求导的方法，其实它们都有异曲同工之妙。

最后要解决的就是 TBN（UVN）的正交化。只有经过正交化后，TBN 才变成了正交基向量，这样由 T、B 和 N 才可以表示空间中的所有向量。图 12.6 所示为正交化公式。

其中 α_1、α_2、α_3 就是这里的 TBN，那么新的 TBN 就是 β_1、β_2、β_3。这个公式支持 n 维向量。

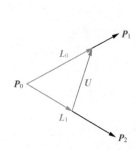

图 12.5　U 向量与 P_1、P_2、P_3 的关系

$$\beta_1 = \alpha_1$$
$$\beta_2 = \alpha_2 - \frac{(\alpha_2, \beta_1)}{(\beta_1, \beta_1)}\beta_1$$
$$\beta_3 = \alpha_3 - \frac{(\alpha_3, \beta_1)}{(\beta_1, \beta_1)}\beta_1 - \frac{(\alpha_3, \beta_2)}{(\beta_2, \beta_2)}\beta_2$$
$$\vdots$$
$$\beta_r = \alpha_r - \frac{(\alpha_r, \beta_1)}{(\beta_1, \beta_1)}\beta_1 - \frac{(\alpha_r, \beta_2)}{(\beta_2, \beta_2)}\beta_2 - \cdots - \frac{(\alpha_r, \beta_{r-1})}{(\beta_{r-1}, \beta_{r-1})}\beta_{r-1}$$

图 12.6　施密特正交化

12.2　引擎中的网格结构

网格是直接被渲染的目标，每个模型都由一个或者多个网格组成。而网格里面要包含顶点信息和索引信息。根据不同的拓扑结构，网格可以分成点、线、三角形。

12.2.1　数据缓冲区、顶点、网格

图 12.7 所示为引擎中顶点数据的类结构，而无论是顶点信息还是索引信息，实际上都是数据缓冲区（DataBuffer），顶点信息里面包含位置、UV、法线等多个数据缓冲区，索引一般只包含一个缓冲区——里面只存放索引信息。

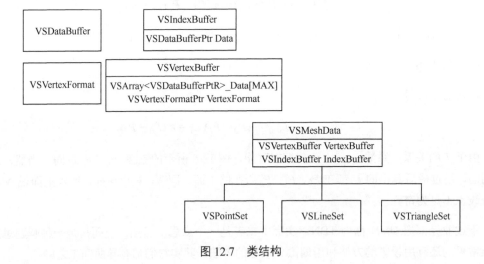

图 12.7　类结构

数据缓冲区的定义如下。

```
class VSGRAPHIC_API VSDataBuffer : public VSObject
{
        enum    //数据类型
        {
            DT_FLOAT32_1,//32 位浮点数在寄存器中扩展为(value1, 0, 0, 1)
            DT_FLOAT32_2,//两个 32 位浮点数在寄存器中扩展为(value1, value2, 0, 1)
            DT_FLOAT32_3,//3 个 32 位浮点数在寄存器中扩展为
```

```cpp
            //(value1, value2, value3, 1)
            DT_FLOAT32_4,//4个32位浮点数在寄存器中扩展为
            //(value1, value2, value3, value4)
……
            DT_FLOAT16_4,//4个16位浮点数
            DT_COLOR,
            DT_MAXNUM
        };
    public:
        inline unsigned int GetDT()const{return m_uiDT;}
        inline unsigned int GetStride()const{return ms_uiDataTypeByte[m_uiDT];}
        inline unsigned int GetChannel()const{return ms_uiDataTypeChannel[m_uiDT];}
        inline unsigned int GetNum()const{return m_uiNum;}
        inline unsigned int GetSize()const{return GetStride() * m_uiNum;}
        inline void *GetData()const {return m_pData;}
        //如果添加的数据通道数大于规定数则返回0
        bool SetData(const void *pData,unsigned int uiNum,unsigned int uiDT);
        //如果添加的数据通道数大于规定数则返回0
        bool AddData(const void *pData,unsigned int uiNum,unsigned int uiDT);
        bool CreateEmptyBuffer(unsigned int uiNum,unsigned int uiDT);
        static unsigned int ms_uiDataTypeByte[DT_MAXNUM];
        static unsigned int ms_uiDataTypeChannel[DT_MAXNUM];
    protected:
        unsigned int m_uiDT;
        unsigned int m_uiNum;
        unsigned char *m_pData;
        unsigned int m_uiSize;
};
```

VSDataBuffer 类实际是一个存放数据的数组,需要标注数据格式和每个数据里面通道(channel)的个数。

枚举类型 DataType 定义了很多数据格式,基本上根据字面意思就可以知道数据格式的含义,比如 DT_FLOAT32_3 表示有符号浮点型,它有 3 个通道。带"U"字母的表示无符号的类型,带"N"字母的表示在着色器里面它会被归一化,例如 DT_SHORT4N 表示有符号短整型,有 4 个通道,并且在着色器中每个分量都会归一化(除以 32767),转换为-1~1 的值。

提示

OpenGL 是否支持自动归一化转换就不是很清楚了,但 DirectX 是支持这种转换的。

m_uiDT 表示数据类型,m_uiNum 表示数据元素个数,m_pData 表示数据基地址,m_uiSize 表示数据量大小。

顶点信息包含了顶点格式和顶点各个部分的数据。

```cpp
class VSGRAPHIC_API VSVertexFormat : public VSBind
{
    Enum //顶点格式类型
    {
        VF_POSITION,
        VF_TEXCOORD,
```

```cpp
        VF_NORMAL,
        VF_TANGENT,
        VF_BINORMAL,
        VF_PSIZE,
        VF_COLOR,
        VF_FOG,
        VF_DEPTH,
        VF_BLENDWEIGHT,
        VF_BLENDINDICES,
        VF_MAX
    };
    struct VERTEXFORMAT_TYPE
    {
        UINT OffSet;
        UINT DataType;
        UINT Semantics;
        UINT SemanticsIndex;
    };
    VSArray<VSVertexFormat::VERTEXFORMAT_TYPE> m_FormatArray;
};
```

提示

这里引入了一个 VSBind 类，卷 2 讲渲染的时候会详细介绍。现在只要知道凡是和底层 API 资源绑定的类都要继承自 VSBind 即可。

VSVertexFormat 表示顶点格式类，顶点格式是一个包含数据语义的数组，它表示顶点数据包含哪些数据信息。顶点格式类型（vertex format type）枚举列出了都有哪些语义，包括顶点位置、纹理坐标、法线、切线、点大小、颜色、蒙皮索引、蒙皮权重等。VF_FOG 是用于固定管线的，可编程管线不再用了，由于引擎的历史原因就还保留着。

在顶点格式元素里，OffSet（偏移量）表示每个顶点数据元素的分量偏移，DataType 表示每个顶点数据元素的分量数据类型，Semantics 表示每个顶点数据元素的分量语义信息，SemanticsIndex 表示每个顶点数据元素的分量语义索引。一般来讲，顶点格式要和顶点着色器（vertex shader）里面顶点结构的定义一一对应，否则编译着色器会给出警告或者错误提示。

举个例子：如果一个顶点数据元素包含了 float3 的平移信息、float2 的纹理坐标信息、float3 的法线信息、32 位的颜色信息、float2 的光照贴图纹理坐标信息，那么它的顶点格式中每个元素的分量如表 12.1 所示。

表 12.1　顶点格式中每个元素的分量

每个元素的分量	OffSet	DataType	Semantics	SemanticsIndex
float3 的平移信息	0	DT_FLOAT32_3	VF_POSITION	0
float2 的纹理坐标信息	12	DT_FLOAT32_2	VF_TEXCOORD	0
float3 的法线信息	20	DT_FLOAT32_3	VF_NORMAL	0
32 位的颜色信息	32	DT_COLOR	VF_COLOR	0
float2 的光照贴图纹理坐标信息	36	DT_FLOAT32_2	VF_TEXCOORD	1

float2 的纹理坐标信息的 OffSet 实际上就是位置信息数据的末地址，为 3×4（每个浮点型数据占 4 字节）=12。里面有两个纹理坐标，所以第一个 SemanticsIndex 为 0，第二个 SemanticsIndex 为 1。

如果用这些信息创建顶点缓冲区，每个顶点元素包含 5 个分量，其中纹理坐标为两层，每个顶点大小为 12 字节+8 字节+12 字节+4 字节+8 字节=44 字节。

顶点缓冲区的定义如下。

```
class VSGRAPHIC_API VSVertexBuffer : public VSBind
{
    VSVertexBuffer(bool bIsStatic);
    VSVertexBuffer(VSArray<VSVertexFormat::VERTEXFORMAT_TYPE>& FormatArray,
        unsigned int uiNum);
    virtual ~VSVertexBuffer();
    bool SetData(VSDataBuffer *pData,unsigned int uiVF);
    inline VSDataBuffer *GetData(unsigned int uiVF,unsigned int uiLevel)const;
    inline unsigned int GetLevel(unsigned int uiVF)const;
    inline unsigned int GetVertexNum()const;
    bool GetVertexFormat(VSArray<VSVertexFormat::VERTEXFORMAT_TYPE> &FormatArray);
    inline VSVertexFormat *GetVertexFormat()const;
    inline unsigned int GetOneVertexSize()const;
    virtual unsigned int GetByteSize()const;
    unsigned int GetSemanticsNum(unsigned int uiSemantics)const;
    unsigned int GetSemanticsChannel(unsigned int uiSemantics,
        unsigned int uiLevel)const;
    unsigned int GetSemanticsDataType(unsigned int uiSemantics,
        unsigned int uiLevel)const;
    protected:
    VSVertexBuffer();
    VSArray<VSDataBufferPtr> m_pData[VSVertexFormat::VF_MAX];
    unsigned int m_uiVertexNum;
    unsigned int m_uiOneVertexSize;
    VSVertexFormatPtr m_pVertexFormat;
};
```

其中，VSVertexBuffer 表示顶点信息类；m_pData 存放顶点数据信息；m_uiVertexNum 表示顶点个数，所有的数据缓冲区里面包含的元素个数都要和顶点个数相等；m_uiOneVertexSize 表示每个顶点数据的大小；SetData 与 GetData 分别设置和取出对应语义层的数据；GetSemanticsNum 得到对应语义层数；GetSemanticsChannel 得到对应语义层的通道个数；GetSemanticsDataType 得到对应语义层的数据类型。

在上面的例子中，纹理坐标为两层，其他的都只有一层。

索引数据的定义如下。

```
class VSGRAPHIC_API VSIndexBuffer : public VSBind
{
    VSIndexBuffer(unsigned int uiNum,unsigned int uiDT = VSDataBuffer::DT_USHORT);
    bool SetData(VSDataBuffer *pData);
```

```cpp
    VSDataBufferPtr m_pData;
    unsigned int m_uiNum;
    unsigned int m_uiDT;
};
```

索引数据定义相对比较简单,毕竟它只有一个数据缓冲区,大部分情况下索引数据类型是 16 位无符号整型,支持 65 536 个顶点。当然,也可以用 32 位无符号整型,这样支持的顶点个数更多。

下面就是网格数据定义。

```cpp
class VSGRAPHIC_API VSMeshData : public VSObject
{
    enum  //网格数据类型
    {
        MDT_POINT,
        MDT_LINE,
        MDT_TRIANGLE,
        MDT_MAX
    };
    virtual unsigned int GetMeshDataType() = 0;
    VSVertexBufferPtr    m_pVertexBuffer;
    VSIndexBufferPtr     m_pIndexBuffer;
};
```

一般网格数据分成点、线以及三角形。

点网格的定义如下。

```cpp
class VSGRAPHIC_API VSPointSet : public VSMeshData
{
    VSPointSet(const VSVector3 & Point,VSREAL fSize);
    bool CreateIndex();
    virtual unsigned int GetMeshDataType(){return MDT_POINT;}
};
```

线网格的定义如下。

```cpp
class VSGRAPHIC_API VSLineSet:public VSMeshData
{
    enum      //点类型
    {
        LT_OPEN,
        LT_CLOSE,
        LT_SEGMENT,
        LT_MAX
    };
    bool CreateIndex(unsigned int uiLineType);
    virtual unsigned int GetMeshDataType(){return MDT_LINE;}
};
```

有非闭合的线、闭合线、线段 3 种类型,根据不同的线类型可以自动生成索引。

三角形网格的定义如下。

```cpp
class VSGRAPHIC_API VSTriangleSet : public VSMeshData
{
```

```
        bool CreateFanIndex();
        virtual unsigned int GetMeshDataType(){return MDT_TRIANGLE;}
};
```

三角形网格支持自动创建扇形三角形模式。

这部分内容涉及 3D 中许多约定俗成的东西，包括上面顶点格式中的偏移量、语义以及线和三角形的几种模式，这些都不再一一地详细讲解。

12.2.2　VSGeometry、VSMeshNode、VSMeshComponent

图 12.8 所示为 VSGeometry、VSMeshNode、VSMeshComponent 的关系，本章只讲解静态网格，所以只提到了 VSStaticMeshNode 和 VSStaticMeshComponent，这两个类和静态网格有关。

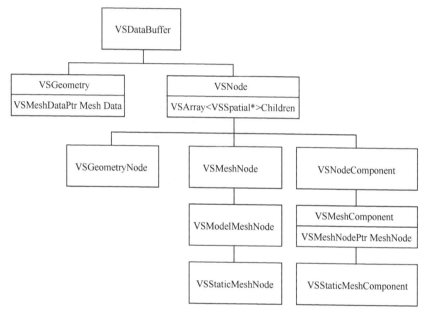

图 12.8　VSGeometry、VSMeshNode、VSMeshComponent 的关系

12.2.1 节介绍了网格数据，承载它的就是 VSGeometry。

```
class VSGRAPHIC_API VSGeometry : public VSSpatial
{
protected:
        void SetMeshData(VSMeshData *pMeshData);
        VSMeshData *GetMeshData()const;
        VSMeshDataPtr m_pMeshData;
        VSAABB3    m_LocalBV;
};
```

VSGeometry 类除了包含第 11 章介绍的局部包围盒外，还包括网格数据和材质数据。当然，里面还有蒙皮数据等很多信息。这些都会在第 13 章中一一介绍，全部代码就不展示了。

每个模型可能会有多个网格，也就是多个 VSGeometry，这些 VSGeometry 都是根据材质分类的，管理这些 VSGeometry 的就是 VSGeometryNode。

VSGeometryNode 类管理所有 VSGeometry，GetGeometry 函数获得所有 VSGeometry，GetNormalGeometry 函数获得当前所有可用于正常渲染的 VSGeometry。当然，还有一部分 VSGeometry 用于非正常渲染。比如，用来渲染阴影体的 VSGeometry 也会作为这个类的子节点，卷 2 将详细讲解相关内容。VSGeometryNode 是直接挂接在 VSMeshNode 下的，根据网格的类别，分为外部模型导入的和在编辑器中创建的。

```
class VSGRAPHIC_API VSGeometryNode : public VSNode
{
    VSGeometry *GetGeometry(unsigned int i);
    VSGeometry *GetNormalGeometry(unsigned int index);
    unsigned int GetNormalGeometryNum();
    VSMorphSetPtr m_pMorphSet;
};
```

VSMeshNode 只是维护了一些基本状态，如是否接受投影、是否投射阴影、是否接受光照等信息。

```
class VSGRAPHIC_API VSMeshNode : public VSNode,public VSResource
{
    bool m_bReceiveShadow;
    bool m_bCastShadow;
    bool m_bLighted;
    bool m_bIsDrawBoundVolume;
    unsigned int m_uiRenderGroup;
};
```

VSModelMeshNode 为外部模型导入的情况，这个类主要是管理网格 LOD 信息，分为静态 LOD 和动态 LOD，第 13 章会详细讲解相关内容。非外部模型导入的情况，例如地形与地形 LOD，会在卷 2 中讲解。

```
class VSGRAPHIC_API VSModelMeshNode : public VSMeshNode
{
    enum     //LOD 类型
    {
        LT_NONE,
        LT_DLOD,
        LT_CLOD,
        LT_MAX
    };
    virtual void CreateClodMesh();
    virtual bool SetLodDesirePercent(VSREAL fDesirePercent);
    virtual VSSwitchNode *GetDlodNode()const;
    virtual VSGeometryNode *GetGeometryNode(unsigned int uiLodLevel);
    unsigned int m_uiLodType;
};
```

VSStaticMeshNode 继承自 VSModelMeshNode，表示静态模型，在第 9 章中讲述过。从 FBX 文件中把模型数据读取出来，另存为 VSStaticMeshNode 类的文件就是静态模型资源。有了资源就要有相应的实例，VSMeshComponent 就是对应的实例类。

```
class VSGRAPHIC_API VSMeshComponent : public VSNodeComponent
{
    VSMeshNodePtr m_pNode;
};
```

VStaticMeshComponent 里面维护了对应的静态模型资源和其实例,当设置相应的资源后,就会通过异步加载创建实例。如果没有指定任何资源,则会用引擎默认的静态网格资源来创建实例。

```
class VSGRAPHIC_API VStaticMeshComponent : public VSMeshComponent
{
    void SetStaticMeshResource(VSStaticMeshNodeR *pStaticMeshResource);
    VSStaticMeshNode *GetStaticMeshNode();
    virtual void LoadedEvent(VSResourceProxyBase *pResourceProxy);
    virtual void PostCreate();
    VSStaticMeshNodeRPtr m_pStaticMeshResource;
};
```

一个不带 LOD 的 VSStaticMeshComponent 里面基本包括的信息如图 12.9 所示。

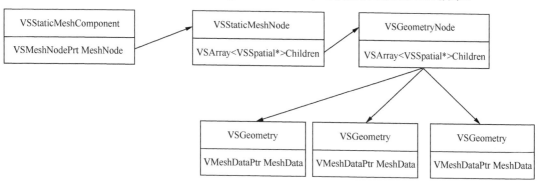

图 12.9　不带 LOD 的 VSStaticMeshComponent 的结构

12.2.3　一个完整网格的创建过程

许多网格并不是从外部导入的模型资源,需要手动创建,作者以引擎中默认的网格为例来讲解这个过程。

如果没有提供资源,那么创建的实例使用引擎内置的默认资源。在第 11 章的示例程序创建了很多立方体,立方体就是默认的静态模型资源。

VSGeometry 中提供 5 种默认的网格形状,分别是 4 个点的正方形(ms_Quad)、8 个点的立方体(ms_DefaultCub)、5 个点的锥体(ms_DefaultCubCone)、更多点的锥体(ms_DefaultCone)、24 个点的立方体(ms_DefaultRenderCube)。这里只讲解 24 个点的立方体,也就是默认静态网格资源。

```
class VSGRAPHIC_API VSGeometry : public VSSpatial
{
    static void LoadDefault();
    static VSPointer<VSGeometry> ms_Quad;
    static VSPointer<VSGeometry> ms_DefaultCub;
    static VSPointer<VSGeometry> ms_DefaultCubCone;
    static VSPointer<VSGeometry> ms_DefaultCone;
    static VSPointer<VSGeometry> ms_DefaultRenderCube;
    static bool InitialDefaultState();
    static bool TerminalDefaultState();
};
```

初始化和销毁过程如下。

```cpp
bool VSGeometry::InitialDefaultState()
{
    …
    ms_DefaultRenderCube = VS_NEW VSGeometry();
    if (!ms_DefaultRenderCube)
    {
        return false;
    }
    LoadDefault();
    return 1;
}
bool VSGeometry::TerminalDefaultState()
{
    …
    ms_DefaultRenderCube = NULL;
    return 1;
}
void VSGeometry::LoadDefault()
{
    //省略创建其他模型的代码
    {
        //首先创建顶点信息的数组,用于存放顶点信息,
        //这个立方体只有顶点位置、纹理坐标、法线
        VSArray<VSVector3> VertexArray;
        VSArray<VSVector2> TexCoordArray;
        VSArray<VSVector3> NormalArray;
        //索引用的无符号短整型
        VSArray<VSUSHORT_INDEX> IndexArray;
        //分别为立方体6个面添加顶点位置、UV、法线
        //添加立方体前表面
        VertexArray.AddElement(VSVector3(-1.0f, 1.0f, 1.0f));
        VertexArray.AddElement(VSVector3(1.0f, 1.0f, 1.0f));
        VertexArray.AddElement(VSVector3(1.0f, -1.0f, 1.0f));
        VertexArray.AddElement(VSVector3(-1.0f, -1.0f, 1.0f));
        TexCoordArray.AddElement(VSVector2(0.0f, 0.0f));
        TexCoordArray.AddElement(VSVector2(0.0f, 1.0f));
        TexCoordArray.AddElement(VSVector2(1.0f, 1.0f));
        TexCoordArray.AddElement(VSVector2(1.0f, 0.0f));
        NormalArray.AddElement(VSVector3(0.0f, 0.0f, 1.0f));
        NormalArray.AddElement(VSVector3(0.0f, 0.0f, 1.0f));
        NormalArray.AddElement(VSVector3(0.0f, 0.0f, 1.0f));
        NormalArray.AddElement(VSVector3(0.0f, 0.0f, 1.0f));
        …
        //添加立方体下表面
        VertexArray.AddElement(VSVector3(1.0f, -1.0f, 1.0f));
        VertexArray.AddElement(VSVector3(-1.0f, -1.0f, 1.0f));
        VertexArray.AddElement(VSVector3(-1.0f, -1.0f, -1.0f));
        VertexArray.AddElement(VSVector3(1.0f, -1.0f, -1.0f));
        TexCoordArray.AddElement(VSVector2(0.0f, 0.0f));
        TexCoordArray.AddElement(VSVector2(0.0f, 1.0f));
        TexCoordArray.AddElement(VSVector2(1.0f, 1.0f));
```

```cpp
    TexcoordArray.AddElement(VSVector2(1.0f, 0.0f));
    NormalArray.AddElement(VSVector3(0.0f, -1.0f, 0.0f));
    NormalArray.AddElement(VSVector3(0.0f, -1.0f, 0.0f));
    NormalArray.AddElement(VSVector3(0.0f, -1.0f, 0.0f));
    NormalArray.AddElement(VSVector3(0.0f, -1.0f, 0.0f));
    //添加索引信息，添加时候应注意，本引擎是左手坐标系，否则背面裁剪会导致这个面不可见
    //添加立方体前表面三角形的索引
    IndexArray.AddElement(0);
    IndexArray.AddElement(2);
    IndexArray.AddElement(1);
    IndexArray.AddElement(0);
    IndexArray.AddElement(3);
    IndexArray.AddElement(2);
    ...
    //添加立方体下表面三角形的索引
    IndexArray.AddElement(20);
    IndexArray.AddElement(21);
    IndexArray.AddElement(22);
    IndexArray.AddElement(20);
    IndexArray.AddElement(22);
    IndexArray.AddElement(23);
    //分别创建位置、UV、法线的VSDataBuffer，并把上面的数据填充进去
    VSDataBufferPtr  pVertexData = VS_NEW VSDataBuffer;
    pVertexData->SetData(&VertexArray[0], (unsigned int)VertexArray.GetNum(),
        VSDataBuffer::DT_FLOAT32_3);
    VSDataBufferPtr pTexCoord = VS_NEW VSDataBuffer;
    pTexCoord->SetData(&TexCoordArray[0], TexCoordArray.GetNum(),
        VSDataBuffer::DT_FLOAT32_2);

    VSDataBufferPtr   pNormalData = VS_NEW VSDataBuffer;
    pNormalData->SetData(&NormalArray[0], (unsigned int)NormalArray.GetNum(),
        VSDataBuffer::DT_FLOAT32_3);
    //创建索引的数据缓冲区，并把索引信息填进去
    VSDataBufferPtr pIndex = VS_NEW VSDataBuffer;
    pIndex->SetData(&IndexArray[0], (unsigned int)IndexArray.GetNum(),
        VSDataBuffer::DT_USHORT);
    //创建顶点缓冲区
    VSVertexBufferPtr pVertexBuffer = VS_NEW VSVertexBuffer(true);
    pVertexBuffer->SetData(pVertexData, VSVertexFormat::VF_POSITION);
    pVertexBuffer->SetData(pTexCoord, VSVertexFormat::VF_TEXCOORD);
    pVertexBuffer->SetData(pNormalData, VSVertexFormat::VF_NORMAL);
    //创建索引缓冲区
    VSIndexBufferPtr pIndexBuffer = VS_NEW VSIndexBuffer();
    pIndexBuffer->SetData(pIndex);
    //创建VSGeometry的网格数据
    VSTriangleSetPtr pTriangleSetData = VS_NEW VSTriangleSet();
    pTriangleSetData->SetVertexBuffer(pVertexBuffer);
    pTriangleSetData->SetIndexBuffer(pIndexBuffer);
    //设置到VSGeometry中
    ms_DefaultRenderCube->SetMeshData(pTriangleSetData);
    ms_DefaultRenderCube->m_GeometryName = _T("DefaultRenderCube");

    }
}
```

创建立方体 VSGeometry 的过程中并没有指定顶点格式信息，引擎可以根据设置的顶点数据信息自动剖析出顶点格式。用户也可以自己指定顶点格式，引擎则会创建 VertexBuffer 空间。具体内容在卷 2 中会详细介绍。

有了 VSGeometry 信息，现在只需要创建 VSGeometryNode 和 VSStaticMeshNode 即可。

VSStaticMeshNode 的定义如下。

```
class VSGRAPHIC_API VSStaticMeshNode : public VSModelMeshNode
{
    static bool InitialDefaultState();
    static bool TerminalDefaultState();
    static VSPointer<VSStaticMeshNode> Default;
    static bool ms_bIsEnableASYNLoader;
    static bool ms_bIsEnableGC;
};
```

VSStaticMeshNode 继承自 VSMeshNode，而 VSMeshNode 本身继承自 VSNode，VSResource 是资源类型，如果加载外部资源，那么创建的 VSStaticMeshNode 会添加到资源管理器中。VSStaticMeshNode 里面，Default 就是默认的静态网格资源，在初始化阶段完成了创建。因为静态网格资源的创建依赖于 VSGeometry 的初始化完成，所以要加入下面的宏 ADD_PRIORITY（VSGeometry）。

```
IMPLEMENT_INITIAL_BEGIN(VSStaticMeshNode)
ADD_PRIORITY(VSGeometry)
ADD_INITIAL_FUNCTION_WITH_PRIORITY(InitialDefaultState)
ADD_TERMINAL_FUNCTION_WITH_PRIORITY(TerminalDefaultState)
IMPLEMENT_INITIAL_END
bool VSStaticMeshNode::InitialDefaultState()
{
    //创建 VSStaticMeshNode 节点
    Default = VS_NEW VSStaticMeshNode();
    //创建 VSGeometryNode 节点
    VSGeometryNodePtr GeometryNode = VS_NEW VSGeometryNode();
    Default->AddChild(GeometryNode);
    //得到默认的 VSGeometry 立方体
    VSGeometryPtr Geometry = VSGeometry::GetDefaultRenderCube();
    GeometryNode->AddChild(Geometry);
    //创建包围盒
    Default->CreateLocalAABB();
    //设置大小为 100 厘米
    GeometryNode->SetLocalScale(VSVector3(100.0f,100.0f,100.0f));
    return true;
}
```

VSStaticMeshNode 无论作为资源还是实例，都可以按照这个过程来创建。当然，最后要放到 VStaticMeshComponent 里面才可以使用。

```
VStaticMeshComponent::VStaticMeshComponent()
{
    m_pStaticMeshResource =
        VSResourceManager::ms_DefaultStaticMeshNodeResource;
}
```

构造函数中 VStaticMeshComponent 的资源属性指向默认的资源 VSResourceManager::ms_DefaultStaticMeshNodeResource——这个资源就是刚刚创建的 VSStaticMeshNode。

```
void VSResourceManager::LoadDefaultResource(unsigned int RenderTypeAPI)
{
    //初始化着色器缓存
    InitCacheShader(RenderTypeAPI);
    //初始化默认贴图资源
    ms_DefaultTextureResource =
            VSTexAllStateR::Create((VSTexAllState *)VSTexAllState::GetDefault());
    //初始化默认材质资源
    VSMaterial::LoadDefault();
    ms_DefaultMaterialResource =
            VSMaterialR::Create((VSMaterial *)VSMaterial::GetDefault());
    //初始化默认静态模型资源
    VSGeometry::GetDefaultRenderCube()->
            AddMaterialInstance(ms_DefaultMaterialResource);
    ms_DefaultStaticMeshNodeResource = VSStaticMeshNodeR::Create(
            (VSStaticMeshNode *)VSStaticMeshNode::GetDefault());
}
```

VStaticMeshComponent 中也可以设置静态网格资源，它会根据资源创建实例 m_pNode。手动创建的网格非资源类型，在创建后，可以直接设置到 m_pNode 中，并调用 m_pNode->SetParent(this) 代码。当然，也可以重写一个类似 VSStaticCustomMeshComponent 的类来专门处理这种自定义网格的情况。

```
void VStaticMeshComponent::SetStaticMeshResource(
   VSStaticMeshNodeR * pStaticMeshResource)
{
    m_pStaticMeshResource = pStaticMeshResource;
    PostCreate();
}
void VStaticMeshComponent::PostCreate()
{
    if (!m_pStaticMeshResource)
    {
        return;
    }
    LoadedEvent(NULL);
    if (!m_pStaticMeshResource->IsLoaded())
    {
        m_pStaticMeshResource->AddLoadEventObject(this);
    }
}
void VStaticMeshComponent::LoadedEvent(VSResourceProxyBase * pResourceProxy)
{
    if (m_pStaticMeshResource)
    {
        m_pNode = (VSMeshNode *)VSObject::CloneCreateObject(
                m_pStaticMeshResource->GetResource());
        m_pNode->SetParent(this);
    }
}
```

VSStaticActor 类创建一个静态网格实体，在 CreateActor 函数中，如果不指定资源名，则用引擎中默认的立方体资源。

```cpp
class VSGRAPHIC_API VSStaticActor : public VSActor
{
    virtual void CreateDefaultComponentNode();
};
void VSStaticActor::CreateDefaultComponentNode()
{
    m_pNode = VSNodeComponent::CreateComponent<VStaticMeshComponent>();
}
```

12.3 FBX 模型导入与压缩

和 Unreal Engine 一样，FBX 已经变成游戏引擎中标配的导入格式。本引擎不能直接以 FBX 作为引擎资源，必须导入引擎中，变成引擎识别的格式才可以供引擎使用。这一节主要介绍如何将 FBX 模型导入引擎，变成引擎中的静态模型资源。

12.2 节介绍了如何创建一个 VSStaticMeshNode 作为资源，这个资源可以创建 VSMeshComponent 节点实例。而本节中把 FBX 里面的数据转化成 VSStaticMeshNode 格式，然后另存为文件。

FBXConvert 工程用于把 FBX 导入引擎中。本节只讲如何导入静态模型的数据。VSFBXConverter 类是一个控制台应用程序。

```cpp
class VSFBXConverter : public VSConsoleApplication
{
    enum    //导出类型
    {
        ET_STATIC_MESH,
        ET_SKELETON_MESH,
        ET_ACTION,
        ET_MAX
    };
    enum    //压缩方式
    {
        EP_UV_COMPRESS = 0X01,
        EP_NORMAL_COMPRESS = 0X02,
        EP_SKIN_COMPRESS = 0X04,
        EP_ACTION_COMPRESS = 0X08,
    };
    DLCARE_APPLICATION(VSFBXConverter);
    virtual bool PreInitial();
    virtual bool OnInitial();
    virtual bool OnTerminal();
}
IMPLEMENT_APPLICATION(VSFBXConverter);
```

核心的导出功能在 OnInitial 函数里面。程序支持导出静态模型、动态骨骼模型、动画。压缩方式支持 UV 压缩、法线压缩、蒙皮数据压缩、动画压缩。

VSConsoleApplication 是控制台应用程序的基类，可以用命令行参数来输入参数信息。

VSCommand 类的定义如下。

```
class VSCommand : public VSMemObject
{
    VSCommand (int numArguments, TCHAR ** arguments);
    VSCommand (TCHAR * commandLine);
    bool GetName(const TCHAR * name);
    bool GetInteger (const TCHAR * name, int& value);
    bool GetReal (const TCHAR * name, VSREAL& value);
    bool GetString (const TCHAR * name, VSString & value);
    VSMap<VSString, VSString> m_CommandMap;
};
```

VSCommand 是命令行参数类，两个构造函数分别对应 Window 窗口应用程序和 Window 控制台应用程序。

```
bool VSWindowApplication::Main(HINSTANCE hInst, LPSTR lpCmdLine, int nCmdShow)
{
    m_pCommand = VS_NEW VSCommand(lpCmdLine);
    ...
}
bool VSConsoleApplication::Main(int argc, char * argv[])
{
    m_pCommand = VS_NEW VSCommand(argc, argv);
    ...
}
```

本引擎支持的命令行参数用空格来区分每个分量，用等号来为每个分量赋值。例如：

```
Str=123 Name=Listing
```

这里有两个分量，分别为 Str 和 Name，它们的值分别为 123 和 Listing，用 GetString 函数来取得 Str 的值，返回的"123"是字符串形式，如果用 GetInteger 返回的，则是整数形式的值。

导出 FBX 文件的命令格式如下。

```
SourcePath DestPath -s/-d/-a -c -v-m -n
```

其中，SourcePath 为输入文件路径；DestPath 为输出文件路径；-s 表示导出静态模型；-d 表示导出骨骼模型；-a 表示导出动画；-c 表示压缩数据；-v 表示静态模型导出的阴影体；-m 表示导出变形网格的数据；-n 表示使用 FBX 法线，不使用程序中计算的法线；

例如，SourcePath=C:\Monster.FBX DestPath=C:\Monster -s -c 表示导出 C:\Monster.FBX 的数据为静态模型并压缩，导出文件为 C:\Monster。引擎会根据导出的文件类型自动加上后缀名，实际上最后导出的文件为 C:\Monster.STModel。

导出成引擎格式的整个过程如下。

（1）初始化 FBX，读取 FBX 文件。

（2）读取每个点的位置、UV 信息。

（3）读取材质层信息。

（4）读取三角形索引信息。

（5）读取光滑组信息。

（6）算出每个三角形的 TBN 向量。

（7）根据光滑组信息把 TBN 向量平均化。

（8）把 TBN 向量单位正交化。

（9）压缩 UV、TBN 向量。

（10）组成 VSVertexBuffer、VSIndexBuffer、VSGeometry、VSGeometryNode。

（11）导出 VSStaticMeshNode，另存为文件格式。

先从初始化 FBX、导入 FBX 文件说起。

```
m_pFbxSdkManager = FbxManager::Create();
if (!m_pFbxSdkManager)
{
    return false;
}
FbxIOSettings *pIOSettings = FbxIOSettings::Create(m_pFbxSdkManager, IOSROOT);
m_pFbxSdkManager->SetIOSettings(pIOSettings);
FbxString lPath = FbxGetApplicationDirectory();
FbxString lExtension = "DLL";
//加载 FBX 插件的 dll
m_pFbxSdkManager->LoadPluginsDirectory(lPath.Buffer(), lExtension.Buffer());
int lSDKMajor,  lSDKMinor,  lSDKRevision;
FbxManager::GetFileFormatVersion(lSDKMajor, lSDKMinor, lSDKRevision);
VSOutputDebugString("FBX SDK version is %d.%d.%d\n", lSDKMajor,
    lSDKMinor, lSDKRevision);
m_pFbxScene = FbxScene::Create(m_pFbxSdkManager, "");
m_pFbxImporter = FbxImporter::Create(m_pFbxSdkManager, "");
```

对于初始化代码，这里不详细说明。然后对加载文件进行讲解。

```
int lFileMajor, lFileMinor, lFileRevision;
const bool lImportStatus = m_pFbxImporter->Initialize(pSourceFile, -1,
    m_pFbxSdkManager->GetIOSettings());
m_pFbxImporter->GetFileVersion(lFileMajor, lFileMinor, lFileRevision);
if (!lImportStatus)
{
   return false;
}
```

```
if(!m_pFbxImporter->Import(m_pFbxScene))
{
  return false;
}
if (m_CurExportType == ET_STATIC_MESH)
{
  m_pNode = VS_NEW VSStaticMeshNode();
  m_pGeoNode = VS_NEW VSGeometryNode();
  //默认MAX中y、z两条轴的方向和引擎中y、z两条轴的方向是相反的
  VSMatrix3X3 M1(1.0f,0.0f,0.0f,
          0.0f,0.0f,1.0f,
          0.0f,1.0f,0.0f);
  m_pGeoNode->SetLocalRotate(M1);
  m_pNode->AddChild(m_pGeoNode);
  GetMeshNode(m_pFbxScene->GetRootNode());
}
```

3D Max 里面 z 轴朝上，采用右手坐标系。本引擎和 Unity 一致，y 轴向上，z 轴向前是左手坐标系，所以最后在 VSGeometryNode 中加了 M_1 矩阵来旋转网格，GetMeshNode 函数负责导出整个静态模型。

首先找到 FbxNode 中哪些节点是模型节点，然后进入 ProcessMesh 函数，这里还处理了骨骼模型的蒙皮信息，先不介绍。

```
void VSFBXConverter::GetMeshNode(FbxNode * pNode)
{
    if(pNode->GetNodeAttribute())
    {
        switch(pNode->GetNodeAttribute()->GetAttributeType())
        {
            case FbxNodeAttribute::eMesh :
                ProcessMesh(pNode);
                break;
        }
    }
    for(int i = 0 ; i < pNode->GetChildCount() ; ++i)
    {
        GetMeshNode(pNode->GetChild(i));
    }
}
```

以下代码用于把 FBX 模型数据三角形化，都变成三角形结构。

```
FbxGeometryConverter converter(m_pFbxSdkManager);
FbxNodeAttribute * ConvertedNode = converter.Triangulate(pMesh, true);
if (ConvertedNode != NULL &&
        ConvertedNode->GetAttributeType() == FbxNodeAttribute::eMesh)
{
    pMesh = (FbxMesh*)ConvertedNode;
}
else
```

```
            {
                pMesh = NULL;
            }
        if(pMesh == NULL)
        {
            return false;
        }
```

将 FBX 模型数据三角形化后，就可以获取顶点和索引信息。

```
//获取三角形个数
int triangleCount = pMesh->GetPolygonCount();
//得到每个三角形对应的材质 ID
VSArray<int> TriangleMaterialIndex;
TriangleMaterialIndex.SetBufferNum(triangleCount);
VSMemset(TriangleMaterialIndex.GetBuffer() , 0 ,triangleCount * sizeof(int));
GetTriangleMaterialIndex(pMesh,triangleCount,TriangleMaterialIndex);
//获取每个三角形对应的光滑组 ID
VSArray<int> TriangleSmGroupIndex;
TriangleSmGroupIndex.SetBufferNum(triangleCount);
VSMemset(TriangleSmGroupIndex.GetBuffer() , 0 ,triangleCount * sizeof(int));
GetTriangleSmGroupIndex(pMesh,triangleCount,TriangleSmGroupIndex);
//获取 UV 个数
int  TexCoordNum = pMesh->GetElementUVCount();
//存放每个面的 TBN 空间法线
VSArray<VSVector3> FaceNormalArray;
VSArray<VSVector3> FaceTangentArray;
VSArray<VSVector3> FaceBinormalArray;
FaceNormalArray.SetBufferNum(triangleCount);
if(TexCoordNum)
{
    FaceTangentArray.SetBufferNum(triangleCount);
    FaceBinormalArray.SetBufferNum(triangleCount);
}
```

一般一个模型会对应多个材质，导出的时候就要把同一组的材质三角形放到一起，作为子网格。在本引擎中，如果 FBX 模型有 N 个材质，那么就会创建 N 个 VSGeometry，然后挂接在 VSGeometryNode 下面，如图 12.10 所示。

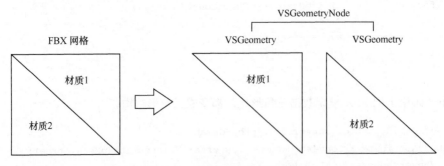

图 12.10　根据材质划分三角形

光滑组的概念来自平均化法线，在相邻的三角形中，它们的顶点位置相同。如果这两个三角形为同一个光滑组，导出的时候，相邻顶点就是同一个顶点；否则，相邻顶点就要分成两个顶点导出，如图 12.11（a）～（d）所示。

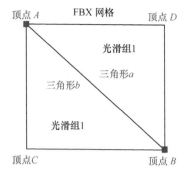

（a）三角形a、b在同一个光滑组，所以共享顶点A、B，顶点A、B共享两个三角形的法线，共享顶点的法线为（三角形a的法线+三角形b的法线）×0.5，最后导出的顶点为ABCD，三角形的索引为012031

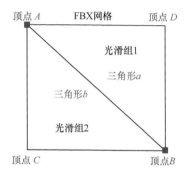

（b）三角形a、b在不同光滑组，所以顶点A、B不被共享，最后导出的顶点为ABCA'DB'，三角形的索引为012345，A和A'为同一位置的顶点，但因为不在同一个光滑组，所以法线不一样，A的法线为三角形b的法线，A'的法线为三角形a的法线。对于B和B'，也是一样的道理

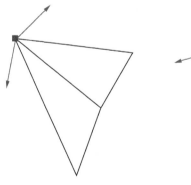
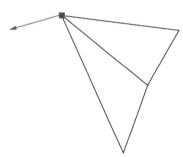

（c）不同光滑组的顶点法线分别为　　（d）同一个光滑组的顶点的法线为所在
　　　所在三角形的法线　　　　　　　　　三角形的法线平均值

图 12.11　光滑组

在画面表现上，同一个光滑组在相邻地方的光照表面过度平滑。

接着计算每个三角形的 TBN 向量。这个时候并没有单位正交化和根据光滑组平均化。

```
//遍历所有三角形
for(int i = 0 ; i < triangleCount ; ++i)
```

```cpp
    {
        VSVector3 V[3];
        VSVector2 TV[3];
        for(int j = 2 ; j >=0 ; j--)
        {
            //得到三角形每个顶点的索引值
            int ctrlPointIndex = pMesh->GetPolygonVertex(i , j);
            //读取顶点
            ReadVertex(pMesh , ctrlPointIndex , V[j]);
            if(TexCoordNum > 0)
            {    // 读取UV,用第0层UV值计算TBN
                ReadUV(pMesh , ctrlPointIndex ,
                            pMesh->GetTextureUVIndex(i, j) , 0,TV[j]);
            }
        }
        VSVector3 N1 = V[0] - V[1];
        VSVector3 N2 = V[0] - V[2];
        VSVector3 T,B,N;
            //计算TBN
        N.Cross(N1,N2);
        FaceNormalArray[i] = N;
        FaceNormalArray[i].Normalize();
        if(TexCoordNum)
        {
            CreateTangentAndBinormal(V[0],V[1],V[2],TV[0],TV[1],TV[2],N,T,B);
            FaceTangentArray[i] = T;
            FaceTangentArray[i].Normalize();
            FaceBinormalArray[i] = B;
            FaceBinormalArray[i].Normalize();
        }
    }
}
```

计算TBN的方法和12.1节的方法一模一样。

接下来，导出静态模型。

```cpp
void VSFBXConverter::CreateTangentAndBinormal(const VSVector3 & Point0,
                const VSVector3 & Point1,const VSVector3 &Point2,
                const VSVector2 & TexCoord0,const VSVector2 & TexCoord1,
                const VSVector2 TexCoord2,const VSVector3 &Normal ,
                VSVector3 & Tangent,VSVector3 & Binormal)
{
    VSVector3 N1 = ((Point0 - Point1) * (TexCoord0.y - TexCoord2.y)
    - (Point0 - Point2) * (TexCoord0.y - TexCoord1.y))/
    ((TexCoord0.x - TexCoord1.x) * (TexCoord0.y - TexCoord2.y) -
    (TexCoord0.x - TexCoord2.x) * (TexCoord0.y - TexCoord1.y));
    Tangent = N1;
    VSVector3 N2 =((Point0 - Point1) * (TexCoord0.x - TexCoord2.x) -
    (Point0 - Point2) * (TexCoord0.x - TexCoord1.x))/
    ((TexCoord0.x - TexCoord1.x) * (TexCoord0.y - TexCoord2.y) -
    (TexCoord0.x - TexCoord2.x) * (TexCoord0.y - TexCoord1.y));
    Binromal = N2;
}
```

导出静态模型的每个顶点需要的信息有位置（position）、$UV_{(0\sim n)}$、切线、负法线（binormal）、法线、顶点颜色。首先要注意的是，因为不止有一层UV，所以要把所有UV都导出去。另外，对于同一个光滑组的共享顶点，要把TBN平均化。更重要的是，位置相同的顶点并不一定是同一个顶点，只有顶点信息中所有值都相同才算是一个顶点，所以可能从同一个位置的顶点分裂出很多个顶点。最后,同一个材质的三角形要放到一起。

```cpp
int MaterialCount = pNode->GetMaterialCount();
//最外层的循环根据材质遍历所有三角形,收集和当前材质相同的三角形
for (int k = 0 ; (k == 0 || k < MaterialCount) ; k++)
{
    ClearAllVertexInfo();
    //遍历所有三角形
    for(int i = 0 ; i < triangleCount ; ++i)
    {
        //如果当前三角形材质和当前材质匹配
        if(TriangleMaterialIndex[i] == k)
        {
            //遍历当前三角形的 3 个顶点,因为 FBX 是右手坐标系
            //为了把三角形的索引导出到左手坐标系,所以从后遍历
            for(int j = 2 ; j >=0 ; j--)
            {
                VSVector3 V;
                int ctrlPointIndex = pMesh->GetPolygonVertex(i , j);
                //读取顶点位置
                ReadVertex(pMesh , ctrlPointIndex , V);
                //当前顶点所有 UV
                VSArray<VSVector2> UVArray;
                for (int uv = 0 ; uv < TexCoordNum ;uv++)
                {
                    VSVector2 UV;
                    ReadUV(pMesh , ctrlPointIndex , pMesh->GetTextureUVIndex(i, j) ,
                        uv,UV);
                    UVArray.AddElement(UV);
                }
                //读取顶点颜色
                VSColorRGBA Color;
                ReadColor(pMesh,ctrlPointIndex,j + 3 * i,Color);
                //读取所在当前三角形的 TBN
                VSVector3 N , T, B;
                N = FaceNormalArray[i];
                if(TexCoordNum)
                {
                    T = FaceTangentArray[i];
                    B = FaceBinormalArray[i];
                }
                //查看已经收集的顶点中,是否有和当前顶点属于一个光滑组的点
                //如果在同一个光滑组,光滑对应的 TBN
                for(unsigned int l = 0 ; l < m_VertexArray.GetNum() ; l++)
                {
                    if(m_VertexArray[l] == V)
                    {
                        if(m_VertexSmGroupArray[l] == TriangleSmGroupIndex[i])
                        {
                            m_NormalArray[l] = N + m_NormalArray[l];
                            N = m_NormalArray[l];
                            if(TexCoordNum)
                            {
                                m_TangentArray[l] = T + m_TangentArray[l];
                                T = m_TangentArray[l];
                                m_BinormalArray[l] = B + m_BinormalArray[l];
                                B = m_BinormalArray[l];
```

```cpp
                    }//if(m_VertexSmGroupArray[l] == TriangleSmGroupIndex[i])
                }//if(m_VertexArray[l] == V)
            }//for(unsigned int l = 0 ; l < m_VertexArray.GetNum() ; l++)
            //查看这个顶点是否在当前顶点的位置、光滑组和UV 都相同
            unsigned int f = 0;
            for(f = 0 ; f < m_VertexArray.GetNum() ; f++)
            {
                if(m_VertexArray[f] == V)
                {
                    if(m_VertexSmGroupArray[f] == TriangleSmGroupIndex[i])
                    {
                        int uiChannel = 0 ;
                        for(uiChannel = 0;  uiChannel < TexCoordNum; uiChannel++)
                        {
                            if(m_TexCoordArray[uiChannel][f] == UVArray[uiChannel])
                            {
                                continue;
                            }
                            else
                            {
                                break;
                            }
                        }// for(uiChannel = 0;  uiChannel < TexCoordNum; uiChannel++)
                        if(uiChannel == TexCoordNum)
                        {
                            break;
                        }
                    }// if(m_VertexSmGroupArray[f] == TriangleSmGroupIndex[i])
                }// if(m_VertexArray[f] == V)
            }// for(f = 0 ; f < m_VertexArray.GetNum() ; f++)
            //如果走出了上面的循环并且f 等于 m_VertexArray.GetNum()
            //表示根本没有这个顶点，则添加新顶点
            if(f == m_VertexArray.GetNum())
            {
                //分别添加位置、组 ID、纹理坐标、法向量
                m_VertexArray.AddElement(V);
                m_VertexSmGroupArray.AddElement(TriangleSmGroupIndex[i]);
                for(int uiChannel = 0;  uiChannel < TexCoordNum; uiChannel++)
                {
                    m_TexCoordArray[uiChannel].AddElement(UVArray[uiChannel]);
                }
                m_NormalArray.AddElement(N);
                if(TexCoordNum)
                {
                    m_TangentArray.AddElement(T);
                    m_BinormalArray.AddElement(B);
                }
            }// if(f == m_VertexArray.GetNum())
            //记录三角形的索引
            m_IndexArray.AddElement(f);
        }// for(int j = 2 ; j >=0 ; j--)
    }// if(TriangleMaterialIndex[i] == k)
}// for(int i = 0 ; i < triangleCount ; ++i)
//记录名字
VSString Name = pNode->GetName();
if (MaterialCount > 0)
```

```cpp
    {
        Name = Name + _T("_") + pNode->GetMaterial(k)->GetName();
    }
    //创建VSGeometry
    if(!CreateMesh(Name,Mat,TexCoordNum,(pFBXSkin != NULL)))
    {
        return false;
    }
}//for(int k = 0 ; (k == 0 || k < MaterialCount) ; k++)
```

这段代码在执行过程中，根据材质ID收集了顶点的位置（m_VertexArray）、法线（m_NormalArray）、负法线（m_BinormalArray）、切线（m_TangentArray）、UV（m_TexCoordArray）等信息，然后导出到VSGeometry中。当然，也可以不自己计算法线、负法线和切线，而直接用FBX计算好的结果，对同一个光滑组还要进行平均化处理。这里没有给出代码，读者请自行查看GitHub网站上的源代码。

```cpp
bool VSFBXConverter::CreateMesh(VSString & Name,const VSMatrix3X3W & Transform,
    unsigned int TexCoordNum, bool HasSkin)
{
    if(m_VertexArray.GetNum() == 0)
        return 0;
    //正交化TBN
    if (TexCoordNum)
    {
        for(unsigned int v = 0 ; v < (unsigned int)m_VertexArray.GetNum() ; v++)
        {
            Orthogonal(m_NormalArray[v],m_TangentArray[v],
                    m_BinormalArray[v]);
        }
    }
    //Transform实际为单位矩阵，只留了个接口而已
    for(unsigned int v = 0 ; v < (unsigned int)m_VertexArray.GetNum() ; v++)
    {
        m_VertexArray[v] = m_VertexArray[v] * Transform;
        m_NormalArray[v] = Transform.Apply3X3(m_NormalArray[v]);
        m_NormalArray[v].Normalize();
        if(TexCoordNum)
        {
            m_TangentArray[v] = Transform.Apply3X3(m_TangentArray[v]);
            m_TangentArray[v].Normalize();
            m_BinormalArray[v] = Transform.Apply3X3(m_BinormalArray[v]);
            m_BinormalArray[v].Normalize();
        }
    }
    //创建顶点位置缓冲区
    VSDataBufferPtr pVertexData = NULL;
    pVertexData = VS_NEW VSDataBuffer;
    if(!pVertexData)
        return 0;
    pVertexData->SetData(&m_VertexArray[0],(unsigned int)m_VertexArray.GetNum(),
        VSDataBuffer::DT_FLOAT32_3);
    //创建纹理坐标缓冲区，FBX中贴图的坐标原点在左下角，引擎中在左上角，所以与1做减法
    VSDataBufferPtr pTexCoord[TEXLEVEL];
    for (unsigned int uiChannel = 0 ;  uiChannel < TexCoordNum ; uiChannel++)
    {
```

```cpp
        for (unsigned int i = 0 ; i < m_TexCoordArray[uiChannel].GetNum() ; i++)
        {
            m_TexCoordArray[uiChannel][i].y = 
                    1.0f - m_TexCoordArray[uiChannel][i].y;
        }
    }
    //正常UV值很少大于4,如果用8位压缩,精度会不够,所以选择16位
    //用DirectX API会在着色器里面把无符号16位整数转换成浮点数
    for(unsigned int uiChannel = 0 ;  uiChannel < TexCoordNum ; uiChannel++)
    {
        pTexCoord[uiChannel] = VS_NEW VSDataBuffer;
        if(!pTexCoord)
            return 0;
        if (m_CurExportPara & EP_UV_COMPRESS)
        {
            VSArray<DWORD> CompressData;
            CompressData.SetBufferNum(
                        m_TexCoordArray[uiChannel].GetNum());
            for (unsigned int i = 0 ; i < m_TexCoordArray[uiChannel].GetNum() ;
                        i++)
            {
                unsigned short U = 
                    FloatToHalf(m_TexCoordArray[uiChannel][i].x);
                unsigned short V = 
                    FloatToHalf(m_TexCoordArray[uiChannel][i].y);
                CompressData[i] = (DWORD)((V << 16 )|U) ;
            }
            pTexCoord[uiChannel]->SetData(&CompressData[0],
                        CompressData.GetNum(),VSDataBuffer::DT_FLOAT16_2);
        }
        else
        {
            pTexCoord[uiChannel]->SetData(&m_TexCoordArray[uiChannel][0],
                        (unsigned int)m_TexCoordArray[uiChannel].GetNum(),
                        VSDataBuffer::DT_FLOAT32_2);
        }
    }
    //创建法线缓冲区
    VSDataBufferPtr pNormalData = NULL;
    pNormalData = VS_NEW VSDataBuffer;
    if(!pNormalData)
        return 0;
    //法线经过单位化后都介于-1~1,它有3个分量
    //先把每个分量转换到0~1,然后转换到0~255的unsigned char类型
    //最后一起存储到32位DT_UBYTE4N类型中,剩下8位没有用
    //着色器中会自动转换成0~1的数,只需要再把它还原到-1~1即可
    if (m_CurExportPara & EP_NORMAL_COMPRESS)
    {
        VSArray<DWORD> CompressData;
        CompressData.SetBufferNum(m_NormalArray.GetNum());
        for (unsigned int i = 0 ; i < m_NormalArray.GetNum() ;i++)
        {
            VSVector3W Temp(m_NormalArray[i]);
            Temp = (Temp + 1.0f) * 0.5f;
            CompressData[i] = Temp.GetDWABGR();
        }
        pNormalData->SetData(&CompressData[0],CompressData.GetNum(),
```

```cpp
                                VSDataBuffer::DT_UBYTE4N);
}
else
{
    pNormalData->SetData(&m_NormalArray[0],
                (unsigned int)m_NormalArray.GetNum(),
                VSDataBuffer::DT_FLOAT32_3);
}
//创建切线缓冲区
VSDataBufferPtr pTangentData = NULL;
if(TexCoordNum)
{
    pTangentData = VS_NEW VSDataBuffer;
    if(!pTangentData)
        return 0;
//切线和负法线的压缩方式和法线基本一样
//但因为切线、负法线、法线三者是正交的
//所以存放切线和法线，可以计算出负法线
//然后把方向信息存放到切线 w 分量里面
//一般情况下方向是正的，有些是负的，这是模型镜像导致的
    if (m_CurExportPara & EP_NORMAL_COMPRESS)
    {
        VSArray<DWORD> CompressData;
        CompressData.SetBufferNum(m_TangentArray.GetNum());
        for (unsigned int i = 0 ; i < m_TangentArray.GetNum() ;i++)
        {
            VSVector3W Temp(m_TangentArray[i]);
            VSVector3 Binormal;
            //正交后判读方向
            Binormal.Cross(m_NormalArray[i],m_TangentArray[i]);
            Temp.w = Binormal * m_BinormalArray[i];
            if (Temp.w > 0)
            {
                Temp.w = 1.0f;
            }
            else
            {
                Temp.w = -1.0f;
            }
            Temp = (Temp + 1.0f) * 0.5f;
            CompressData[i] = Temp.GetDWABGR();
        }
        pTangentData->SetData(&CompressData[0],
                CompressData.GetNum(),VSDataBuffer::DT_UBYTE4N);
    }
    else
    {
        pTangentData->SetData(&m_TangentArray[0],
                (unsigned int)m_TangentArray.GetNum(),
                VSDataBuffer::DT_FLOAT32_3);
    }
}
//如果不压缩法线，那么就导出负法线分量，并且 TBN 都不会压缩
VSDataBufferPtr pBinormalData = NULL;
if(TexCoordNum && !(m_CurExportPara & EP_NORMAL_COMPRESS))
{
    pBinormalData = VS_NEW VSDataBuffer;
```

```cpp
            if(!pBinormalData)
                return 0;
            pBinormalData->SetData(&m_BinormalArray[0],
                        (unsigned int)m_BinormalArray.GetNum(),
                        VSDataBuffer::DT_FLOAT32_3);
}
//创建索引缓冲区,16位最多能表示65 535个顶点,如果超过65 535个顶点就要用32位
VSDataBufferPtr pIndex = NULL;
pIndex = VS_NEW VSDataBuffer;
if(!pIndex)
    return 0;
if (m_VertexArray.GetNum() > 65535)
{
        pIndex->SetData(&m_IndexArray[0],(unsigned int)m_IndexArray.GetNum(),
                    VSDataBuffer::DT_UINT);
}
else
{
    VSArray<VSUSHORT_INDEX> IndexArrayTemp;
    IndexArrayTemp.SetBufferNum(m_IndexArray.GetNum());
    for (unsigned int i = 0 ; i < m_IndexArray.GetNum() ;i++)
    {
        IndexArrayTemp[i] = m_IndexArray[i];
    }
    pIndex->SetData(&IndexArrayTemp[0],
                (unsigned int)IndexArrayTemp.GetNum(),
                VSDataBuffer::DT_USHORT);
}
//创建顶点缓冲区
VSVertexBufferPtr pVertexBuffer = NULL;
pVertexBuffer = VS_NEW VSVertexBuffer(true);
if(!pVertexBuffer)
    return 0;
//添加顶点
pVertexBuffer->SetData(pVertexData,VSVertexFormat::VF_POSITION);
//添加纹理坐标
for(unsigned int uiChannel = 0 ;  uiChannel < TexCoordNum ; uiChannel++)
{
    if(pTexCoord[uiChannel])
        pVertexBuffer->SetData(pTexCoord[uiChannel],
          VSVertexFormat::VF_TEXCOORD);
}
//添加法向量
pVertexBuffer->SetData(pNormalData,VSVertexFormat::VF_NORMAL);
if(TexCoordNum)
{
    pVertexBuffer->SetData(pTangentData,VSVertexFormat::VF_TANGENT);
    pVertexBuffer->SetData(pBinormalData,VSVertexFormat::VF_BINORMAL);
}
//创建网格
VSTriangleSetPtr pVSMesh = NULL ;
pVSMesh = VS_NEW VSTriangleSet();
if(!pVSMesh)
    return 0;
//设置顶点和索引缓冲区
pVSMesh->SetVertexBuffer(pVertexBuffer);
```

```cpp
    VSIndexBufferPtr pIndexBuffer = VS_NEW VSIndexBuffer();
    pIndexBuffer->SetData(pIndex);
    pVSMesh->SetIndexBuffer(pIndexBuffer);
    VSGeometryPtr pGeometry = VS_NEW VSGeometry();
    pGeometry->SetMeshData(pVSMesh);
    pGeometry->m_GeometryName = Name.GetBuffer();
    m_pGeoNode->AddChild(pGeometry);
    return 1;
}
```

这里用到了 DirectX 的特性。DirectX 可以把 uchar 和 ushort 类型自动转换为 0～1 或者−1～1 的值，如果其他图形 API 不支持，那么就要手动转换。

正交化 TBN 的代码如下。

```cpp
void VSFBXConverter::Orthogonal(VSVector3 & Normal,VSVector3 & Tangent,
    VSVector3 & Binormal)
{
    VSVector3 N1 = Tangent;
    VSVector3 N2 = Binormal;
    Tangent = N1 - Normal * (( N1 * Normal) / (Normal * Normal));
    Binormal = N2 - Normal * (( N2 * Normal) / (Normal * Normal))
                - Tangent * (( N2 * Tangent) / (Tangent * Tangent));
    Normal.Normalize();
    Tangent.Normalize();
    Binormal.Normalize();
}
```

最后创建包围盒并更新，另存成引擎格式的文件。

```cpp
m_pNode->CreateLocalAABB();
m_pNode->UpdateAll(0.0f);
VSResourceManager::NewSaveStaticMesh(
        StaticCast<VSStaticMeshNode>(m_pNode),pDestFile);
```

CreateLocalAABB()会递归到叶子节点 VSGeometry，创建局部坐标系下的 AABB。

```cpp
void VSGeometry::CreateLocalAABB()
{
    if (m_pMeshData && m_pMeshData->GetVertexBuffer())
    {
        VSAABB3 NewAABB;
        VSVertexBuffer * pVerBuffer = m_pMeshData->GetVertexBuffer();
        if (!pVerBuffer->GetPositionData(0))
        {
            return;
        }
        VSVector3 * pVer =
                (VSVector3*)pVerBuffer->GetPositionData(0)->GetData();
        if (!pVer)
        {
            return;
        }
        unsigned int uiVertexNum = pVerBuffer->GetPositionData(0)->GetNum();
        if (GetAffectSkeleton())
        {
```

```
            //骨骼模型的 AABB，卷 2 会讲到
        }
        else
        {
            NewAABB.CreateAABB(pVer,uiVertexNum);
        }
        m_LocalBV = NewAABB;
    }
}
```

算法也很简单，用顶点数据缓存里面的所有顶点创建 AABB。关于骨骼模型包围盒的创建，卷 2 将会详细介绍。

12.4 纹理

图 12.12 所示为本引擎中的纹理架构，本引擎里面支持 1D 纹理、2D 纹理、3D 纹理、立方体纹理，并且支持 2D 渲染目标（RenderTarget）和立方体渲染目标（Cube RenderTarget）关联纹理，渲染目标将在卷 2 中详细讲解。纹理数据除了可以从文件里面读取外，也可以自己创建。

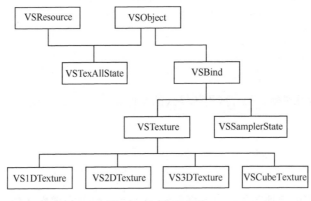

图 12.12　纹理架构

本引擎对外部格式的支持包括 BMP 和 TGA，其他的格式并没有加入其中，读者可以按照架构自行加入。

LoadASYN2DTexture 加载 BMP 或者 TGA 文件中的数据，不进行任何压缩，LoadASYN2DtextureCompress 则加载数据并进行压缩。目前压缩格式只支持 DXT3 和 DXT5，bSRGB 用来指定是否需要 SRGB 采样，一般情况下只有颜色信息需要 SRGB 采样，而数据信息不用 SRGB 采样，bIsNormal 表示传入的是否是法线数据，pSamplerState 指明采样方式，IsAsyn 用来表示是否异步加载。

```
static VSTexAllStateR * LoadASYN2DTexture(const TCHAR *pFileName,bool IsAsyn,
    VSSamplerStatePtr pSamplerState = NULL,bool bSRGB = false);
    //对于 uiCompressType，0 表示不压缩，1 表示 DXT3，2 表示 DXT5
static VSTexAllStateR * LoadASYN2DTextureCompress(const TCHAR *pFileName,
    bool IsAsyn,VSSamplerStatePtr pSamplerState = NULL,
    unsigned int uiCompressType = 0,bool bIsNormal = false,bool bSRGB = false);
```

读取 BMP 和 TGA 文件的类分别是 VSBMPImage 与 VSTGAImage，如果要读取其他格式

贴图，读者只需要继承 VSImage，实现相关接口即可。

下面的代码用于在非压缩情况下创建带 Mip 层级的 VSTexture。

```cpp
//判断后缀名是 BMP 还是 TGA
if (Extension == VSImage::ms_ImageFormat[VSImage::IF_BMP])
{
    pImage = VS_NEW VSBMPImage();
}
else if (Extension == VSImage::ms_ImageFormat[VSImage::IF_TGA])
{
    pImage = VS_NEW VSTGAImage();
}
else
{
    return NULL;
}
//加载贴图数据
if(!pImage->Load(FileName.GetBuffer()))
{
     VSMAC_DELETE(pImage);
     return NULL;
}
unsigned int uiWidth = pImage->GetWidth();
unsigned int uiHeight = pImage->GetHeight();
if (!uiWidth || !uiHeight)
{
     VSMAC_DELETE(pImage);
     return NULL;
}
//判断是否是 2 的幂次方
if (!IsTwoPower(uiWidth) || !IsTwoPower(uiHeight))
{
     VSMAC_DELETE(pImage);
     return NULL;
}
VS2DTexture *pTexture = NULL;
//创建引擎中的 VSTexture
bool bIsHasAlpha = true;
pTexture = VS_NEW VS2DTexture(uiWidth,uiHeight,
     bIsHasAlpha ? VSRenderer::SFT_A8R8G8B8 : VSRenderer::SFT_R8G8B8,0,1);
if(!pTexture)
{
     VSMAC_DELETE(pImage);
     return NULL;
}
//创建存储数据的空间
pTexture->CreateRAMData();
//把贴图数据放入 VSTexture 的第 0 层 Mip 中
for (unsigned int cy = 0; cy < uiHeight; cy++)
{
     for (unsigned int cx = 0; cx < uiWidth; cx++)
     {
          unsigned uiIndex = cy *uiWidth + cx;
          unsigned char *pBuffer = pTexture->GetBuffer(0,uiIndex);
          const unsigned char *pImageBuffer = pImage->GetPixel(cx,cy);
          if (pImage->GetBPP() == 8)
```

```cpp
            {
                pBuffer[0] = pImageBuffer[0];
                pBuffer[1] = pImageBuffer[0];
                pBuffer[2] = pImageBuffer[0];
                pBuffer[3] = 255;
            }
            else if (pImage->GetBPP() == 24)
            {
                pBuffer[0] = pImageBuffer[0];
                pBuffer[1] = pImageBuffer[1];
                pBuffer[2] = pImageBuffer[2];
                pBuffer[3] = 255;
            }
            else if (pImage->GetBPP() == 32)
            {
                pBuffer[0] = pImageBuffer[0];
                pBuffer[1] = pImageBuffer[1];
                pBuffer[2] = pImageBuffer[2];
                pBuffer[3] = pImageBuffer[3];
            }
        } // for
    } // for
// 创建 Mip 层级的数据
unsigned char *pLast = pTexture->GetBuffer(0);
for (unsigned int i = 1 ; i < pTexture->GetMipLevel() ; i++)
{
    unsigned char *pNow = pTexture->GetBuffer(i);
    if(!VSResourceManager::GetNextMipData(
            pLast,pTexture->GetWidth(i - 1),pTexture->GetHeight(i - 1),
            pNow,pTexture->GetChannelPerPixel()))
    {
        VSMAC_DELETE(pTexture);
        VSMAC_DELETE(pImage);
        return NULL;
    }
    pLast = pTexture->GetBuffer(i);
}
```

至于 Mip 层级的数据是怎么创建的，请读者自行查看代码。原理很简单，以周围 4 个点的平均值作为当前值。当然，也可以使用高斯滤镜，效果会更好。

至于压缩情况，本引擎使用了 NVIDIA 的插件来帮助压缩，支持的压缩格式为 DirectX 9 的 DXTn（n 介于 1～5）、BCn（n 介于 1～3），以及 DirectX 10 的 BCn（n 介于 1～5），作者仅仅添加了 DXT3 和 DXT5 格式到引擎中。最新的 NVIDIA 插件应该支持 DirectX 11 的 BC6 和 BC7，读者可以到 NVIDIA 官网下载。

下面是本引擎使用的 NVIDIA 插件所支持的格式。

```cpp
enum Format
{
    //非压缩格式
    Format_RGB,
    Format_RGBA = Format_RGB,
    //DirectX 9 支持的格式
    Format_DXT1,
    Format_DXT1a,       // 带透明通道的 DXT1
    Format_DXT3,
```

```cpp
    Format_DXT5,
    Format_DXT5n,
    //DirectX 10 支持的格式
    Format_BC1 = Format_DXT1,
    Format_BC1a = Format_DXT1a,
    Format_BC2 = Format_DXT3,
    Format_BC3 = Format_DXT5,
    Format_BC3n = Format_DXT5n,
    Format_BC4,         //ATI1
    Format_BC5,         //3DC, ATI2
};
```

OpenGL 2.0 支持 BC1～3，从 3.0 开始支持 BC4～5，4.0 版本支持 BC6～7，对于 ACT、ECT、PVRCT 等格式，读者可自行查阅官方文档。默认情况下发布的 PC 版本可以直接压缩成 BCn 格式，但安卓或者苹果等移动平台要根据硬件打包不同的压缩格式。这些都有现成的库函数，直接使用即可。一般情况下，在导入引擎格式贴图的时候，贴图里面可以保留完整的未压缩数据，在打包的时候再转换成压缩数据。

VSTexture 类的定义如下。

```cpp
class VSGRAPHIC_API VSTexture : public VSBind
{
    enum
    {   //最多支持 20 个层级
        MAX_MIP_LEVEL = 20
    };
    enum      //贴图类型
    {
        TT_1D,
        TT_2D,
        TT_3D,
        TT_CUBE,
        TT_MAX
    };
    //分别对应贴图格式，长宽高，Mip 层级，是否是静态贴图
    VSTexture(unsigned int uiFormatType,unsigned int uiWidth,
              unsigned int uiHeight,unsigned int uiLength,
              unsigned int uiMipLevel = 0,bool bIsStatic = true);
    VSTexture();
public:
    virtual ~VSTexture()= 0;
    //返回贴图类型
    virtual unsigned int GetTexType()const = 0;
    //根据长宽高计算 Mip 层级
    virtual void SetMipLevel() = 0;
    //贴图格式
    inline unsigned int GetFormatType()const;
    //每个像素占的字节数
    inline unsigned int GetBytePerPixel()const;
    //每个像素有几个通道
    inline unsigned int GetChannelPerPixel()const;
    //得到每层的数据
    inline unsigned char * GetBuffer(unsigned int uiLevel)const;
    //得到每层的像素数据
    inline unsigned char * GetBuffer(unsigned int uiLevel,unsigned int i)const;
```

```cpp
        //得到每个层级大小
        virtual unsigned int GetByteSize(unsigned int uiLevel)const;
        //得到每个层级贴图的长宽高
        inline unsigned int GetWidth(unsigned int uiLevel)const;
        inline unsigned int GetHeight(unsigned int uiLevel)const;
        inline unsigned int GetLength(unsigned int uiLevel)const;
        //得到Mip层级
        inline unsigned int GetMipLevel()const;
        //是否是压缩格式
        inline bool IsCompress()const
        {
            if (m_uiFormatType == VSRenderer::SFT_DXT3 ||
                    m_uiFormatType == VSRenderer::SFT_DXT5)
            {
                return true;
            }
            return false;
        }
        //创建存储数据的空间
        virtual void CreateRAMData();
        //是否有透明度
        inline bool IsHasAlpha()const
        {
            if(m_uiFormatType == VSRenderer::SFT_X8R8G8B8 ||
                    m_uiFormatType == VSRenderer::SFT_A8R8G8B8 ||
                m_uiFormatType == VSRenderer::SFT_A16B16G16R16F ||
                    m_uiFormatType == VSRenderer::SFT_A32B32G32R32F||
                    m_uiFormatType == VSRenderer::SFT_DXT3 ||
                    m_uiFormatType == VSRenderer::SFT_DXT5)
            {
                return true;
            }
            return false;
        }
        //清除存储空间数据
        virtual void ClearInfo();
        //存储贴图数据
        unsigned char *m_pBufferArray[MAX_MIP_LEVEL];
        //存储贴图数据大小
        unsigned int m_BufferSize[MAX_MIP_LEVEL];
        //贴图格式
        unsigned int m_uiFormatType;
        //贴图长宽高和Mip层级
        unsigned int m_uiWidth;
        unsigned int m_uiHeight;
        unsigned int m_uiLenght;
        unsigned int m_uiMipLevel;
};
```

支持的贴图数据类型如下。

```cpp
enum    //表面格式类型
{
    SFT_A8R8G8B8,
    SFT_D16,
```

```
        SFT_D24X8,
        SFT_D32,
        SFT_A32B32G32R32F,
        SFT_A16B16G16R16F,
        SFT_G16R16F,
        SFT_R16F,
        SFT_R32F,
        SFT_X8R8G8B8,
        SFT_D24S8,
        SFT_G32R32F,
        SFT_R5G6B5,
        SFT_R8G8B8,
        SFT_DXT3,
        SFT_DXT5,
        SFT_MAX
};
```

1D 纹理的定义如下。

```
class VSGRAPHIC_API VS1DTexture:public VSTexture
{
public:
        VS1DTexture(unsigned int uiWidth,unsigned int uiFormatType,
                    unsigned int uiMipLevel = 0,bool bIsStatic = true);
        virtual ~VS1DTexture();
        virtual unsigned int GetTexType()const{return TT_1D;}
};
```

2D 纹理的定义如下。

```
class VSGRAPHIC_API VS2DTexture:public VSTexture

{
public:
      VS2DTexture(unsigned int uiWidth, unsigned int uiHeight,unsigned int
         uiFormatType,
          unsigned int uiMipLevel /*= 0*/,bool bIsStatic/* = true*/);
            VS2DTexture(unsigned int uiWidth, unsigned int uiHeight,unsigned int
              uiFormatType,
          unsigned int uiMipLevel = 1);
             virtual unsigned int GetTexType()const{return TT_2D;}
};
```

立方体的定义如下。

```
class VSGRAPHIC_API VSCubeTexture : public VSTexture
{
    enum     //面
    {
       F_RIGHT,
       F_LEFT,
       F_TOP,
       F_BOTTOM,
       F_FRONT,
       F_BACK,
```

```cpp
            F_MAX
    };
    VSCubeTexture(unsigned int uiWidth,unsigned int uiFormatType,
            unsigned int uiMipLevel,bool bIsStatic);
    VSCubeTexture(unsigned int uiWidth,unsigned int uiFormatType,
            unsigned int uiMipLevel = 1);
    //用6张2D贴图创建立方体贴图
    VSCubeTexture(VS2DTexture *pTexture[VSCubeTexture::F_MAX]);
    //得到每个面对应的Mip数据
    unsigned char *GetFaceBuffer(unsigned int uiLevel,unsigned int uiFace)const;
    //得到每个面对应的Mip数据大小
    inline unsigned int GetFaceByteSize(unsigned int uiLevel)const
};
```

3D 纹理的定义如下。

```cpp
class VSGRAPHIC_API VS3DTexture:public VSTexture
{
    VS3DTexture(unsigned int uiWidth, unsigned int uiHeight,
        unsigned int uiLength,unsigned int uiFormatType,unsigned int uiMipLevel = 0,
        bool bIsStatic = true);
}
```

有了纹理并不能使用，它要结合采样器变成 VSTexAllState 类后才可以使用。

```cpp
class VSGRAPHIC_API VSTexAllState : public VSObject , public VSResource
{
    VSTexAllState(VSTexture *Texture);
    //对应贴图
    VSTexturePtr      m_pTex;
    //采样器
    VSSamplerDesc     m_SamplerDesc;
    VSSamplerStatePtr m_pSamplerState;
};
```

VSTexAllState 是从 VSResource 继承的，前者包含了 VSTexture 和 VSSamplerState，是引擎的纹理资源格式，可以通过 BMP 和 TGA 文件创建。

如果读者希望自行创建 VSTexAllState，而不是从文件中加载，可以调用下面的函数。

```cpp
template <class T>
static VSTexAllState *Create2DTexture(unsigned int uiWidth,
    unsigned int uiHeight,unsigned int uiFormatType,
    unsigned int uiMipLevel,T *p Buffer);
template <class T>
static VSTexAllState *Create1DTexture(unsigned int uiWidth,
    unsigned int uiFormatType,unsigned int uiMipLevel,T *pBuffer);
template <class T>
static VSTexAllState *CreateCubTexture(unsigned int uiWidth,
    unsigned int uiFormatType,unsigned int uiMipLevel,T *pBuffer);
template <class T>
static VSTexAllState *Create3DTexture(unsigned int uiWidth,unsigned int uiHeight,
    unsigned int uiLength,unsigned int uiFormatType,
    unsigned int uiMipLevel,T *pBuffer);
```

模板参数表示要传入的数据格式。下面的代码展示了创建一个自定义 VSTexAllState 的完整过程。

```cpp
//创建采样器
VSSamplerDesc SamplerDesc;
SamplerDesc.m_uiMag = VSSamplerDesc::FM_LINE;
SamplerDesc.m_uiMin = VSSamplerDesc::FM_LINE;
SamplerDesc.m_uiMip = VSSamplerDesc::FM_LINE;
VSSamplerStatePtr pSamplerState =
VSResourceManager::CreateSamplerState(SamplerDesc);
//设置数据
unsigned int uiTextureFormat = VSRenderer::SFT_R32F;
unsigned int uiOrenNayarTexSize = 128;
VSREAL *pBuffer = VS_NEW VSREAL[uiOrenNayarTexSize * uiOrenNayarTexSize];
for (unsigned int i = 0 ; i < uiOrenNayarTexSize ;i++)
{
    VSREAL VdotN = (i * 1.0f / (uiOrenNayarTexSize - 1)) * 2.0f - 1.0f;
    VSREAL AngleViewNormal = ACOS(VdotN);
    for (unsigned int j = 0 ; j < uiOrenNayarTexSize ; j++)
    {
        VSREAL LdotN = (j * 1.0f / (uiOrenNayarTexSize - 1)) * 2.0f - 1.0f;
        VSREAL AngleLightNormal = ACOS(LdotN);
        VSREAL Alpha = Max(AngleViewNormal,AngleLightNormal);
        VSREAL Beta = Min(AngleViewNormal,AngleLightNormal);
        VSREAL fResult = ABS(SIN(Alpha) * TAN(Beta));
        pBuffer[i * uiOrenNayarTexSize + j] = fResult;
    }
}
//创建贴图
ms_pOrenNayarLookUpTable = VSResourceManager::Create2DTexture(
        uiOrenNayarTexSize,uiOrenNayarTexSize,uiTextureFormat,1,pBuffer);
ms_pOrenNayarLookUpTable->SetSamplerState(pSamplerState);
```

12.5 给模型添加材质

本节不打算详细介绍材质系统，只介绍怎么给模型添加材质。从 FBX 导出的模型并没有任何材质信息，需要手动在引擎内部给模型附上材质，否则模型会使用引擎内部的默认材质。

```cpp
//创建线性采样器
VSSamplerDesc SamplerDesc;
SamplerDesc.m_uiMag = VSSamplerDesc::FM_LINE;
SamplerDesc.m_uiMin = VSSamplerDesc::FM_LINE;
SamplerDesc.m_uiMip = VSSamplerDesc::FM_LINE;
VSSamplerStatePtr pTriLineSamplerState =
   VSResourceManager::CreateSamplerState(SamplerDesc);
//导入 tga 贴图文件，并保存为引擎格式的贴图文件，漫反射贴图采用 srgb 采样
VSFileName DiffuseFileName =
        VSResourceManager::ms_TexturePath + _T("stone_d.tga");
VSTexAllStatePtr pDiffuse = VSResourceManager::Load2DTextureCompress(
        DiffuseFileName.GetBuffer(), pTriLineSamplerState, 2, false, true);
VSResourceManager::NewSaveTexture(pDiffuse, _T("Stone//Diffuse"),true);
//导入 tga 贴图，并保存为引擎格式的贴图文件
```

```
VSFileName NormalFileName =
        VSResourceManager::ms_TexturePath + _T("stone_n.tga");
VSTexAllStatePtr pNormal = VSResourceManager::Load2DTextureCompress(
        NormalFileName.GetBuffer(), pTriLineSamplerState, 2, true, true);
VSResourceManager::NewSaveTexture(pNormal, _T("Stone//Normal"), true);
//加载引擎格式的文件
VSTexAllStateRPtr   pDiffuseR  =  VSResourceManager::LoadASYNTexture
        (_T("Stone//Diffuse.TEXTURE"), false);
VSTexAllStateRPtr   pNormalR = VSResourceManager::LoadASYNTexture(
        _T("Stone//Normal.TEXTURE"), false);
//创建材质
m_SaveMaterial = VS_NEW VSMaterialTextureAndNormal(
        _T("TextureAndNormal"), pDiffuseR,pNormalR);
//存储材质
VSResourceManager::NewSaveMaterial(
        m_SaveMaterial, _T("TextureAndNormal"),true);
//加载材质
VSMaterialRPtr   pMaterialR = VSResourceManager::LoadASYNMaterial(
        _T("TextureAndNormal.MATERIAL"), false);
//加载模型并赋予材质
VSStaticMeshNodeRPtr pModel = VSResourceManager::LoadASYNStaticMesh
        (_T("Stone.STMODEL"), false);
VSStaticMeshNode *pStaticMeshNode = pModel->GetResource();
VSGeometryNode *pGeometryNode = pStaticMeshNode->GetGeometryNode(0);
for (unsigned int i = 0; i < pGeometryNode->GetNormalGeometryNum(); i++)
{
    VSGeometry *pGeometry = pGeometryNode->GetNormalGeometry(i);
    pGeometry->AddMaterialInstance(pMaterialR);
}
//存储模型
VSResourceManager::NewSaveStaticMesh(
        pStaticMeshNode, _T("NewStone"), true);
```

提示

因为引擎没有编辑器，所以不得不用代码表示所见即所得的过程，比如上面的 TGA 文件加载过程本应该直接在编辑器中完成。

至于材质相关操作，卷 2 关于渲染的部分会给出全部的细节，这里不再说明，这里只是告诉读者材质也是一种资源，可以供模型使用。为了和之前名称为 "Stone" 的模型资源有区别，带材质的模型资源改名为 "NewStone"，这样在后面示例中读者就很容易辨识。

注意，本引擎所有的资源都不支持外部资源格式，必须导出为引擎格式的资源才可以使用，接受导入资源的数据只有贴图、模型数据、动作数据，其他数据都是要在引擎中编辑的，这一点和 Unreal Engine 是一模一样的。

12.6　番外篇——3D 模型制作流程*

3D 模型从规划到制作完成，都有标准规范，整个过程可以外包给其他企业来完成。

一款游戏在规划时就要定制美术风格。一旦美术风格定了下来，后面所有的操作都按照这个标准进行，如美术风格是写实还是卡通的，色彩是明亮的还是灰暗的。美术风格从不同层面表达游戏风格，也是一种游戏内容和世界观的暗示。

3D 模型制作流程如下。

（1）2D 原画师根据游戏风格画出模型的样子，一般会给出一个正面图和侧面图。总之，尽量把各个部分的细节用 2D 图像表现出来，如图 12.13 所示。

图 12.13 《众神争霸》的原画

（2）3D 模型师拿到 2D 原画后，按照原画的标准以尽量高的还原度来完成 3D 模型，最开始要在模型制作工具里面用简单的面片制作出一个粗略的 3D 模型，差不多是一个框架。

（3）根据粗略的 3D 模型，进一步精细雕琢，用高精度的面片还原应该有的细节，如图 12.14 所示。其实这一步的主要目的是制作法线贴图。高模面数相当高，几千万个面也不为过。

（4）做好高模后，根据高模来减面，模型制作软件会自动帮助减面，直到符合你希望的面数标准。也可以调节细节，这样就得到了低模，如图 12.15 所示。

图 12.14 ZBrush 中的高模　　　　图 12.15 精简后的低模（白色线是低模多边形）

（5）如图 12.16 所示，把低模平铺展开到一个 2D 方形贴图上，这个过程叫作展开 UV，面片展开在什么地方，决定了面片对应的颜色画在什么地方，鼻子的面片展开的地方要画鼻子，嘴巴的面片展开的地方要画嘴巴，所有 3D 美术都具备这种平面化和 3D 空间化图形变换的能力。

（6）根据展开的 2D 网格，在上面绘制贴图，制作出模型贴图。根据拓扑结构画出的漫反射贴图如图 12.17 所示。

 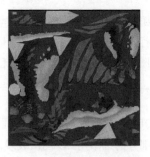

图 12.16　把低模平铺在 2D 空间，这个时候每个顶点的 UV 值已经确定

图 12.17　根据拓扑结构画出对应的漫反射贴图

（7）把高模和低模放在一起并重叠，3D 模型软件会根据低模展开 UV 后的结构，把高模上对应的细节转变成法线向量并存放在法线贴图上，如图 12.18 所示。

（8）一般情况下，对于对称的模型，模型师都只做一半，然后另一半就直接复制过来。最后变成完整的模型，如图 12.19 所示。

 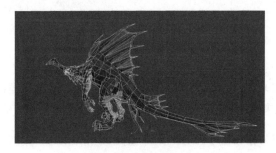

图 12.18　高模会根据平铺的网格来生成贴图

图 12.19　完整模型

其中（2）（3）（5）（6）等步骤对 3D 美术人员要求很高，而且制作人物和动物又比制作建筑、景物、机械之类的模型更难。

读者可能不明白的是从高模变成法线贴图的过程。因为低模从高模而来，一般即使美术人员再次修改低模也不会太离谱，这样低模和高模很容易重叠在一起，低模平铺在 2D 纹理平面的结构和高模区别不大。由于没有看过 3D 模型软件算出法线贴图的方法，作者只能猜想，这个过程很可能和高度图转成的算法类似，因为一旦平铺在 2D 纹理平面上，低模中每个三角形在高模中对应三角形的点的相对高度也可以算出来。低模三角形对应的高模信息如图 12.20 所示。

这样就可以计算出高度图，高度图一般是黑白图，越黑的地方表示对应的点高度越低，越白的地方表示高度越高。有了高度图，可以根据相邻 8 个点的高度差算出法线，然后单位化并存放在贴图里面。当然，也可以直接算出高模中每个顶点的法线，然后转换到所在三角形对应的切空间，再存放在贴图里面。如果细节要求不太高，也可以手工制作法线，把模型漫反射贴图直接用 PhotoShop 变成黑白图，这其实也就变成了高度图，美术人员可以手工修改黑白的相对颜色来模拟相对高度差，最后再变成法线图，如图 12.21 所示。

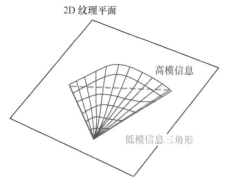

图 12.20　低模三角形对应的高模信息

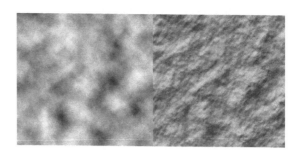

图 12.21　高度图对应的法线图

示例[①]

示例 12.1

加载 FBX 文件并导出为引擎支持的格式。FBX 资源在 FBXResource\Stone.FBX 目录下，导出资源在 Bin\Resource\StaticMesh\Stone.STMODEL。导出是没有任何材质的，用的是引擎中的默认材质。图 12.22 所示为导出模型的渲染。

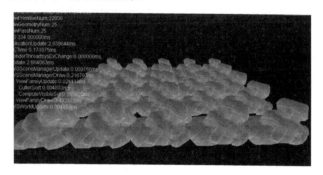

图 12.22　导出模型的渲染

示例 12.2

给示例 12.1 导出的 Stone.STMODEL 模型资源创建一个材质，导出的新模型叫作 NewStone.STMODEL。

```
//创建采样器
VSSamplerDesc SamplerDesc;
SamplerDesc.m_uiMag = VSSamplerDesc::FM_LINE;
SamplerDesc.m_uiMin = VSSamplerDesc::FM_LINE;
SamplerDesc.m_uiMip = VSSamplerDesc::FM_LINE;
VSSamplerStatePtr pTriLineSamplerState =
        VSResourceManager::CreateSamplerState(SamplerDesc);
//导入tga贴图
VSFileName DiffuseFileName = VSResourceManager::ms_TexturePath +
        _T("stone_d.tga");
```

[①] 每个示例的详细代码参见 GitHub 网站。——编者注

```cpp
//加载引擎格式的文件并保存
VSTexAllStatePtr pDiffuse = VSResourceManager::Load2DTextureCompress(
        DiffuseFileName.GetBuffer(), pTriLineSamplerState, 2, false, true);
VSResourceManager::NewSaveTexture(pDiffuse, _T("Stone//Diffuse"),true);

VSFileName NormalFileName = VSResourceManager::ms_TexturePath +
        _T("stone_n.tga");
VSTexAllStatePtr pNormal = VSResourceManager::Load2DTextureCompress(
        NormalFileName.GetBuffer(), pTriLineSamplerState, 2, true, true);
VSResourceManager::NewSaveTexture(pNormal,
        _T("Stone//Normal"), true);
//加载引擎格式的贴图文件
VSTexAllStateRPtr  pDiffuseR = VSResourceManager::LoadASYNTexture(
        _T("Stone//Diffuse.TEXTURE"), false);
VSTexAllStateRPtr  pNormalR = VSResourceManager::LoadASYNTexture
        (_T("Stone//Normal.TEXTURE"), false);
//创建材质资源
m_SaveMaterial = VS_NEW VSMaterialTextureAndNormal(
        _T("TextureAndNormal"), pDiffuseR,pNormalR);
//存储材质
VSResourceManager::NewSaveMaterial(m_SaveMaterial,
        _T("TextureAndNormal"),true);
//加载材质
VSMaterialRPtr  pMaterialR = VSResourceManager::LoadASYNMaterial(
        _T("TextureAndNormal.MATERIAL"), false);
//加载模型
VSStaticMeshNodeRPtr pModel = VSResourceManager::LoadASYNStaticMesh(
        _T("Stone.STMODEL"), false);
//给模型添加材质
VSStaticMeshNode * pStaticMeshNode = pModel->GetResource();
VSGeometryNode * pGeometryNode = pStaticMeshNode->GetGeometryNode(0);
for (unsigned int i = 0; i < pGeometryNode->GetNormalGeometryNum(); i++)
{
    VSGeometry * pGeometry = pGeometryNode->GetNormalGeometry(i);
    pGeometry->AddMaterialInstance(pMaterialR);
}
//存储为新模型
VSResourceManager::NewSaveStaticMesh(pStaticMeshNode,
        _T("NewStone"), true);
```

示例 12.3

渲染示例 12.2 导出的模型，渲染结果如图 12.23 所示。

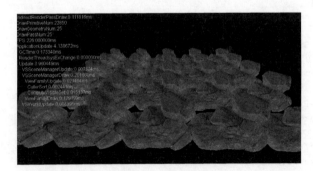

图 12.23　渲染结果

第 13 章

LOD

大部分 3D 游戏开发人员熟悉"LOD"（Level of Detail，细节层次）。物体距离人眼越远，成像就越不清晰，游戏利用人眼的这个弱点，减少或者直接去掉远处物体的细节，这种方法如果处理得好，人的眼睛是感觉不出来的。

有两种类型的 LOD，分别是连续的 LOD 和非连续的 LOD，简称为 CLOD 和 DLOD。CLOD 在变换细节的时候是连续的，而 DLOD 是非连续的。CLOD 一般指同一个模型连续增加和减少顶点个数，但由于顶点位置差异太大，突然增加和减少一个顶点还是会造成视觉上的跳变。DLOD 一般用于不同模型之间的切换，远处物体用面数较少的模型替代，为了防止人眼观察出跳变，切换时距离人眼非常远。许多引擎对于模型只支持两层的 LOD 信息，最低层 LOD 模型面数少得可怜，骨骼蒙皮模型可能都没有骨架信息。

虽然 GPU（其中包含域着色器（domain shader）、外壳着色器（hull shader）和几何着色器（geometry shader））支持增加或减少模型面数，但要处理好地形或者模型 LOD 变化并非易事（目前 GPU 上实现的 LOD 还只能增加细节，减少细节的处理较难）。或许将来，随着可编程管线越来越灵活，GPU 处理的 LOD 可以全面取代 CPU 处理的 LOD。

本章会介绍模型的 DLOD 和 CLOD，还有地形的 DLOD 和 CLOD，并给出示例程序。不过，地形 CLOD 算法并没有处理跳变，读者可以自己解决。

13.1 模型的 DLOD

模型 DLOD 的实现并不是很难，最关键的地方在于每个层级模型的生成。一般美术人员不会为每个层级单独制作模型，而是制作一个最高级别的模型，然后在上面减面，这个减面还是很考究的。如果减不好，UV 就要重新展开。如果减面的模型在规定的距离范围内无法辨认，那么也是失败的。当然，也可以使用辅助工具帮助减面，比较好的工具是 Simplegon。不过 Simplegon 也并不是十全十美，它并不能辨认贴图信息。虽然它减面后模型 UV 没有错乱，但模型身上的贴图特征有可能由于减面而缺失。

所以，大部分游戏为了达到好的效果通过手动减面，尽量减掉 UV 闭合多边形里面的面，这样不用重新展开 UV，如图 13.1 所示。

图 13.1　为了不破坏 UV 的拓扑结构，减面的时候都会在轮廓里面完成

本书在讲解模型的 CLOD 时会介绍一种减面的方法，减面的效果还可以。这种方法是在离线的情况下把减面信息存储起来，可以达到实时减面的效果。如果不存储减面信息，可以把减面模型导出，制作模型 DLOD。

本书中的示例是用 Simplegon 进行减面的，一共导出 4 个减面的模型。原始模型有 4 000 个面，减面后的 4 个模型的面数分别为 3 000、2 000、1 000、500。本引擎只支持导入引擎模型格式的文件为 LOD 信息。

除了给模型加入 LOD 信息外，不同 LOD 模型的材质也要有所区别，远处的模型可以用很低档次的材质，用于提高性能。下面的代码用于把已经保存成引擎格式的模型文件加载到引擎中，并赋予不同级别的材质，然后保存成新的模型文件，为生成原始模型文件的 LOD 信息做准备。

```
// 创建线性采样器
VSSamplerDesc SamplerDesc;
SamplerDesc.m_uiMag = VSSamplerDesc::FM_LINE;
SamplerDesc.m_uiMin = VSSamplerDesc::FM_LINE;
SamplerDesc.m_uiMip = VSSamplerDesc::FM_LINE;
VSSamplerStatePtr pTriLineSamplerState =
        VSResourceManager::CreateSamplerState(SamplerDesc);
//导入 tga 贴图文件，并保存为引擎格式的贴图文件，作为漫反射贴图使用，对应的材质 ID 为 0
VSFileName DiffuseFileName = VSResourceManager::ms_TexturePath + _T("Monster_d.tga");
VSTexAllStatePtr pDiffuse = VSResourceManager::Load2DTextureCompress(
        DiffuseFileName.GetBuffer(), pTriLineSamplerState, 2, false, true);
//存储贴图
VSResourceManager::NewSaveTexture(pDiffuse, _T("Monster//Monster_d"),true);
…
//导入 tga 贴图文件，并保存为引擎格式的贴图文件，作为漫反射贴图使用，对应的材质 ID 为 1
VSFileName DiffuseWFileName = VSResourceManager::ms_TexturePath + _T("Monster_w_d.tga");
VSTexAllStatePtr pDiffuseW = VSResourceManager::Load2DTextureCompress(
        DiffuseWFileName.GetBuffer(), pTriLineSamplerState, 2, false, true);
//存储贴图
VSResourceManager::NewSaveTexture(pDiffuseW, _T("Monster//Monster_w_d"), true);
…
//加载引擎格式的贴图
VSTexAllStateRPtr   pDiffuseR =  VSResourceManager::LoadASYNTexture(
        _T("Monster//Monster_d.TEXTURE"), false);
…
VSTexAllStateRPtr   pDiffuse_wR = VSResourceManager::LoadASYNTexture(
        _T("Monster//Monster_w_d.TEXTURE"), false);
```

```cpp
...
//创建材质
VSMaterialPtr pOnlyTextureMaterial = VS_NEW VSMaterialOnlyTexture(
    _T("OnlyTexture"), pDiffuseR);
//存储材质
VSResourceManager::NewSaveMaterial(pOnlyTextureMaterial, _T("OnlyTexture"), true);
//创建材质
VSMaterialPtr pPhoneMaterial = VS_NEW VSMaterialPhone(_T("Phone"), pDiffuseR,
        pNormalR,pSpecularR,pEmissiveR,true);
//存储材质
VSResourceManager::NewSaveMaterial(pPhoneMaterial, _T("Phone"), true);
VSMaterialRPtr  pOnlyTextureMaterialR = VSResourceManager::LoadASYNMaterial
        (_T("OnlyTexture.MATERIAL"), false);
//加载材质
VSMaterialRPtr  pTextureAndNormalMaterialR = VSResourceManager::LoadASYNMaterial
        (_T("TextureAndNormal.MATERIAL"), false);
VSMaterialRPtr  pPhoneMaterialR = VSResourceManager::LoadASYNMaterial(
        _T("Phone.MATERIAL"), false);
//加载 LOD 模型
VSStaticMeshNodeRPtr pMonsterLOD0Model = VSResourceManager::LoadASYNStaticMesh
        (_T("MonsterLOD0.STMODEL"), false);
VSStaticMeshNodeRPtr pMonsterLOD1Model = VSResourceManager::LoadASYNStaticMesh
        (_T("MonsterLOD1.STMODEL"), false);
VSStaticMeshNodeRPtr pMonsterLOD2Model = VSResourceManager::LoadASYNStaticMesh
        (_T("MonsterLOD2.STMODEL"), false);
VSStaticMeshNodeRPtr pMonsterLOD3Model = VSResourceManager::LoadASYNStaticMesh
        (_T("MonsterLOD3.STMODEL"), false);
VSStaticMeshNodeRPtr pMonsterLOD4Model = VSResourceManager::LoadASYNStaticMesh
        (_T("MonsterLOD4.STMODEL"), false);
//为 LOD 模型附上材质
VSStaticMeshNode *pStaticMeshNodeLOD0 = pMonsterLOD0Model->GetResource();
VSGeometryNode *pGeometryNodeLOD0 = pStaticMeshNodeLOD0->GetGeometryNode(0);
for (unsigned int i = 0; i < pGeometryNodeLOD0->GetNormalGeometryNum(); i++)
{
    VSGeometry *pGeometry = pGeometryNodeLOD0->GetNormalGeometry(i);
    pGeometry->AddMaterialInstance(pPhoneMaterialR);
    if (i == 0)
    {
            pGeometry->GetMaterialInstance(0)->SetPShaderTexture(
                _T("DiffuseTexture"), pDiffuseR);

            pGeometry->GetMaterialInstance(0)->SetPShaderTexture(
                _T("NormalTexture"), pNormalR);

            pGeometry->GetMaterialInstance(0)->SetPShaderTexture(
                _T("SpecularTexture"), pSpecularR);

            pGeometry->GetMaterialInstance(0)->SetPShaderTexture(
                _T("EmissiveTexture"), pEmissiveR);
    }
    else if (i == 1)
    {
            pGeometry->GetMaterialInstance(0)->SetPShaderTexture(
                _T("DiffuseTexture"), pDiffuse_wR);

            pGeometry->GetMaterialInstance(0)->SetPShaderTexture(
                _T("NormalTexture"), pNormal_wR);
```

```cpp
            pGeometry->GetMaterialInstance(0)->SetPShaderTexture(
                _T("SpecularTexture"),pSpecular_wR);

            pGeometry->GetMaterialInstance(0)->SetPShaderTexture(
                _T("EmissiveTexture"),pEmissive_wR);
        }
    }
    ...
    VSStaticMeshNode *pStaticMeshNodeLOD4 = pMonsterLOD4Model->GetResource();
    VSGeometryNode *pGeometryNodeLOD4 = pStaticMeshNodeLOD4->GetGeometryNode(0);
    for (unsigned int i = 0; i < pGeometryNodeLOD4->GetNormalGeometryNum(); i++)
    {
        VSGeometry *pGeometry = pGeometryNodeLOD4->GetNormalGeometry(i);
        pGeometry->AddMaterialInstance(pOnlyTextureMaterialR);
        if (i == 0)
        {
            pGeometry->GetMaterialInstance(0)->SetPShaderTexture(
                _T("DiffuseTexture"), pDiffuseR);

            pGeometry->GetMaterialInstance(0)->SetPShaderTexture(
                _T("NormalTexture"), pNormalR);

            pGeometry->GetMaterialInstance(0)->SetPShaderTexture(
                _T("SpecularTexture"), pSpecularR);
            pGeometry->GetMaterialInstance(0)->SetPShaderTexture(
                _T("EmissiveTexture"), pEmissiveR);
        }
        else if (i == 1)
        {
            pGeometry->GetMaterialInstance(0)->SetPShaderTexture(
                _T("DiffuseTexture"), pDiffuse_wR);

            pGeometry->GetMaterialInstance(0)->SetPShaderTexture(
                _T("NormalTexture"), pNormal_wR);

            pGeometry->GetMaterialInstance(0)->SetPShaderTexture(
                _T("SpecularTexture"), pSpecular_wR);

            pGeometry->GetMaterialInstance(0)->SetPShaderTexture(
                _T("EmissiveTexture"), pEmissive_wR);
        }
    }
}
//存储LOD模型
VSResourceManager::NewSaveStaticMesh(pStaticMeshNodeLOD0, _T("NewMonsterLOD0"), true);
VSResourceManager::NewSaveStaticMesh(pStaticMeshNodeLOD1, _T("NewMonsterLOD1"), true);
VSResourceManager::NewSaveStaticMesh(pStaticMeshNodeLOD2, _T("NewMonsterLOD2"), true);
VSResourceManager::NewSaveStaticMesh(pStaticMeshNodeLOD3, _T("NewMonsterLOD3"), true);
VSResourceManager::NewSaveStaticMesh(pStaticMeshNodeLOD4, _T("NewMonsterLOD4"), true);
```

这些材质用的都是 Phone 光照模型，pPhoneMaterialR 是带漫反射、法线、光照、自发光贴图的材质；pTextureAndNormalMaterialR 是带漫反射、法线贴图的材质，pOnlyTextureMaterialR 是只带漫反射贴图的材质。4 000 面和 3 000 面的模型用的是 pPhoneMaterialR 材质，2 000 面和 1 000 面的模型用的是 pTextureAndNormalMaterialR 材质，500 面的模型用的是 pOnlyTextureMaterialR 材质。在 pTextureAndNormalMaterialR 和 pOnlyTextureMaterialR 材质里面，高光贴图和自发光贴

图没有参与计算，所以即使设置这两张贴图也不会使用到。

把存放好的 LOD 模型都组成一个模型结构。图 12.9 是没有 LOD 信息的静态模型结构，图 13.2 是加入了 LOD 信息的静态模型结构。

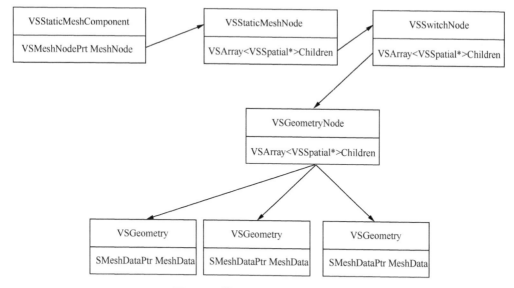

图 13.2　带 LOD 的静态模型结构

图 13.2 和图 12.9 唯一不同的地方在于图 13.2 中多了一个 VSSwitchNode 类，这个类的作用是从它的子类里面选出一个用于渲染的 LOD 信息。这个类有两个派生类——VSModelSwitchNode 和 VSTerrainSwitchNode，分别用于模型 LOD 和地形 LOD，如图 13.3 所示。

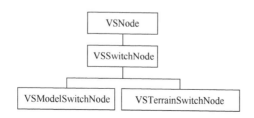

图 13.3　VSSwitchNode 的结构

VSSwitchNode 类的定义如下。

```
class VSGRAPHIC_API VSSwitchNode : public VSNode
{
    virtual VSSpatial *GetActiveNode()const;
    unsigned int m_uiActiveNode;
    virtual void UpdateWorldBound(double dAppTime);//更新世界包围盒
    virtual void ComputeNodeVisibleSet(VSCuller & Culler,bool bNoCull,double dAppTime);
    virtual void UpdateLightState(double dAppTime);
    virtual void UpdateCameraState(double dAppTime);
};
void VSSwitchNode::ComputeNodeVisibleSet(VSCuller & Culler,bool bNoCull,
    double dAppTime)
{
    UpdateView(Culler,dAppTime);
    if (m_uiActiveNode < m_pChild.GetNum())
```

```cpp
        {
            if(m_pChild[m_uiActiveNode])
            {
                m_pChild[m_uiActiveNode]->ComputeVisibleSet(
                            Culler,bNoCull,dAppTime);
            }
        }
}
void VSSwitchNode::UpdateWorldBound(double dAppTime)
{
    if (m_uiActiveNode < m_pChild.GetNum())
    {
        if(m_pChild[m_uiActiveNode])
            m_WorldBV = m_pChild[m_uiActiveNode]->m_WorldBV;
    }
}
void VSSwitchNode::UpdateLightState(double dAppTime)
{
    if(m_pAllLight.GetNum() > 0)
        m_pAllLight.Clear();
    if (m_uiActiveNode < m_pChild.GetNum())
    {
        if(m_pChild[m_uiActiveNode])
        {
            if(m_pChild[m_uiActiveNode]->m_pAllLight.GetNum() > 0)
                m_pAllLight.AddElement(m_pChild[m_uiActiveNode]->m_pAllLight,0,
m_pChild[m_uiActiveNode]->m_pAllLight.GetNum() - 1);
        }
    }
}
void VSSwitchNode::UpdateCameraState(double dAppTime)
{
    if(m_pAllCamera.GetNum() > 0)
        m_pAllCamera.Clear();
    if (m_uiActiveNode < m_pChild.GetNum())
    {
        if(m_pChild[m_uiActiveNode])
        {
            if(m_pChild[m_uiActiveNode]->m_pAllCamera.GetNum() > 0)
                m_pAllCamera.AddElement(m_pChild[m_uiActiveNode]->m_pAllCamera,0,
                    m_pChild[m_uiActiveNode]->m_pAllCamera.GetNum() - 1);
        }
    }
}
VSSpatial *VSSwitchNode::GetActiveNode()const
{
    if (m_uiActiveNode < m_pChild.GetNum())
    {
        return m_pChild[m_uiActiveNode];
    }
    return NULL;
}
```

从代码可以看出，VSSwitchNode 类的主要作用都是操作当前的 m_uiActiveNode 节点。至于 m_uiActiveNode 如何选择，需要子类在 UpdateView 中实现。下面的代码实现了模型 DLOD 切换，用来确定 m_uiActiveNode。

```cpp
void VSModelSwitchNode::UpdateView(VSCuller & Culler, double dAppTime)
{
    VSSwitchNode::UpdateView(Culler, dAppTime);
    VSCamera *pCamera = Culler.GetCamera();
    if (!pCamera)
    {
        return;
    }
    if (Culler.GetCullerType() == VSCuller::CUT_MAIN)
    {
        VSREAL ZFar = pCamera->GetZFar();
        VSVector3 DistVector =
                    pCamera->GetWorldTranslate() - GetWorldTranslate();
        VSREAL Dist = DistVector.GetLength();
        VSREAL LastTemp = ZFar * 0.5f;
        VSREAL CurTemp = LastTemp;
        m_uiActiveNode = 0;
        while (true)
        {
            if (Dist > CurTemp)
            {
                if (m_uiActiveNode + 1 >= m_pChild.GetNum())
                {
                    break;
                }
                LastTemp = LastTemp * 0.5f;
                CurTemp = CurTemp + LastTemp;
                m_uiActiveNode++;
            }
            else
            {
                break;
            }
        }
    }
}
```

Culler.GetCullerType() == VSCuller::CUT_MAIN 表示只有主相机才起作用。因为场景里面可能出现很多相机，除了主相机外，还有渲染影子的相机、镜面反射相机等都需要故入这段代码中，所以可以根据不同类型的相机来进行不同的处理。

选择 LOD 信息的算法也很简单。采用二分法，把视野逐步二等分。如果模型位置在整个视野的前二分之一，那么 m_uiActiveNode 为 0；如果在后二分之一，则继续二等分。前面一半的 m_uiActiveNode 为 1，对后面一半则再次划分。

下面是组织所有 LOD 模型到一个模型里面的流程。

```cpp
VSStaticMeshNodeRPtr pMonsterLOD0Model =
    VSResourceManager::LoadASYNStaticMesh(_T("NewMonsterLOD0.STMODEL"), false);
VSStaticMeshNodeRPtr pMonsterLOD1Model =
    VSResourceManager::LoadASYNStaticMesh(_T("NewMonsterLOD1.STMODEL"), false);
VSStaticMeshNodeRPtr pMonsterLOD2Model =
    VSResourceManager::LoadASYNStaticMesh(_T("NewMonsterLOD2.STMODEL"), false);
VSStaticMeshNodeRPtr pMonsterLOD3Model =
    VSResourceManager::LoadASYNStaticMesh(_T("NewMonsterLOD3.STMODEL"), false);
```

```cpp
VSStaticMeshNodeRPtr pMonsterLOD4Model = 
    VSResourceManager::LoadASYNStaticMesh(_T("NewMonsterLOD4.STMODEL"), false);
VSStaticMeshNode *pStaticMeshNodeLOD0 = pMonsterLOD0Model->GetResource();
pStaticMeshNodeLOD0->AddLodMesh(pMonsterLOD1Model);
pStaticMeshNodeLOD0->AddLodMesh(pMonsterLOD2Model);
pStaticMeshNodeLOD0->AddLodMesh(pMonsterLOD3Model);
pStaticMeshNodeLOD0->AddLodMesh(pMonsterLOD4Model);
VSResourceManager::NewSaveStaticMesh(pStaticMeshNodeLOD0, _T("DLODMonster"), true);
```

这段代码加载所有 LOD 模型，然后在 pStaticMeshNodeLOD0 模型里面逐步添加 LOD 信息，最后存储成新的模型 DLODMonster。

```cpp
class VSGRAPHIC_API VSStaticMeshNode : public VSModelMeshNode
{
    void AddLodMesh(VSStaticMeshNodeR *pStaticMeshResource);
    void SetLodMesh(unsigned int i,
            VSStaticMeshNodeR * pStaticMeshResource);
    void DeleteLodMesh(unsigned int i);
};
```

AddLodMesh、SetLodMesh、DeleteLodMesh 这 3 个函数一般是要加上宏信息的，表示只在编辑器版本中才可以使用，非编辑器版本中是不应该使用的。

```cpp
void VSStaticMeshNode::AddLodMesh(VSStaticMeshNodeR *pStaticMeshResource)
{
    if (pStaticMeshResource)
    {
        //是否存在 ModelSwitchNode
        VSModelSwitchNode *LodNode = 
            DynamicCast<VSModelSwitchNode>(m_pChild[0]);
        if (!LodNode)
        {
            //不存在就创建一个，然后把原来的 VSGeometryNode 节点挂在上面
            LodNode = VS_NEW VSModelSwitchNode();
            LodNode->AddChild(m_pChild[0]);
            DeleteAllChild();
            AddChild(LodNode);
        }
        //等待 LOD 模型加载完毕，有可能是异步加载
        //所以这个函数如果在非编辑器中使用会卡住主线程
        //但在编辑器版本中就无所谓了
        while (!pStaticMeshResource->IsLoaded())
        {
        //加入 LOD 信息
        VSGeometryNode *pGeoNode = 
                pStaticMeshResource->GetResource()->GetGeometryNode(0);
        LodNode->AddChild(pGeoNode);
        }
    }
}
void VSStaticMeshNode::SetLodMesh(unsigned int i,
    VSStaticMeshNodeR *pStaticMeshResource)
{
    if (pStaticMeshResource)
    {
        //判断是否存在 VSModelSwitchNode，必须调用过 AddLodMesh，才能设置、取代原来的网格
```

```cpp
        VSModelSwitchNode *LodNode = DynamicCast<VSModelSwitchNode>(m_pChild[0]);
        if (!LodNode)
        {
            return;
        }
        if (i >= LodNode->GetNodeNum())
        {
            return;
        }
        while (!pStaticMeshResource->IsLoaded())
        {
        }
        VSGeometryNode *pGeoNode = 
                    pStaticMeshResource->GetResource()->GetGeometryNode(0);
        (*LodNode->GetChildList())[i] = pGeoNode;
    }
}
void VSStaticMeshNode::DeleteLodMesh(unsigned int i)
{
    VSModelSwitchNode *LodNode = 
        DynamicCast<VSModelSwitchNode>(m_pChild[0]);
    if (!LodNode)
    {
        return;
    }
    if (i >= LodNode->GetNodeNum())
    {
        return;
    }
    LodNode->GetChildList()->Erase(i);
}
```

13.2　模型的 CLOD

模型的 CLOD 很少在游戏中使用，所以下面只是简单地讲解。当然，也提供了示例程序。

第一次见到模型的 CLOD 是在 DirectX SDK 的示例程序中，其中用滑块来控制网格面数。网格面数是一个数值，数值越大面数越多，数值越小面数越少。

本节的示例程序也提供一个 0～1 的数值，值为 1 的时候面数最多，值为 0 的时候面数最少，然后根据视距实时计算这个值。

那么如何做到实时减面而不影响效率呢？这里读者要记住一条优化准则——时间和空间转换，为了加快运行速度，缩短时间，就要牺牲空间，先预计算一些有用信息，运行时可以加快速度。模型的 CLOD 预计算过程会把减面的过程记录下来，存储成 n 条记录。当阈值在 0～1 变化时，减面算法按照减面记录增加或删减三角形。

减面要遵循一定规则，算法的核心是让两个点重合，导致边退化，最后导致三角形被消除，如图 13.4 所示。

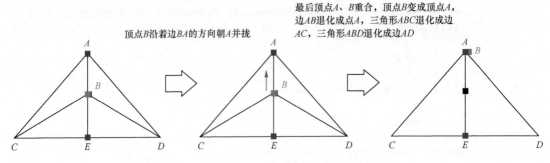

图 13.4 点重合，边退化成点，三角形退化成边

退化成点的边称为塌陷边（collapse edge），退化的点称为抛弃点（throw point），不动的点称为保持点（keep point）。如图 13.4 所示，边 AB 为塌陷边，顶点 B 为抛弃点，顶点 A 为保持点。B 沿着边 AB 移动，A 和 B 重合，顶点 B 就被删除，边 AB 也被删除，最后的结果就是三角形 ABC 和三角形 ABD 被删除，达到减面的效果。实际执行算法的时候，如果忽略跳变，并没有移动过程，则直接用顶点 A 取代顶点 B，直接删除退化的三角形。本引擎并没有处理跳变，读者可以自行加入。

下面讲解一下算法的过程。

预处理过程如图 13.5～图 13.7 所示。

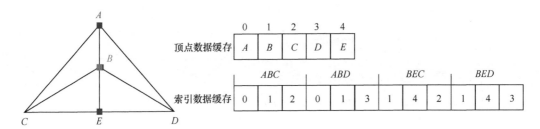

图 13.5 初始状态，有 5 个顶点、4 个三角形

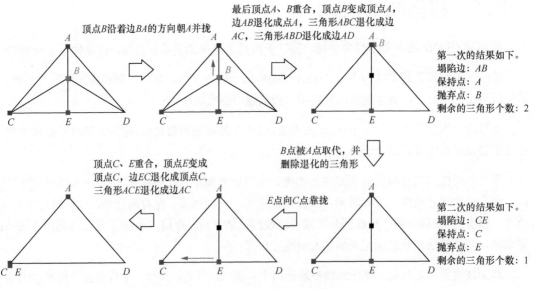

图 13.6 算法的过程与结果

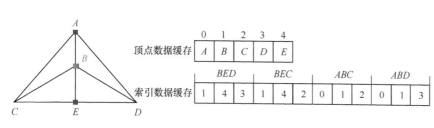

图 13.7　重新排列三角形索引顺序

上述过程都属于预处理阶段。预处理阶段要保留第一次和第二次的结果信息，然后重新排列三角形的顺序，先删除的排在最后面，这样实时处理的时候不用改变索引数据缓存大小，只要改变渲染三角形的个数即可。

实时处理阶段如图 13.8～图 13.10 所示。

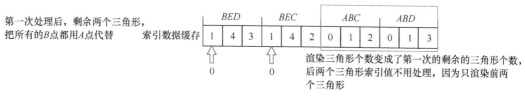

图 13.8　实时处理阶段的初始状态

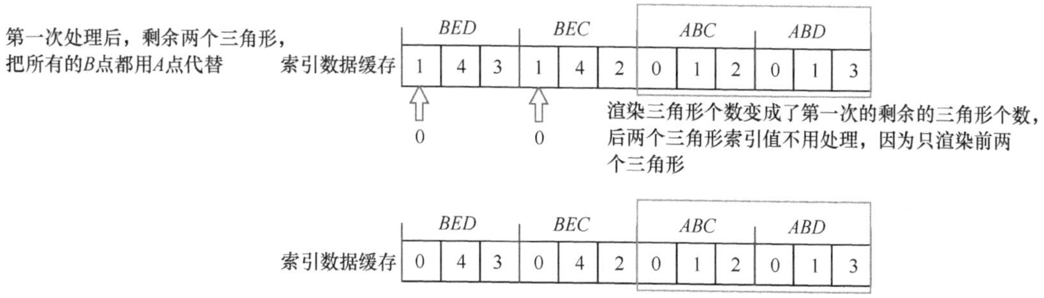

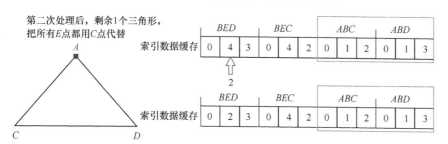

图 13.9　减少面数（1）

图 13.10　减少面数（2）

增加面数的过程只需要反转顺序。预计算的时候找到塌陷边，然后确定这条边的两个点，哪个是抛弃点，哪个是保持点。

在查找塌陷边前，要给每条边计算一个权重值，权重值小的就是本次的塌陷边，确定抛弃点的规则是拥有这个点的每条边至少被两个三角形拥有。图 13.11（a）、（b）展示的两个黑色顶点中，左侧的是抛弃点，右侧的不是抛弃点。

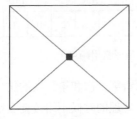
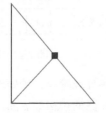

（a）黑色顶点是抛弃点　　　　　　（b）黑色顶点不是抛弃点

图 13.11　确定抛弃点

塌陷边权重的计算方式为：边长越短，权重越小；拥有这条边的两个邻接三角形的法向量夹角越小；权重越小。

本节的详细代码就不列出来了，下面只简单说一下思路。

```
class VSGRAPHIC_API VSMeshData : public VSObject
{
public:
    //创建 CLOD 结果塌陷信息
    virtual bool CreateCollapseRecord();
    //更新 CLOD 网格
    virtual void UpDataClodMesh();
    //设置数值
    virtual void SetLodDesirePercent(VSREAL fDesirePercent);
    bool IsClodMesh()const {return m_pCollapseRecord != NULL;}
    inline void RemoveClodMesh()
    {
        m_pCollapseRecord = NULL;
    }


protected:
    VSCollapseRecordPtr m_pCollapseRecord;
};
```

VSMeshData 里面记录了所有结果 m_pCollapseRecord。

如图 13.12 所示，从 VSCollapseRecord 派生两个类 VSCollapseRecordTri 和 VSCollapseRecordLine，分别对应三角形 CLOD 和直线的 CLOD。直线用得比较少，这里不详细介绍。VSCollapseRecordTri 里面记录了所有减面过程信息。

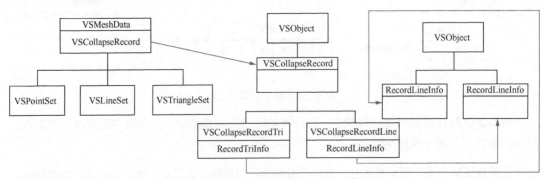

图 13.12　CLOD 架构

13.2 模型的 CLOD

VSCreateClodLineFactory 与 VSCreateClodTriFactory 两个类负责创建 VSCollapseRecordLine 和 VSCollapseRecordTri 的实例。这里主要关注 VSCreateClodTriFactory 类。

Vertex3DAttr、Edge3DAttr、Triangle3DAttr 分别为点、边、三角形。

```
class Vertex3DAttr
    {
    bool m_bIsDelete;
    VSVector3 m_Position;
    VSArray<unsigned int> m_InEdgeIndexArray;
    VSArray<unsigned int> m_InTriangleIndexArray;
};
class Edge3DAttr
{
    bool m_bIsDelete;
    unsigned int m_ContainVertexIndex[2];
    VSArray<unsigned int> m_InTriangleIndexArray;
    VSREAL m_fWeight;
    bool inline operator == (const Edge3DAttr &Edge3D)const
    {
            return
                ((m_ContainVertexIndex[0] == Edge3D.m_ContainVertexIndex[0] &&
                m_ContainVertexIndex[1] == Edge3D.m_ContainVertexIndex[1]) ||
                (m_ContainVertexIndex[1] == Edge3D.m_ContainVertexIndex[0] &&
                m_ContainVertexIndex[0] == Edge3D.m_ContainVertexIndex[1]));
    }
};
class Triangle3DAttr
{
    bool m_bIsDelete;
    unsigned int m_ContainVertexIndex[3];
    unsigned int m_ContainEdgeIndex[3];
};
```

Vertex3DAttr 里面记录了所属边和所属三角形；Edge3DAttr 里面记录了包含的点和所属三角形，m_fWeight 表示边的权重；Triangle3DAttr 里面记录了它的点和边，m_bIsDelete 表示当前三角形是否被删除。

VSCreateClodTriFactory 类的定义如下。

```
class VSGRAPHIC_API VSCreateClodTriFactory
{
        //点、线、面信息
        static VSArray<Vertex3DAttr> ms_V3Attr;
        static VSArray<Edge3DAttr> ms_E3Attr;
        static VSArray<Triangle3DAttr> ms_T3Attr;
        //得到边的权重
        static VSREAL GetCollapseWeight(const Edge3DAttr & Edge3D);
        //初始化点、线、面信息
        static void InitalData();
        //设置找出塌陷边
        static bool GetCollapseEV(unsigned int &uiE3DIndex,
            unsigned int &uiKeepV3DIndex,unsigned int &uiThrowV3DIndex);
```

```cpp
        //删除对应点、线、面
        static bool Collapse(unsigned int uiE3DIndex,
          unsigned int uiKeepV3DIndex,unsigned int uiThrowV3DIndex);
        //主入口函数
        static VSCollapseRecordTri * CreateClodTriangle( VSTriangleSet * pTriangleSet);
};
```

下面的代码用于实时增加和删除三角形。

```cpp
void VSTriangleSet::UpdateClodMesh()
{
    VSCollapseRecord *pCollapseRecord = m_pCollapseRecord;
    //当前记录信息和需求的一样
    if (pCollapseRecord->m_uiCurRecordID == pCollapseRecord->DesireRecordID())
    {
         return;
    }
    VSUSHORT_INDEX *pIndex = (VSUSHORT_INDEX *)m_pIndexBuffer->Lock();
    if (!pIndex)
    {
         return;
    }

    //当前使用的记录ID小于期望的记录ID
    while(pCollapseRecord->m_uiCurRecordID <
                    pCollapseRecord->DesireRecordID())
    {
       //迭代记录信息，减少面数
       pCollapseRecord->m_uiCurRecordID++;
       const RecordTriInfo & Record = ((VSCollapseRecordTri *)pCollapseRecord)
            ->m_RecordInfo[pCollapseRecord->m_uiCurRecordID];
       for (unsigned int i = 0 ; i < Record.m_MapIndex.GetNum() ; i++)
       {
            pIndex[Record.m_MapIndex[i]] = Record.m_uiKeep;
       }
    }
    //当前使用的记录ID大于期望的记录ID
    while(pCollapseRecord->m_uiCurRecordID >
            pCollapseRecord->DesireRecordID())
    {
        //迭代记录信息，增加面数
        const RecordTriInfo & Record = ((VSCollapseRecordTri *)pCollapseRecord)
             ->m_RecordInfo[pCollapseRecord->m_uiCurRecordID];
        for (unsigned int i = 0 ; i < Record.m_MapIndex.GetNum() ; i++)
        {
             pIndex[Record.m_MapIndex[i]] = Record.m_uiThrow;
        }
        pCollapseRecord->m_uiCurRecordID--;
    }
    m_pIndexBuffer->UnLock();
}
void VSMeshData::SetLodDesirePercent(VSREAL fDesirePercent)
{
    if (m_pCollapseRecord)
    {
```

```cpp
            if (m_pCollapseRecord->GetRecordNum() > 0)
            {
                unsigned int uiDesireRecordID = (unsigned int )
                            ( (1.0f- fDesirePercent) *
                            (m_pCollapseRecord->GetRecordNum() - 1));
                m_pCollapseRecord->SetDesireRecordID(uiDesireRecordID);
            }
        }
    }
```

整个减面过程保存在 m_RecordInfo 里面，逐步记录了每次减面的过程。根据 fDesirePercent (0～1)，计算出期望的记录 ID(pCollapseRecord->DesireRecordID())，并和当前使用的记录 ID(pCollapseRecord->m_uiCurRecordID)对比。如果当前使用 ID 的记录大于期望的记录 ID，说明要继续减面，而且这个过程是连续的；如果当前使用的记录 ID 小于期望的记录 ID，就要增加面数。

UpdateView 函数根据视距计算数值，这里把该数值的最小值写成了 0.3，即使离得很远也尽量让它保留一些三角形。

```cpp
void VSGeometry::UpdateView(VSCuller & Culler, double dAppTime)
{
    VSSpatial::UpdateView(Culler,dAppTime);
    VSCamera *pCamera = Culler.GetCamera();
    if (!pCamera)
    {
        return;
    }
    if (Culler.GetCullerType() == VSCuller::CUT_MAIN)
    {
        if (m_pMeshData->IsClodMesh())
        {
            VSREAL ZFar = pCamera->GetZFar();
            VSVector3 DistVector =
                        pCamera->GetWorldTranslate() - GetWorldTranslate();
            VSREAL Dist = DistVector.GetLength();
            VSREAL f = Dist / ZFar;
            f = 1.0f - Clamp(f, 1.0f, 0.0f);
            m_fCLodPercent = Clamp(f, 1.0f, 0.3f);
        }
    }
}
unsigned int VSGeometry::UpdateGeometry()
{
    //更新顶点坐标，更新法向量
    if (m_pMeshData && VSEngineFlag::EnableCLODMesh)
    {
        m_pMeshData->SetLodDesirePercent(m_fCLodPercent);
        m_pMeshData->UpdateClodMesh();
    }
    return UGRI_END;
}
```

UpdateGeometry 是在渲染之前调用的，因为所有的同类模型都共享一份 m_pMeshData 数据，所以必须在渲染之前更新。

如图 13.13 所示，在塌陷边 AB 中，A 所在的所有边都至少被两个三角形共享，A 是抛弃点（其实 B 也是抛弃点，不过一条边的两个点只能选择一个作为抛弃点），B 是保持点，A 向 B 靠近，A 被取代，三角形 1 和三角形 6 都退化成边 7 和 8，同样，边 2 和 6 也退化成边 7 和 8，而边 1 退化成点 B。

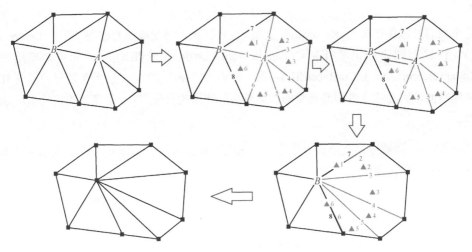

图 13.13　算法描述

这个算法其实并不完美，很可能破坏 UV 的拓扑结构。对于对称模型，模型师都制作一半，另一半模型直接镜像出来，实际贴图也只对应一半模型，模型面拓扑到贴图上的结构也只对应半个模型。如果在边的邻接三角形中一个在原始的一半模型上，另一个在另一半镜像的模型上，使用本算法的时候，合并顶点会导致 UV 丢失，贴图寻址出现异常，如图 13.14 所示。根本原因是虽然网格结构是连续的，但 UV 拓扑上的网格不是连续的，最好的解决办法是按照 UV 拓扑结构给网格分类，UV 连续的三角形网格都分成一类。

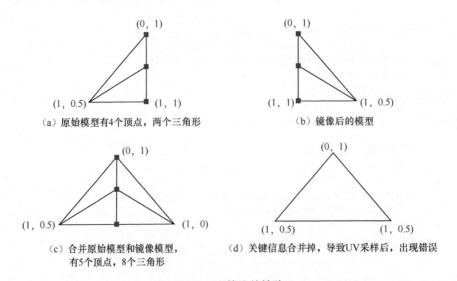

图 13.14　算法的缺陷

先根据顶点 UV 坐标，对 UV 拓扑的连续网格分类，如图 13.15 所示，减面只在圈出的集合里面进行。也可以给集合加上一个权重，如果集合里面三角形面数非常少，权重很小，可以把面数少的集合直接删除。

图 13.15　对 UV 拓扑的连续网格分类

13.3　地形的 DLOD

在介绍地形的 LOD 之前，先介绍地形的 LOD 的架构，本引擎支持的网格最大密度是 1 025×1 025 个顶点（引擎最多支持横向 1025 个顶点，纵向 1025 个顶点，也就是横向有 1024 个正方形，纵向有 1024 个正方形，每个正方形由两个三角形构成，因此引擎最多支持 1024×1024×2 个三角形），每两个相邻点的距离是 50cm，每个 VSTerrainActor 支持的大小是 512m×512m。读者也可以扩展，让每个 VSTerrainActor 支持更多的三角形，或者让每两个相邻顶点的距离大于 50cm。

```
class VSGRAPHIC_API VSTerrainActor : public VSActor
{
    VSNodePtr         m_pNode;
};
class VSGRAPHIC_API VSTerrainNode : public VSMeshNode
{
public:
    enum
    {
        MAX_TESSELLATION_LEVEL = 8,
        MIN_TESSELLATION_LEVEL = 1,
        MAX_NUM = 10,
        MIN_NUM = 1,
        WIDTH_SCALE = 50
    };
protected:
    unsigned int m_uiTessellationLevel;
    //网格密度
    unsigned int m_uiNumX;
    unsigned int m_uiNumZ;
    unsigned int m_uiTotalNum;
    unsigned char *m_pHeight;
    VSREAL m_fHeightScale;
```

```
        virtual bool CreateChild() = 0;
        void SetNum(unsigned int uiNumX,unsigned int uiNumZ);
        void SetTessellationLevel(unsigned int uiTessellationLevel);
}
```

VSTerrainActor 里面的节点是 VSTerrainNode 类型的，因为地形只有唯一实例，所以 VSTerrainNode 不是从 VSNodeComponent 继承而来的。

本引擎支持的网格最大密度是（2^{MAX_NUM}+1）×（2^{MAX_NUM}+1），最小密度是（2^{MIN_NUM}+1）×（2^{MIN_NUM}+1），创建地形的时候使用者可以指定（MIN_TESSELLATION_LEVEL ≤ m_uiTessellationLevel ≤ MAX_TESSELLATION_LEVEL。为了加速地形的渲染，根据指定的 m_uiTessellationLevel 和网格密度来给地形分块，GetChildNumX 和 GetChildNumZ 为得到的分块个数。

```
inline unsigned int GetChildNumX()const {return 1<<(m_uiNumX - m_uiTessellationLevel);}
inline unsigned int GetChildNumZ()const {return 1<<(m_uiNumZ - m_uiTessellationLevel);}
```

例如，对于一个 10×10 的地形，若指定 LOD 为 7，那么地形块个数为 8×8=64 个，所以地形块的个数与 LOD 和地形密度有关系。一般情况下这些数值是不会暴露给美术人员的，而在引擎内部设置，默认地形块个数为 64。

对于 m_uiNumX 和 m_uiNumZ 均为 5 并且 m_uiTessellationLevel 为 4 的地形，根据上面公式可以算出地形块为 2×2=4 个，密度为（2^5+1）×（2^5+1），即 33×33，如图 13.16 所示。

创建的原始数据存放在 m_pHeight 里面，它是一个二维数组，每个元素的范围都是 0~255，可以用 m_fHeightScale 参数来调节参数范围，也可以把这个数组改成浮点型。

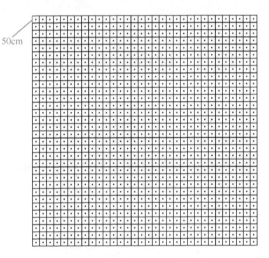

图 13.16　密度为 33×33 的地形

下面的两个函数用于获取点的高度，一个获取的是原始数据，另一个获取的是缩放后的数据。

```
unsigned char VSTerrainNode::GetRawHeight(unsigned int uiX,unsigned int uiZ)
{
    unsigned int uiLen = ((1 << m_uiNumX) + 1);
    if (m_pHeight && uiX < uiLen && uiZ < uiLen)
    {
        return m_pHeight[uiX * uiLen + uiZ];
    }
    return 0;
}
VSREAL VSTerrainNode::GetHeight(unsigned int uiX,unsigned int uiZ)
{
    unsigned int uiLen = ((1 << m_uiNumX) + 1);
    if (m_pHeight && uiX < uiLen && uiZ < uiLen)
    {
        return m_pHeight[uiX * uiLen + uiZ] * m_fHeightScale;
```

```
        }
        return 0.0f;
}
```

在地形编辑器中，对地形高度的编辑都是对原始数据的修改，也支持导入二维高度图数据。下面两个函数分别用于创建一个空地形和从高度图创建地形。

```
bool CreateTerrain(unsigned int uiNumX,unsigned int uiNumZ,
    unsigned int uiTessellationLevel);
bool CreateTerrainFromHeightMap(const TCHAR *pFileName,
    unsigned int uiTessellationLevel,VSREAL fHeightScale);
```

介绍完基本概念后，下面介绍 DLOD 地形。和 DLOD 模型类似，对于 DLOD 地形，也先把所有的层级模型都建立好，根据距离来切换。由于相邻地形块层级不同，很容易出现裂缝，因此本引擎使用了一种延长边界的方法来解决这种问题——把地形块边界向下延长，如图 13.17 所示。延长部分的纹理和地形相接的地方相似，调节适当的层级，再加上其他物体的遮挡，人眼从视觉上很难观察到裂缝。延长距离默认是 m_uiDLodExtend * m_fHeightScale（m_uiDLodExtend = 500）。

图 13.18 所示为地形 DLOD 的结构。创建 VSTerrainActor 的时候会创建 VSDLODTerrainNode，然后调用 CreateTerrain 函数。

图 13.17 边界延长的部分

```
void VSDLodTerrainActor::CreateDefaultComponentNode()
{
    m_pNode = VS_NEW VSDLodTerrainNode();
    GetTypeNode()->CreateTerrain(10, 10, 7);
}
bool VSTerrainNode::CreateTerrain(unsigned int uiNumX,unsigned int uiNumZ,
  unsigned int uiTessellationLevel)
{
    //设置地形网格密度
    SetNum(uiNumX,uiNumZ);
    //设置地形最大 LOD
    SetTessellationLevel(uiTessellationLevel);
    VSMAC_DELETEA(m_pHeight);
    m_pHeight = VS_NEW unsigned char[m_uiTotalNum];
    if (!m_pHeight)
    {
        return 0;
    }
    VSMemset(m_pHeight,0,m_uiTotalNum * sizeof(unsigned char));
    if (!CreateChild())
    {
        return 0;
    }
    m_bIsChanged = true;
    CreateLocalAABB();
    UpdateAll(0.0f);
    return 1;
}
```

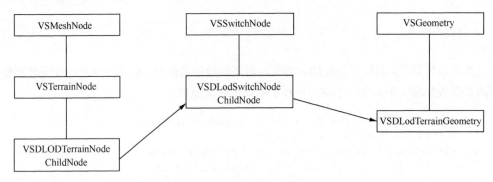

图 13.18 地形的 DLOD 的结构

CreateChild 为虚函数，不同的 VSTerrainNode 的创建方法也不同。接着创建局部包围盒，更新包围盒到父节点。

```
bool VSDLodTerrainNode::CreateChild()
{
    m_pChild.Clear();
    unsigned int uiChildNumX = GetChildNumX();
    unsigned int uiChildNumZ = GetChildNumZ();
    for (unsigned int i = 0 ; i < uiChildNumX ; i++)
    {
        for ( unsigned int j = 0 ; j < uiChildNumZ ; j++)
        {
            VSDLodTerrainSwitchNode * pDTS = NULL;
            //创建 VSDlodTerrainSwitchNode
            pDTS = VS_NEW VSDLodTerrainSwitchNode(i,j);
            if (!pDTS)
            {
                return 0;
            }
            AddChild(pDTS);
            for (unsigned int k = 0 ; k < m_uiTessellationLevel ; k++)
            {
                VSDLodTerrainGeometry * pChild = NULL;
                //创建所有层级 TerrainGeometry，并添加到 SwitchNode 中
                pChild = VS_NEW VSDLodTerrainGeometry();
                if (!pChild)
                {
                    return 0;
                }
                pDTS->AddChild(pChild);
                pChild->CreateMesh(i,j,k,m_uiTessellationLevel);
                //添加纯色材质
                pChild->AddMaterialInstance(
                    VSResourceManager::ms_DefaultOnlyColorMaterialResource);
                VSREAL green[4] = { 0.0f, 1.0f, 0.0f, 1.0f };
                pChild->GetMaterialInstance(0)->SetPShaderValue(
                                _T("EmissiveColor"), green, 4);
            }
        }
    }
    return 1;
}
```

13.3 地形的 DLOD

整个地形系统并没有完成，目前只实现了 LOD 部分，这里为了方便演示，只添加了纯色材质。

根据视距选择 LOD 也十分简单，计算相机位置到地形中心位置的距离即可。GetDLodScale 是用来调节层级变换的，这个值可以自己设置，默认值为 m_fDLodScale = 50000000.0f。

```
void VSDLodTerrainSwitchNode::UpdateView(VSCuller & Culler,double dAppTime)
{
    VSSwitchNode::UpdateView(Culler,dAppTime);
    VSCamera *pCamera = Culler.GetCamera();
    if (!pCamera)
    {
        return;
    }
    if (Culler.GetCullerType() == VSCuller::CUT_MAIN)
    {
        VSDLodTerrainNode * pTerrainNode =
           DynamicCast<VSDLodTerrainNode>(m_pParent);
        if (!pTerrainNode)
        {
            return ;
        }
        VSTransform Tran = pTerrainNode->GetWorldTransform();
        //转换相机位置到地形 Local 空间
        VSVector3 Loc =
                 pCamera->GetWorldTranslate() * Tran.GetCombineInverse();
        unsigned int uiLength = 1 << pTerrainNode->GetTessellationLevel();
        //计算地形块中心位置
        VSVector3 Pos;
        unsigned int uiIndenX = uiLength *m_uiIndexXInTerrain;
        unsigned int uiIndenZ = uiLength *m_uiIndexZInTerrain;
        Pos.x = VSTerrainNode::WIDTH_SCALE *
                 (uiIndenX + (uiLength >> 1)) * 1.0f;
        Pos.z = VSTerrainNode::WIDTH_SCALE *
                 (uiIndenZ + (uiLength >> 1)) * 1.0f;
        Pos.y = pTerrainNode->GetHeight(uiIndenX,uiIndenZ);
        VSVector3 Length = Loc - Pos;
        VSREAL fSqrLen = Length.GetSqrLength();
        VSREAL fDLodScale = pTerrainNode->GetDLodScale();
        for (unsigned int i = 0 ; i < m_pChild.GetNum() ; i++)
        {
            m_uiActiveNode = i;
            if (fSqrLen < (1 << i) * fDLodScale)
            {
                break;
            }
        }
    }
}
```

读者可以查看示例 13.8 和示例 13.9（参见 GitHub 网站）的运行效果。

13.4 地形的 CLOD

图 13.19 所示为地形的 CLOD 的结构，本节会涉及两种 CLOD——ROAM 和 QUAD，具体算法不再详解。其中 ROAM 算法来自论文"ROAMing Terrain: Real-time Optimally Adapting Meshes"，本引擎只实现了最基本的算法，并没有用双队列优化。读者在运行最后的示例时就会发现，这个算法每次都要算出潜在的可见三角形，递归很多层，运算量还是比较大的。实际上视野一般是连续的，所以没有必要每次都重新计算，根据上一次的结果来计算，速度会快很多。QUAD 算法来自论文"Real-Time Generation of Continuous Levels of Detail for Height Fields"。OUAD 算法最大的优点是保证了相邻网格的 LOD 之差为 1，这样可以很好地处理相邻网格的接缝问题。

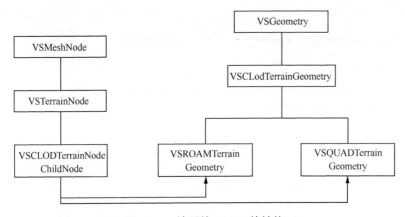

图 13.19 地形的 CLOD 的结构

在本引擎中，无论是 ROAM 还是 QUAD 都没有处理跳变问题，读者可以自己升级算法来解决这个问题。

m_uiTerrainNodeType 表示当前使用的地形 CLOD 算法——TNT_ROAM 或 TNT_QUAD。

```
class VSGRAPHIC_API VSCLodTerrainNode : public VSTerrainNode
{
public:
    enum //地形节点类型
    {
       TNT_ROAM,
       TNT_QUAD,
       TNT_MAX
    };
    virtual ~VSCLodTerrainNode();
    VSCLodTerrainNode();
protected:
    VSREAL    m_fCLODScale;
    unsigned int m_uiTerrainNodeType;
    void LinkNeighbor();
    void ComputeVariance();
    virtual bool CreateChild();
};
```

在以上代码中 m_fCLODScale 是调节 LOD 细分程度的。

```
bool VSCLodTerrainNode::CreateChild()
{
    m_pChild.Clear();
    unsigned int uiChildNumX = GetChildNumX();
    unsigned int uiChildNumZ = GetChildNumZ();
    for (unsigned int i = 0 ; i < uiChildNumX ; i++)
    {
        for ( unsigned int j = 0 ; j < uiChildNumZ ; j++)
        {
            VSCLodTerrainGeometry * pTerrainGeo = NULL;
            //根据选择的LOD算法创建对应的VSGeometry并添加到子节点中
            if (m_uiTerrainNodeType == TNT_ROAM)
            {
                pTerrainGeo = VS_NEW VSRoamTerrainGeometry();
            }
            else if (m_uiTerrainNodeType == TNT_QUAD)
            {
                pTerrainGeo = VS_NEW VSQuadTerrainGeometry();
            }
            if (!pTerrainGeo)
            {
                return 0;
            }
            AddChild(pTerrainGeo);
            //创建对应的网格数据
            if (!pTerrainGeo->CreateMeshData(i,j,m_uiTessellationLevel))
            {
                return 0;
            }
            //添加默认单一颜色材质
            pTerrainGeo->AddMaterialInstance(
                    VSResourceManager::ms_DefaultOnlyColorMaterialResource);
            VSREAL green[4] = { 0.0f, 1.0f, 0.0f, 1.0f };
            pTerrainGeo->GetMaterialInstance(0)->SetPShaderValue(
                    _T("EmissiveColor"), green, 4);
        }
    }
    //为了处理相邻地形块，需要知道自己的邻居地形块信息
    LinkNeighbor();
    //预计算部分
    ComputeVariance();
    return 1;
}
```

LinkNeighbor 和 ComputeVariance 两个函数不再列出，不同算法的实现也不同，读者可以查看 GitHub 网站上的代码。

计算 LOD 的部分也在 UpdateView 函数里，Tessellate 是虚函数，不同算法的实现也不同，在这里也不再列出。

```
void VSCLodTerrainGeometry::UpdateView(VSCuller & Culler,double dAppTime)
{
    VSGeometry::UpdateView(Culler,dAppTime);
    VSCamera *pCamera = Culler.GetCamera();
    if (!pCamera)
    {
        return;
    }
```

```cpp
        if (Culler.GetCullerType() == VSCuller::CUT_MAIN)
        {
            VSTerrainNode *pTerrainNode = 
               DynamicCast<VSTerrainNode>(m_pParent);
            if (!pTerrainNode)
            {
                return ;
            }
            VSTransform Tran = pTerrainNode->GetWorldTransform();
            //把相机位置转换到地形所在空间
            VSVector3 Loc = 
                        pCamera->GetWorldTranslate() * Tran.GetCombineInverse();
            Tessellate(Loc);
        }
}
```

计算三角形网格实际并没有重新计算顶点，而是和模型 CLOD 一样，改变的是索引数据缓存。

```cpp
void VSRoamTerrainGeometry::UpdateOther(double dAppTime)
{
    if (!m_pMeshData)
    {
        return;
    }
    VSCLodTerrainNode *pTerrainNode = (VSCLodTerrainNode *)m_pParent;
    unsigned int uiLevel = 1 << pTerrainNode->GetTessellationLevel();
    unsigned int uiTri1A = uiLevel;
    unsigned int uiTri1B = uiLevel * (uiLevel + 1) + uiLevel;
    unsigned int uiTri1C = 0;
    unsigned int uiTri2A = uiLevel * (uiLevel + 1);
    unsigned int uiTri2B = 0;
    unsigned int uiTri2C = uiLevel * (uiLevel + 1) + uiLevel;
    //写入三角形索引数据
    VSUSHORT_INDEX * pIndexData = (VSUSHORT_INDEX *)
            m_pMeshData->GetIndexBuffer()->Lock();
    if (!pIndexData)
    {
        return ;
    }
    unsigned int uiCurRenderTriNum = 0;
    RecursiveBuildRenderTriange(&m_TriTreeNode[0],uiTri1A,uiTri1B,uiTri1C,
            pIndexData,uiCurRenderTriNum);
    RecursiveBuildRenderTriange(&m_TriTreeNode[1],uiTri2A,uiTri2B,uiTri2C,
            pIndexData,uiCurRenderTriNum);
    m_pMeshData->GetIndexBuffer()->UnLock();
    //设置渲染三角形个数
    SetActiveNum(uiCurRenderTriNum);
}
```

无论是 ROAM 还是 QUAD 算法，本质上都分成 3 部分：构建地形块，预计算 LOD 信息值（CreateChild）；实时计算当前地形块层次（UpdateView）；根据当前地形块层次计算应该渲染的三角形（UpdateOther）。读者要完全看懂代码，最好先把这两个算法看懂，QUAD 的 UpdateOther 函数里面涉及向渲染线程提交数据，读完卷 2 再看也不迟。

读者可以查看示例 13.10、示例 13.11 和示例 13.12，里面有运行效果。

13.5　番外篇——地形编辑*

由于并没有实现完整的地形系统，因此在这里简单地把没有涉及的内容谈一谈。

要实现一个可用的完整的地形系统还有很多工作，地形的 LOD 对于俯视角的游戏来说其实是可有可无的，对于全视角的室外场景还是很有必要的，但这也只占了地形系统 10%的工作量，其余 90%的工作量在地形的编辑过程中。

地形编辑过程包括地形高度编辑和地表材质编辑两个部分。在这两种方式的基础上又提供了刷植被等功能，不同的引擎（尤其是针对特定游戏开发的引擎）可能还提供其他功能。

大部分地形是在引擎提供的编辑器里面制作的，很少在模型制作软件中完成。在引擎里面制作地形可以很快验证用法。另外，地形的材质混合和底层渲染息息相关，模型制作软件很难实现材质的相关功能。

13.5.1　基于 2D 网格的地形系统

这种地形系统最常见，也是本引擎在示例中使用的地形系统。这种地形本质上是二维的，地形的高度通过拉高或者降低顶点来完成。

如图 13.20 和图 13.21 所示，无论是 Unreal Engine 4 还是 Unity 3D，都支持 CPU 模式的 CLOD。如果我们动态移动镜头，会发现 Unreal Engine 4 做得更好一些，它解决了跳变问题，网格变化是连续的。

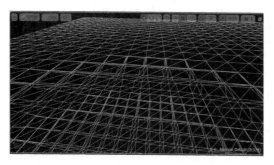
图 13.20　Unreal Engine 4 中的地形网格模式

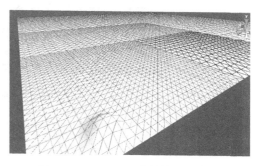
图 13.21　Unity 3D 中的地形网格模式

如图 13.22 和图 13.23 所示，除了创建地形外，Unreal Engine 4 和 Unity 3D 都支持通过导入高度图生成地形，Unreal Engine 4 的最大网格密度是 8 193 个顶点，Unity 3D 的最大网格密度为 4 097 个顶点，它们都是 2^N +1，本引擎默认最大分辨率是 1 024+1 个顶点，读者可以自己修改这个数值，然后缩放地形突体来调节地形的大小。

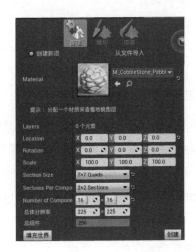 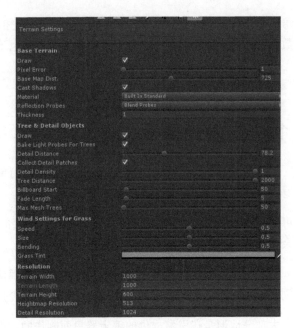

图 13.22　在 Unreal Engine 4 中编辑地形大小　　图 13.23　在 Unity 3D 中编辑地形大小以及 LOD

无论是 Unreal Engine 4 还是 Unity，都提供了编辑地形高度的功能，而且提供了多种画刷形状，以及多种画刷大小。根据画刷的形状和权重可以降低或者抬高画刷内顶点，如图 13.24 所示。Unreal Engine 4 和 Unity 3D 都提供了很多奇特的画刷和平滑地形的工具，这里不再一一介绍。

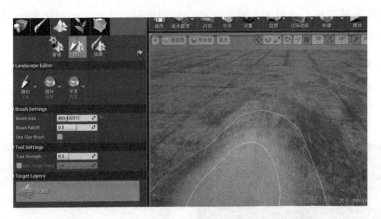

图 13.24　Unreal Engine 4 中用画刷编辑地形高度

除了编辑地形高度信息外，还要编辑地形的材质，Unreal Engine 4 是可以自定义地形材质的，着色器算法在材质里面写出，而 Unity 3D 只提供了添加漫反射和法线贴图以及用于 UV 缩放和偏移的接口。也就是说，默认情况下，着色器是写好的，至于是否可以自己修改，还不是很清楚。

接下来讨论地表层数的问题。Unreal Engine 4 支持多少层尚不清楚，Unreal Engine 3 不是多通道渲染地表的，它支持的层数取决于材质里面用了多少张贴图。用 GPA 工具分析 Unity 4 内部渲染流程，发现它的每一层都是一个通道，理论上是支持无数层地表的，至于最新的 Unity 5 使用什么样的解决方式，读者可用 GPA 工具去分析。

先抛开 Unreal 和 Unity，来说说我们当时做《斗战神》和《众神争霸》的解决方案。《斗战神》的地形不支持法线，最多支持 4 层地表，怎么做呢？最多需要 5 张贴图，一张权重贴图（WeightMap），4 张漫反射贴图。权重贴图的 RGBA 通道记录了 4 张漫反射贴图的混合权重。刷地表的时候，画刷其实编辑的就是和权重图大小一样的二维数组，然后把权重写进权重贴图里面。混合地表材质的公式如下。

```
TerrainDiffuse = WeightMap.r * Diffuse1 + WeightMap.g * Diffuse2 + WeightMap.b *Diffuse3 + WeightMap.a * Diffuse4
```

贴图的权重 RGBA 相加为 1，一个权重贴图其实可以支持 5 张贴图的混合。

```
TerrainDiffuse = WeightMap.r * Diffuse1 + WeightMap.g * Diffuse2 + WeightMap.b * Diffuse3 + WeightMap.a * Diffuse4 + (1 -WeightMap.r - WeightMap.g - WeightMap.b - WeightMap.a)  * Diffuse5
```

贴图的最大权重值为 255，编辑地表材质实际上就是在分配每层地表的权重值，一共有 255 个值。分配的权重值越大，显示得越明显。

本引擎有一点要比 Unity 和 Unreal Engine 做得好：地表材质是基于地形块的，而不是基于整个地形的，也就是同一个地形的不同地形块可以有完全不同的地表材质，每个地形块可以用 5 层不同的贴图，这样可以给美术人员提供更多地表选择。

在《众神争霸》项目中，引擎升级到延迟渲染，要支持法线贴图，立项的时候正好《星际争霸 2》发布，《星际争霸 2》支持 8 层地表，美术人员就希望使用 8 层地表。实际上基于地形块的地表，5 张贴图已经足够他们使用了。接下来算一算 8 层地表要用多少张贴图。

8 张漫反射贴图 +8 张法线贴图 +8 张高光贴图 +2 张权重贴图 = 26 张贴图

26 张贴图在一个通道下是无论如何也画不出来的，DirectX 9 最多支持 16 张贴图。

实际上高光贴图贴图可以简化，最后每层地表只用两张贴图就可以存放漫反射贴图、法线贴图、高光贴图的所有信息。这样就变成了 18 张贴图，但一个通道还是画不了，没有办法，只有用多个通道。

但为了不像 Unity 那样，每个通道只画一层地表，画 8 层地表要 8 个通道，地形的渲染：数量 8 倍增长。每个权重贴图最多支持 5 层地表，8 层地表至少要两个通道。

使用多个通道画地表的本质是把混合地形的公式拆开。下面是把一个通道中混合的 4 层地表拆开到 4 个通道的过程。

```
TerrainDiffuse = WeightMap.r * Diffuse1 + WeightMap.g * Diffuse2 + WeightMap.b * Diffuse3 + WeightMap.a * Diffuse4
TerrainFinal = TerrainDiffuse * Light1 + TerrainDiffuse * Light2 +…+ TerrainDiffuse * LightN
```

拆分为多个通道的过程如下。

```
Pass1Terrain = WeightMap.r * Diffuse1 * Light1 + WeightMap.r * Diffuse1 * Light2 + … + WeightMap.r * Diffuse1 * LightN
Pass2Terrain = WeightMap.g * Diffuse2 * Light1 + WeightMap.g * Diffuse2 * Light2 + … + WeightMap.g * Diffuse2 * LightN
```

```
       Pass3Terrain = WeightMap.b * Diffuse3 * Light1 + WeightMap.b * Diffuse3 * Light2 + … +
WeightMap.b * Diffuse3* LightN
       Pass4Terrain = WeightMap.a * Diffuse4 * Light1 + WeightMap.a* Diffuse4 * Light2 +…+
WeightMap.a * Diffuse4 * LightN
```

对每个通道进行透明混合（Alpha Blend）操作。透明混合操作（Alpha Blend OP）为相加，源参数和目标参数都为 1（One）。

```
       TerrainFinal = Pass1Terrain + Pass2Terrain + Pass3Terrain + Pass4Terrain
```

因为光照本质上也是叠加的，所以地形的混合不影响最后结果。

8 层地表用两个通道就可以画完。

在第一个通道中，使用以下公式。

```
       TerrainPass1Diffuse = WeightMap1.r * Diffuse1 + WeightMap1.g * Diffuse2 + WeightMap1.b *
Diffuse3 + WeightMap1.a * Diffuse4
       TerrainPass1Final = TerrainPass1Diffuse * Light1 + TerrainPass1Diffuse * Light2 +…+
TerrainPass1Diffuse * LightN
```

在第二个通道中，使用以下公式。

```
       TerrainPass2Diffuse = WeightMap2.r * Diffuse5 + WeightMap2.g * Diffuse6 + WeightMap2.b *
Diffuse7+ WeightMap2.a * Diffuse8
       TerrainPass2Final = TerrainPass2Diffuse * Light1 + TerrainPass2Diffuse * Light2 +…+
TerrainPass2Diffuse * LightN
```

两个通道叠加的公式如下。

```
       TerrainFinal = TerrainPass1Final + TerrainPass2Final
```

这里用到了两张权重贴图，两张权重贴图的所有通道相加为 1。

无论是用前向渲染（forward rendering）、延迟渲染（deferred rendering）还是用延迟光照（deferred lighting），多通道混合都是可以的，法线和高光混合的方式和漫反射一样。8 层地表对美术人员来说有点多余，实际上 5 层就够他们使用。为了有效利用地表，权重都为 0 的那一层地表被删除，而且通过宏在着色器里面控制混合贴图的数量，在美术人员有效应用超过 5 张贴图时才会用第二个通道去渲染。例如，若一个地形块只用到了 3 层地表，那么这个地形块只渲染了一个通道，只采样了 3 张漫反射贴图；如果用到 6 张贴图，那么这个地形块中的第一个通道采样 4 张贴图，第二个通道采样两张贴图。

还要说明的就是地形法线。加入法线贴图后，需要用 TBN 矩阵把法线从切空间转换到模型空间，TBN 矩阵算法前面已经介绍过了，采用上面的方法进行实时计算还是很复杂的。实际上通过顶点的法线和 x 轴向的正交得负法线，然后再正交、算出切线即可。这么算之所以是正确的，是因为在模型到切空间的映射过程中，地形多边形网格并没有旋转变形，我们所见的地形和 x、z 都是轴对齐的。同理，水面的 TBN 也可以这么算。

最后要简单说一下的就是 UV 坐标的生成。一般生成 UV 坐标可以用两种方式：一种是用顶点坐标加入缩放和偏移量，即 `Position.xz * Scale + Offset`；另一种是在创建地形的时候，就生成好 UV 坐标并加入缩放和偏移量，即 `UV * Scale + Offset`。不过第二种方法没有办法实现地形的垂直映射——俗称地表侧投，在编辑地形的时候，如果拉得很高或者很低，平铺的纹理就会被拉伸，如图 13.25 所示。

地形垂直部分用地形侧投就很有必要了，默认情况下以地形顶点位置的 x、y 分量作为纹理坐标，这个时候可以选择以 x、y 分量或者 y、z 分量作为纹理坐标，然后再刷一层地表，把拉伸的地表完全盖住，如图 13.26 所示。Unity 貌似没有这个功能，而 Unreal Engine 是有这个功能的。

图 13.25　地表纹理被拉伸

图 13.26　在引擎中运用地形侧投方法

13.5.2　基于块和悬崖的地形系统

《星际争霸 2》用到了悬崖系统。悬崖系统可以让美术和策划人员快速刷出地形高度，建立场景白盒，进行关卡测试。

《魔兽争霸》的地形是基于块（tile）的，最大的好处是除了快速编辑之外，美术表现力也很强。通常，刷地表模式的纹理过渡边界是软边界，很难做出硬边界，而且美术人员也可以控制这种硬边界，如图 13.27 所示。

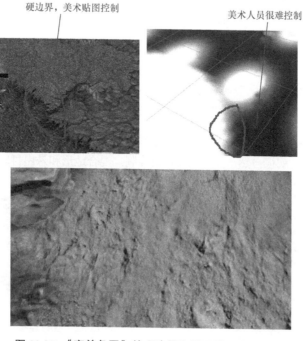

图 13.27　《魔兽争霸》的硬边界和普通地形的软边界

网上有《魔兽争霸》的地形算法，读者可以自行搜索。悬崖系统算法也不是很难，本质上悬崖是模型，一个模型占一个小方格子，悬崖下面和上面连接地形的部分都是通过 Alpha 贴图控制的，悬崖的模型个数差不多是 200 个，每一个都有编号。当时我们给《众神争霸》搭建了悬崖系统，大大加快了美术和策划人员的编辑速度，得到了一致好评。其间难度最大的还是斜坡，以及悬崖和地形之间的法线过渡问题。

在游戏中，我们提供低洼 1 层 a、平地 b、高 1 层 c、高 2 层 d，共 4 种高度。图 13.28 中平地 b 是地形的网格，高台和低洼都是由多个悬崖模型组成的。

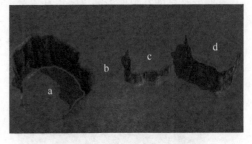

图 13.28　悬崖高度分成 4 种

如图 13.29 所示，初始地形中，所有地形块的顶点都标注为 b。如果选择降低地形的笔刷，就会在对应笔刷的顶点上标注为 a。

如图 13.30 所示，因为悬崖模型的水平宽度和地形格子是相等的，所以把灰色的部分替换成对应的悬崖模型。

图 13.29　默认情况下都是 b，选择笔刷　　　图 13.30　灰色的地形格子
　　　　降低地形形成低洼 1 层，即 a　　　　　　　实际就是 6 个悬崖模型

如图 13.31 所示，每个格子的 4 个顶点都有字母编号，那么一个格子就有 4 个字母的编号，带颜色的格子的编号分别为 babb、abbb、baab、abba、bbab、bbba。每个编号对应着一个悬崖的模型，直接把对应的悬崖模型放置好即可。可以想象，不同高度的悬崖，需要很多个编号，所以美术人员需要建立很多悬崖模型块，不过这些工作是一劳永逸的。

如图 13.32 所示，悬崖模型的贴图都具有透明通道，这个通道用来混合地形，这样悬崖底部、上部和地形衔接的地方就很自然，美术人员可以控制。混合地形和悬崖材质如图 13.33 所示。

　　　　　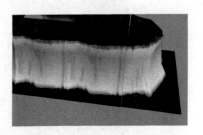

图 13.31　根据标注得出每个　　　　图 13.32　在悬崖模型的贴图上
　　　　格子对应的编号　　　　　　　　　　　具有透明通道

最后展示一个比较有意思的模型块拼装的例子。如图 13.34 所示，一个美术人员用模型块拼装出了各种房子，相关算法可以到电子杂志《Vertex 3》中寻找。示例参见 oskarstalberg 网站。

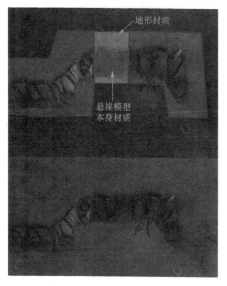

图 13.33　混合地形和悬崖材质

图 13.34　用模型块拼装的房子

13.5.3　基于体素的地形系统

《我的世界》的兴起，掀起了像素风格游戏的热潮。在 3D 方面，《我的世界》是完全基于方块的（见图 13.35），世界空间中的每个体素就是一个方块，在几何体多边形上没有太多亮点。这里要提及的是体素的网格化。

图 13.35　《我的世界》中的地形

体素网格化就是真正把体素变成多边形网格，类似于把高度图变成地形网格，不过高度图是二维的。这里要把世界空间划分成无数的立方体格子，立方体格子同时对应的是一个立方体数组，如果这个立方体格子被占用，则这个数组的值为 1。然后以这些被占用的格子的中心点为基准点，生成三角形网格的过程就称为体素网格化。

如图 13.36 所示，左侧黑色格子表示被占用的体素格子，右侧黑色点是格子的中心点，用 8 个格子 8 个中心点来构建网格。占用的点标记成 1，没有被占用的标记为 0。正好用 8 位的 unsigned char 来表示，每 1 位表示对应的格子是否被占用，这 8 个中心点形成新的小立方体格子。

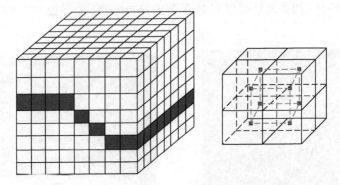

图 13.36　体素网格化

图 13.37 来自论文 "Voxel-Based Terrain for Real-Time Virtual Simulations"，根据不同顶点被占用的情况进行编码，然后改进编码。图#0 没有一个点被占用，编码为 00000000，#1 编码为 00000001，#2 编码为 00000011。读者可以参考这篇论文，里面有详细构造多边形网格的方法，对应的 LOD 算法和处理裂缝的方法，以及材质渲染方法，因为作者也没有具体实现过，只是大概有所了解，所以不再进一步展开。

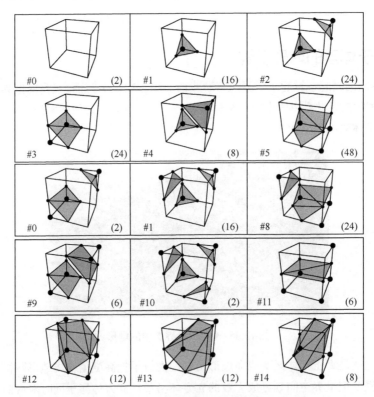

图 13.37　使用 8 个点根据占用情况生成网格

体素网格化地形的最大好处是美术人员可以绘制各种山洞、自然奇观的形状，而且都是平滑和地面过渡的，它们是同一个网格。Unity 商店中已经有类似的插件可以下载。把这篇论文中的算法应用到 C4 引擎里面，效果如图 13.38 所示。

图 13.38 体素化地形的效果，传统地形是无法生成这种效果的

练习

1. 修改模型的 CLOD 算法，采用 UV 值来减面，然后在 FBX 插件里面实现一套可以减面并生成引擎静态格式模型的算法。注意，最好用 UV 拓扑结构来减面，避免破坏 UV 的结构，这样生成的面效果最好。

2. 根据论文 "ROAMing Terrain:Real-time Optimally Adapting Meshes" 中提到的优化方法，加快算法速度。

3. 尝试用其他地形 DLOD 和 CLOD 算法来实现并处理跳变问题。

示例[①]

示例 13.1

这个示例用于加载有 5 个 LOD 的模型并赋予材质，存储成新的模型。

示例 13.2

这个示例展示了示例 13.1 中模型的渲染效果（见图 13.39），读者按 W 键可切换成线框模式。

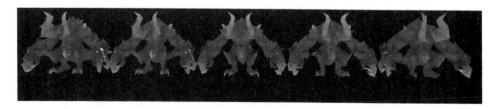

图 13.39 示例 13.2 的演示效果

示例 13.3

这个示例把 5 个模型合并成一个具有 LOD 效果的模型，并存储成新模型。

---

① 每个示例的详细代码参见 GitHub 网站。——编者注

示例 13.4

这个示例演示了上一个示例存储的新模型，读者可以拉远距离，观察模型渲染的面数。演示效果如图 13.40 所示。

示例 13.5

在这个示例中创建一个 CLOD 模型过程，并另存为新的模型。

示例 13.6

在这个示例中渲染上一个示例的新 CLOD 模型，在拉远相机时注意面数的变化。

示例 13.7

近距离调节阀值来观察 CLOD 面数的变化过程。"+"、"–"键可用于增加和减少阈值，读者可以按 W 键切换成线框模式。演示效果如图 13.41 所示。

图 13.40　示例 13.4 的演示效果

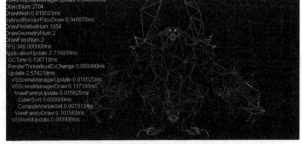
图 13.41　示例 13.7 的演示效果

示例 13.8

这个示例演示了地形的 DLOD，用于创建一个空地形。按 W 键可以切换成线框模式。

为了方便对比地形大小，加入了一个差不多 300cm × 300cm 大小的模型，并可以看到边界地方向下延长的部分。演示效果如图 13.42 所示。

```
VSWorld::ms_pWorld->CreateActor(_T("NewMonsterLOD0.STMODEL"),
    VSVector3(0, 0, 500), VSMatrix3X3::ms_Identity,
    VSVector3::ms_One, m_pTestMap);
VSWorld::ms_pWorld->CreateActor<VSDLodTerrainActor>(
        VSVector3(-1300.0f, 0, -1300.0f),
        VSMatrix3X3::ms_Identity, VSVector3::ms_One, m_pTestMap);
```

示例 13.9

这个示例演示了地形的 DLOD，在其中加载了一个高度图作为地形。按 W 键可以切换成线框模式。演示效果如图 13.43 所示。

```
VSDLodTerrainActor * pTerrainActor = (VSDLodTerrainActor *)
    VSWorld::ms_pWorld->CreateActor<VSDLodTerrainActor>(
    VSVector3(-1300.0f, -2000, -1300.0f),
    VSMatrix3X3::ms_Identity, VSVector3::ms_One, m_pTestMap);
pTerrainActor->GetTypeNode()->CreateTarrainFromHeightMap(_T("heightData.raw"),
    6,10.0f);
```

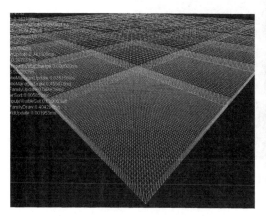
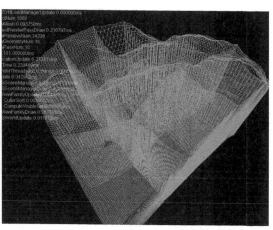

图 13.42 示例 13.8 的演示效果　　　　图 13.43 示例 13.9 的演示效果

示例 13.10

这个示例演示了 QUAD 算法的地形，在其中创建了一个空地形。按 W 键可以切换成线框模式。可以看出没有经过双队列优化的 ROAM 速度比 DLOD 和 QUAD 算法要慢很多。演示效果如图 13.44 所示。

```
VSCLodTerrainActor *pTerrainActor = (VSCLodTerrainActor *)
    VSWorld::ms_pWorld->CreateActor<VSCLodTerrainActor>(
    VSVector3(-1300.0f, 0.0f, -1300.0f),
    VSMatrix3X3::ms_Identity, VSVector3::ms_One, m_pTestMap);
```

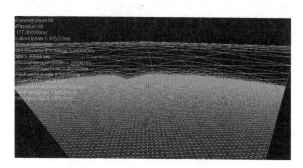

图 13.44 示例 13.10 的演示效果

示例 13.11

这个示例演示了 ROAM 算法的地形，在其中加载了一个高度图作为地形。按 W 键可以切换成线框模式。演示效果如图 13.45 所示。

```
VSCLodTerrainActor *pTerrainActor = (VSCLodTerrainActor *)
    VSWorld::ms_pWorld->CreateActor<VSCLodTerrainActor>(
    VSVector3(-1300.0f, -2000.0f, -1300.0f),
    VSMatrix3X3::ms_Identity, VSVector3::ms_One, m_pTestMap);
pTerrainActor->GetTypeNode()->CreateTerrainFromHeightMap(_T("heightData.raw"),6,
    10.0f);
pTerrainActor->GetTypeNode()->SetCLODScale(100000.0f);
```

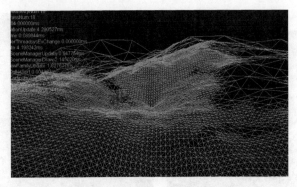

图 13.45 示例 13.11 的演示效果

示例 13.12

这个示例演示了 QUAD 算法的地形,在其中加载了一个高度图作为地形。按 W 可以切换成线框模式。演示效果如图 13.46 所示。

```
VSCLodTerrainActor *pTerrainActor = (VSCLodTerrainActor *)
   VSWorld::ms_pWorld->CreateActor<VSCLodTerrainActor>(
   VSVector3(-1300.0f, -2000.0f, -1300.0f),
   VSMatrix3X3::ms_Identity, VSVector3::ms_One, m_pTestMap);
pTerrainActor->GetTypeNode()->SetTerrainNodeType(VSCLodTerrainNode::TNT_QUAD);
pTerrainActor->GetTypeNode()->SetCLODScale(3.0f);
pTerrainActor->GetTypeNode()->CreateTerrainFromHeightMap(_T("heightData.raw"),6,
    10.0f);
```

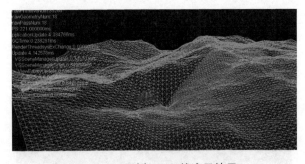

图 13.46 示例 13.12 的演示效果